U0807106

科学版研究生教学丛书

数理统计

（第四版）

师义民　徐　伟
秦超英　许　勇　编著

西北工业大学研究生高水平课程体系建设项目

科学出版社
北　京

内 容 简 介

《数理统计》第四版是根据全国工科院校硕士研究生“数理统计”课程的基本要求，在保留第三版的大部分内容和优点的基础上，适当补充和修订而成. 全书共分 8 章，内容包括：统计量与抽样分布、参数估计、统计决策与贝叶斯估计、假设检验、方差分析与试验设计、回归分析、多元分析初步、统计软件 R 语言简介. 本版与第三版相比较，加强了数理统计方法和统计软件及应用的介绍，旨在提高工科研究生的统计理论水平和应用能力. 书中各章配有适量的习题，书后附有习题答案或提示.

本书可作为工科各专业研究生，数学与应用数学、信息与计算科学、统计学专业本科生的使用教材，也可供广大工程技术人员参考使用.

图书在版编目(CIP)数据

数理统计/师义民等编著. —4 版. —北京:科学出版社,2015. 6

科学版研究生教学丛书

ISBN 978-7-03-043009-0

Ⅰ. 数… Ⅱ. ①师… Ⅲ. ①数理统计-研究生-教材 Ⅳ. ①O212

中国版本图书馆 CIP 数据核字(2015)第 009058 号

责任编辑:张中兴 / 责任校对:张凤琴

责任印制:赵 博 / 封面设计:陈 敬

科学出版社出版

北京东黄城根北街 16 号

邮政编码：100717

http://www.sciencep.com

保定市中画美凯印刷有限公司印刷

科学出版社发行 各地新华书店经销

*

1999 年 7 月西北工业大学出版社第一版

2002 年 9 月第 二 版 开本:B5(720×1000)

2009 年 2 月第 三 版 印张:20 3/4

2015 年 6 月第 四 版 字数:418 000

2024 年 11 月第二十三次印刷

定价：49.00 元

(如有印装质量问题,我社负责调换)

第四版前言

为适应研究生“数理统计”课程教学改革的需要，这次编写的《数理统计》第四版是在保留第三版的大部分内容和优点的基础上，适当补充和修改而成. 本次修订加强了数理统计方法和统计软件及应用的介绍. 增加的新内容有：截尾样本下参数的最大似然估计，多元线性回归模型的预测，逐步回归，多项式回归，统计软件 R 语言简介及应用实例等. 旨在提高工科研究生的统计理论水平和应用能力.

本书的第 1 章和第 2 章由秦超英编写、修订，第 3 章和第 7 章由师义民编写、修订，第 4 章和第 6 章由徐伟编写、师义民修订，第 5 章和第 8 章由许勇编写、修订. 全书由师义民统稿与整理.

本书的编写与修订是西北工业大学研究生高水平课程体系建设的任务之一，得到了西北工业大学研究生院、科学出版社的大力支持和帮助. 西北工业大学周丙常老师仔细校对了部分章节，给予了很大的帮助，在此一并致谢.

由于编者水平有限，书中错误之处，恳请读者指正.

编　者

2014 年 6 月于西北工业大学

第三版前言

《数理统计》第二版于 2002 年在科学出版社出版，先后多次印刷. 近年来，本书一直作为西北工业大学工科研究生及应用数学系本科生的教学用书. 国内部分院校也使用了本教材，反映良好. 本教材于 2004 年荣获西北工业大学优秀教材二等奖.

为适应研究生“数理统计”课程教学改革的需要，这次改版是在保留第二版的大部分内容和优点的基础上，适当补充和修改而成. 将原书第 1 章中有关统计分布、多元正态分布的内容分别归入统计量与抽样分布、多元分析初步中讲述. 本次修订加强了数理统计的经典内容和统计软件及应用的介绍. 增加的新内容有：经验贝叶斯估计、似然比检验、几类一元非线性回归、统计软件 SPSS 简介及应用实例等. 旨在提高工科研究生的统计理论水平和应用能力.

本书的第 1 章和第 2 章由秦超英编写、修订，第 3 章和第 7 章由师义民编写、修订，第 4 章和第 6 章由徐伟编写、修订，第 5 章和第 8 章由许勇编写、修订. 全书由师义民统稿与整理.

本书的编写得到了西北工业大学概率统计教研室的许多教师和研究生、西北工业大学研究生院及科学出版社的大力支持和帮助，在此一并致以衷心感谢.

由于编者水平有限，书中错误之处，恳请读者指正.

编　者

2008 年 5 月于西北工业大学

第二版前言

本书自1999年第一版出版以来，一直在西北工业大学1999级、2000级和2001级研究生“数理统计”课程中使用. 现根据使用情况并考虑到新世纪研究生“数理统计”课程的教学改革和西北工业大学“三航”高技术各专业对“数理统计”课程的需要，对第一版内容作了进一步调整与修改. 本次修订增加了第1章“基础知识”和第4章“统计决策与贝叶斯估计”；去掉了第一版中的第8章“随机模拟”和第9章“统计软件SPSS简介”；另外将原书中第4章“方差分析”和第6章“试验设计”合并为现在的第6章“方差分析与试验设计”，并在内容上作了适当补充与修改. 本次修订重点加强了数理统计的经典内容，如次序统计量及其分布、充分完备统计量、最小方差无偏估计、假设检验的基本概念等，旨在提高工科研究生的统计理论水平.

本书的第1章和第6章由赵选民编写、修订，第2章和第3章由秦超英编写、修订，第4章和第8章由师义民编写、修订，第5章和第7章由徐伟编写、修订. 全书由赵选民同志统稿与整理. 陕西师范大学刘新平教授仔细地审阅了全稿，并提出了许多宝贵意见与建议. 西北工业大学应用数学系概率统计教研室、西北工业大学研究生院、科学出版社对本书第二版的出版给予了大力支持与帮助，在此，一并致以衷心的谢忱.

由于编者水平有限，书中存在不妥之处，敬请读者指正.

编　者

2001年10月于西北工业大学

第一版前言

本书是根据全国工科院校硕士研究生“数理统计”课程的教学基本要求而编写的. 全书共分 9 章，前 5 章介绍数理统计的基本理论与基本方法，内容包括：数理统计的基本概念、抽样分布、参数估计、假设检验、方差分析和回归分析. 考虑到面向 21 世纪工科研究生数理统计课程教学改革和实际应用的需要，第 6 章介绍了正交试验设计、SN 比及其试验设计和三次设计等方法，第 7 章、第 8 章、第 9 章分别介绍了多元分析初步、随机模拟方法和常用统计软件. 这些方法在工、农业生产，社会、经济、工程技术和自然科学等领域都具有广泛的应用. 本书各章均配有适量的习题，书末附有习题答案或提示.

在本书的编写过程中，考虑到工科硕士研究生的数学基础和教学特点，对数理统计学的基础与核心内容，尽量做到循序渐近，由浅入深，叙述严谨，分析透彻. 而对应用方法部分，通过对典型实例的分析来介绍方法，培养学生应用所学知识解决工程实际问题的能力. 本书的后 4 章内容基本独立，教师可根据学时和不同的教学要求选讲有关内容，或留给学生自学.

本书可作为工学、经济学硕士研究生“数理统计”课程 48～70 学时的教材，也可作为数学与应用数学、信息与计算科学、统计学、管理等专业本科生、研究生的教材或教学参考书，亦可供工程技术人员参考.

本书的第 1 章和第 2 章由秦超英编写，第 3 章和第 6 章由赵选民编写，第 4 章和第 7 章由师义民编写，第 5 章、第 8 章和第 9 章由徐伟编写，全书由赵选民统稿整理. 本书的初稿曾作为讲义在西北工业大学 95 级、96 级、97 级和 98 级四届研究生教学中使用，并几经修改得以完善. 西北工业大学应用数学系概率统计教研室、西北工业大学出版社和研究生院对本书的编写、出版给予了大力支持和帮助，西安交通大学范金城教授仔细地审阅了全稿，并提出了许多宝贵意见与建议，在此，一并致以衷心的谢忱.

由于编者水平有限，书中存在的不妥之处，敬请读者指正.

编　者

1998 年 12 月于西北工业大学

目　　录

第 1 章　统计量与抽样分布

数理统计学是研究随机现象规律性的一门学科，它以概率论为理论基础，研究如何以有效的方式收集、整理和分析受到随机因素影响的数据，并对所考察的问题作出推理和预测，直至为采取某种决策提供依据和建议. 数理统计研究的内容非常广泛，概括起来可分为两大类：一是试验设计，即研究如何对随机现象进行观察和试验，以便更合理更有效地获得试验数据；二是统计推断，即研究如何对所获得的有限数据进行整理和加工，并对所考察的对象的某些性质作出尽可能精确可靠的判断.

数理统计是一门应用性很强的数学学科，已被广泛地应用到自然科学和工程技术的各个领域. 数理统计方法已成为各学科从事科学研究以及在生产、管理、经济等部门进行有效工作的必不可少的数学工具. 本章在回顾数理统计中的一些基本概念，如总体、样本、统计量和经验分布函数的基础上，介绍充分统计量、完备统计量以及一些重要统计量的分布等.

1.1　基 本 概 念

1.1.1　总体和样本

1. 总体

在数理统计学中，我们把所研究对象的全体元素组成的集合称为总体(或称母体)，而把组成总体的每个元素称为个体. 例如，在考察某批灯泡的质量时，该批灯泡的全体就组成一个总体，而其中每个灯泡就是个体.

但是，在实际应用中，人们所关心的并不是总体中个体的一切方面，而所研究的往往是总体中个体的某一项或某几项数量指标. 例如，考察灯泡质量时，我们并不关心灯泡的形状、式样等特征，而只研究灯泡的寿命、亮度等数量指标特征. 如果只考察灯泡寿命这一项指标时，由于一批灯泡中每个灯泡都有一个确定的寿命值，因此，自然地把这批灯泡寿命值的全体视为总体，而其中每个灯泡的寿命值就是个体. 由于具有不同寿命值的灯泡的比例是按一定规律分布的，即任取一个灯泡其寿命为某一值具有一定概率，因而，这批灯泡的寿命是一个随机变量，也就是说，可以用一个随机变量 X 来表示这批灯泡的寿命这个总体. 因此，在数理统计中，任何一个总体都可用一个随机变量来描述. 总体的分布及数字特征，即指表示总体的随机变量的分布及数字特征. 对总体的研究也就归结为对表示总体的随机变量的研究.

2. 样本

为了了解总体 X 的分布规律或某些特征，必须对总体进行抽样观察，即从总体 X 中，随机抽取 n 个个体 $X_1,X_2,\cdots,X_n$，记为$(X_1,X_2,\cdots,X_n)^{\mathrm{T}}$，并称此为来自总体 X 的容量为 n 的样本. 由于每个 X_i 都是从总体 X 中随机抽取的，它的取值就在总体 X 的可能取值范围内随机取得，自然每个 X_i 也是随机变量，从而样本$(X_1,X_2,\cdots,X_n)^{\mathrm{T}}$ 是一个 n 维随机向量. 在抽样观测后，它们是 n 个数据$(x_1,x_2,\cdots,x_n)^{\mathrm{T}}$，称之为样本$(X_1,X_2,\cdots,X_n)^{\mathrm{T}}$ 的一个观测值，简称样本值. 样本$(X_1,X_2,\cdots,X_n)^{\mathrm{T}}$ 可能取值的全体称为样本空间，记为 Ω.

我们的目的是依据从总体 X 中抽取的一个样本值$(x_1,x_2,\cdots,x_n)^{\mathrm{T}}$，对总体 X 的分布或某些特征进行分析推断，因而要求抽取的样本能很好地反映总体的特征且便于处理，于是，提出下面两点要求：

(1) 代表性——要求样本 $X_1,X_2,\cdots,X_n$ 同分布且每个 X_i 与总体 X 具有相同的分布.

(2) 独立性——要求样本 $X_1,X_2,\cdots,X_n$ 是相互独立的随机变量.

满足上述两条性质的样本称为简单随机样本. 若无特别说明，今后提到的样本均指简单随机样本. 关于样本$(X_1,X_2,\cdots,X_n)^{\mathrm{T}}$ 的分布有如下定理.

定理 1.1　设总体 X 的分布函数为 $F(x)$(或分布密度为 $f(x)$ 或分布律为 $P\{X=x^{(i)}\}=p(x^{(i)}),i=1,2,\cdots$)，则来自总体 X 的样本$(X_1,X_2,\cdots,X_n)^{\mathrm{T}}$ 的联合分布函数为 $\prod\limits_{i=1}^{n}F(x_i)$(或联合分布密度为 $\prod\limits_{i=1}^{n}f(x_i)$ 或联合分布律为 $\prod\limits_{i=1}^{n}p(x_i)$).

例 1.1　设总体 X 服从参数为 p 的两点分布，即

$$P\{X=1\}=p,\ P\{X=0\}=1-p,\quad 0<p<1,$$

试求样本$(X_1,X_2,\cdots,X_n)^{\mathrm{T}}$ 的联合分布律.

解　由于总体 X 的分布律可以写成

$$p(x)=P\{X=x\}=p^x(1-p)^{1-x},\quad x=0,1,$$

故由定理 1.1，样本$(X_1,X_2,\cdots,X_n)^{\mathrm{T}}$ 的联合分布律为

$$\prod_{i=1}^{n}p(x_i)=\prod_{i=1}^{n}p^{x_i}(1-p)^{1-x_i}=p^{\sum\limits_{i=1}^{n}x_i}(1-p)^{n-\sum\limits_{i=1}^{n}x_i}.$$

例 1.2　设总体 X 服从正态分布 $N(\mu,\sigma^2)$，试求样本$(X_1,X_2,\cdots,X_n)^{\mathrm{T}}$ 的联合分布密度.

解　总体 X 的分布密度为

$$f(x)=\frac{1}{\sqrt{2\pi}\,\sigma}\mathrm{e}^{-\frac{(x-\mu)^2}{2\sigma^2}},\quad -\infty<x<\infty,$$

故样本$(X_1,X_2,\cdots,X_n)^{\mathrm{T}}$ 的联合分布密度为

$$\prod_{i=1}^{n} f(x_i) = \prod_{i=1}^{n} \frac{1}{\sqrt{2\pi}\,\sigma} e^{-\frac{(x_i-\mu)^2}{2\sigma^2}} = \frac{1}{(\sqrt{2\pi}\,\sigma)^n} e^{-\frac{1}{2\sigma^2}\sum_{i=1}^{n}(x_i-\mu)^2}.$$

1.1.2 统计量和样本矩

1. 统计量

样本是总体的代表和反映，但在抽取样本之后，并不能直接利用样本进行推断，而需要对样本进行“加工”和“提炼”，把样本中关于总体的信息集中起来，这便是针对不同的问题构造出样本的某种函数. 为此，引进统计量的概念.

定义 1.1 设$(X_1,X_2,\cdots,X_n)^{\mathrm{T}}$为总体 X 的一个样本，若 $f(X_1,X_2,\cdots,X_n)$为一个函数，且 f 中不含任何未知参数，则称 $f(X_1,X_2,\cdots,X_n)$为一个统计量.

由于样本 $X_1,X_2,\cdots,X_n$ 是随机变量，统计量 $f(X_1,X_2,\cdots,X_n)$也是随机变量，它们应有确定的分布，其分布称为抽样分布.

2. 常用统计量——样本矩

定义 1.2 设$(X_1,X_2,\cdots,X_n)^{\mathrm{T}}$是从总体 X 中抽取的样本，称统计量：

$\overline{X} = \frac{1}{n}\sum_{i=1}^{n} X_i$ 为样本均值；

$S_n^2 = \frac{1}{n}\sum_{i=1}^{n}(X_i-\overline{X})^2 = \frac{1}{n}\sum_{i=1}^{n}X_i^2-\overline{X}^2$ 为样本方差；

$S_n^{*2} = \frac{1}{n-1}\sum_{i=1}^{n}(X_i-\overline{X})^2$ 为修正样本方差(简称样本方差)；

$S_n = \sqrt{\frac{1}{n}\sum_{i=1}^{n}(X_i-\overline{X})^2}$ 为样本标准差；

$A_k = \frac{1}{n}\sum_{i=1}^{n}X_i^k \quad (k=1,2,\cdots)$ 为样本 k 阶原点矩；

$B_k = \frac{1}{n}\sum_{i=1}^{n}(X_i-\overline{X})^k \quad (k=1,2,\cdots)$ 为样本 k 阶中心矩.

由定义 1.2 可见，$A_1=\overline{X}$，$B_2=S_n^2$，$S_n^{*2}=\frac{n}{n-1}S_n^2$.

用 $\bar{x}$，s_n^2，a_k，b_k 分别表示 $\overline{X}$，S_n^2，A_k，B_k 的观测值，此时只要把定义 1.2 中 X_i 改为 x_i 即可.

由大数定律可以证明，只要总体 X 的 k 阶矩存在，则样本的 k 阶矩依概率收敛于总体 X 的 k 阶矩. 即对任意 $\varepsilon>0$，有

$$\lim_{n\to\infty}P\{|\overline{X}-\mu|<\varepsilon\}=1,$$

$$\lim_{n\to\infty}P\{|S_n^2-\sigma^2|<\varepsilon\}=1,$$

式中 $\mu=EX,\sigma^2=DX$. 此结论表明，n 很大时可用一次抽样后所得的样本均值 $\overline{X}$ 和样本方差 S_n^2 分别作为总体 X 的均值 μ 和方差 σ^2 的近似值.

定理 1.2　设总体 X 具有 $2k$ 阶矩，则来自总体 X 的样本 k 阶原点矩 A_k 的数学期望和方差分别为

$$EA_k=\alpha_k,$$

$$DA_k=\frac{\alpha_{2k}-\alpha_k^2}{n},$$

其中 $\alpha_k=EX^k\,(k=1,2,\cdots)$ 表示总体 X 的 k 阶原点矩.

证明　$$EA_k=E\left(\frac{1}{n}\sum_{i=1}^{n}X_i^k\right)=\frac{1}{n}\sum_{i=1}^{n}EX_i^k=\frac{1}{n}\sum_{i=1}^{n}EX^k=\alpha_k,$$

$$DA_k=D\left(\frac{1}{n}\sum_{i=1}^{n}X_i^k\right)=\frac{1}{n^2}\sum_{i=1}^{n}DX_i^k=\frac{1}{n^2}\sum_{i=1}^{n}DX^k$$

$$=\frac{1}{n}(EX^{2k}-(EX^k)^2)=\frac{\alpha_{2k}-\alpha_k^2}{n}.$$

推论　$E\overline{X}=EX,D\overline{X}=\frac{1}{n}DX,ES_n^2=\frac{n-1}{n}DX,ES_n^{*2}=DX.$

1.1.3　经验分布函数

根据样本来估计和推断总体 X 的分布函数 $F(x)$，是数理统计要解决的一个重要问题. 为此，引进经验分布函数的概念，并介绍它的性质.

设总体 X 的分布函数为 $F(x)$，现对 X 进行 n 次重复独立观测，即对总体作 n 次简单随机抽样，以 $v_n(x)$ 表示随机事件 $\{X\leqslant x\}$ 在这 n 次重复独立观测中出现的次数，即 n 个观测值 $x_1,x_2,\cdots,x_n$ 中小于等于 x 的个数.

对 X 每进行了 n 次重复独立观测，便得到总体 X 的样本 $(X_1,X_2,\cdots,X_n)^{\mathrm{T}}$ 的一个观测值 $(x_1,x_2,\cdots,x_n)^{\mathrm{T}}$，从而对固定的 $x\in(-\infty,+\infty)$ 可以确定 $v_n(x)$ 所取的数值，这个数值就是 $x_1,x_2,\cdots,x_n$ 的 n 个数中小于等于 x 的个数. 若重复进行 n 次抽样时，对于同一个 x，$v_n(x)$ 可能将取不同数值，即 $v_n(x)$ 随样本取不同样本值而取不同值. 因此，$v_n(x)$ 实际上是一个统计量，从而也是随机变量. $v_n(x)$ 通常称为经验频数. 由于在 n 重独立试验中，某事件出现的次数服从二项分布，故有 $v_n(x)$ 服从二项分布

$$P\{v_n(x)=k\}=C_n^k(P\{X\leqslant x\})^k(1-P\{X\leqslant x\})^{n-k}$$

$$=C_n^k[F(x)]^k[1-F(x)]^{n-k},$$

其中 $k=0,1,2,\cdots,n$. 即

$$v_n(x) \sim B(n, F(x)).$$

定义 1.3 称函数

$$F_n(x) = \frac{v_n(x)}{n}, \quad -\infty < x < +\infty \tag{1.1}$$

为总体 X 的经验分布函数.

设 $(X_1, X_2, \cdots, X_n)^{\mathrm{T}}$ 是来自总体 X 的样本,其样本值为 $(x_1, x_2, \cdots, x_n)^{\mathrm{T}}$. 将 $x_1, x_2, \cdots, x_n$ 按由小到大的顺序排列并重新编号为

$$x_{(1)} \leqslant x_{(2)} \leqslant \cdots \leqslant x_{(n)},$$

则总体 X 的经验分布函数可表示为

$$F_n(x) = \frac{v_n(x)}{n} = \begin{cases} 0, & x < x_{(1)}, \\ \dfrac{k}{n}, & x_{(k)} \leqslant x < x_{(k+1)}, \quad k = 1, 2, \cdots, n-1, \\ 1, & x \geqslant x_{(n)}. \end{cases} \tag{1.2}$$

经验分布函数 $F_n(x)$ 的性质:

(1) 当给定样本值 $(x_1, x_2, \cdots, x_n)^{\mathrm{T}}$ 时, $F_n(x)$ 是一个分布函数,即具有以下性质:

(i) $0 \leqslant F_n(x) \leqslant 1$;

(ii) $F_n(-\infty) = 0, F_n(+\infty) = 1$;

(iii) $F_n(x)$ 非减且右连续.

(2) $F_n(x)$ 是随机变量,且 $nF_n(x) = v_n(x) \sim B(n, F(x))$,进而

$$E[F_n(x)] = F(x), \quad D[F_n(x)] = \frac{1}{n} F(x)[1 - F(x)].$$

(3) 当 $n \to \infty$ 时, $F_n(x)$ 依概率收敛于总体 X 的分布函数 $F(x)$,即对任意 $\varepsilon > 0$ 及 $x \in (-\infty, +\infty)$,有

$$\lim_{n \to \infty} P\{ | F_n(x) - F(x) | < \varepsilon \} = 1.$$

实际上, $F_n(x)$ 还依概率 1 一致地收敛于 $F(x)$,所谓格里文科定理指出了这一更深刻的结论,即

$$P\{ \lim_{n \to \infty} (\sup_{-\infty < x < +\infty} | F_n(x) - F(x) |) = 0 \} = 1.$$

这一性质表明,当 n 很大时,由一个样本值得到的经验分布函数 $F_n(x)$ 是总体分布函数 $F(x)$ 的一个优良的估计.

1.2 充分统计量与完备统计量

1.2.1 充分统计量

在数理统计中,由样本来推断总体的前提是:样本中包含了总体分布的信息.

简单随机样本满足了这一前提条件. 样本中所包含的关于总体分布的信息可分为两部分,其一是关于总体结构的信息,即反映总体分布的结构(类型). 例如,假定总体分布是正态分布,则来自该总体的样本也是相互独立、相同的正态分布. 因此,在样本中包含了总体分布是正态分布的信息. 其二是关于总体分布中未知参数的信息,这是由于样本的分布中包含了总体分布中的未知参数. 现在,我们把目标集中在后一部分的信息,即要推断总体分布的未知参数,为此构造一个合适的统计量,对样本进行加工,以便把样本中关于未知参数的信息"提炼"出来. 譬如,为了估计总体的均值 μ,人们把样本 $(X_1,X_2,\cdots,X_n)^{\mathrm{T}}$ 加工成样本均值 $\overline{X}$,为了估计总体方差 σ^2,把样本加工成样本方差 S_n^2,然后用 $\overline{X}$ 和 S_n^2 分别去估计总体均值 μ 和方差 σ^2. 那么试问:统计量 $\overline{X}$ 或 S_n^2 与样本 $(X_1,X_2,\cdots,X_n)^{\mathrm{T}}$ 中所含 μ 或 σ^2 的信息是否一样多? 换言之,统计量 $\overline{X}$ 和 S_n^2 是否把样本 $(X_1,X_2,\cdots,X_n)^{\mathrm{T}}$ 中关于 μ 和 σ^2 的信息全部提炼出来,而没有任何信息损失. 显然,一个"好"的统计量,应该能够将样本中所包含的关于未知参数的信息全部提取出来. 如何将这样一个直观想法用数学形式来表示呢? 英国著名统计学家费希尔(R. A. Fisher)在 1922 年提出了一个重要的概念——充分统计量. 粗略地说,充分统计量就是"不损失信息"的统计量,它的精确表述如下:

定义 1.4　设 $(X_1,X_2,\cdots,X_n)^{\mathrm{T}}$ 是来自总体 X 具有分布函数 $F(x;\theta)$ 的一个样本,$T=T(X_1,X_2,\cdots,X_n)$ 为一个(一维或多维的)统计量,当给定 $T=t$ 时,若样本 $(X_1,X_2,\cdots,X_n)^{\mathrm{T}}$ 的条件分布(离散总体为条件概率,连续总体为条件密度)与参数 θ 无关,则称 T 是 θ 的充分统计量.

充分统计量的含义可以这样来解释:样本中包含关于总体分布中未知参数 θ 的信息,是因为样本的联合分布与 θ 有关. 对统计量 T,如果已经知道它的值以后,样本的条件分布与 θ 无关,就意味着样本的剩余部分中不再包含关于 θ 的信息. 换言之,在 T 中包含了关于 θ 的全部信息,因此,要做关于 θ 的统计推断只需从 T 出发即可. 这就是"充分统计量"这个概念中"充分"这个词的含义.

例 1.3　设总体 X 服从两点分布 $B(1,p)$,即

$$P\{X=x\}=p^x(1-p)^{1-x},\quad x=0,1,$$

其中 $0<p<1$,$(X_1,X_2,\cdots,X_n)^{\mathrm{T}}$ 是来自总体 X 的一个样本,试证 $\overline{X}=\dfrac{1}{n}\sum\limits_{i=1}^{n}X_i$ 是参数 p 的充分统计量.

证明　由于 $X_i\sim B(1,p)$,易知 $n\overline{X}=\sum\limits_{i=1}^{n}X_i\sim B(n,p)$,即有

$$P\{n\overline{X}=k\}=\mathrm{C}_n^k p^k(1-p)^{n-k},\quad k=0,1,\cdots,n.$$

设 $(x_1,x_2,\cdots,x_n)^{\mathrm{T}}$ 为样本值,其中 $x_i=0$ 或 1. 当已知 $\sum\limits_{i=1}^{n}x_i=k$,即 $\overline{X}=\dfrac{k}{n}$

时，样本$(X_1,X_2,\cdots,X_n)^{\mathrm{T}}$的条件概率

$$P\left\{X_1=x_1,X_2=x_2,\cdots,X_n=x_n \mid \overline{X}=\frac{k}{n}\right\}$$

$$=\frac{P\left\{X_1=x_1,X_2=x_2,\cdots,X_n=x_n,\overline{X}=\frac{k}{n}\right\}}{P\left\{\overline{X}=\frac{k}{n}\right\}}$$

$$=\begin{cases}\dfrac{P\{X_1=x_1,X_2=x_2,\cdots,X_n=x_n\}}{P\{n\overline{X}=k\}}, & \sum\limits_{i=1}^{n}x_i=k,\\ 0, & \sum\limits_{i=1}^{n}x_i\neq k\end{cases}$$

$$=\begin{cases}\dfrac{p^{\sum\limits_{i=1}^{n}x_i}(1-p)^{n-\sum\limits_{i=1}^{n}x_i}}{\mathrm{C}_n^k p^k(1-p)^{n-k}}, & \sum\limits_{i=1}^{n}x_i=k,\\ 0, & \sum\limits_{i=1}^{n}x_i\neq k\end{cases}$$

$$=\begin{cases}\dfrac{1}{\mathrm{C}_n^k}, & \sum\limits_{i=1}^{n}x_i=k,\\ 0, & \sum\limits_{i=1}^{n}x_i\neq k\end{cases}$$

与p无关，所以$\overline{X}$是p的充分统计量.

1.2.2 因子分解定理

根据充分统计量的含义，在对总体未知参数进行推断时，应在可能的情况下尽量找出关于未知参数的充分统计量. 但从定义出发来判别一个统计量是否是充分统计量是很麻烦的. 为此，需要一个简单的判别准则. 下面给出一个定理——因子分解定理，运用这个定理，判别甚至寻找一个充分统计量有时会很方便.

定理 1.3(因子分解定理) (1) 连续型情况：设总体X具有分布密度$f(x;\theta)$，$(X_1,X_2,\cdots,X_n)^{\mathrm{T}}$是一样本，$T(X_1,X_2,\cdots,X_n)$是一个统计量，则$T$为$\theta$的充分统计量的充要条件是：样本的联合分布密度函数可以分解为

$$L(\theta)\triangleq\prod_{i=1}^{n}f(x_i;\theta)=h(x_1,x_2,\cdots,x_n)g(T(x_1,x_2,\cdots,x_n);\theta), \tag{1.3}$$

其中h是$x_1,x_2,\cdots,x_n$的非负函数且与θ无关，g仅通过T依赖于$x_1,x_2,\cdots,x_n$.

(2) 离散型情况：设总体X的分布律为$P\{X=x^{(i)}\}=p(x^{(i)};\theta)(i=1,2,\cdots)$，$(X_1,X_2,\cdots,X_n)^{\mathrm{T}}$是一样本，$T(X_1,X_2,\cdots,X_n)$是一个统计量，则$T$是$\theta$的充分统

计量的充要条件是:样本的联合分布律可表示为

$$P\{X_1=x_1,X_2=x_2,\cdots,X_n=x_n\}\triangleq\prod_{i=1}^{n}P\{X=x_i\}$$
$$=h(x_1,x_2,\cdots,x_n)g(T(x_1,x_2,\cdots,x_n);\theta),\tag{1.4}$$

其中 h 是 $x_1,x_2,\cdots,x_n$ 的非负函数且与 θ 无关,g 仅通过 T 依赖于 $x_1,x_2,\cdots,x_n$.

定理1.3又称为费希尔-奈曼准则,由于证明涉及较多的测度论知识,故从略.

如果 $\boldsymbol{\theta}$ 是参数向量,如正态总体 $N(\mu,\sigma^2)$ 中,μ,σ^2 都未知,则记 $\boldsymbol{\theta}=(\mu,\sigma^2)^{\mathrm{T}}$;统计量 $\boldsymbol{T}$ 是随机向量,且式(1.3)或式(1.4)成立,则称 $\boldsymbol{T}$ 关于 $\boldsymbol{\theta}$ 是联合充分的.

必须指出,如果 $\boldsymbol{\theta}$ 和 $\boldsymbol{T}$ 的维数相等,我们不能由 $\boldsymbol{T}$ 关于 $\boldsymbol{\theta}$ 的充分性而推出 $\boldsymbol{T}$ 的第 i 个分量关于 $\boldsymbol{\theta}$ 的第 i 个分量是充分的.

例1.4　根据因子分解定理证明例1.3.

证明　样本的联合分布律为

$$P\{X_1=x_1,X_2=x_2,\cdots,X_n=x_n\}$$
$$=p^{\sum_{i=1}^{n}x_i}(1-p)^{n-\sum_{i=1}^{n}x_i}=(1-p)^n\left(\frac{p}{1-p}\right)^{\sum_{i=1}^{n}x_i}.$$

若取

$$T(x_1,x_2,\cdots,x_n)=\frac{1}{n}\sum_{i=1}^{n}x_i,$$
$$h(x_1,x_2,\cdots,x_n)=1,$$
$$g(T(x_1,x_2,\cdots,x_n);p)=(1-p)^n\left(\frac{p}{1-p}\right)^{nT},$$

则有

$$P\{X_1=x_1,X_2=x_2,\cdots,X_n=x_n\}=h(x_1,x_2,\cdots,x_n)g(T(x_1,x_2,\cdots,x_n);p),$$

由因子分解定理知,$T(X_1,X_2,\cdots,X_n)=\dfrac{1}{n}\sum\limits_{i=1}^{n}X_i=\overline{X}$ 是 p 的充分统计量.

例1.5　设 $(X_1,X_2,\cdots,X_n)^{\mathrm{T}}$ 是来自泊松分布 $P(\lambda)$ 的一个样本,试证明样本均值 $\overline{X}$ 是 λ 的充分统计量.

证明　样本 $(X_1,X_2,\cdots,X_n)^{\mathrm{T}}$ 的联合分布律为

$$P\{X_1=x_1,X_2=x_2,\cdots,X_n=x_n\}=\frac{\lambda^{\sum_{i=1}^{n}x_i}}{\prod_{i=1}^{n}x_i!}\mathrm{e}^{-n\lambda},$$

若取

$$T(x_1,x_2,\cdots,x_n)=\frac{1}{n}\sum_{i=1}^{n}x_i,$$

$$h(x_1,x_2,\cdots,x_n)=\frac{1}{\prod\limits_{i=1}^{n}x_i!},$$

$$g(T(x_1,x_2,\cdots,x_n);\lambda)=\lambda^{nT}\mathrm{e}^{-n\lambda},$$

则

$$P\{X_1=x_1,X_2=x_2,\cdots,X_n=x_n\}=h(x_1,x_2,\cdots,x_n)g(T(x_1,x_2,\cdots,x_n);\lambda).$$

由因子分解定理知，$T(X_1,X_2,\cdots,X_n)=\overline{X}$ 是 λ 的充分统计量.

例 1.6 设 $(X_1,X_2,\cdots,X_n)^{\mathrm{T}}$ 是来自正态总体 $N(\mu,1)$ 的一个样本，试证样本均值 $\overline{X}$ 是 μ 的充分统计量.

证明 样本 $(X_1,X_2,\cdots,X_n)^{\mathrm{T}}$ 的联合分布密度为

$$\begin{aligned}L(\mu)&=\frac{1}{(\sqrt{2\pi})^n}\exp\left\{-\frac{1}{2}\sum_{i=1}^{n}(x_i-\mu)^2\right\}\\&=\frac{1}{(\sqrt{2\pi})^n}\exp\left\{-\frac{1}{2}\sum_{i=1}^{n}(x_i-\bar{x})^2-\frac{n}{2}(\mu-\bar{x})^2\right\}\\&=\frac{1}{(\sqrt{2\pi})^n}\exp\left\{-\frac{1}{2}\sum_{i=1}^{n}(x_i-\bar{x})^2\right\}\exp\left\{-\frac{n}{2}(\mu-\bar{x})^2\right\}.\end{aligned}$$

若取

$$T(x_1,x_2,\cdots,x_n)=\frac{1}{n}\sum_{i=1}^{n}x_i=\bar{x},$$

$$h(x_1,x_2,\cdots,x_n)=\exp\left\{-\frac{1}{2}\sum_{i=1}^{n}(x_i-\bar{x})^2\right\},$$

$$g(T(x_1,x_2,\cdots,x_n);\mu)=\frac{1}{(\sqrt{2\pi})^n}\exp\left\{-\frac{n}{2}(\mu-T)^2\right\},$$

则

$$L(x_1,x_2,\cdots,x_n;\mu)=h(x_1,x_2,\cdots,x_n)g(T(x_1,x_2,\cdots,x_n);\mu).$$

由因子分解定理知，$T(X_1,X_2,\cdots,X_n)=\overline{X}$ 是 μ 的充分统计量.

例 1.7 设 $(X_1,X_2,\cdots,X_n)^{\mathrm{T}}$ 是来自正态总体 $N(\mu,\sigma^2)$ 的一个样本，试证 $\boldsymbol{T}(X_1,X_2,\cdots,X_n)=\left(\overline{X},\sum\limits_{i=1}^{n}X_i^2\right)^{\mathrm{T}}$ 是关于 $\boldsymbol{\theta}=(\mu,\sigma^2)^{\mathrm{T}}$ 的联合充分统计量.

证明 样本的联合分布密度为

$$L(\theta)=\frac{1}{(\sqrt{2\pi}\,\sigma)^n}\exp\left\{-\frac{1}{2\sigma^2}\sum_{i=1}^{n}(x_i-\mu)^2\right\}$$

$$= \frac{1}{(\sqrt{2\pi}\,\sigma)^n}\exp\left\{-\frac{1}{2\sigma^2}\sum_{i=1}^n x_i^2 + \frac{n\mu}{\sigma^2}\bar{x} - \frac{n\mu^2}{2\sigma^2}\right\}$$
$$= h(x_1, x_2, \cdots, x_n) g(\boldsymbol{T}(x_1, x_2, \cdots, x_n); \boldsymbol{\theta}),$$

其中 $h(x_1,x_2,\cdots,x_n)=1$，而 $g(\boldsymbol{T}(x_1,x_2,\cdots,x_n);\boldsymbol{\theta})$ 显然是 $\boldsymbol{T}=\left(\bar{x},\sum_{i=1}^n x_i^2\right)^{\mathrm{T}}$ 和 $\boldsymbol{\theta}=(\mu,\sigma^2)^{\mathrm{T}}$ 的函数. 故由因子分解定理知 $\boldsymbol{T}=\left(\bar{X},\sum_{i=1}^n X_i^2\right)^{\mathrm{T}}$ 是 $\boldsymbol{\theta}=(\mu,\sigma^2)^{\mathrm{T}}$ 的一个联合充分统计量. 此时，显然不能说 $\sum_{i=1}^n X_i^2$ 是 σ^2 的充分统计量.

定理 1.4　设 $T=T(X_1,X_2,\cdots,X_n)$ 是 θ 的一个充分统计量，$f(t)$ 是单值可逆函数，则 $f(T)$ 也是 θ 的充分统计量.

这个定理的结论显然是可信的. 因为 θ 的充分统计量 T 已经包含了样本中关于 θ 的全部信息，那么 T 的函数 $f(T)$ 也应该包含样本中关于 θ 的全部信息. 证明可借助于因子分解定理(留作练习). 由定理 1.4 可知，一个总体的参数 θ 的充分统计量一般不惟一. 例如，若 T 为 θ 的充分统计量，则 $aT+b(a\neq 0)$ 也是 θ 的充分统计量.

1.2.3　完备统计量

为了介绍完备统计量的概念，首先需要引入完备分布函数族的概念.

定义 1.5　设总体 X 的分布函数族为 $\{F(x;\theta),\theta\in\Theta\}$，若对任意一个满足

$$E_\theta[g(X)] = 0, \quad \text{对一切 } \theta \in \Theta \tag{1.5}$$

的随机变量 $g(X)$，总有

$$P_\theta\{g(X) = 0\} = 1, \quad \text{对一切 } \theta \in \Theta, \tag{1.6}$$

则称 $\{F(x;\theta),\theta\in\Theta\}$ 为完备的分布函数族.

定义 1.6　设 $(X_1,X_2,\cdots,X_n)^{\mathrm{T}}$ 为来自总体 $F(x;\theta)(\theta\in\Theta)$ 的一个样本，若统计量 $T=T(X_1,X_2,\cdots,X_n)$ 的分布函数族 $\{F_T(x;\theta),\theta\in\Theta\}$ 是完备的分布函数族，则称 $T=T(X_1,X_2,\cdots,X_n)$ 为完备统计量.

完备统计量的含义不如充分统计量那么明确，但由定义可见它有如下特征：

$$\begin{aligned}&P_\theta\{g_1(T) = g_2(T)\} = 1, \quad \forall\,\theta \in \Theta\\ \Leftrightarrow\ &E_\theta[g_1(T)] = E_\theta[g_2(T)], \quad \forall\,\theta \in \Theta.\end{aligned} \tag{1.7}$$

对于一般的统计量 $T=T(X_1,X_2,\cdots,X_n)$，总有

$$\begin{aligned}&P_\theta\{g_1(T) = g_2(T)\} = 1, \quad \forall\,\theta \in \Theta\\ \Rightarrow\ &E_\theta[g_1(T)] = E_\theta[g_2(T)], \quad \forall\,\theta \in \Theta,\end{aligned}$$

但反之不成立. 若 T 是完备统计量，即 T 的分布函数族是完备分布函数族，则由定义 1.5 知，对于

$$E_\theta[g_1(T)-g_2(T)]=0, \quad \forall\theta\in\Theta,$$

总有

$$P_\theta\{g_1(T)-g_2(T)=0\}=1, \quad \forall\theta\in\Theta,$$

即式(1.7)成立.

例 1.8 设$(X_1,X_2,\cdots,X_n)^{\mathrm{T}}$是来自两点分布$B(1,p)$的样本. 由例 1.3 知 $\overline{X}=\frac{1}{n}\sum_{i=1}^n X_i$ 是 p 的充分统计量. 下面验证 $\overline{X}$ 也是完备统计量.

由于 $n\overline{X}=\sum_{i=1}^n X_i$ 服从二项分布 $B(n,p)$，故 $\overline{X}$ 的分布律为

$$P\left\{\overline{X}=\frac{k}{n}\right\}=\mathrm{C}_n^k p^k(1-p)^{n-k}, \quad k=0,1,2,\cdots,n;\ 0<p<1.$$

设 $g(\overline{X})$ 使得

$$E_p[g(\overline{X})]=\sum_{k=0}^n g\left(\frac{k}{n}\right)\mathrm{C}_n^k p^k(1-p)^{n-k}=0, \quad 对一切\ 0<p<1,$$

即

$$(1-p)^n\sum_{k=0}^n g\left(\frac{k}{n}\right)\mathrm{C}_n^k\left(\frac{p}{1-p}\right)^k=0, \quad 对一切\ 0<p<1$$

或

$$\sum_{k=0}^n g\left(\frac{k}{n}\right)\mathrm{C}_n^k\left(\frac{p}{1-p}\right)^k=0, \quad 对一切\ 0<p<1.$$

上式是关于$\frac{p}{1-p}$的多项式，对一切 $0<p<1$ 要使多项式值为零，只能是它的每项系数为零，即 $g\left(\frac{k}{n}\right)=0(k=0,1,2,\cdots,n)$. 所以 $\overline{X}$ 是完备统计量.

如果一个统计量既是充分的，又是完备的，则称为充分完备统计量. 在寻求总体分布中未知参数的优良估计时，充分完备统计量扮演着重要的角色.

1.2.4 指数型分布族

要判断一个统计量 $T=T(X_1,X_2,\cdots,X_n)$ 是否为参数 θ 的充分统计量和完备统计量，一般是很复杂的. 现介绍一类具有很好的统计和数学性质，且得到广泛应用的分布族——指数型分布族. 它包含了一些常用分布，如泊松分布、正态分布、指数分布、二项分布和 Γ 分布等，对这类分布族，寻找参数的充分完备统计量是方便的.

定义 1.7 设总体 X 的分布密度为 $f(x;\boldsymbol{\theta})$，其中 $\boldsymbol{\theta}=(\theta_1,\theta_2,\cdots,\theta_m)^{\mathrm{T}}$，$(X_1,X_2,\cdots,X_n)^{\mathrm{T}}$ 为其样本，若样本的联合分布密度具有形式

$$\prod_{i=1}^n f(x_i,\boldsymbol{\theta})=C(\boldsymbol{\theta})\exp\left\{\sum_{j=1}^m b_j(\boldsymbol{\theta})T_j(x_1,x_2,\cdots,x_n)\right\}h(x_1,x_2,\cdots,x_n), \tag{1.8}$$

并且集合$\{x: f(x;\boldsymbol{\theta})>0\}$不依赖于$\boldsymbol{\theta}$. 其中$C(\boldsymbol{\theta}), b_j(\boldsymbol{\theta})$只与参数$\boldsymbol{\theta}$有关而与样本无关,$T_j, h$只与样本有关而与参数$\boldsymbol{\theta}$无关,则称$\{f(x;\boldsymbol{\theta}):\boldsymbol{\theta}\in\Theta\}$为指数型分布族. 对于离散型总体,如果其样本的联合分布律可以表示成式(1.8)的形式,也同样称它为指数型分布族.

定理 1.5　设总体X的分布密度$f(x;\boldsymbol{\theta})$为指数族分布,即样本的联合分布密度具有如下形式:

$$\prod_{i=1}^{n} f(x_i;\boldsymbol{\theta}) = C(\boldsymbol{\theta})\exp\left\{\sum_{j=1}^{m} b_j(\boldsymbol{\theta}) T_j(x_1,x_2,\cdots,x_n)\right\} h(x_1,x_2,\cdots,x_n), \tag{1.9}$$

其中$\boldsymbol{\theta}=(\theta_1,\theta_2,\cdots,\theta_m)^{\mathrm{T}}, \boldsymbol{\theta}\in\Theta$. 如果$\Theta$中包含有一个$m$维矩形,而且$\boldsymbol{B}=(b_1(\boldsymbol{\theta}), b_2(\boldsymbol{\theta}),\cdots,b_m(\boldsymbol{\theta}))^{\mathrm{T}}$的值域包含有一个$m$维开集,则$\boldsymbol{T}=(T_1(X_1,X_2,\cdots,X_n), T_2(X_1,X_2,\cdots,X_n),\cdots,T_m(X_1,X_2,\cdots,X_n))^{\mathrm{T}}$是参数$\boldsymbol{\theta}=(\theta_1,\theta_2,\cdots,\theta_m)^{\mathrm{T}}$的充分完备统计量.

例 1.9　设总体X服从泊松分布$P(\lambda)$, $(X_1,X_2,\cdots,X_n)^{\mathrm{T}}$为其样本,样本的联合分布律为

$$\begin{aligned} &P\{X_1=x_1, X_2=x_2,\cdots,X_n=x_n\} \\ &= \frac{\lambda^{\sum\limits_{i=1}^{n} x_i}}{\prod\limits_{i=1}^{n} x_i!} \mathrm{e}^{-n\lambda} = \mathrm{e}^{-n\lambda}\exp\left\{\frac{1}{n}\sum_{i=1}^{n} x_i \cdot n\ln\lambda\right\}\frac{1}{\prod\limits_{i=1}^{n} x_i!}. \end{aligned}$$

与式(1.9)比较有

$$C(\lambda)=\mathrm{e}^{-n\lambda}, \quad h(x_1,x_2,\cdots,x_n)=\frac{1}{\prod\limits_{i=1}^{n} x_i!},$$

$$T(x_1,x_2,\cdots,x_n)=\frac{1}{n}\sum_{i=1}^{n} x_i=\bar{x}, \quad b(\lambda)=n\ln\lambda.$$

因此,样本均值$T(X_1,X_2,\cdots,X_n)=\overline{X}$是参数$\lambda$的充分完备统计量.

例 1.10　设总体X服从正态分布$N(\mu,\sigma^2)$, $\boldsymbol{\theta}=(\mu,\sigma^2)^{\mathrm{T}}$, $(X_1,X_2,\cdots,X_n)^{\mathrm{T}}$为其样本,它的联合分布密度为

$$\begin{aligned} \prod_{i=1}^{n} f(x_i,\boldsymbol{\theta}) &= \frac{1}{(\sqrt{2\pi}\,\sigma)^n}\exp\left\{-\frac{1}{2\sigma^2}\sum_{i=1}^{n}(x_i-\mu)^2\right\} \\ &= \frac{1}{(2\pi\sigma^2)^{n/2}}\mathrm{e}^{-\frac{n\mu^2}{2\sigma^2}}\exp\left\{-\frac{n}{2\sigma^2}\left(\frac{1}{n}\sum_{i=1}^{n} x_i^2\right)+\frac{n\mu}{\sigma^2}\bar{x}\right\}, \end{aligned}$$

与式(1.9)比较,有

$$C(\boldsymbol{\theta})=\frac{1}{(2\pi\sigma^2)^{n/2}}\mathrm{e}^{-\frac{n\mu^2}{2\sigma^2}},$$

$$\boldsymbol{T}=(T_1,T_2)^{\mathrm{T}}=\left(\bar{x},\frac{1}{n}\sum_{i=1}^{n}x_i^2\right)^{\mathrm{T}},$$

$$\boldsymbol{B}=(b_1,b_2)^{\mathrm{T}}=\left(\frac{n\mu}{\sigma^2},-\frac{n}{2\sigma^2}\right)^{\mathrm{T}},$$

$$h(x_1,x_2,\cdots,x_n)=1.$$

因此，$\left(\bar{X},\frac{1}{n}\sum_{i=1}^{n}X_i^2\right)^{\mathrm{T}}$ 是$(\mu,\sigma^2)^{\mathrm{T}}$ 的充分完备统计量，$(\bar{X},S_n^2)^{\mathrm{T}}$ 也是$(\mu,\sigma^2)^{\mathrm{T}}$ 的充分完备统计量.

1.3 抽样分布

所谓抽样分布是指统计量的概率分布. 确定统计量的分布是数理统计学的基本问题之一. 关于统计量的分布，我们关心两类问题：(1) 当总体 X 的分布已知时，对于任一自然数 n，求出给定的统计量 $U_n=f(X_1,X_2,\cdots,X_n)$的分布，这个分布称为统计量的精确分布. 它对数理统计中的所谓小样问题(即样本容量 n 较小时的统计问题)的研究是很重要的；(2) 当 $n\to\infty$时，求统计量 U_n 的极限分布，统计量的极限分布对于数理统计中的所谓大样本问题(即样本容量 n 较大时的统计问题)的研究很有用处.

1.3.1 χ^2 分布

定义 1.8 设随机变量 $X_1,X_2,\cdots,X_n$ 相互独立且同服从于标准正态分布 $N(0,1)$，则称随机变量

$$\chi_n^2=X_1^2+X_2^2+\cdots+X_n^2. \tag{1.10}$$

服从自由度为 n 的 χ^2 分布，记为 $\chi_n^2\sim\chi^2(n)$. 这里自由度 n 表示式(1.10)中独立变量的个数. 随机变量 χ_n^2 亦称为 χ^2 变量.

如果平方和 $\sum_{i=1}^{n}X_i^2$ 中，$X_1,X_2,\cdots,X_n$ 之间存在着k 个独立的线性约束条件，则称$\sum_{i=1}^{n}X_i^2$ 的自由度为$n-k$(即自由变量的个数). 由于式(1.10) 中，$X_1,X_2,\cdots,X_n$ 之间没有线性约束条件，即 $k=0$，所以 χ_n^2 的自由度为 n.

定理 1.6 由式(1.10)定义的随机变量 χ_n^2 的分布密度为

$$f(x)=\begin{cases}\dfrac{1}{2^{\frac{n}{2}}\Gamma\left(\dfrac{n}{2}\right)}\mathrm{e}^{-\frac{x}{2}}x^{\frac{n}{2}-1}, & x>0,\\ 0, & x\leqslant 0,\end{cases} \tag{1.11}$$

其中 $\Gamma\left(\frac{n}{2}\right)$ 是伽玛函数 $\Gamma(\alpha)=\int_0^{\infty} x^{\alpha-1}\mathrm{e}^{-x}\mathrm{d}x$ 在 $\alpha=\frac{n}{2}$ 处的值.

证明　采用数学归纳法证明.

当 $n=1$ 时，$\chi_1^2=X_1^2$，而 $X_1\sim N(0,1)$，即 X_1 的分布密度是

$$p(x)=\frac{1}{\sqrt{2\pi}}\mathrm{e}^{-\frac{x^2}{2}},\quad -\infty<x<+\infty.$$

由于 χ_1^2 只取非负值，当 $y\leqslant 0$ 时，显然，它的分布密度 $f(y)=0$. 又因为 $y=x^2$ 在 $x\leqslant 0$ 和 $x>0$ 时分别是单调降与单调增的，所以当 $y>0$ 时，χ_1^2 的分布密度为

$$f(y)=\frac{1}{\sqrt{2\pi}}\mathrm{e}^{-\frac{y}{2}}\left|(\sqrt{y})'\right|+\frac{1}{\sqrt{2\pi}}\mathrm{e}^{-\frac{y}{2}}\left|(-\sqrt{y})'\right|=\frac{1}{2^{\frac{1}{2}}\Gamma\left(\frac{1}{2}\right)}y^{\frac{1}{2}-1}\mathrm{e}^{-\frac{y}{2}},$$

所以当 $n=1$ 时式(1.11)成立.

假设 $n=k$ 时式(1.11)成立，即 $\chi_k^2=X_1^2+X_2^2+\cdots+X_k^2$ 的分布密度为

$$f(x)=\begin{cases}\dfrac{1}{2^{\frac{k}{2}}\Gamma\left(\frac{k}{2}\right)}x^{\frac{k}{2}-1}\mathrm{e}^{-\frac{x}{2}}, & x>0,\\ 0, & x\leqslant 0.\end{cases}$$

当 $n=k+1$ 时，$\chi_{k+1}^2=(X_1^2+X_2^2+\cdots+X_k^2)+X_{k+1}^2=\chi_k^2+X_{k+1}^2$. 由于 χ_{k+1}^2 取非负值，当 $x\leqslant 0$ 时，它的分布密度 $f(x)=0$.

当 $x>0$ 时，利用两个独立随机变量和的分布密度的卷积公式，有

$$\begin{aligned}f(x)&=\int_0^x \frac{1}{2^{\frac{k}{2}}\Gamma\left(\frac{k}{2}\right)}t^{\frac{k}{2}-1}\mathrm{e}^{-\frac{t}{2}}\ \frac{1}{2^{\frac{1}{2}}\Gamma\left(\frac{1}{2}\right)}(x-t)^{\frac{1}{2}-1}\mathrm{e}^{-\frac{x-t}{2}}\mathrm{d}t\\
&=\frac{\mathrm{e}^{-\frac{x}{2}}}{2^{\frac{k+1}{2}}\Gamma\left(\frac{k}{2}\right)\Gamma\left(\frac{1}{2}\right)}\int_0^x t^{\frac{k}{2}-1}(x-t)^{\frac{1}{2}-1}\mathrm{d}t\\
&\xlongequal{令 u=t/x}\frac{\mathrm{e}^{-\frac{x}{2}}x^{\frac{k+1}{2}-1}}{2^{\frac{k+1}{2}}\Gamma\left(\frac{k}{2}\right)\Gamma\left(\frac{1}{2}\right)}\int_0^1 u^{\frac{k}{2}-1}(1-u)^{\frac{1}{2}-1}\mathrm{d}u\\
&=\frac{\mathrm{e}^{-\frac{x}{2}}x^{\frac{k+1}{2}-1}}{2^{\frac{k+1}{2}}\Gamma\left(\frac{k}{2}\right)\Gamma\left(\frac{1}{2}\right)}\mathrm{B}\left(\frac{k}{2},\frac{1}{2}\right)=\frac{1}{2^{\frac{k+1}{2}}\Gamma\left(\frac{k+1}{2}\right)}x^{\frac{k+1}{2}-1}\mathrm{e}^{-\frac{x}{2}}.\end{aligned}$$

其中 $\mathrm{B}\left(\frac{k}{2},\frac{1}{2}\right)$ 是贝塔函数在 $\left(\frac{k}{2},\frac{1}{2}\right)$ 处的值. 由此可见式(1.11)对 $n=k+1$ 时成立.

χ_n^2 分布密度函数曲线如图 1.1 所示，它随 n 取不同的值而不同.

例 1.11 设$(X_1,X_2,\cdots,X_n)^{\mathrm{T}}$是来自正态总体$N(\mu,\sigma^2)$的一个样本，求随机变量

$$Y=\frac{1}{\sigma^2}\sum_{i=1}^{n}(X_i-\mu)^2$$

的概率分布.

解 因为$X_1,X_2,\cdots,X_n$相互独立，且$X_i\sim N(\mu,\sigma^2)(i=1,2,\cdots,n)$.

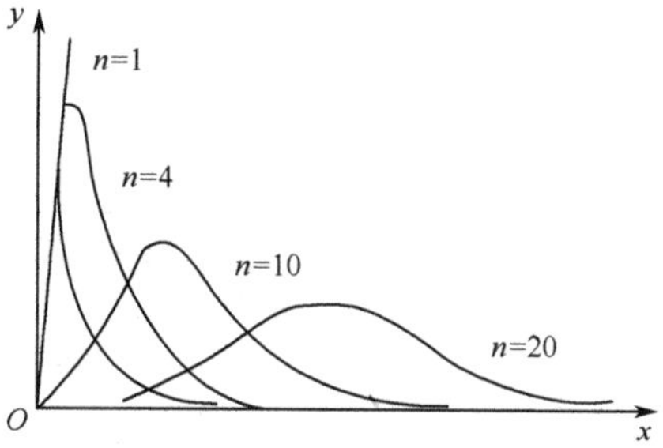

图 1.1 χ^2 分布的密度函数

作变换

$$Y_i=\frac{X_i-\mu}{\sigma},\quad i=1,2,\cdots,n.$$

显然$Y_1,Y_2,\cdots,Y_n$相互独立，且$Y_i\sim N(0,1)(i=1,2,\cdots,n)$. 因此由定义1.8得

$$Y=\frac{1}{\sigma^2}\sum_{i=1}^{n}(X_i-\mu)^2=\sum_{i=1}^{n}Y_i^2$$

服从自由度为n的χ^2分布.

χ^2分布具有下列性质：

性质 1 $E\chi_n^2=n,D\chi_n^2=2n$.

证明 由定义 1.8，并注意到$X_1,X_2,\cdots,X_n$相互独立，且$EX_i=0,DX_i=1(i=1,2,\cdots,n)$. 有

$$E\chi_n^2=E\left(\sum_{i=1}^{n}X_i^2\right)=\sum_{i=1}^{n}EX_i^2=\sum_{i=1}^{n}[DX_i+(EX_i)^2]=n,$$

$$D\chi_n^2=D\left(\sum_{i=1}^{n}X_i^2\right)=\sum_{i=1}^{n}DX_i^2=2n.$$

上式最后一个等号用到

$$DX_i^2=EX_i^4-(EX_i^2)^2=\frac{1}{\sqrt{2\pi}}\int_{-\infty}^{+\infty}x^4\mathrm{e}^{-\frac{x^2}{2}}\mathrm{d}x-1=3-1=2.$$

性质 2 若$\chi_1^2\sim\chi^2(n),\chi_2^2\sim\chi^2(m)$，且$\chi_1^2$与$\chi_2^2$相互独立，则

$$\chi_1^2+\chi_2^2\sim\chi^2(n+m).$$

证明 令$Z=\chi_1^2+\chi_2^2$. 由于Z只取非负值，当$z\leqslant 0$时，Z的分布密度

$$\varphi(z)=0.$$

当$z>0$时，利用求独立随机变量和的分布密度的卷积公式，有

$$\varphi(z)=\int_0^z\frac{1}{2^{\frac{n}{2}}\Gamma\left(\frac{n}{2}\right)}x^{\frac{n}{2}-1}\mathrm{e}^{-\frac{x}{2}}\ \frac{1}{2^{\frac{m}{2}}\Gamma\left(\frac{m}{2}\right)}(z-x)^{\frac{m}{2}-1}\mathrm{e}^{-\frac{z-x}{2}}\mathrm{d}x$$

$$= \frac{1}{2^{\frac{n+m}{2}}\Gamma\left(\frac{n}{2}\right)\Gamma\left(\frac{m}{2}\right)} e^{-\frac{z}{2}} \int_0^z x^{\frac{n}{2}-1}(z-x)^{\frac{m}{2}-1}\mathrm{d}x$$

$$\xlongequal{\text{令 } u=x/z} \frac{1}{2^{\frac{n+m}{2}}\Gamma\left(\frac{n}{2}\right)\Gamma\left(\frac{m}{2}\right)} e^{-\frac{z}{2}} z^{\frac{n+m}{2}-1}\int_0^1 u^{\frac{n}{2}-1}(1-u)^{\frac{m}{2}-1}\mathrm{d}u$$

$$= \frac{1}{2^{\frac{n+m}{2}}\Gamma\left(\frac{n}{2}\right)\Gamma\left(\frac{m}{2}\right)} e^{-\frac{z}{2}} z^{\frac{n+m}{2}-1} \mathrm{B}\left(\frac{n}{2},\frac{m}{2}\right) = \frac{1}{2^{\frac{n+m}{2}}\Gamma\left(\frac{n+m}{2}\right)} z^{\frac{n+m}{2}-1}e^{-\frac{z}{2}},$$

即

$$Z = \chi_1^2 + \chi_2^2 \sim \chi^2(n+m).$$

性质 2 称为 χ^2 分布的可加性. 这个性质还可以推广到多个变量的情形，即 n 个相互独立的 χ^2 变量之和亦是 χ^2 变量，且它的自由度等于各个 χ^2 变量相应自由度之和.

性质 3　设 $\chi_n^2 \sim \chi^2(n)$，则对任意 x，有

$$\lim_{n\to\infty} P\left\{\frac{\chi_n^2 - n}{\sqrt{2n}} \leqslant x\right\} = \frac{1}{\sqrt{2\pi}}\int_{-\infty}^x e^{-\frac{t^2}{2}}\mathrm{d}t.$$

证明　由假设 χ_n^2 可表示成 n 个相互独立的标准正态变量 $X_1, X_2, \cdots, X_n$ 的平方和，即

$$\chi_n^2 = X_1^2 + X_2^2 + \cdots + X_n^2.$$

显然，$X_1^2, X_2^2, \cdots, X_n^2$ 独立同分布，且 $\mu = EX_i^2 = 1, \sigma^2 = DX_i^2 = 2(i=1,2,\cdots,n)$，由中心极限定理得

$$\lim_{n\to\infty} P\left\{\frac{\chi_n^2 - n}{\sqrt{2n}} \leqslant x\right\} = \lim_{n\to\infty} P\left\{\frac{\sum\limits_{i=1}^n X_i^2 - n\mu}{\sqrt{n}\sigma} \leqslant x\right\} = \frac{1}{\sqrt{2\pi}}\int_{-\infty}^x e^{-\frac{t^2}{2}}\mathrm{d}t.$$

此性质说明 χ^2 变量的极限分布是正态分布，因而，当 n 很大时，$\frac{\chi_n^2 - n}{\sqrt{2n}}$ 近似服从标准正态分布 $N(0,1)$，亦即 n 很大时，χ_n^2 近似服从正态分布 $N(n, 2n)$.

下面介绍一个比性质 2 更为深刻的结论——柯赫伦(Cochran)分解定理.

定理 1.7(柯赫伦分解定理)　设 $X_1, X_2, \cdots, X_n$ 相互独立，且 $X_i \sim N(0,1)$ $(i=1,2,\cdots,n)$. 令 $Q = \sum\limits_{i=1}^n X_i^2$，$Q$ 是自由度为 n 的 χ^2 变量. 若 Q 可以分解成

$$Q = Q_1 + Q_2 + \cdots + Q_k,$$

其中 $Q_i(i=1,2,\cdots,k)$ 是秩为 n_i 的关于 $(X_1, X_2, \cdots, X_n)^{\mathrm{T}}$ 的非负二次型. 则 $Q_i(i=1,2,\cdots,k)$ 相互独立且 $Q_i \sim \chi^2(n_i)(i=1,2,\cdots,k)$ 的充要条件是

$$n_1 + n_2 + \cdots + n_k = n.$$

定理 1.7 的必要性依 χ^2 变量的可加性是显然的，充分性的证明需要用到较多的线性代数知识，故从略. 该定理在第 4 章方差分析中起着重要的作用. 它将被这样应用：如果由 $(X_1, X_2, \cdots, X_n)^{\mathrm{T}}$ 构成的自由度为 n 的 χ^2 变量 Q 能够分解成若干个关于 $(X_1, X_2, \cdots, X_n)^{\mathrm{T}}$ 的非负二次型，那么只要这若干个二次型的秩之和为 n，则每个二次型均服从 χ^2 分布，且分布的自由度等于相应于该二次型的秩.

1.3.2 t 分布

定义 1.9 设 $X \sim N(0,1)$，$Y \sim \chi^2(n)$，且 X 与 Y 相互独立，则称随机变量

$$T = \frac{X}{\sqrt{Y/n}} \tag{1.12}$$

服从自由度为 n 的 t 分布，记为 $T \sim t(n)$. 随机变量 T 亦称为 T 变量.

定理 1.8 由式(1.12)所定义的 T 变量的分布密度为

$$\varphi_T(x) = \frac{\Gamma\left(\frac{n+1}{2}\right)}{\sqrt{n\pi}\,\Gamma\left(\frac{n}{2}\right)}\left(1 + \frac{x^2}{n}\right)^{-\frac{n+1}{2}}, -\infty < x < +\infty, \tag{1.13}$$

证明 证明分两步进行. 第一步令 $Z = \sqrt{Y/n}$，计算 Z 的分布密度 $\varphi_Z(z)$.

由于 Z 取非负值，所以当 $z \leqslant 0$ 时，$\varphi_Z(z) = 0$. 当 $z > 0$ 时，z 的分布函数为

$$F_Z(z) = P\{Z \leqslant z\} = P\{\sqrt{Y/n} \leqslant z\} = P\{Y \leqslant nz^2\} = F_Y(nz^2).$$

因此，Z 的分布密度为

$$\begin{aligned}\varphi_Z(z) &= F'_z(z) = F'_Y(nz^2)2nz = \varphi_Y(nz^2)2nz \\ &= \frac{1}{2^{\frac{n}{2}-1}\Gamma\left(\frac{n}{2}\right)} n^{\frac{n}{2}} z^{n-1} \mathrm{e}^{-\frac{nz^2}{2}}.\end{aligned}$$

第二步利用两个独立随机变量之商的分布密度公式可得 $T = \dfrac{X}{Z}$ 的分布密度为

$$\begin{aligned}\varphi_T(x) &= \int_{-\infty}^{+\infty} |z| \varphi_X(zx)\varphi_Z(z)\mathrm{d}z \\ &= \int_0^{+\infty} z \frac{1}{\sqrt{2\pi}} \mathrm{e}^{-\frac{(zx)^2}{2}} \frac{1}{2^{\frac{n}{2}-1}\Gamma\left(\frac{n}{2}\right)} n^{\frac{n}{2}} z^{n-1} \mathrm{e}^{-\frac{nz^2}{2}} \mathrm{d}z \\ &= \frac{n^{\frac{n}{2}}}{\sqrt{\pi}\, 2^{\frac{n-1}{2}}\Gamma\left(\frac{n}{2}\right)} \int_0^{+\infty} z^n \mathrm{e}^{-\frac{n+x^2}{2}z^2} \mathrm{d}z\end{aligned}$$

$$\xlongequal{\text{令}u=\frac{n+x^2}{2}z^2} \frac{1}{\sqrt{n\pi}\Gamma\left(\frac{n}{2}\right)(1+x^2/n)^{\frac{n+1}{2}}}\int_0^{+\infty} u^{\frac{n+1}{2}-1}\mathrm{e}^{-u}\mathrm{d}u$$

$$=\frac{\Gamma\left(\frac{n+1}{2}\right)}{\sqrt{n\pi}\Gamma\left(\frac{n}{2}\right)}\left(1+\frac{x^2}{n}\right)^{-\frac{n+1}{2}}.$$

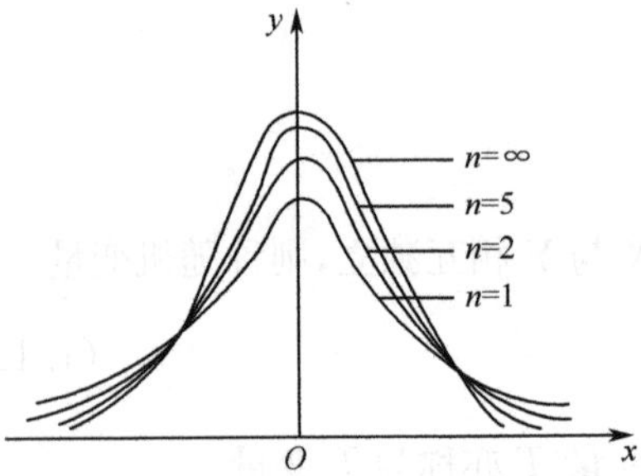

图 1.2　t 分布密度函数

图 1.2 给出了当 $n=1,5,10,\infty$ 时 t 分布密度函数图像. 由于式(1.13)中的函数是偶函数,所以 t 分布密度关于 Y 轴对称. 而且由图可见当 n 很大时,t 分布很接近于标准正态分布.

例 1.12　设 $X\sim N(\mu,\sigma^2)$,$Y/\sigma^2\sim\chi^2(n)$,且 X 与 Y 相互独立. 试求

$$T=\frac{X-\mu}{\sqrt{Y/n}}$$

的概率分布.

解　因为 $X\sim N(\mu,\sigma^2)$,所以

$$\frac{X-\mu}{\sigma}\sim N(0,1),$$

又

$$Y/\sigma^2\sim\chi^2(n),$$

由于 X 与 Y 相互独立,因此 $\frac{X-\mu}{\sigma}$ 与 $\frac{Y}{\sigma^2}$ 相互独立,从而由定义 1.9,有

$$\frac{X-\mu}{\sqrt{Y/n}}=\frac{(X-\mu)/\sigma}{\sqrt{\left(\frac{Y}{\sigma^2}\right)\Big/n}}\sim t(n).$$

即 $T=\frac{X-\mu}{\sqrt{Y/n}}$ 服从自由度为 n 的 t 分布.

t 分布具有下列性质:

性质 1　设 $T\sim t(n)$,当 $n>2$ 时,$ET=0$,$DT=\frac{n}{n-2}$.

性质 2　设 $T\sim t(n)$,$\varphi_T(t)$ 是 T 的分布密度,则

$$\lim_{n\to\infty}\varphi_T(t)=\frac{1}{\sqrt{2\pi}}\mathrm{e}^{-\frac{t^2}{2}}.$$

证明　由式(1.13),有

$$\lim_{n\to\infty}\varphi_T(t)=\lim_{n\to\infty}\frac{\Gamma\left(\frac{n+1}{2}\right)}{\sqrt{n\pi}\,\Gamma\left(\frac{n}{2}\right)}\left(1+\frac{t^2}{n}\right)^{-\frac{n+1}{2}}=\frac{1}{\sqrt{\pi}}\mathrm{e}^{-\frac{t^2}{2}}\lim_{n\to\infty}\frac{\Gamma\left(\frac{n+1}{2}\right)}{\sqrt{n}\,\Gamma\left(\frac{n}{2}\right)}.$$

由于当 $n\to\infty$ 时，$\frac{\Gamma(n+\alpha)}{\Gamma(n)}$ 与 n^α 等价，所以

$$\lim_{n\to\infty}\frac{\Gamma\left(\frac{n}{2}+\frac{1}{2}\right)}{\sqrt{n}\,\Gamma\left(\frac{n}{2}\right)}=\lim_{n\to\infty}\frac{1}{\sqrt{n}}\left(\frac{n}{2}\right)^{\frac{1}{2}}=\frac{1}{\sqrt{2}},$$

于是

$$\lim_{n\to\infty}\varphi_T(t)=\frac{1}{\sqrt{2\pi}}\mathrm{e}^{-\frac{t^2}{2}}.$$

此性质说明当 $n\to\infty$ 时，t 分布的极限分布是标准正态分布. 事实上，当 $n>30$ 时，t 分布与标准正态分布就非常接近了. 但对较小的 n 值，t 分布与 $N(0,1)$ 分布有较大的差异，而且有

$$P\{|T|\geqslant t_0\}\geqslant P\{|X|\geqslant t_0\},$$

其中 $X\sim N(0,1)$，即在 t 分布的尾部比标准正态分布尾部有着更大的概率(如图 1.2).

1.3.3 *F* 分布

定义 1.10 设 $X\sim\chi^2(n_1)$，$Y\sim\chi^2(n_2)$，且 X 与 Y 相互独立，则称随机变量

$$F=\frac{X/n_1}{Y/n_2} \tag{1.14}$$

服从自由度为 (n_1,n_2) 的 F 分布，记为 $F\sim F(n_1,n_2)$. 其中 n_1 称为第一自由度，n_2 称为第二自由度.

定理 1.9 自由度为 (n_1,n_2) 的 F 分布的分布密度为

$$\varphi_F(x)=\begin{cases}\dfrac{\Gamma\left(\frac{n_1+n_2}{2}\right)}{\Gamma\left(\frac{n_1}{2}\right)\Gamma\left(\frac{n_2}{2}\right)}\left(\frac{n_1}{n_2}\right)\left(\frac{n_1}{n_2}x\right)^{\frac{n_1}{2}-1}\left(1+\frac{n_1}{n_2}x\right)^{-\frac{n_1+n_2}{2}}, & x>0,\\ 0, & x\leqslant 0.\end{cases} \tag{1.15}$$

证明 令 $U=\frac{X}{n_1}$，$V=\frac{Y}{n_2}$，U 与 V 相互独立且分布密度分别为

$$\varphi_U(u)=\begin{cases}\dfrac{n_1^{\frac{n_1}{2}}}{2^{\frac{n_1}{2}}\Gamma\left(\frac{n_1}{2}\right)}u^{\frac{n_1}{2}-1}\mathrm{e}^{-\frac{n_1}{2}u}, & u>0,\\ 0, & u\leqslant 0\end{cases}$$

与

$$\varphi_V(v)=\begin{cases}\dfrac{n_2^{\frac{n_2}{2}}}{2^{\frac{n_2}{2}}\Gamma\left(\frac{n_2}{2}\right)}v^{\frac{n_2}{2}-1}\mathrm{e}^{-\frac{n_2}{2}v}, & v>0,\\ 0, & v\leqslant 0.\end{cases}$$

由于 $F=\dfrac{U}{V}$,利用两个独立随机变量商的分布密度公式,当 $x>0$ 时,F 的分布密度为

$$\begin{aligned}\varphi_F(x)&=\int_{-\infty}^{+\infty}|v|\varphi_U(xv)\varphi_V(v)\mathrm{d}v\\&=\frac{n_1^{\frac{n_1}{2}}n_2^{\frac{n_2}{2}}}{2^{\frac{n_1+n_2}{2}}\Gamma\left(\frac{n_1}{2}\right)\Gamma\left(\frac{n_2}{2}\right)}\int_0^{+\infty}v(xv)^{\frac{n_1}{2}-1}\mathrm{e}^{-\frac{n_1xv}{2}}v^{\frac{n_2}{2}-1}\mathrm{e}^{-\frac{n_2v}{2}}\mathrm{d}v\\&=\frac{n_1^{\frac{n_1}{2}}n_2^{\frac{n_2}{2}}}{2^{\frac{n_1+n_2}{2}}\Gamma\left(\frac{n_1}{2}\right)\Gamma\left(\frac{n_2}{2}\right)}x^{\frac{n_1}{2}-1}\int_0^{+\infty}v^{\frac{n_1+n_2}{2}-1}\mathrm{e}^{-\frac{n_1x+n_2}{2}v}\mathrm{d}v\\&\xlongequal{令 w=\frac{n_1x+n_2}{2}v}\frac{n_1^{\frac{n_1}{2}}n_2^{\frac{n_2}{2}}x^{\frac{n_1}{2}-1}}{2^{\frac{n_1+n_2}{2}}\Gamma\left(\frac{n_1}{2}\right)\Gamma\left(\frac{n_2}{2}\right)}\left(\frac{2}{n_1x+n_2}\right)^{\frac{n_1+n_2}{2}}\int_0^{+\infty}w^{\frac{n_1+n_2}{2}-1}\mathrm{e}^{-w}\mathrm{d}w\\&=\frac{\Gamma\left(\frac{n_1+n_2}{2}\right)}{\Gamma\left(\frac{n_1}{2}\right)\Gamma\left(\frac{n_2}{2}\right)}\left(\frac{n_1}{n_2}\right)\left(\frac{n_1}{n_2}x\right)^{\frac{n_1}{2}-1}\left(1+\frac{n_1}{n_2}x\right)^{-\frac{n_1+n_2}{2}}.\end{aligned}$$

由于 F 取非负值,所以当 $x\leqslant 0$ 时,$\varphi_F(x)=0$.

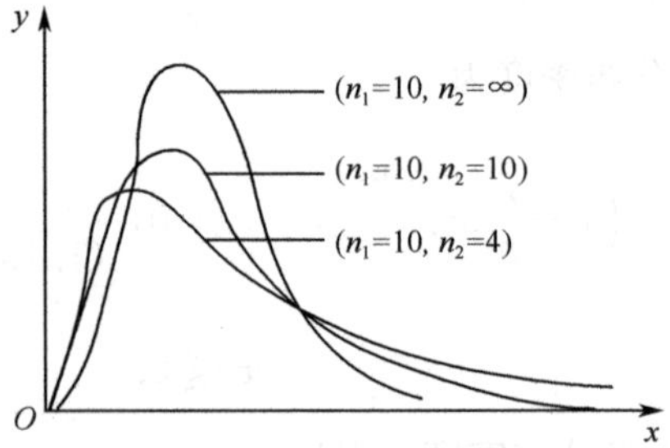

图 1.3　F 分布密度函数

图 1.3 给出了 F 分布的分布密度图像.

例 1.13　已知 $T\sim t(n)$,证明

$$T^2\sim F(1,n).$$

证明　因为 $T\sim t(n)$,由定义 1.9 有

$$T=\frac{X}{\sqrt{Y/n}},$$

其中 $X\sim N(0,1)$,$Y\sim\chi^2(n)$,且 X 与 Y 独立,那么

$$T^2=\frac{X^2}{Y/n},$$

由于 $X^2\sim\chi^2(1)$,且 X^2 与 Y 相互独立,由定义 1.10 有

$$T^2\sim F(1,n).$$

F 分布具有下列性质：

性质 1 设 $F\sim F(n_1,n_2)$，则

$$EF=\frac{n_2}{n_2-2}\quad(n_2>2),\tag{1.16}$$

$$DF=\frac{2n_2^2(n_1+n_2-2)}{n_1(n_2-2)^2(n_2-4)}\quad(n_2>4).\tag{1.17}$$

性质 2 设 $F\sim F(n_1,n_2)$，则

$$\frac{1}{F}\sim F(n_2,n_1).\tag{1.18}$$

事实上，从

$$\frac{1}{F}=\frac{Y/n_2}{X/n_1}$$

立即可以得到证明.

性质 3 设 $F\sim F(n_1,n_2)$，则当 $n_2>4$ 时，对任意 x 有

$$\lim_{n_1\to\infty}P\left\{\frac{F-EF}{\sqrt{DF}}\leqslant x\right\}=\int_{-\infty}^{x}\frac{1}{\sqrt{2\pi}}\mathrm{e}^{-\frac{t^2}{2}}\mathrm{d}t,$$

其中 EF,DF 由式(1.16)，(1.17)所确定.

此性质说明，当 n_1 充分大且 $n_2>4$ 时，自由度为 (n_1,n_2) 的 F 分布近似服从于正态分布

$$N\left(\frac{n_2}{n_2-2},\quad\frac{2n_2^2(n_1+n_2-2)}{n_1(n_2-2)^2(n_2-4)}\right).$$

下面的定理在方差分析中起重要作用.

定理 1.10 设 $X_1,X_2,\cdots,X_n$ 相互独立，且同服从 $N(0,\sigma^2)$ 分布，$Q_i(i=1,2,\cdots,k)$ 是关于 $(X_1,X_2,\cdots,X_n)^{\mathrm{T}}$ 的秩(即自由度)为 n_i 的非负二次型，且

$$Q_1+Q_2+\cdots+Q_k=\sum_{i=1}^{n}X_i^2,$$

$$n_1+n_2+\cdots+n_k=n,$$

则

$$F_{ij}=\frac{Q_i}{Q_j}\frac{n_j}{n_i}.$$

服从自由度为 (n_i,n_j) 的 F 分布.

由定理 1.7 和 F 分布的定义立即可得定理 1.10，证明留作练习.

1.3.4 概率分布的分位数

定义 1.11 设 X 是随机变量，对于给定的实数 $\alpha(0<\alpha<1)$，若存在 x_α 使

$$P\{X>x_\alpha\}=\alpha,$$

则称 x_α 为 X(或它的概率分布)的上侧分位数.

如果 $X\sim N(0,1)$,将标准正态分布的上侧分位数记为 u_α,它满足关系式

$$P\{X>u_\alpha\}=1-P\{X\leqslant u_\alpha\}=1-\Phi(u_\alpha)=\alpha,$$

即

$$\Phi(u_\alpha)=1-\alpha.$$

给定 α,查附表 1 可得 u_α. 如 $u_{0.05}=1.645$,$u_{0.025}=1.96$ 等. 由于标准正态分布的对称性,显然有

$$u_\alpha=-u_{1-\alpha}.$$

对于 $\chi_n^2\sim\chi^2(n)$,将自由度为 n 的 χ^2 分布的上侧分位数记为 $\chi_\alpha^2(n)$,它满足

$$P\{\chi_n^2>\chi_\alpha^2(n)\}=\alpha,$$

其值可由附表 3 查得,当 $n>45$ 时,由 α 值查不到 $\chi_\alpha^2(n)$ 的值,此时可以利用近似公式

$$\chi_\alpha^2(n)\approx n+\sqrt{2n}u_\alpha, \tag{1.19}$$

计算 $\chi_\alpha^2(n)$,其中 u_α 是标准正态分布的上侧分位数. 利用 $(\chi_n^2-n)/\sqrt{2n}$ 近似服从 $N(0,1)$ 分布及定义 1.11 即可证明该公式(留作练习).

若 $T\sim t(n)$,将自由度为 n 的 t 分布的上侧分位数记为 $t_\alpha(n)$,它满足

$$P\{T>t_\alpha(n)\}=\alpha,$$

其值可由附表 2 查得,由于 t 分布的对称性,有

$$t_\alpha(n)=-t_{1-\alpha}(n).$$

若 $F\sim F(n_1,n_2)$,将自由度为 (n_1,n_2) 的 F 分布的上侧分位数记为 $F_\alpha(n_1,n_2)$,它满足

$$P\{F>F_\alpha(n_1,n_2)\}=\alpha,$$

对 $\alpha=0.05,0.01,0.025,0.1$,$F_\alpha(n_1,n_2)$ 的值可由附表 4 查得,对于 $1-\alpha$,可由下列公式来计算 $F_{1-\alpha}(n_2,n_1)$,

$$F_{1-\alpha}(n_2,n_1)=\frac{1}{F_\alpha(n_1,n_2)}. \tag{1.20}$$

事实上,由上侧分位数定义

$$P\{F>F_\alpha(n_1,n_2)\}=\alpha,$$

得

$$P\left\{\frac{1}{F}<\frac{1}{F_\alpha(n_1,n_2)}\right\}=\alpha,$$

于是

$$P\left\{\frac{1}{F}>\frac{1}{F_\alpha(n_1,n_2)}\right\}=1-P\left\{\frac{1}{F}\leqslant\frac{1}{F_\alpha(n_1,n_2)}\right\}=1-\alpha.$$

又由$\frac{1}{F}\sim F(n_2,n_1)$及上侧分位数定义知

$$P\left\{\frac{1}{F}>F_{1-\alpha}(n_2,n_1)\right\}=1-\alpha,$$

于是有

$$P\left\{\frac{1}{F}>\frac{1}{F_\alpha(n_1,n_2)}\right\}=P\left\{\frac{1}{F}>F_{1-\alpha}(n_2,n_1)\right\}.$$

由于 F 分布函数是严格单调上升的，因而上侧分位数是唯一确定的，故有

$$F_\alpha(n_1,n_2)=\frac{1}{F_{1-\alpha}(n_2,n_1)}.$$

1.3.5 正态总体样本均值和方差的分布

正态总体在数理统计中有特别重要的地位，原因之一是其统计量的精确分布比较容易求得；另一个重要原因是，在许多领域的统计研究中所遇到的总体，不少可以认为近似服从正态分布. 因此，研究正态总体下统计量的精确分布是十分重要的.

定理 1.11 设$(X_1,X_2,\cdots,X_n)^{\mathrm{T}}$是来自正态总体 $N(\mu,\sigma^2)$的一个样本，则样本的任一线性函数

$$U=a_1X_1+a_2X_2+\cdots+a_nX_n$$

仍是正态变量，且

$$U\sim N\Big(\mu\sum_{i=1}^n a_i,\sigma^2\sum_{i=1}^n a_i^2\Big).$$

特别地，取 $a_i=\frac{1}{n}(i=1,2,\cdots,n)$得到样本均值 $\overline{X}$ 的概率分布为

$$\overline{X}\sim N\left(\mu,\frac{\sigma^2}{n}\right)\quad 或 \quad \frac{\overline{X}-\mu}{\sigma/\sqrt{n}}\sim N(0,1). \tag{1.21}$$

证明 由概率论知，独立正态变量的线性组合仍然是正态变量，所以 U 是正态变量，而

$$EU=E\Big(\sum_{i=1}^n a_iX_i\Big)=\sum_{i=1}^n a_iEX_i=\mu\sum_{i=1}^n a_i,$$

$$DU=D\Big(\sum_{i=1}^n a_iX_i\Big)=\sum_{i=1}^n a_i^2DX_i=\sigma^2\sum_{i=1}^n a_i^2,$$

故有

$$U\sim N\Big(\mu\sum_{i=1}^n a_i,\sigma^2\sum_{i=1}^n a_i^2\Big).$$

定理 1.12 设$(X_1,X_2,\cdots,X_n)^{\mathrm{T}}$是来自正态总体 $N(\mu,\sigma^2)$的样本，则

$$\frac{nS_n^2}{\sigma^2}=\frac{(n-1)S_n^{*2}}{\sigma^2}=\frac{1}{\sigma^2}\sum_{i=1}^{n}(X_i-\overline{X})^2\sim\chi^2(n-1),\tag{1.22}$$

且 $\overline{X}$ 与 S_n^2(或 S_n^{*2})相互独立.

证明　显然

$$Y_i=\frac{X_i-\mu}{\sigma}\sim N(0,1),\quad i=1,2,\cdots,n,\tag{1.23}$$

且 $Y_1,Y_2,\cdots,Y_n$ 相互独立,故

$$\boldsymbol{Y}=(Y_1,Y_2,\cdots,Y_n)^{\mathrm{T}}\sim N(\boldsymbol{0},\boldsymbol{I}_n),$$

其中 $\boldsymbol{I}_n$ 为 n 阶单位矩阵. 考虑 n 阶正交矩阵 $\boldsymbol{T}$:

$$\boldsymbol{T}=\begin{bmatrix}\frac{1}{\sqrt{n}} & \frac{1}{\sqrt{n}} & \cdots & \frac{1}{\sqrt{n}}\\ t_{21} & t_{22} & \cdots & t_{2n}\\ \vdots & \vdots & & \vdots\\ t_{n1} & t_{n2} & \cdots & t_{nn}\end{bmatrix},$$

由线性代数知,这样的正交矩阵是存在的,它们各行相互正交,令

$$\boldsymbol{Z}=(Z_1,Z_2,\cdots,Z_n)^{\mathrm{T}}=\boldsymbol{TY},\tag{1.24}$$

则有

$$E\boldsymbol{Z}=\boldsymbol{0},\quad \mathrm{Cov}(\boldsymbol{Z},\boldsymbol{Z})=\boldsymbol{TT}^{\mathrm{T}}=\boldsymbol{I}_n.$$

故

$$\boldsymbol{Z}\sim N(\boldsymbol{0},\boldsymbol{I}_n),$$

即 $Z_1,Z_2,\cdots,Z_n$ 亦是一组独立的标准正态变量,由式(1.24)并考虑到式(1.23)和 $\boldsymbol{Y}=\boldsymbol{T}^{\mathrm{T}}\boldsymbol{Z}$,则有

$$Z_1=\left(\frac{1}{\sqrt{n}}\,\frac{1}{\sqrt{n}}\cdots\frac{1}{\sqrt{n}}\right)^{\mathrm{T}}\boldsymbol{Y}=\frac{1}{\sqrt{n}}\sum_{i=1}^{n}Y_i=\sqrt{n}\overline{Y},$$

$$\begin{aligned}\frac{nS_n^2}{\sigma^2}&=\sum_{i=1}^{n}\left(\frac{X_i-\overline{X}}{\sigma}\right)^2=\sum_{i=1}^{n}\left(\frac{X_i-\mu}{\sigma}\right)^2-n\left(\frac{\overline{X}-\mu}{\sigma}\right)^2\\&=\sum_{i=1}^{n}Y_i^2-n\overline{Y}^2=\boldsymbol{Y}^{\mathrm{T}}\boldsymbol{Y}-n\overline{Y}^2\\&=\boldsymbol{Z}^{\mathrm{T}}\boldsymbol{TT}^{\mathrm{T}}\boldsymbol{Z}-n\overline{Y}^2=\boldsymbol{Z}^{\mathrm{T}}\boldsymbol{Z}-n\overline{Y}^2\\&=\sum_{i=1}^{n}Z_i^2-Z_1^2=\sum_{i=2}^{n}Z_i^2\sim\chi^2(n-1).\end{aligned}\tag{1.25}$$

又由

$$\overline{X}=\sigma\overline{Y}+\mu=\frac{\sigma}{\sqrt{n}}Z_1+\mu$$

及式(1.25)知 $\overline{X}$ 与 S_n^2 独立.

定理 1.13 设$(X_1,X_2,\cdots,X_n)^{\mathrm{T}}$是来自正态总体$N(\mu,\sigma^2)$的样本,则

$$T=\frac{\overline{X}-\mu}{S_n^*}\sqrt{n}\sim t(n-1). \tag{1.26}$$

证明 由定理 1.11 和定理 1.12 知

$$\frac{\overline{X}-\mu}{\sigma/\sqrt{n}}\sim N(0,1),\quad \frac{(n-1)S_n^{*2}}{\sigma^2}\sim\chi^2(n-1).$$

并且由于$\overline{X}$与S_n^{*2}相互独立,因此$\dfrac{\overline{X}-\mu}{\sigma/\sqrt{n}}$与$\dfrac{(n-1)S_n^{*2}}{\sigma^2}$相互独立,从而由$t$分布的定义得

$$\frac{(\overline{X}-\mu)\sqrt{n}}{S_n^*}=\frac{\dfrac{\overline{X}-\mu}{\sigma/\sqrt{n}}}{\sqrt{\dfrac{(n-1)S_n^{*2}}{\sigma^2}\Big/(n-1)}}\sim t(n-1).$$

定理 1.14 设$(X_1,X_2,\cdots,X_{n_1})^{\mathrm{T}}$和$(Y_1,Y_2,\cdots,Y_{n_2})^{\mathrm{T}}$分别来自正态总体$N(\mu_1,\sigma^2)$和$N(\mu_2,\sigma^2)$的样本,且它们相互独立,则

$$T=\frac{(\overline{X}-\overline{Y})-(\mu_1-\mu_2)}{\sqrt{(n_1-1)S_{1n_1}^{*2}+(n_2-1)S_{2n_2}^{*2}}}\sqrt{\frac{n_1n_2(n_1+n_2-2)}{n_1+n_2}}\sim t(n_1+n_2-2), \tag{1.27}$$

其中

$$\overline{X}=\frac{1}{n_1}\sum_{i=1}^{n_1}X_i,\quad S_{1n_1}^{*2}=\frac{1}{n_1-1}\sum_{i=1}^{n_1}(X_i-\overline{X})^2,$$

$$\overline{Y}=\frac{1}{n_2}\sum_{i=1}^{n_2}Y_i,\quad S_{2n_2}^{*2}=\frac{1}{n_2-1}\sum_{i=1}^{n_2}(Y_i-\overline{Y})^2.$$

证明 由于$\overline{X},\overline{Y}$服从正态分布且相互独立,因此$\overline{X}-\overline{Y}$服从正态分布,又因

$$E(\overline{X}-\overline{Y})=E\overline{X}-E\overline{Y}=\mu_1-\mu_2,$$

$$D(\overline{X}-\overline{Y})=D\overline{X}+D\overline{Y}=\frac{\sigma^2}{n_1}+\frac{\sigma^2}{n_2},$$

所以

$$\overline{X}-\overline{Y}\sim N\left(\mu_1-\mu_2,\frac{\sigma^2}{n_1}+\frac{\sigma^2}{n_2}\right).$$

故

$$U=\frac{\overline{X}-\overline{Y}-(\mu_1-\mu_2)}{\sqrt{\dfrac{\sigma^2}{n_1}+\dfrac{\sigma^2}{n_2}}}\sim N(0,1).$$

又由定理 1.12 知

$$\frac{(n_1-1)S_{1n_1}^{*2}}{\sigma^2} \sim \chi^2(n_1-1), \qquad \frac{(n_2-1)S_{2n_2}^{*2}}{\sigma^2} \sim \chi^2(n_2-1),$$

且它们相互独立,故由 χ^2 分布的可加性知

$$V = \frac{(n_1-1)S_{1n_1}^{*2}}{\sigma^2} + \frac{(n_2-1)S_{2n_2}^{*2}}{\sigma^2} \sim \chi^2(n_1+n_2-2).$$

从而,由 t 分布的定义得

$$\frac{(\overline{X}-\overline{Y})-(\mu_1-\mu_2)}{\sqrt{(n_1-1)S_{1n_1}^{*2}+(n_2-1)S_{2n_2}^{*2}}}\sqrt{\frac{n_1n_2(n_1+n_2-2)}{n_1+n_2}}$$

$$= \frac{U}{\sqrt{\dfrac{V}{n_1+n_2-2}}} \sim t(n_1+n_2-2).$$

值得注意的是该定理要求两个正态总体的方差相等.

定理 1.15　设$(X_1,X_2,\cdots,X_{n_1})^{\mathrm{T}}$和$(Y_1,Y_2,\cdots,Y_{n_2})^{\mathrm{T}}$是分别来自正态总体$N(\mu_1,\sigma_1^2)$和$N(\mu_2,\sigma_2^2)$的样本,且它们相互独立,则

$$F = \frac{S_{1n_1}^{*2}\sigma_2^2}{S_{2n_2}^{*2}\sigma_1^2} \sim F(n_1-1,n_2-1). \tag{1.28}$$

这个定理的证明比较简单,留给读者作为练习.

1.3.6　一些非正态总体样本均值的分布

对于非正态总体的抽样分布一般是不易求出的,就是样本均值 $\overline{X}$ 的分布也只有在总体 X 具有可加性时才容易求得. 有时即使能求得精确分布,使用起来也不一定方便,因此,在应用中往往使用近似分布,即统计量的渐近分布.

例 1.14　设总体 $X\sim B(N,p)$,$(X_1,X_2,\cdots,X_n)^{\mathrm{T}}$ 为来自总体的一个样本,则由于参数 p 相同的二项分布具有可加性,故有

$$n\overline{X} = \sum_{i=1}^{n} X_i \sim B(nN,p).$$

于是得到

$$P\left\{\overline{X}=\frac{k}{n}\right\} = \mathrm{C}_{nN}^{k}\, p^k(1-p)^{nN-k}, \qquad k=0,1,2,\cdots,nN.$$

例 1.15　设总体 $X\sim P(\lambda)$,$(X_1,X_2,\cdots,X_n)^{\mathrm{T}}$ 为来自总体 X 的一个样本. 由于泊松分布具有可加性,故有

$$n\overline{X} = \sum_{i=1}^{n} X_i \sim P(n\lambda),$$

于是得到

$$P\left\{\overline{X}=\frac{k}{n}\right\} = \frac{(n\lambda)^k}{k!}\mathrm{e}^{-n\lambda}, \quad k=0,1,2,\cdots.$$

例 1.16 设总体 X 服从参数为 λ 的指数分布,即 X 的分布密度为

$$f(x)=\begin{cases}\lambda e^{-\lambda x}, & x>0,\\ 0, & x\leqslant 0,\end{cases}$$

$(X_1,X_2,\cdots,X_n)^T$ 为来自总体 X 的一个样本. 由于参数为 λ 的指数分布为 Γ 分布 $\Gamma(1,\lambda)$,而参数 λ 相同的 Γ 分布具有可加性,故有

$$T \triangleq n\overline{X} = \sum_{i=1}^{n} X_i \sim \Gamma(n,\lambda),$$

即 T 的分布密度为

$$f_T(x)=\begin{cases}\dfrac{\lambda^n}{\Gamma(n)}x^{n-1}e^{-\lambda x}, & x>0,\\ 0, & x\leqslant 0,\end{cases}$$

于是得到样本均值 $\overline{X}$ 的分布密度为

$$\begin{aligned} f_{\overline{X}}(x) &= f_T(nx)\,|(nx)'| = nf_T(nx) \\ &= \begin{cases}\dfrac{(n\lambda)^n}{(n-1)!}x^{n-1}e^{-n\lambda x}, & x>0,\\ 0, & x\leqslant 0.\end{cases}\end{aligned}$$

定理 1.16 设总体 X 的分布是任意的,但具有有限方差 $DX>0$,$(X_1,X_2,\cdots,X_n)^T$ 为来自总体 X 的样本,则当 $n\to\infty$ 时,样本均值 $\overline{X}$ 有

$$\frac{\overline{X}-EX}{\sqrt{DX/n}} \xrightarrow{L} N(0,1), \tag{1.29}$$

即当 n 充分大时,$\overline{X}$ 近似服从正态分布 $N\left(EX,\dfrac{DX}{n}\right)$.

证明 由独立同分布的中心极限定理,当 $n\to\infty$ 时,有

$$\frac{\sum_{i=1}^{n} X_i - E\left(\sum_{i=1}^{n} X_i\right)}{\sqrt{D\left(\sum_{i=1}^{n} X_i\right)}} \xrightarrow{L} N(0,1).$$

由于 $EX_i=EX, DX_i=DX$,故有

$$\frac{\overline{X}-EX}{\sqrt{DX/n}} \xrightarrow{L} N(0,1).$$

例 1.17 设总体 $X\sim B(1,p)$,即 X 服从两点分布,$(X_1,X_2,\cdots,X_n)^T$ 为来自总体 X 的样本. 由例 1.14 知,样本均值 $\overline{X}$ 的精确分布为

$$P\left\{\overline{X}=\frac{k}{n}\right\}=C_n^k p^k(1-p)^{n-k}, \quad k=0,1,\cdots,n.$$

由定理 1.16 得,当 n 充分大时,样本均值 $\overline{X}$ 的近似分布为正态分布

$$N\left(EX,\frac{DX}{n}\right)=N\left(p,\frac{p(1-p)}{n}\right).$$

对于两点分布的总体来说,在应用中一般使用样本均值的近似分布,而不是它的精确分布.

定理 1.17　设总体 X 的分布是任意的,其均值为 μ,方差为 σ^2,且四阶中心矩 $E(X-\mu)^4=v_4$ 有限,$(X_1,X_2,\cdots,X_n)^{\mathrm{T}}$ 为来自总体 X 的样本,则当 $n\to\infty$ 时,修正样本方差 S_n^{*2} 有

$$\frac{S_n^{*2}-\sigma^2}{\gamma/\sqrt{n}}\xrightarrow{L}N(0,1),\tag{1.30}$$

其中 $\gamma^2=v_4-\sigma^4$. 即当 n 充分大时,S_n^{*2} 近似服从正态分布 $N\left(\sigma^2,\frac{\gamma^2}{n}\right)$.

定理 1.18　设总体 X 的分布是任意的,其均值为 μ 且有有限方差 $\sigma^2>0$,$(X_1,X_2,\cdots,X_n)^{\mathrm{T}}$ 为来自总体 X 的样本,则当 $n\to\infty$ 时,有

$$\frac{\overline{X}-\mu}{S_n/\sqrt{n}}\xrightarrow{L}N(0,1),\tag{1.31}$$

即当 n 充分大时,$\frac{\overline{X}-\mu}{S_n/\sqrt{n}}$ 近似服从正态分布 $N(0,1)$.

定理 1.17 和定理 1.18 的证明见文献[20]. 上述三个定理是研究大样本统计问题的理论依据.

1.4　次序统计量及其分布

1.4.1　次序统计量

设$(X_1,X_2,\cdots,X_n)^{\mathrm{T}}$ 是从总体 X 中抽取的一个样本,记$(x_1,x_2,\cdots,x_n)^{\mathrm{T}}$ 为样本的一个观察值,将观察值的各个分量按由小到大的递增序列重新排列

$$x_{(1)}\leqslant x_{(2)}\leqslant\cdots\leqslant x_{(n)}.$$

当$(X_1,X_2,\cdots,X_n)^{\mathrm{T}}$ 取值为$(x_1,x_2,\cdots,x_n)^{\mathrm{T}}$ 时,定义 $X_{(k)}$ 取值为 $x_{(k)}$ $(k=1,2,\cdots,n)$,由此得到的$(X_{(1)},X_{(2)},\cdots,X_{(n)})^{\mathrm{T}}$,称为样本$(X_1,X_2,\cdots,X_n)^{\mathrm{T}}$ 的次序统计量. 显然有

$$X_{(1)}\leqslant X_{(2)}\leqslant\cdots\leqslant X_{(n)},$$

其中 $X_{(1)}=\min\limits_{1\leqslant i\leqslant n}X_i$ 称为最小次序统计量,它的值 $x_{(1)}$ 是样本值中最小的一个;而 $X_{(n)}=\max\limits_{1\leqslant i\leqslant n}X_i$ 称为最大次序统计量,它的值 $x_{(n)}$ 是样本值中最大的一个. 由于次序统计量的每个分量 $X_{(k)}$ 都是样本$(X_1,X_2,\cdots,X_n)^{\mathrm{T}}$ 的函数,所以 $X_{(1)},X_{(2)},\cdots,X_{(n)}$ 也都是随机变量. 样本$(X_1,X_2,\cdots,X_n)^{\mathrm{T}}$ 是相互独立的,但其次序统计量$(X_{(1)},X_{(2)},\cdots,X_{(n)})^{\mathrm{T}}$ 一般不是相互独立的,因为次序统计量的任一观测值$(x_{(1)},x_{(2)},\cdots,x_{(n)})^{\mathrm{T}}$ 均按由小到大次序排列. 下面以定义的形式给出次序统计量的概念.

定义 1.12 样本$(X_1,X_2,\cdots,X_n)^{\mathrm T}$按由小到大的顺序重排为

$$X_{(1)}\leqslant X_{(2)}\leqslant\cdots\leqslant X_{(n)},\tag{1.32}$$

则称$(X_{(1)},X_{(2)},\cdots,X_{(n)})^{\mathrm T}$为样本$(X_1,X_2,\cdots,X_n)^{\mathrm T}$的次序统计量,$X_{(k)}$称为样本的第$k$个次序统计量,$X_{(1)}$称为样本的最小次序统计量,$X_{(n)}$称为样本的最大次序统计量.

可以证明次序统计量是充分统计量.下面主要对连续总体讨论其次序统计量的分布问题.此时,可以认为有

$$x_{(1)}<x_{(2)}<\cdots<x_{(n)};\quad X_{(1)}<X_{(2)}<\cdots<X_{(n)}.$$

定理 1.19 设总体X的分布密度为$f(x)$(或分布函数为$F(x)$),$(X_1,X_2,\cdots,X_n)^{\mathrm T}$为来自总体$X$的样本,则第$k$个次序统计量$X_{(k)}$的分布密度为

$$f_{X_{(k)}}(x)=\frac{n!}{(k-1)!(n-k)!}[F(x)]^{k-1}[1-F(x)]^{n-k}f(x),\quad k=1,2,\cdots,n.\tag{1.33}$$

证明 在1.1节中,经验频数$V_n(x)$定义为对总体X作n次重复独立观测时事件$\{X\leqslant x\}$出现的次数,也就是样本$(X_1,X_2,\cdots,X_n)^{\mathrm T}$中不超过$x$的个数,且$V_n(x)\sim B(n,F(x))$.由(1.2)式,$V_n(k)$与次序统计量$X_{(1)},X_{(2)},\cdots,X_{(n)}$有如下关系:

$$\{V_n(x)=k\}=\{X_{(k)}\leqslant x<X_{(k+1)}\},\quad k=1,2,\cdots,n-1,$$
$$\{V_n(x)=n\}=\{X_{(n)}\leqslant x\},$$

则有

$$\sum_{i=k}^{n}\{V_n(x)=i\}=\sum_{i=k}^{n-1}\{X_{(i)}\leqslant x<X_{(i+1)}\}+\{X_{(n)}\leqslant x\}=\{X_{(k)}\leqslant x\}.$$

于是,$X_{(k)}$的分布函数为

$$\begin{aligned}F_{X_{(k)}}(x)&=P\{X_{(k)}\leqslant x\}=P\Big\{\sum_{i=k}^{n}\{V_n(x)=i\}\Big\}=\sum_{i=k}^{n}P\{V_n(x)=i\}\\&=\sum_{i=k}^{n}\mathrm C_n^i[F(x)]^i[1-F(x)]^{n-i}=\frac{n!}{(k-1)!(n-k)!}\int_0^{F(x)}t^{k-1}(1-t)^{n-k}\mathrm dt,\end{aligned}$$

上式对x求导,得

$$f_{X_{(k)}}(x)=F'_{X_{(k)}}(x)=\frac{n!}{(k-1)!(n-k)!}[F(x)]^{k-1}[1-F(x)]^{n-k}f(x).$$

特别值得注意的是,定理1.19中,当$k=1$和$k=n$时,便得到了最小次序统计量$X_{(1)}$和最大次序统计量$X_{(n)}$的分布密度分别为

$$f_{X_{(1)}}(x)=n[1-F(x)]^{n-1}f(x),\tag{1.34}$$

$$f_{X_{(n)}}(x)=n[F(x)]^{n-1}f(x).\tag{1.35}$$

$X_{(1)},X_{(n)}$的分布统称为极值分布.$f_{X_{(1)}}(x)$和$f_{X_{(n)}}(x)$可借助于式(1.33)得

到,也可直接从 $X_{(1)}$ 和 $X_{(n)}$ 的分布函数出发,利用 $X_{(1)}$ 和 $X_{(n)}$ 的定义推出式(1.34)和式(1.35). 作为练习请读者自己推导.

例 1.18 设总体 X 服从区间(0,1)上的均匀分布,$(X_1,X_2,\cdots,X_n)^{\mathrm{T}}$ 是来自总体 X 的一个样本. 易知,X 的分布密度为

$$f(x)=\begin{cases}1, & 0<x<1,\\ 0, & \text{其他}.\end{cases}$$

X 的分布函数为

$$F(x)=\begin{cases}0, & x\leqslant 0,\\ x, & 0<x\leqslant 1,\\ 1, & x>1.\end{cases}$$

由定理 1.19 得,最小次序统计量 $X_{(1)}$ 的分布密度为

$$f_{X_{(1)}}(x)=\begin{cases}n(1-x)^{n-1}, & 0<x<1,\\ 0, & \text{其他}.\end{cases}$$

最大次序统计量 $X_{(n)}$ 的分布密度为

$$f_{X_{(n)}}(x)=\begin{cases}nx^{n-1}, & 0<x<1,\\ 0, & \text{其他}.\end{cases}$$

第 k 个次序统计量 $X_{(k)}$ 的分布密度为

$$f_{X_{(k)}}(x)=\begin{cases}\dfrac{n!}{(k-1)!(n-k)!}x^{k-1}(1-x)^{n-k}, & 0<x<1,\\ 0, & \text{其他}.\end{cases}$$

定理 1.20 设总体 X 的分布密度为 $f(x)$(或分布函数为 $F(x)$),$(X_1,X_2,\cdots,X_n)^{\mathrm{T}}$ 为来自总体 X 的样本,则次序统计量$(X_{(1)},X_{(2)},\cdots,X_{(n)})^{\mathrm{T}}$ 的联合分布密度为

$$f(y_1,y_2,\cdots,y_n)=\begin{cases}n!\prod\limits_{i=1}^{n}f(y_i), & y_1<y_2<\cdots<y_n,\\ 0, & \text{其他}.\end{cases}$$

证明见参考文献[1].

例 1.19 设总体 X 服从区间$(0,\theta)$上的均匀分布,$(X_1,X_2,\cdots,X_n)^{\mathrm{T}}$ 为来自总体 X 的样本. 总体 X 的分布密度为

$$f(x)=\begin{cases}\dfrac{1}{\theta}, & 0<x<\theta,\\ 0, & \text{其他},\end{cases}$$

则次序统计量$(X_{(1)},X_{(2)},\cdots,X_{(n)})^{\mathrm{T}}$ 的联合分布密度为

$$f(y_1,y_2,\cdots,y_n)=\begin{cases}\dfrac{n!}{\theta^n}, & 0<y_1<y_2<\cdots<y_n<\theta,\\ 0, & \text{其他}.\end{cases}$$

定理 1.21 设总体 X 的分布密度为 $f(x)$（或分布函数为 $F(x)$），$(X_1,X_2,\cdots,X_n)^{\mathrm{T}}$ 为来自总体 X 的样本，则 $(X_{(1)},X_{(n)})^{\mathrm{T}}$ 的联合分布密度为

$$f_{(X_{(1)},X_{(n)})}(x,y)=\begin{cases}n(n-1)[F(y)-F(x)]^{n-2}f(x)f(y), & x<y,\\ 0, & x\geqslant y.\end{cases}$$

证明 当 $x\geqslant y$ 时，有

$$\{X_{(n)}\leqslant y\}\subset\{X_{(1)}\leqslant y\}\subset\{X_{(1)}\leqslant x\},$$

所以 $(X_{(1)},X_{(n)})^{\mathrm{T}}$ 的联合分布函数为

$$\begin{aligned}F_{(X_{(1)},X_{(n)})}(x,y)&=P\{X_{(1)}\leqslant x,X_{(n)}\leqslant y\}=P\{X_{(n)}\leqslant y\}\\&=P\{X_1\leqslant y,X_2\leqslant y,\cdots,X_n\leqslant y\}\\&=\prod_{i=1}^{n}P\{X_i\leqslant y\}=\prod_{i=1}^{n}P\{X\leqslant y\}\\&=[F(y)]^n.\end{aligned}$$

当 $x<y$ 时，有

$$\begin{aligned}\{X_{(n)}\leqslant y\}&=\{X_{(1)}\leqslant x,X_{(n)}\leqslant y\}+\{X_{(1)}>x,X_{(n)}\leqslant y\}\\&=\{X_{(1)}\leqslant x,X_{(n)}\leqslant y\}\\&\quad+\{x<X_1\leqslant y,x<X_2\leqslant y,\cdots,x<X_n\leqslant y\}.\end{aligned}$$

于是，有

$$\begin{aligned}P\{X_{(n)}\leqslant y\}&=P\{X_{(1)}\leqslant x,X_{(n)}\leqslant y\}+\prod_{i=1}^{n}P\{x<X_i\leqslant y\}\\&=P\{X_{(1)}\leqslant x,X_{(n)}\leqslant y\}+[P\{x<X\leqslant y\}]^n,\end{aligned}$$

即

$$[F(y)]^n=F_{(X_{(1)},X_{(n)})}(x,y)+[F(y)-F(x)]^n,$$

所以

$$F_{(X_{(1)},X_{(n)})}(x,y)=[F(y)]^n-[F(y)-F(x)]^n.$$

于是，得 $(X_{(1)},X_{(n)})^{\mathrm{T}}$ 的联合密度为

$$\begin{aligned}f_{(X_{(1)},X_{(n)})}(x,y)&=\frac{\partial^2F_{(X_{(1)},X_{(n)})}(x,y)}{\partial x\partial y}\\&=\begin{cases}n(n-1)[F(y)-F(x)]^{n-2}f(x)f(y), & x<y,\\ 0, & x\geqslant y.\end{cases}\end{aligned}$$

1.4.2 样本中位数和样本极差

设 $(X_1,X_2,\cdots,X_n)^{\mathrm{T}}$ 是来自总体 X 的样本，$(X_{(1)},X_{(2)},\cdots,X_{(n)})^{\mathrm{T}}$ 是其次序统计量，则样本中位数定义为

$$\widetilde{X}=\begin{cases}X_{\left(\frac{n+1}{2}\right)}, & n\text{ 为奇数},\\ \frac{1}{2}\left[X_{\left(\frac{n}{2}\right)}+X_{\left(\frac{n}{2}+1\right)}\right], & n\text{ 为偶数},\end{cases}$$

它的值为

$$\widetilde{x}=\begin{cases}x_{\left(\frac{n+1}{2}\right)}, & n\text{ 为奇数},\\ \frac{1}{2}\left[x_{\left(\frac{n}{2}\right)}+x_{\left(\frac{n}{2}+1\right)}\right], & n\text{ 为偶数}.\end{cases}$$

由定义可知,当 n 为奇数时,样本中位数取 $X_{(1)},X_{(2)},\cdots,X_{(n)}$ 的正中间那个数;当 n 为偶数时,样本中位数取正中间两个数的算术平均值. 样本中位数与样本均值一样是刻划样本的位置特征的量,而且它计算方便且不受样本中异常值的影响,有时比样本均值更具有代表性.

样本极差定义为

$$R=X_{(n)}-X_{(1)}=\max_{1\leqslant i\leqslant n}X_i-\min_{1\leqslant i\leqslant n}X_i,$$

它的值为

$$r=x_{(n)}-x_{(1)}=\max_{1\leqslant i\leqslant n}x_i-\min_{1\leqslant i\leqslant n}x_i,$$

即样本极差是样本中最大值与最小值之差,它与样本方差一样是反映样本值的变化幅度或离散程度的数字特征,而且计算方便,所以在实际中有广泛的应用.

例 1.20　从总体中抽取容量为 6 的样本,测得样本值为

$$32,\ 65,\ 28,\ 35,\ 30,\ 29,$$

试求样本中位数、样本均值、样本极差、样本方差、样本标准差.

解　将样本值按由小到大次序排列如下:

$x_{(i)}$: 28, 29, 30, 32, 35, 65;

样本中位数: $\widetilde{x}=\frac{1}{2}[x_{(3)}+x_{(4)}]=31$;

样本均值: $\bar{x}=\frac{1}{6}\sum_{i=1}^{6}x_i=36.5$;

样本极差: $r=\max_{1\leqslant i\leqslant 6}x_i-\min_{1\leqslant i\leqslant 6}x_i=37$;

样本方差: $s_n^2=\frac{1}{6}\sum_{i=1}^{6}x_i^2-\bar{x}^2=167.583$;

样本标准差: $s_n=\sqrt{\frac{1}{6}\sum_{i=1}^{6}x_i^2-\bar{x}^2}=12.945$.

由上例可见,样本均值 $\bar{x}$ 大于样本值 6 个数中的 5 个数,这是因为有一个特别大的数 65 的缘故. 样本均值对异常值或极端值较为敏感,而样本中位数 $\widetilde{x}$ 则不受异常值的影响,因此,有时估计总体均值用样本中位数比用样本均值效果更好.

习 题 1

1. 设总体 X 服从泊松分布,即 X 的分布律为

$$P\{X=k\}=\frac{\lambda^k}{k!}e^{-\lambda},\quad k=0,1,2,\cdots,\lambda>0,$$

$(X_1,X_2,\cdots,X_n)^{\mathrm{T}}$ 是来自总体 X 的样本,试求:(1) $(X_1,X_2,\cdots,X_n)^{\mathrm{T}}$ 的联合分布律;(2) $E\overline{X},D\overline{X},ES_n^2,ES_n^{*2}$.

2. 设总体 X 服从对数正态分布,即 X 的分布密度为

$$f(x)=\frac{1}{x\sqrt{2\pi}\sigma}e^{-\frac{1}{2\sigma^2}(\ln x-\mu)^2},\quad 0<x<\infty,$$

$(X_1,X_2,\cdots,X_n)^{\mathrm{T}}$ 是来自总体 X 的样本,试求样本 $(X_1,X_2,\cdots,X_n)^{\mathrm{T}}$ 的联合分布密度.

3. 设对总体 X 得到一容量为 10 的样本值 $(4.5,2.0,1.0,1.5,3.4,4.5,6.5,5.0,3.5,4.0)^{\mathrm{T}}$,试求样本均值 $\overline{x}$ 和样本方差 s_n^{*2}.

4. 设 $(X_1,X_2,\cdots,X_n)^{\mathrm{T}}$ 和 $(Y_1,Y_2,\cdots,Y_n)^{\mathrm{T}}$ 是两组样本,且有如下关系:

$$Y_i=(X_i-a)/b,\quad a,b\neq 0 \text{ 均为常数},$$

试求样本均值 $\overline{Y}$ 与 $\overline{X}$ 之间及样本方差 S_Y^2 与 S_X^2 之间的关系式.

5. 设 $(X_1,X_2,\cdots,X_n)^{\mathrm{T}}$ 是来自总体 X 的样本,现又获得第 $n+1$ 个观察值 X_{n+1},试证:

(1) $\overline{X}_{n+1}=\overline{X}_n+\frac{1}{n+1}(X_{n+1}-\overline{X}_n)$; (2) $S_{n+1}^2=\frac{n}{n+1}\left[S_n^2+\frac{1}{n+1}(X_{n+1}-\overline{X}_n)^2\right]$,

其中 $\overline{X}_n$ 和 S_n^2 是样本 $(X_1,X_2,\cdots,X_n)^{\mathrm{T}}$ 的均值和方差.

6. 试证明(1) $\sum_{i=1}^{n}(X_i-\mu)^2=\sum_{i=1}^{n}(X_i-\overline{X})^2+n(\overline{X}-\mu)^2$; (2) $\sum_{i=1}^{n}(X_i-\overline{X})^2=\sum_{i=1}^{n}X_i^2-n\overline{X}^2$.

7. 设 $(3,2,3,4,2,3,5,7,9,3)^{\mathrm{T}}$ 为来自总体 X 的样本,试求经验分布函数 $F_{10}(x)$.

8. 设总体 X 的分布密度为

$$f(x)=\begin{cases}\frac{1}{\theta}e^{-\frac{x}{\theta}}, & x>0,\\ 0, & x\leqslant 0,\end{cases}$$

其中 $\theta>0$ 为未知参数,$(X_1,X_2,\cdots,X_n)^{\mathrm{T}}$ 为来自总体 X 的样本,证明样本均值 $\overline{X}$ 是参数 θ 的充分完备统计量.

9. 设总体 $X\sim N(0,\sigma^2)$,$(X_1,X_2,\cdots,X_n)^{\mathrm{T}}$ 为来自总体 X 的样本,证明 $T=\sum_{i=1}^{n}X_i^2$ 是参数 σ^2 的充分完备统计量.

10. 设总体 $X\sim B(N,p)$,N 已知,$(X_1,X_2,\cdots,X_n)^{\mathrm{T}}$ 为来自总体 X 的样本,证明样本均值 $\overline{X}$ 是参数 p 的充分完备统计量.

11. 设 $(X_1,X_2,\cdots,X_{2n})^{\mathrm{T}}$ 是来自正态总体 $N(0,\sigma^2)$ 的一个样本,试求统计量

$$T=\frac{X_1+X_2+\cdots+X_n}{\sqrt{X_{n+1}^2+X_{n+2}^2+\cdots+X_{2n}^2}}$$

的分布密度.

12. 设总体 $X\sim N(\mu,\sigma^2)$,μ,σ^2 已知,$(X_1,X_2,\cdots,X_n)^{\mathrm{T}}$ 是来自总体 X 的一个样本,试求统计量

$$T=\sum_{i=1}^{n}(X_i-\mu)^2$$

的分布密度.

13. 设$(X_1,X_2,\cdots,X_n)^{\mathrm{T}}$是来自正态总体$N(0,\sigma^2)$的一个样本,试求下列统计量的分布密度：

(1) $Y_1=\sum_{i=1}^{n}X_i^2$；　(2) $Y_2=\dfrac{1}{n}\sum_{i=1}^{n}X_i^2$；

(3) $Y_3=\left(\sum_{i=1}^{n}X_i\right)^2$；　(4) $Y_4=\dfrac{1}{n}\left(\sum_{i=1}^{n}X_i\right)^2$.

14. 设$(X_1,X_2,\cdots,X_n,X_{n+1},\cdots,X_{n+m})^{\mathrm{T}}$是来自正态总体$N(0,\sigma^2)$的容量为$n+m$的样本,试求下列统计量的概率分布：

(1) $Y=\dfrac{\sqrt{m}\sum_{i=1}^{n}X_i}{\sqrt{n}\sqrt{\sum_{i=n+1}^{n+m}X_i^2}}$；　(2) $Z=\dfrac{m\sum_{i=1}^{n}X_i^2}{n\sum_{i=n+1}^{n+m}X_i^2}$.

15. 设$(X_1,X_2,\cdots,X_n)^{\mathrm{T}}$是来自正态总体$N(\mu,\sigma^2)$的样本,$\overline{X}$和$S_n^2$是样本均值和样本方差；又设$X_{n+1}\sim N(\mu,\sigma^2)$,且与$X_1,X_2,\cdots,X_n$独立,试求统计量

$$T=\frac{X_{n+1}-\overline{X}}{S_n}\sqrt{\frac{n-1}{n+1}}$$

的概率分布.

16. 设$(X_1,X_2,\cdots,X_m)^{\mathrm{T}}$和$(Y_1,Y_2,\cdots,Y_n)^{\mathrm{T}}$分别是来自两个独立的正态总体$N(\mu_1,\sigma^2)$和$N(\mu_2,\sigma^2)$的样本,$\alpha$和$\beta$是两个实数,试求

$$Z=\frac{\alpha(\overline{X}-\mu_1)+\beta(\overline{Y}-\mu_2)}{\sqrt{\dfrac{mS_{1m}^2+nS_{2n}^2}{m+n-2}}\sqrt{\dfrac{\alpha^2}{m}+\dfrac{\beta^2}{n}}}$$

的概率分布.其中$\overline{X}$,S_{1m}^2和$\overline{Y}$,S_{2n}^2分别是两个总体的样本均值、样本方差.

17. 设总体X的分布函数为$F(x)$、分布密度为$f(x)$,$(X_1,X_2,\cdots,X_n)^{\mathrm{T}}$为来自总体$X$的一个样本,记$X_{(1)}=\min\limits_{1\leqslant i\leqslant n}(X_i)$,$X_{(n)}=\max\limits_{1\leqslant i\leqslant n}(X_i)$,试求$X_{(1)}$和$X_{(n)}$各自的分布函数和分布密度.

18. 设总体X的分布密度为

$$f(x)=\begin{cases}2x, & 0<x<1,\\ 0, & \text{其他}.\end{cases}$$

$(X_1,X_2,\cdots,X_n)^{\mathrm{T}}$为来自总体$X$的样本,试求最小次序统计量$X_{(1)}$、最大次序统计量$X_{(n)}$及第$k$个次序统计量$X_{(k)}$的分布密度.

19. 设总体X服从区间$(0,\theta)$上的均匀分布,$(X_1,X_2,\cdots,X_n)^{\mathrm{T}}$为来自总体$X$的样本,试分别求次序统计量$X_{(1)}$,$X_{(n)}$和$X_{(k)}$的分布密度.

20. 设总体X服从参数为λ的指数分布,即X的分布密度为

$$f(x)=\begin{cases}\lambda e^{-\lambda x}, & x>0,\\ 0, & x\leqslant 0,\end{cases}$$

其中$\lambda>0$,$(X_1,X_2,\cdots,X_n)^{\mathrm{T}}$为来自总体$X$的样本,试求次序统计量$(X_{(1)},X_{(2)},\cdots,X_{(n)})^{\mathrm{T}}$的联合分布密度和$(X_{(1)},X_{(n)})^{\mathrm{T}}$的联合分布密度.

21. 若从某总体中抽取容量为 13 的样本：(−2.1,3.2,0,−0.1,1.2,−4,2.22,2.0,1.2,−0.1,3.21,−2.1,0). 试写出这个样本的次序统计量，求出样本中位数和极差. 如果再加一个 2.7 构成一个容量为 14 的样本，求样本中位数.

22. 设总体 X 的分布密度为

$$f(x)=\begin{cases}3(1-x)^2, & 0<x<1,\\ 0, & \text{其他},\end{cases}$$

$(X_1,X_2,\cdots,X_7)^{\mathrm{T}}$ 是来自总体 X 的容量为 7 的样本，试求样本中位数 $X_{(4)}$ 小于 $1-\sqrt[3]{0.6}$ 的概率.

23. 设 $(X_1,X_2,\cdots,X_n)^{\mathrm{T}}$ 为来自总体 X 的样本，$\overline{X}$ 为样本均值. 若 X 的二阶矩存在，试证 $X_i-\overline{X}$ 与 $X_j-\overline{X}$ 的相关系数. $\rho=-\dfrac{1}{n-1}$, $i\neq j,i,j=1,2,\cdots,n$.

24. 设总体 $X\sim N(\mu,\sigma^2)$, $(X_1,X_2,\cdots,X_{10})^{\mathrm{T}}$ 是来自 X 的一个容量为 10 的样本，S_{10}^{*2} 为其修正样本方差，且 $P\{S_{10}^{*2}>a\}=0.1$，求实数 a 的值.

25. 设总体 X 服从区间 $(0,\theta)$ 上的均匀分布，$(X_1,X_2,\cdots,X_n)^{\mathrm{T}}$ 为来自 X 的样本，求极差 $R=X_{(n)}-X_{(1)}$ 的数学期望.

第 2 章　参 数 估 计

统计推断是数理统计研究的核心问题. 所谓统计推断是指根据样本对总体的分布或分布的数字特征等作出合理的推断. 统计推断的主要内容分为两大类:参数估计和假设检验. 参数估计主要研究当总体的分布类型已知,而其中的参数未知时,如何利用样本值对这些未知参数进行估计的问题. 参数估计可分为点估计和区间估计两种类型. 本章主要介绍点估计量优良性的评判标准、点估计量的求法以及总体均值和方差的区间估计.

2.1　点估计与优良性

2.1.1　点估计的概念

在实际问题中经常遇到随机变量 X(或总体 X)的分布函数 $F(x;\theta_1,\theta_2,\cdots,\theta_m)$ 的形式已知,但其中参数 $\theta_i(i=1,2,\cdots,m)$未知,如果得到了 X 的一个样本值$(x_1,x_2,\cdots,x_n)^{\mathrm{T}}$ 后,希望利用样本值来估计 X 分布中的参数值,或者 X 的分布函数形式未知,利用样本值估计 X 的某些数字特征. 这类问题称为参数的点估计问题.

例 2.1　已知某电话局在单位时间内收到用户呼唤次数这个总体 X 服从泊松分布 $P(\lambda)$,即 X 的分布律

$$P\{X=k\}=\frac{\lambda^k}{k!}\mathrm{e}^{-\lambda},\quad k=0,1,2,\cdots$$

的形式已知,但参数 λ 未知. 今获得一个样本值$(x_1,x_2,\cdots,x_n)^{\mathrm{T}}$,要求估计 $EX=\lambda$ 的值,即要求估计在单位时间内平均收到的呼唤次数. 进而可以确定在单位时间内收到 k 次呼唤的概率.

例 2.2　已知某种灯泡的寿命 $X\sim N(\mu,\sigma^2)$,即 X 的分布密度

$$f(x,\mu,\sigma^2)=\frac{1}{\sqrt{2\pi}\,\sigma}\mathrm{e}^{-\frac{(x-\mu)^2}{2\sigma^2}}$$

的形式已知,但参数 μ,σ^2 未知. 获得一个样本值$(x_1,x_2,\cdots,x_n)^{\mathrm{T}}$ 后,要求估计 $EX=\mu$ 和 $DX=\sigma^2$ 的值,即要求估计这种灯泡的平均寿命和寿命长短的差异程度.

例 2.3　考虑某厂生产的一批电子元件的寿命这个总体 X,虽然不知道 X 的分布类型,但仍可估计元件的平均寿命和元件寿命的波动情况,即可估计总体 X 的均值 EX 和方差 DX.

所谓参数 θ 的点估计问题，就是要设法构造一个合适的统计量 $\hat{\theta}=\hat{\theta}(X_1,X_2,\cdots,X_n)$，使其能在某种优良的意义下对 θ 作出估计. 在数理统计中称 $\hat{\theta}=\hat{\theta}(X_1,X_2,\cdots,X_n)$ 为 θ 的估计量. 对应于样本 $(X_1,X_2,\cdots,X_n)^{\mathrm{T}}$ 的每个值 $(x_1,x_2,\cdots,x_n)^{\mathrm{T}}$，估计量 $\hat{\theta}$ 的值 $\hat{\theta}=\hat{\theta}(x_1,x_2,\cdots,x_n)$ 称为 θ 的估计值. 由于对不同的样本值，所得到的估计值一般是不同的，因此，点估计主要是要寻求未知参数 θ 的估计量，并希望这个估计量在一定优良准则下达到或接近于最优的估计. 这样就首先产生了对估计量优良性的评价问题，即以怎样的标准或准则来衡量一个估计量的优良性. 以下将介绍有关估计量优良性的几个准则.

2.1.2 无偏估计

定义 2.1 设 $\hat{\theta}=\hat{\theta}(X_1,X_2,\cdots,X_n)$ 是参数 θ 的估计量，若

$$E\hat{\theta}=\theta, \tag{2.1}$$

则称 $\hat{\theta}$ 是 θ 的无偏估计量.

如果 $E\hat{\theta}\neq\theta$，那么 $E\hat{\theta}-\theta$ 称为估计量 $\hat{\theta}$ 的偏差.

若

$$\lim_{n\to\infty}E\hat{\theta}=\theta, \tag{2.2}$$

则称 $\hat{\theta}$ 是 θ 的渐近无偏估计.

无偏性是对估计量的最基本的要求. 它的意义在于：当一个无偏估计量被多次重复使用时，其估计值在未知参数真值附近波动，并且这些估计值的理论平均等于被估计参数. 这样，在实际应用中无偏估计保证了没有系统偏差，即用 $\hat{\theta}$ 估计 θ，不会系统地偏大或偏小. 这种要求在工程技术中是完全合理的.

例 2.4 设总体 X 的一阶和二阶矩存在，分布是任意的，记 $EX=\mu,DX=\sigma^2$，则样本均值 $\overline{X}$ 是 μ 的无偏估计，样本方差 S_n^2 是 σ^2 的渐近无偏估计，修正样本方差 S_n^{*2} 是 σ^2 的无偏估计.

证明 由定理 1.2 的推论知

$$E\overline{X}=\mu,\quad ES_n^2=\frac{n-1}{n}\sigma^2,$$

所以，$\overline{X}$ 是 μ 的无偏估计量. 由于

$$\lim_{n\to\infty}ES_n^2=\lim_{n\to\infty}\frac{n-1}{n}\sigma^2=\sigma^2,$$

所以，S_n^2 是 σ^2 的渐近无偏估计. 又由于

$$ES_n^{*2}=E\left(\frac{n}{n-1}S_n^2\right)=\sigma^2,$$

故 S_n^{*2} 是 σ^2 的无偏估计.

一般来说，若 $\hat{\theta}$ 是 θ 的无偏估计量，那么，$f(\hat{\theta})$ 不一定是 $f(\theta)$ 的无偏估计量. 例

如 $\overline{X}$ 是 μ 的无偏估计量，但 $\overline{X}^2$ 不是 μ^2 的无偏估计量. 事实上，

$$E\overline{X}^2 = D\overline{X} + (E\overline{X})^2 = \frac{\sigma^2}{n} + \mu^2 \neq \mu^2,$$

因此若用 $\overline{X}^2$ 来估计 μ^2 就不再是无偏估计了.

无偏性虽然是评价估计量的一个重要的标准，而且在许多场合是合理的、必要的. 然而，有时一个参数的无偏估计可以不存在. 例如，设 $(X_1, X_2, \cdots, X_n)^{\mathrm{T}}$ 是来自正态总体 $N(\theta,1)$ 的样本，则 $|\theta|$ 就没有无偏估计. 有些时候，无偏估计可能有明显的弊病. 例如，设 X_1 是来自泊松分布 $P(\lambda)$ 的一个样本，可以验证 $(-2)^{X_1}$ 是 $\mathrm{e}^{-3\lambda}$ 的无偏估计量，但这个无偏估计有明显弊病，因为，当 X_1 取奇数值时，估计值为负数，用一个负数来估计 $\mathrm{e}^{-3\lambda}$ 明显是不合理的. 还有的时候，对同一个参数，可以有很多个无偏估计量，如 $\overline{X}, S_n^{*2}$ 和 $\alpha\overline{X} + (1-\alpha)S_n^{*2}$ 都是泊松分布 $P(\lambda)$ 中参数 λ 的无偏估计，因此，一个估计量仅有无偏性的要求是不够的.

2.1.3 均方误差准则

由上可见，对一个未知参数 θ，其估计量即使是无偏估计也可能不止一个，为此，需要有一定的准则来比较估计量的优劣. 一个具有较好数学性质的准则是均方误差.

定义 2.2 设 θ 为一个未知参数，$\hat{\theta}$ 为 θ 的一个估计量，$\hat{\theta}$ 的均方误差定义为

$$\mathrm{MSE}(\hat{\theta}, \theta) = E(\hat{\theta} - \theta)^2. \tag{2.3}$$

由定义可见，均方误差反映了估计量 $\hat{\theta}$ 与被估参数 θ 的平均（平方）误差. 显然，对一个估计量，它的均方误差越小就说明估计的效果越好；反之，均方误差越大则说明估计的效果越差. 那么，是否能找到 θ 的一个估计量 $\hat{\theta}^*$，使得对所有 θ 的估计量 $\hat{\theta}$，有

$$\mathrm{MSE}(\hat{\theta}^*, \theta) \leqslant \mathrm{MSE}(\hat{\theta}, \theta), \quad \forall \theta \in \Theta. \tag{2.4}$$

遗憾的是，这样的 $\hat{\theta}^*$ 是不存在的. 因为若这样的 $\hat{\theta}^*$ 存在，对任一 $\theta_0 \in \Theta$，取 $\hat{\theta}_0 \equiv \theta_0$，则 $\mathrm{MSE}(\hat{\theta}_0, \theta_0) = 0$，从而由式(2.4)有 $\mathrm{MSE}(\hat{\theta}^*, \theta_0) = 0$，这表明 $\hat{\theta}^* = \theta_0$，由 θ_0 的任意性，故这样的 $\hat{\theta}^*$ 找不到. 因此，使均方误差一致达到最小的最优估计是不存在的，但这并不妨碍我们在某一估计类中去寻找这样的最优估计.

由简单的数学推导可以得到均方误差的一个很好的数学性质，即

$$\mathrm{MSE}(\hat{\theta}, \theta) = D\hat{\theta} + (E\hat{\theta} - \theta)^2. \tag{2.5}$$

该性质表明估计量 $\hat{\theta}$ 的均方误差由估计量的方差和估计量的偏差的平方两部分构成. 如果估计量 $\hat{\theta}$ 是无偏估计，则有

$$\mathrm{MSE}(\hat{\theta}, \theta) = D\hat{\theta}.$$

因此，对于无偏估计，均方误差越小越好的准则等价于估计量方差越小越好的准则. 对于两个无偏估计，可以通过比较它们的方差的大小来判定优劣.

定义 2.3 设 $\hat{\theta}_1$ 和 $\hat{\theta}_2$ 均为 θ 的无偏估计量，若对任意样本容量 n，有

$$D\hat{\theta}_1 < D\hat{\theta}_2, \tag{2.6}$$

则称 $\hat{\theta}_1$ 比 $\hat{\theta}_2$ 有效.

定义 2.4 设 $\hat{\theta}^*$ 是 θ 的无偏估计量，若对于 θ 的任意一个无偏估计量 $\hat{\theta}$，有

$$D\hat{\theta}^* \leqslant D\hat{\theta}, \tag{2.7}$$

则称 $\hat{\theta}^*$ 是 θ 的最小方差无偏估计(量)，简记为 MVUE.

显然，我们希望寻求参数 θ 的最小方差无偏估计，即在无偏估计类中，使均方误差达到最小的最优估计. 后面将会看到，基于充分完备统计量的无偏估计一定是 MVUE.

2.1.4 相合估计(一致估计)

我们不仅希望一个估计量是无偏的，且具有较小的方差，还希望当样本容量 n 无限增大时，估计量能在某种意义下收敛于被估计的参数值，这就是所谓相合性(或一致性)的要求.

定义 2.5 设 $\hat{\theta}_n=\hat{\theta}_n(X_1,X_2,\cdots,X_n)$ 是未知参数 θ 的估计序列，如果 $\{\hat{\theta}_n\}$ 依概率收敛于 θ，即对任意 $\varepsilon>0$，有

$$\lim_{n\to\infty}P\{|\hat{\theta}_n-\theta|<\varepsilon\}=1 \quad (\text{或}\lim_{n\to\infty}P\{|\hat{\theta}_n-\theta|\geqslant\varepsilon\}=0),$$

则称 $\hat{\theta}_n$ 是 θ 的相合估计(量)或一致估计(量).

相合性被认为是对估计量的一个基本要求. 一个相合估计量意味着，只要样本容量 n 取得足够大，就可以保证估计误差达到任意指定的要求，即可以保证估计达到任意给定的精度. 如果一个估计量不是相合估计，则它就不是一个好的估计量，在应用中一般不予考虑.

定理 2.1 设 $\hat{\theta}_n$ 是 θ 的一个估计量，若

$$\lim_{n\to\infty}E\hat{\theta}_n=\theta, \tag{2.8}$$

且

$$\lim_{n\to\infty}D\hat{\theta}_n=0, \tag{2.9}$$

则 $\hat{\theta}_n$ 是 θ 的相合估计.

证明 由于

$$\begin{aligned}0\leqslant P\{|\hat{\theta}_n-\theta|\geqslant\varepsilon\}&\leqslant\frac{1}{\varepsilon^2}E(\hat{\theta}_n-\theta)^2=\frac{1}{\varepsilon^2}E(\hat{\theta}_n-E\hat{\theta}_n+E\hat{\theta}_n-\theta)^2\\&=\frac{1}{\varepsilon^2}E[(\hat{\theta}_n-E\hat{\theta}_n)^2+2(\hat{\theta}_n-E\hat{\theta}_n)(E\hat{\theta}_n-\theta)+(E\hat{\theta}_n-\theta)^2]\\&=\frac{1}{\varepsilon^2}[D\hat{\theta}_n+(E\hat{\theta}_n-\theta)^2],\end{aligned}$$

令 $n\to\infty$，且由定理的假设，得

$$\lim_{n\to\infty}P\{|\hat{\theta}_n-\theta|\geqslant\varepsilon\}=0,$$

即 $\hat{\theta}_n$ 是 θ 的相合估计.

注意,如果估计量是无偏的,那么定理中条件式(2.8)自然满足,此时,只需验证条件式(2.9).

例 2.5 若总体 X 的 EX 和 DX 存在,则样本均值 $\overline{X}$ 是总体均值 EX 的相合估计.

事实上

$$E\overline{X}=EX,\quad \lim_{n\to\infty}D\overline{X}=\lim_{n\to\infty}\frac{DX}{n}=0.$$

一般地,样本的 k 阶原点矩 $A_k=\frac{1}{n}\sum_{i=1}^{n}X_i^k$ 是总体 X 的 k 阶原点矩 EX^k 的相合估计,因为由定理 1.2 知

$$EA_k=EX^k,$$

$$DA_k=\frac{EX^{2k}-(EX^k)^2}{n}\to 0,\quad 当\ n\to\infty\ 时.$$

定理 2.2 如果 $\hat{\theta}_n$ 是 θ 的相合估计,$g(x)$ 在 $x=\theta$ 连续,则 $g(\hat{\theta}_n)$ 也是 $g(\theta)$ 的相合估计.

证明 由于 $g(x)$ 在 $x=\theta$ 处连续,所以,对任意 $\varepsilon>0$,存在 $\delta>0$,使得当 $|x-\theta|<\delta$ 时

$$|g(x)-g(\theta)|<\varepsilon.$$

由此推得

$$P\{|g(\hat{\theta}_n)-g(\theta)|>\varepsilon\}\leqslant P\{|\hat{\theta}_n-\theta|>\delta\}.$$

因为 $\hat{\theta}_n$ 是 θ 的相合估计,所以

$$0\leqslant\lim_{n\to\infty}P\{|g(\hat{\theta}_n)-g(\theta)|>\varepsilon\}\leqslant\lim_{n\to\infty}P\{|\hat{\theta}_n-\theta|>\delta\}=0,$$

即 $g(\hat{\theta}_n)$ 是 $g(\theta)$ 的相合估计.

此外,相合估计具有线性性,即若 $\hat{\theta}_1$ 和 $\hat{\theta}_2$ 分别为 θ_1 和 θ_2 的相合估计,则 $a\hat{\theta}_1+b\hat{\theta}_2$ 为 $a\theta_1+b\theta_2$ 的相合估计,其中 a,b 为常数. 利用该性质及定理 2.2 还可进一步证明,样本的 k 阶中心矩 B_k 是总体 X 的 k 阶中心矩 $E(X-EX)^k$ 的相合估计.

由于样本原点矩、样本中心矩分别是总体原点矩、总体中心矩的相合估计,所以可以用样本原点矩、样本中心矩估计相应的总体原点矩、总体中心矩,这正是矩估计法的理论依据.

2.1.5 渐近正态估计

相合性反映了当 $n\to\infty$ 时估计量的优良性质. 但由于参数 θ 的相合估计可以不止一个,它们之间必然有一定的差异. 那么,如何来反映这种差异呢? 一般地,这

种差异往往可由估计量的渐近分布的渐近方差反映出来. 而最常用的渐近分布是正态分布.

定义 2.6 设$\hat{\theta}_n=\hat{\theta}_n(X_1,X_2,\cdots,X_n)$是$\theta$的估计量,如果存在一串$\sigma_n>0$,满足$\lim\limits_{n\to\infty}\sqrt{n}\sigma_n=\sigma$,其中$0<\sigma<\infty$,使得当$n\to\infty$时,有

$$\frac{\hat{\theta}_n-\theta}{\sigma_n}\xrightarrow{L}N(0,1), \tag{2.10}$$

则称$\hat{\theta}_n$是θ的渐近正态估计,σ_n^2称为$\hat{\theta}_n$的渐近方差.

在上述定义中,没有要求θ为$\hat{\theta}_n$的均值,也没有要求σ_n^2为$\hat{\theta}_n$的方差. 但它们在渐近分布中起着类似于均值和方差的作用. 对于一个渐近正态估计$\hat{\theta}_n$,当样本容量n足够大时,可以用$N(\theta,\sigma_n^2)$作为$\hat{\theta}_n$的近似分布,$\hat{\theta}_n$渐近方差σ_n^2的大小标志着渐近正态估计$\hat{\theta}_n$的优劣.

定理 2.3 渐近正态估计一定是相合估计.

证明 设$\hat{\theta}_n$是渐近正态估计,由定义 2.6,对任意$\varepsilon>0$及$K>0$,当n充分大时,σ_n充分小,因此有$\frac{\varepsilon}{\sigma_n}>K$. 则当$n\to\infty$时有

$$\begin{aligned}P\{|\hat{\theta}_n-\theta|>\varepsilon\}&=P\{|\hat{\theta}_n-\theta|/\sigma_n>\varepsilon/\sigma_n\}\\&\leqslant P\{|\hat{\theta}_n-\theta|/\sigma_n>K\}\to P\{|N(0,1)|>K\}.\end{aligned}$$

由于K的任意性,令$K\to\infty$时,$P\{|N(0,1)|>K\}\to 0$,因此

$$\lim_{n\to\infty}P\{|\hat{\theta}_n-\theta|>\varepsilon\}=0,$$

即$\hat{\theta}_n$是相合估计.

例 2.6 设$(X_1,X_2,\cdots,X_n)^{\mathrm{T}}$是来自总体$B(1,p)$的一个样本,$p$的一个估计量是$\overline{X}=\frac{1}{n}\sum\limits_{i=1}^{n}X_i$,由中心极限定理,当$n\to\infty$时,有

$$\frac{\overline{X}-p}{\sqrt{\dfrac{p(1-p)}{n}}}\xrightarrow{L}N(0,1),$$

故$\overline{X}$是p的渐近正态估计,渐近方差为$p(1-p)/n$.

2.2 点估计量的求法

点估计的求法种类较多,本节介绍常用的矩估计法和最大似然估计法以及用次序统计量估计参数的方法.

2.2.1 矩估计法

矩估计法是由英国统计学家皮尔逊(K. Pearson)在 1894 年提出的求参数点

估计的方法,其理论依据是样本矩是相应总体矩的相合估计,即样本矩依概率收敛于相应的总体矩. 这就是说,只要样本容量 n 取得充分大时,用样本矩作为相应总体矩的估计可以达到任意精确的程度. 根据这一原理,矩估计法的基本思想就是用样本的 k 阶原点矩 $A_k=\frac{1}{n}\sum_{i=1}^{n}X_i$ 去估计总体 X 的 k 阶原点矩 EX^k;用样本的 k 阶中心矩 $B_k=\frac{1}{n}\sum_{i=1}^{n}(X_i-\overline{X})^k$ 去估计总体 X 的 k 阶中心矩 $E(X-EX)^k$,并由此得到未知参数的估计量.

设总体 X 的分布函数 $F(x;\theta_1,\theta_2,\cdots,\theta_m)$ 中有 m 个未知参数 $\theta_1,\theta_2,\cdots,\theta_m$,假定总体 X 的 m 阶矩存在,记总体 X 的 k 阶原点矩为 α_k,则

$$EX^k=\int_{-\infty}^{+\infty}x^k\mathrm{d}F(x;\theta_1,\theta_2,\cdots,\theta_m)\triangleq\alpha_k(\theta_1,\theta_2,\cdots,\theta_m),\tag{2.11}$$

其中 $k=1,2,\cdots,m$. 现用样本的 k 阶原点矩作为总体 k 阶原点矩的估计,即令

$$\frac{1}{n}\sum_{i=1}^{n}X_i^k=\alpha_k(\hat{\theta}_1,\hat{\theta}_2,\cdots,\hat{\theta}_m),\quad k=1,2,\cdots,m,\tag{2.12}$$

解上述方程得 $\hat{\theta}_k=\hat{\theta}_k(X_1,X_2,\cdots,X_n)$, $k=1,2,\cdots,m$,并以 $\hat{\theta}_k$ 作为参数 θ_k 的估计量,则称 $\hat{\theta}_k$ 为未知参数 θ_k 的矩估计量,这种求点估计量的方法称为矩估计法. 若 $\hat{\theta}_k$ 为 θ_k 的矩估计量,$g(\theta)$ 为连续函数,则也称 $g(\hat{\theta}_k)$ 为 $g(\theta_k)$ 的矩估计.

例 2.7　设总体 X 服从泊松分布 $P(\lambda)$,求 λ 的矩估计量.

解　设 $(X_1,X_2,\cdots,X_n)^{\mathrm{T}}$ 是总体 X 的一个样本,由于 $EX=\lambda$,可得

$$\hat{\lambda}=\frac{1}{n}\sum_{i=1}^{n}X_i=\overline{X}.$$

例 2.8　求总体 X 的均值 μ 和方差 σ^2 的矩估计.

解　设 $(X_1,X_2,\cdots,X_n)^{\mathrm{T}}$ 是 X 的一个样本,由于

$$\begin{cases}EX=\mu,\\ EX^2=DX+(EX)^2=\sigma^2+\mu^2,\end{cases}$$

故令

$$\begin{cases}\overline{X}=\hat{\mu},\\ \frac{1}{n}\sum_{i=1}^{n}X_i^2=\hat{\sigma}^2+\hat{\mu}^2,\end{cases}$$

解之得 μ 与 σ^2 的矩估计量为

$$\hat{\mu}=\overline{X},\quad\hat{\sigma}^2=\frac{1}{n}\sum_{i=1}^{n}(X_i-\overline{X})^2=S_n^2.$$

由此可知,无论总体 X 服从什么分布,样本均值 $\overline{X}$ 和样本方差 S_n^2 分别为总体均值 μ 和方差 σ^2 的矩估计量. 特别对总体 $X\sim N(\mu,\sigma^2)$,则 μ 和 σ^2 的矩估计分别为 $\hat{\mu}=\overline{X}$, $\hat{\sigma}^2=S_n^2$.

例 2.9 已知水文站最高水位 X 服从 $\Gamma(\alpha,\beta)$分布，其密度函数为

$$f(x;\alpha,\beta)=\begin{cases}\dfrac{\beta^\alpha}{\Gamma(\alpha)}x^{\alpha-1}\mathrm{e}^{-\beta x}, & x>0,\\ 0, & x\leqslant 0,\end{cases}$$

其中未知参数 $\alpha>0,\beta>0$，求 α 和 β 的矩估计.

解 设$(X_1,X_2,\cdots,X_n)^{\mathrm{T}}$ 是来自 X 的一个样本. 首先计算总体 X 的一阶矩和二阶矩

$$\begin{aligned}EX&=\int_0^{+\infty}x\,\frac{\beta^\alpha}{\Gamma(\alpha)}x^{\alpha-1}\mathrm{e}^{-\beta x}\,\mathrm{d}x=\frac{1}{\Gamma(\alpha)\beta}\int_0^{+\infty}(\beta x)^{\alpha+1-1}\mathrm{e}^{-\beta x}\,\mathrm{d}(\beta x)\\&=\frac{\Gamma(\alpha+1)}{\Gamma(\alpha)\beta}=\frac{\alpha}{\beta},\\ EX^2&=\int_0^{\infty}x^2\,\frac{\beta^\alpha}{\Gamma(\alpha)}x^{\alpha-1}\mathrm{e}^{-\beta x}\,\mathrm{d}x=\frac{\Gamma(\alpha+2)}{\beta^2\Gamma(\alpha)}=\frac{\alpha(\alpha+1)}{\beta^2}.\end{aligned}$$

由
$$\begin{cases}\overline{X}=\dfrac{\hat{\alpha}}{\hat{\beta}},\\ \dfrac{1}{n}\displaystyle\sum_{i=1}^n X_i^2=\dfrac{\hat{\alpha}(\hat{\alpha}+1)}{\hat{\beta}^2},\end{cases}$$

解得 α 和 β 的矩估计分别为

$$\hat{\alpha}=\frac{\overline{X}^2}{S_n^2},\quad \hat{\beta}=\frac{\overline{X}}{S_n^2}.$$

例 2.10 设总体 X 服从区间$[\theta_1,\theta_2]$上的均匀分布，求 θ_1 和 θ_2 的矩估计.

解 设$(X_1,X_2,\cdots,X_n)^{\mathrm{T}}$ 是来自 X 的一个样本. 容易求出总体 X 的均值和方差分别为

$$EX=\frac{\theta_1+\theta_2}{2},\quad DX=\frac{(\theta_2-\theta_1)^2}{12},$$

由
$$\begin{cases}\overline{X}=\dfrac{\hat{\theta}_1+\hat{\theta}_2}{2},\\ S_n^2=\dfrac{(\hat{\theta}_2-\hat{\theta}_1)^2}{12},\end{cases}$$

解得 θ_1 和 θ_2 的矩估计为

$$\hat{\theta}_1=\overline{X}-\sqrt{3}S_n,\quad \hat{\theta}_2=\overline{X}+\sqrt{3}S_n.$$

若要估计区间的长度 $\theta_2-\theta_1$，可用 $\hat{\theta}_2-\hat{\theta}_1=2\sqrt{3}S_n$.

矩估计法直观而又简便，特别是在对总体的数学期望及方差等数字特征作估计时，并不一定要知道总体的分布函数. 此外，矩估计都是相合估计且在一般情况下都是渐近正态估计. 矩估计法的缺点是，当样本不是简单随机样本或总体 X 的原点矩不存在时，矩估计法不能使用. 另外，矩估计法可能不惟一. 例如泊松总体$P(\lambda)$，样本均值 $\overline{X}$ 和样本方差 S_n^2 都是参数 λ 的矩估计. 再者，样本矩的表达式与总体的分布函数 $F(x;\theta)$的表达式无关，这表明，矩估计法有时没有充

分利用总体分布 $F(x,\theta)$ 对参数 θ 所提供的信息，因此，矩估计有时不一定是一个优良的估计.

2.2.2 最大似然估计法

最大似然估计作为一种点估计方法是由英国统计学家费希尔(R. A. Fisher)于 1912 年提出的，随后他又作了进一步发展，使之成为一种普遍采用的重要方法. 此法有许多优良性质，因而，当总体分布类型已知时，最好采用最大似然估计法来估计总体分布中的未知参数.

1. 似然函数

设总体 X 是连续型随机变量，其分布密度为 $f(x,\theta)$，其中 $\boldsymbol{\theta}=(\theta_1,\theta_2,\cdots,\theta_m)^{\mathrm{T}}$ 是未知参数. 若 $(X_1,X_2,\cdots,X_n)^{\mathrm{T}}$ 是总体 X 的一个样本，则样本 $(X_1,X_2,\cdots,X_n)^{\mathrm{T}}$ 的联合分布密度为 $\prod\limits_{i=1}^{n}f(x_i;\theta)$，当给定样本值 $(x_1,x_2,\cdots,x_n)^{\mathrm{T}}$ 后，它只是参数 $\boldsymbol{\theta}=(\theta_1,\cdots,\theta_m)^{\mathrm{T}}$ 的函数，记为 $L(\boldsymbol{\theta})$，即

$$L(\boldsymbol{\theta})=\prod_{i=1}^{n}f(x_i;\boldsymbol{\theta}),$$

这个函数 L 称为似然函数. 即似然函数就是样本的联合分布密度.

若总体 X 是离散型随机变量，其分布律为

$$P\{X=x\}=p(x;\boldsymbol{\theta}),\quad x=x^{(1)},x^{(2)},\cdots,$$

其中 $\boldsymbol{\theta}=(\theta_1,\theta_2,\cdots,\theta_m)^{\mathrm{T}}$ 是未知参数. $(X_1,X_2,\cdots,X_n)^{\mathrm{T}}$ 是来自总体 X 的样本，则样本 $(X_1,X_2,\cdots,X_n)^{\mathrm{T}}$ 的联合分布律 $\prod\limits_{i=1}^{n}P\{X=x_i\}$ 称为似然函数，记为 $L(\boldsymbol{\theta})$，即

$$L(\boldsymbol{\theta})=\prod_{i=1}^{n}P\{X=x_i\}=\prod_{i=1}^{n}p(x_i;\boldsymbol{\theta}).$$

2. 最大似然估计法

设某个试验有若干个可能结果 $A,B,C,\cdots$，若在一次试验中，结果 A 出现，则一般认为 A 出现的概率最大. 例如，已知某事件出现的概率只有两种可能：0.2 或 0.8，如果在一次试验中，这个事件出现了，我们自然地会认为该事件出现的概率应是 0.8 而不是 0.2. 这种想法的根据是“概率最大的事件最有可能出现”的“实际推断”原理. 最大似然估计法的基本思想就是这个原理的具体应用. 下面先通过一个实例介绍最大似然估计法.

例 2.11 设有一大批产品，其废品率为 $p(0<p<1)$. 今从中随机取出 100 个，其中有 10 个废品，试估计 p 的值.

解 若正品用"0"表示,废品用"1"表示. 此总体 X 的分布律为

$$P\{X=1\}=p,\quad P\{x=0\}=1-p,$$

即

$$P\{X=x\}=p^x(1-p)^{1-x},\quad x=0,1,$$

取得的样本值记为$(x_1,x_2,\cdots,x_{100})^{\mathrm{T}}$,其中 10 个是"1",90 个是"0". 出现此样本值的概率为

$$\begin{aligned}P\{X_1=x_1,X_2=x_2,\cdots,X_n=x_n\}&=\prod_{i=1}^n P\{X=x_i\}=\prod_{i=1}^n p^{x_i}(1-p)^{1-x_i}\\&=p^{\sum\limits_{i=1}^n x_i}(1-p)^{n-\sum\limits_{i=1}^n x_i}=p^{10}(1-p)^{90},\end{aligned}$$

这个概率也就是似然函数 $L(p)$,即

$$L(p)=p^{10}(1-p)^{90},$$

它随 p 的数值不同而不同. 由于一次抽样取得了上述样本值,因而概率应较大,所以就应选取使这一概率(即似然函数)达到最大的参数值作为未知参数 p 的估计值. 根据高等数学求极值的方法,由

$$L'(p)=10p^9(1-p)^{90}-90p^{10}(1-p)^{89}=p^9(1-p)^{89}[10(1-p)-90p],$$

令 $L'(\hat{p})=0$,得

$$\hat{p}=\frac{10}{100}.$$

显然,如果在此例中取一个容量为 n 的样本值,其中有 m 个废品,则有 $\hat{p}=\dfrac{m}{n}$.

一般地,设总体 X 是具有分布密度 $f(x,\boldsymbol{\theta})$ 的连续型随机变量,其中 $\boldsymbol{\theta}=(\theta_1,\theta_2,\cdots,\theta_m)^{\mathrm{T}}$是未知参数. 又设$(x_1,x_2,\cdots,x_n)^{\mathrm{T}}$ 是样本$(X_1,X_2,\cdots,X_n)^{\mathrm{T}}$ 的一个观察值,那么,样本$(X_1,X_2,\cdots,X_n)^{\mathrm{T}}$ 落在点$(x_1,x_2,\cdots,x_n)^{\mathrm{T}}$ 的邻域里的概率为

$$\begin{aligned}&P\{x_1-\mathrm{d}x_1<X_1\leqslant x_1,x_2-\mathrm{d}x_2<X_2\leqslant x_2,\cdots,x_n-\mathrm{d}x_n<X_n\leqslant x_n\}\\&=P\{x_1-\mathrm{d}x_1<X_1\leqslant x_1\}P\{x_2-\mathrm{d}x_2<X_2\leqslant x_2\}\cdots P\{x_n-\mathrm{d}x_n<X_n\leqslant x_n\}\\&\approx\prod_{i=1}^n f(x_i,\boldsymbol{\theta})\mathrm{d}x_i=\left[\prod_{i=1}^n f(x,\boldsymbol{\theta})\right]\mathrm{d}x_1\mathrm{d}x_2\cdots\mathrm{d}x_n=L(\boldsymbol{\theta})\mathrm{d}x_1\mathrm{d}x_2\cdots\mathrm{d}x_n,\end{aligned}$$

其中 $\boldsymbol{\theta}=(\theta_1,\theta_2,\cdots,\theta_m)^{\mathrm{T}}$. 这里取的小区间长度 $\mathrm{d}x_1,\mathrm{d}x_2,\cdots,\mathrm{d}x_n$ 都是固定的量. 既然在一次试验中得到了样本值$(x_1,x_2,\cdots,x_n)^{\mathrm{T}}$,那么我们认为样本落在样本值$(x_1,x_2,\cdots,x_n)^{\mathrm{T}}$ 的邻域里这一事件是较易发生,具有较大的概率,所以就应选取使这一概率达到最大的参数值作为未知参数的估计,也就是选取使似然函数 L 达到最大的参数值作为未知参数的估计值. 这种求未知参数的估计方法称为最大似然估计法.

当总体 X 是离散型随机变量时,用 X 的分布律代替分布密度,可按上述原理

同样进行讨论. 实际上,例 2.11 讨论的就是离散总体的最大似然估计法.

定义 2.7　设总体 X 的分布密度(或分布律)为 $f(x;\boldsymbol{\theta})$,其中 $\boldsymbol{\theta}=(\theta_1,\theta_2,\cdots,\theta_m)^{\mathrm{T}}$ 为未知参数. 又设 $(x_1,x_2,\cdots,x_n)^{\mathrm{T}}$ 是 X 的一个样本值,如果似然函数

$$L(\boldsymbol{\theta})=\prod_{i=1}^{n}f(x_i;\boldsymbol{\theta}) \tag{2.13}$$

在 $\hat{\boldsymbol{\theta}}=(\hat{\theta}_1,\hat{\theta}_2,\cdots,\hat{\theta}_m)^{\mathrm{T}}$ 达到最大值,则称 $\hat{\theta}_1,\hat{\theta}_2,\cdots,\hat{\theta}_m$ 分别为 $\theta_1,\theta_2,\cdots,\theta_m$ 的最大似然估计值.

需要注意的是,最大似然估计值 $\hat{\theta}_i(i=1,2,\cdots,m)$ 依赖于样本值,即

$$\hat{\theta}_i=\hat{\theta}_i(x_1,x_2,\cdots,x_n),\quad i=1,2,\cdots,m,$$

若在上式中将样本值 $(x_1,x_2,\cdots,x_n)^{\mathrm{T}}$ 换成样本 $(X_1,X_2,\cdots,X_n)^{\mathrm{T}}$,所得到的 $\hat{\theta}_i=\hat{\theta}_i(X_1,X_2,\cdots,X_n)(i=1,2,\cdots,m)$ 分别称为 $\theta_i(i=1,2,\cdots,m)$ 的最大似然估计量,简称 *ML* 估计.

由于

$$\ln L(\boldsymbol{\theta})=\sum_{i=1}^{n}\ln f(x_i,\boldsymbol{\theta}),$$

而 $\ln L$ 与 L 有相同的最大值点,因此,$\hat{\theta}$ 为最大似然估计的必要条件为

$$\left.\frac{\partial\ln L(\boldsymbol{\theta})}{\partial\theta_i}\right|_{\theta=\hat{\theta}}=0,\qquad i=1,2,\cdots,m, \tag{2.14}$$

称它为似然方程,其中 $\boldsymbol{\theta}=(\theta_1,\theta_2,\cdots,\theta_m)^{\mathrm{T}}$.

求最大似然估计量的一般步骤:

(1) 写出似然函数 $L(\boldsymbol{\theta})$;

(2) 求出 $\ln L$ 及似然方程

$$\left.\frac{\partial\ln L}{\partial\theta_i}\right|_{\theta=\hat{\theta}}=0,\quad i=1,2,\cdots,m;$$

(3) 解似然方程得到最大似然估计 $\hat{\theta}_i(x_1,x_2,\cdots,x_n)(i=1,2,\cdots,m)$;

(4) 最后得到最大似然估计量 $\hat{\theta}_i(X_1,X_2,\cdots,X_n)(i=1,2,\cdots,m)$.

例 2.12　设总体 X 服从泊松分布 $P(\lambda)$,其分布律为

$$P\{X=k\}=\frac{\lambda^k}{k!}\mathrm{e}^{-\lambda},\quad k=0,1,2,\cdots,$$

试求参数 λ 的最大似然估计量.

解　设样本 $(X_1,X_2,\cdots,X_n)^{\mathrm{T}}$ 的一个值为 $(x_1,x_2,\cdots,x_n)^{\mathrm{T}}$,于是似然函数为

$$L(\lambda)=\prod_{i=1}^{n}P\{X=x_i\}=\prod_{i=1}^{n}\frac{\lambda^{x_i}}{x_i!}\mathrm{e}^{-\lambda}=\frac{\lambda^{\sum\limits_{i=1}^{n}x_i}}{\prod\limits_{i=1}^{n}x_i!}\mathrm{e}^{-n\lambda},$$

$$\ln L(\lambda)=-n\lambda+\sum_{i=1}^{n}x_i\ln\lambda-\sum_{i=1}^{n}\ln(x_i!).$$

由

$$\left.\frac{\mathrm{d}\ln L(\lambda)}{\mathrm{d}\lambda}\right|_{\lambda=\hat{\lambda}}=-n+\frac{1}{\hat{\lambda}}\sum_{i=1}^{n}x_i=0$$

得

$$\hat{\lambda}=\frac{1}{n}\sum_{i=1}^{n}x_i.$$

所以 λ 的最大似然估计量为

$$\hat{\lambda}=\overline{X}=\frac{1}{n}\sum_{i=1}^{n}X_i.$$

例 2.13 设总体 X 服从正态分布 $N(\mu,\sigma^2)$，试求未知参数 μ 和 σ^2 的最大似然估计量.

解 设 $(X_1,X_2,\cdots,X_n)^{\mathrm{T}}$ 为 X 的一个样本，其值为 $(x_1,x_2,\cdots,x_n)^{\mathrm{T}}$，记 $\boldsymbol{\theta}=(\mu,\sigma^2)^{\mathrm{T}}$，则

$$L(\boldsymbol{\theta})=\prod_{i=1}^{n}\frac{1}{\sqrt{2\pi}\sigma}\mathrm{e}^{-(x_i-\mu)^2/2\sigma^2}=\left(\frac{1}{\sqrt{2\pi}\sigma}\right)^n\mathrm{e}^{-\frac{1}{2\sigma^2}\sum\limits_{i=1}^{n}(x_i-\mu)^2},$$

$$\ln L(\boldsymbol{\theta})=-n\ln\sqrt{2\pi}-\frac{n}{2}\ln\sigma^2-\frac{1}{2\sigma^2}\sum_{i=1}^{n}(x_i-\mu)^2.$$

则似然方程为

$$\left.\frac{\partial\ln L(\boldsymbol{\theta})}{\partial\mu}\right|_{\substack{\mu=\hat{\mu}\\ \sigma^2=\hat{\sigma}^2}}=\frac{1}{\hat{\sigma}^2}\sum_{i=1}^{n}(x_i-\hat{\mu})=0,$$

$$\left.\frac{\partial\ln L(\boldsymbol{\theta})}{\partial\sigma^2}\right|_{\substack{\mu=\hat{\mu}\\ \sigma^2=\hat{\sigma}^2}}=-\frac{n}{2\hat{\sigma}^2}+\frac{1}{2(\hat{\sigma}^2)^2}\sum_{i=1}^{n}(x_i-\hat{\mu})^2=0,$$

解得估计为

$$\hat{\mu}=\frac{1}{n}\sum_{i=1}^{n}x_i=\overline{x},\quad \hat{\sigma}^2=\frac{1}{n}\sum_{i=1}^{n}(x_i-\overline{x})^2=s_n^2.$$

所求的最大似然估计量为

$$\hat{\mu}=\overline{X},\quad \hat{\sigma}^2=S_n^2.$$

上述两个例子的结果与矩估计法得到的结果完全相同.

例 2.14 设总体 X 服从柯西分布，其分布密度为

$$f(x;\theta)=\frac{1}{\pi[1+(x-\theta)^2]},\quad -\infty<x<+\infty,$$

试求参数 θ 的最大似然估计.

解 设样本值为 $(x_1,x_2,\cdots,x_n)^{\mathrm{T}}$，则似然函数为

$$L(\theta)=\prod_{i=1}^{n}\frac{1}{\pi[1+(x_i-\theta)^2]},\quad -\infty<x<+\infty,$$

似然方程为

$$\sum_{i=1}^{n}\frac{x_i-\hat{\theta}}{1+(x_i-\hat{\theta})^2}=0.$$

这个方程只能用迭代法解 $\hat{\theta}$，比如牛顿法，可以用样本中位数作为初始值，因为柯西分布关于 θ 对称，故 θ 就是总体分布的中位数. 这个分布不存在均值 EX，因此不能用矩估计法估计 θ.

例 2.15 设总体 X 服从$[\theta_1,\theta_2]$上的均匀分布，其分布密度为

$$f(x;\boldsymbol{\theta})=\begin{cases}\dfrac{1}{\theta_2-\theta_1}, & \theta_1\leqslant x\leqslant\theta_2,\\ 0, & \text{其他},\end{cases}\quad \text{其中 } \boldsymbol{\theta}=(\theta_1,\theta_2)^{\mathrm{T}},$$

试求参数 θ_1,θ_2 的最大似然估计量.

解 设$(X_1,X_2,\cdots,X_n)^{\mathrm{T}}$ 是取自总体 X 的一个样本，其值为$(x_1,x_2,\cdots,x_n)^{\mathrm{T}}$，则似然函数为

$$L(\boldsymbol{\theta})=\begin{cases}\dfrac{1}{(\theta_2-\theta_1)^n}, & \theta_1\leqslant x_i\leqslant\theta_2,\quad i=1,2,\cdots,n,\\ 0, & \text{其他}.\end{cases}$$

如果分别置上式对 θ_1 和 θ_2 的导数等于 0，并求解 θ_1 和 θ_2 就会发现 θ_1 和 θ_2 至少有一个为无穷大，这是无意义的结果. 出现这种情况的原因是似然函数在最大值点导数不为零，所以必须用其他方法找出它的最大值点.

要使似然函数 $L(\boldsymbol{\theta})$达最大值，θ_1 应该尽量大，θ_2 应该尽量小；另一方面，θ_1 和 θ_2 又要满足 $\theta_1\leqslant x_i\leqslant\theta_2(i=1,2,\cdots,n)$，即 θ_1,θ_2 应该同时满足

$$\theta_1\leqslant\min_{1\leqslant i\leqslant n}x_i,\quad \theta_2\geqslant\max_{1\leqslant i\leqslant n}x_i,$$

综合起来，当 $\theta_1=\min\limits_{1\leqslant i\leqslant n}x_i,\theta_2=\max\limits_{1\leqslant i\leqslant n}x_i$ 时，$L(\theta_1,\theta_2)$最大，故 θ_1 和 θ_2 的最大似然估计量为

$$\hat{\theta}_1=\min_{1\leqslant i\leqslant n}X_i,\quad \hat{\theta}_2=\max_{1\leqslant i\leqslant n}X_i.$$

该例说明用微分法求最大似然估计不一定总是可行的，必须学会对一些特殊的问题采用特殊的方法去处理. 另外还必须牢记似然方程$\dfrac{\partial\ln L}{\partial\theta}=0$ 的根可能是极大值点，也可能是极小值点，因而必须避免使用实际上是极小值的根.

上面讨论了未知参数的最大似然估计，有时可能需要求未知参数的函数的最大似然估计，这时可利用下面的定理.

定理 2.4 设 $\hat{\boldsymbol{\theta}}$ 是 $\boldsymbol{\theta}$ 的最大似然估计，如果 $g(\boldsymbol{\theta})$是 $\boldsymbol{\theta}$ 的连续函数，则$g(\hat{\boldsymbol{\theta}})$是 $g(\boldsymbol{\theta})$的最大似然估计.

例 2.16 设总体 $X\sim N(\mu,\sigma^2)$，μ,σ^2 未知，$(X_1,X_2,\cdots,X_n)^{\mathrm{T}}$ 是来自总体 X 的一个样本，试求 $g(\mu,\sigma^2)=P\{X>2\}$的最大似然估计.

解 因为

$$
\begin{aligned}
g(\mu,\sigma^2) &= P\{X > 2\} = 1 - P\{X \leqslant 2\} \\
&= 1 - P\left\{\frac{X-\mu}{\sigma} \leqslant \frac{2-\mu}{\sigma}\right\} = 1 - \Phi\left(\frac{2-\mu}{\sigma}\right).
\end{aligned}
$$

由例 2.13 知，μ 和 σ^2 的最大似然估计量为

$$\hat{\mu} = \overline{X}, \quad \hat{\sigma}^2 = S_n^2,$$

所以

$$g(\hat{\mu},\hat{\sigma}^2) = 1 - \Phi\left(\frac{2-\overline{X}}{S_n}\right),$$

其中 $\Phi(x)$ 是标准正态分布函数.

定理 2.5 设 $T = T(X_1, X_2, \cdots, X_n)$ 为 θ 的一个充分统计量，则 θ 的最大似然估计 $\hat{\theta}$ 一定可以表成 T 的函数.

证明 设 $T = T(X_1, X_2, \cdots, X_n)$ 为 θ 的任一充分统计量，则由定理 1.3，似然函数定可表为

$$L(\theta) = h(x_1, x_2, \cdots, x_n) g(T(X_1, X_2, \cdots, X_n); \theta)$$

的形式，其中 h 与 θ 无关. 由此，最大化 $L(\theta)$ 等价于最大化 $g(T;\theta)$，因此，最大似然估计 $\hat{\theta}$(若存在)必为 T 的函数.

该定理表明，最大似然估计充分利用了样本中所包含的 θ 的信息，从而充分地利用了总体分布的表达式所提供的关于 θ 的信息，因而最大似然估计有许多优良的性质. 例如，当样本容量 n 固定时，它在某些分布族中就是 MVUE 或接近于 MVUE；而且当样本容量充分大时，它也有优良的大样本性质，如通常情况下，最大似然估计不仅是相合估计，而且是渐近正态估计. 因此，在实际应用中，最大似然估计是最常用的方法，也是最重要和最好的方法之一.

2.2.3 截尾样本下参数的最大似然估计

在可靠性分析中，为了研究产品的可靠性，通常需要对产品进行寿命试验 . 常见的寿命试验有完全寿命试验及截尾寿命试验 . 完全寿命试验是指从一批同型产品中随机抽取 n 个，在时间 $t=0$ 时同时投入试验，当每个产品都失效时试验停止. 记录每一个产品的失效时间，这样得到的样本 $0 \leqslant t_1 \leqslant t_2 \leqslant \cdots \leqslant t_n$(即由所有产品的失效时间所组成的样本)称为完全样本. 随着科学技术的发展和制造工艺的提高，出现了许多高质量、长寿命产品. 对这些产品进行完全寿命试验所需的时间周期较长，花费较大，在实际中很难实现，于是人们就考虑截尾寿命试验 .

常用的截尾寿命试验有两种：一种是定时截尾寿命试验. 假设将随机抽取的 n 个产品在时间 $t=0$ 时同时投入试验，试验进行到事先规定的截尾时间 t_0 停止. 如试验截止时共有 r 个产品失效，它们的失效时间分别为

$$0 \leqslant t_1 \leqslant t_2 \leqslant \cdots \leqslant t_r \leqslant t_0$$

此时 r 是一个随机变量，所得的样本 $t_1, t_2, \cdots, t_r$ 称为定时截尾样本．另一种是定数截尾寿命试验．假设将随机抽取的 n 个产品在时间 $t=0$ 时同时投入试验，试验进行到有 r 个（r 是事先规定的，$r<n$）产品失效时停止，r 个失效产品的失效时间分别为 $0 \leqslant t_1 \leqslant t_2 \leqslant \cdots \leqslant t_r$，这里 t_r 是第 r 个产品的失效时间．所得的样本 $t_1, t_2, \cdots, t_r$ 称为定数截尾样本．基于截尾样本来研究产品的寿命特征是可靠性分析中重要的研究内容之一．

在产品的可靠性研究中，人们通常用 T 表示产品的寿命，寿命 T 为随机变量．假设 T 的概率密度与分布函数分别为 $f(t;\theta)$ 及 $F(t;\theta)$，其中 θ 为未知参数．设有 n 个产品投入定数截尾试验，当有 r 个产品失效时试验停止，在试验结束后可得定数截尾样本 $0 \leqslant t_1 \leqslant t_2 \leqslant \cdots \leqslant t_r$. 基于这一截尾样本，利用最大似然估计法来估计未知参数 θ. 由于在时间区间 $[0, t_r]$ 有 r 个产品失效，故有 $n-r$ 个产品的寿命超过 t_r. 为了确定似然函数，我们观察上述结果出现的概率．由于产品在 $(t_i, t_i+\mathrm{d}t_i]$ 失效的概率近似地等于 $f(t_i;\theta)\mathrm{d}t_i, i=1,2,\cdots,r$. 其余 $n-r$ 个产品寿命超过 t_r 的概率为 $[1-F(t_r;\theta)]^{n-r}$. 从而上述观察结果出现的概率近似地为

$$\binom{r}{n}(f(t_1;\theta)\mathrm{d}t_1)(f(t_2;\theta)\mathrm{d}t_2)\cdots(f(t_r;\theta)\mathrm{d}t_r)[1-F(t_r;\theta)]^{n-r}.$$

其中 $\mathrm{d}t_1, \mathrm{d}t_2, \cdots, \mathrm{d}t_r$ 为常数．由上述分析可得似然函数为

$$L(\theta)=\binom{r}{n}\prod_{i=1}^{r} f(t_i;\theta)\,[1-F(t_r;\theta)]^{n-r}.$$

对于定时截尾样本 $0 \leqslant t_1 \leqslant t_2 \leqslant \cdots \leqslant t_m \leqslant t_0$（其中 t_0 是截尾时间）. 与上面讨论类似，可得似然函数为

$$L(\theta)=\binom{r}{n}\prod_{i=1}^{r} f(t_i;\theta)\,[1-F(t_0;\theta)]^{n-r}$$

若产品的寿命服从指数分布，其概率密度函数及分布函数分别为

$$f(t;\theta)=\begin{cases}\theta \mathrm{e}^{-t\theta}, & t>0, \\ 0, & t \leqslant 0,\end{cases} \quad F(t;\theta)=\begin{cases}1-\mathrm{e}^{-t\theta}, & t>0, \\ 0, & t \leqslant 0.\end{cases} \quad \theta>0 \text{ 未知}.$$

对于定数截尾样本 $0 \leqslant t_1 \leqslant t_2 \leqslant \cdots \leqslant t_r$，将指数分布的概率密度函数及分布函数代入似然函数 $L(\theta)$ 的表达式，可得为似然函数为

$$L(\theta)=\theta^r \mathrm{e}^{-\theta[t_1+t_2+\cdots+t_r+(n-r)t_r]}$$

对数似然函数为

$$\ln L(\theta)=r\ln\theta-\theta\left[\sum_{i=1}^{r} t_i+(n-r)t_r\right]$$

令 $\dfrac{\mathrm{d}\ln L(\theta)}{\mathrm{d}\theta}=0$，即 $\dfrac{r}{\theta}+\left[\sum_{i=1}^{r} t_i+(n-r)t_r\right]=0$

得到 θ 的最大似然估计值为

$$\hat{\theta}=r\left[\sum_{i=1}^{r}t_i+(n-r)t_r\right]^{-1}=\frac{r}{s(t_r)}$$

其中，$s(t_r)=\sum_{i=1}^{r}t_i+(n-r)t_r$ 称为总试验时间，它表示直到时刻 t_r 为止 n 个产品的试验时间的总和.

对于定时截尾样本 $0\leqslant t_1\leqslant t_2\leqslant\cdots\leqslant t_m\leqslant t_0$，似然函数为

$$L(\theta)=\theta^r\mathrm{e}^{-\theta[t_1+t_2+\cdots+t_r+(n-r)t_0]}$$

θ 的最大似然估计值为 $\hat{\theta}=r\left[\sum_{i=1}^{r}t_i+(n-r)t_0\right]^{-1}=r/s(t_0)$

其中，$s(t_0)=\sum_{i=1}^{r}t_i+(n-r)t_0$ 称为总试验时间，它表示直到时刻 t_0 为止 n 个产品的试验时间的总和.

例 2.17 设某电元件的寿命 T 服从指数分布，其概率密度为

$$f(t)=\begin{cases}\theta\mathrm{e}^{-t\theta}, & t>0,\\ 0, & t\leqslant 0,\end{cases}$$

$\theta>0$ 未知. 随机地取 50 只电子元件投入寿命试验，规定试验进行到其中有 18 只失效时结束，测得失效时间(小时)为

119，125，131，138，142，147，148，155，158，

159，163，166，167，169，172，174，176，178，

试求未知参数 θ 及元件平均寿命的最大似然估计值.

解 $n=50, r=18$，

$s(t_{18})=119+125+131+138+142+147+148+155+158+159+163+166+167+169+172+174+176+178+178\times(50-18)=8307.$

θ 的最大似然估计值为

$$\hat{\theta}=r/s(t_{18})=18/8307=0.0022.$$

由于指数分布产品的平均寿命为 $ET=\frac{1}{\theta}$，故由最大似然估计的不变性可得，产品的平均寿命的最大似然估计值为

$$\frac{1}{\hat{\theta}}=\frac{1}{0.0022}\approx 455(\text{小时})$$

2.2.4 用次序统计量估计参数的方法

样本中位数和样本极差都是次序统计量的函数，它们计算简单. 无论总体 X 服从何种分布，都可用样本中位数 $\widetilde{X}$ 作为总体均值 EX 的估计量，用样本极差 R 作为总体标准差 $\sqrt{DX}$ 的估计量，不过这种估计一般来说比较粗糙.

对于正态总体,样本中位数的渐近分布由下面定理给出.

定理 2.6 设 $X_1, X_2, \cdots, X_n$ 是来自正态总体 $N(\mu, \sigma^2)$ 的样本,$\widetilde{X}$ 是样本中位数,则对任意 x,有

$$\lim_{n\to\infty} P\left\{\sqrt{\frac{2n}{\pi\sigma^2}}(\widetilde{X}-\mu) \leqslant x\right\} = \frac{1}{\sqrt{2\pi}}\int_{-\infty}^{x} e^{-\frac{t^2}{2}} dt.$$

此定理表明:当 n 趋于 ∞ 时,$\sqrt{\frac{2n}{\pi\sigma^2}}(\widetilde{X}-\mu)$ 的极限分布为标准正态分布,从而 $\widetilde{X}$ 近似服从正态分布 $N\left(\mu, \frac{\pi\sigma^2}{2n}\right)$. n 越大时,$\widetilde{X}$ 在 μ 附近的概率越大,所以,当 n 很大时,可用样本中位数 $\widetilde{X}$ 作为总体均值 μ 的估计,即

$$\hat{\mu} = \widetilde{X}.$$

实际上,该定理表明 $\widetilde{X}$ 是 μ 的渐近正态估计. 对于正态总体,还可证明样本极差 R 的均值和方差为

$$ER = d_n\sigma, \quad DR = v_n^2\sigma^2.$$

当 n 取 2～10 之间的数值时,d_n 和 v_n 的值可由表 2.1 查出.

表 2.1

n	d_n	$1/d_n$	v_n	v_n/d_n
2	1.128 38	0.886 2	0.853	0.756
3	1.692 57	0.590 8	0.888	0.525
4	2.058 75	0.485 7	0.880	0.427
5	2.325 93	0.429 9	0.864	0.371
6	2.534 41	0.394 6	0.848	0.335
7	2.704 36	0.369 8	0.833	0.308
8	2.847 20	0.351 2	0.820	0.288
9	2.970 03	0.336 7	0.808	0.272
10	3.077 51	0.324 9	0.797	0.259

把上式改写成

$$E\left(\frac{R}{d_n}\right) = \sigma, \quad D\left(\frac{R}{d_n}\right) = \frac{v_n^2}{d_n^2}\sigma^2,$$

这表明 $\frac{1}{d_n}R$ 的均值等于 σ(即 $\frac{1}{d_n}R$ 是 σ 的无偏估计),故可用 $\frac{1}{d_n}R$ 去估计 σ,即

$$\hat{\sigma}=\frac{1}{d_n}R.$$

而估计产生的平均平方误差为$\frac{v_n^2}{d_n^2}\sigma^2$，标准差为$\frac{v_n}{d_n}\sigma$，它的系数$\frac{v_n}{d_n}$的值见表 2.1. 在 $n>10$时，由经验和理论知，用$\frac{1}{d_n}R$ 去估计 σ 产生的误差较大. 此时，可把样本值等分成若干组，每组数据不超过 10 个，各组分别计算极差，然后用这些极差的平均值 $\overline{R}$ 代替 R，而查$\frac{1}{d_n}$的数值时，n 应取每一组中数据的个数.

例 2.18　某种型号的旧汽车经过5次转卖，售出的价格分别是 375，370，360，350，345，假设售出的价格服从正态 $N(\mu,\sigma^2)$分布，试估计这种旧汽车价格的均值和标准差.

解　显然

$$\hat{\mu}=\widetilde{X}=360,$$

由于

$$r=375-345=30,$$

故

$$\hat{\sigma}=\frac{1}{d_5}r=0.4299\cdot 30=12.897.$$

例 2.19　某维尼纶厂20天内生产正常，随机地抽样得 20 个纤度数值，等分成 4 组，每组有 5 个数值，如下表：

组＼数值	x_1	x_2	x_3	x_4	x_5	极差 R
1	1.36	1.49	1.43	1.41	1.37	0.13
2	1.40	1.32	1.42	1.47	1.39	0.15
3	1.41	1.36	1.40	1.34	1.42	0.08
4	1.42	1.45	1.35	1.42	1.39	0.10

假设纤度服从正态分布，试估计总体的标准差.

解　平均极差为

$$\bar{r}=\frac{1}{4}(0.13+0.15+0.08+0.10)=0.115,$$

总体标准差的估计为

$$\bar{\sigma}=\frac{1}{d_5}\bar{r}=0.4299\cdot 0.115=0.049.$$

另外，如果用这 20 个数值的样本标准差 S_n 作为 σ 的估计，则有

$$\hat{\sigma} = s_n = 0.043.$$

可见σ的两个估计值比较接近.

2.3　最小方差无偏估计和有效估计

最小方差无偏估计和有效估计是在某种意义下的最优估计，两者既有区别又有密切的关系. 如果求出参数θ的一个估计量$\hat{\theta}$，判别其是否为最小方差无偏估计或有效估计，显然具有重要的意义. 倘若能直接求出参数θ的最小方差无偏估计或有效估计，则将更加令人满意，本节将研究这些问题.

2.3.1　最小方差无偏估计

由定义 2.4 知，最小方差无偏估计 MVUE 是在无偏估计类中，使均方误差达到最小的估计量，即在均方误差最小意义下的最优估计. 它是在应用中，人们希望寻求的一种估计量.

定理 2.7　设$\hat{\theta}(\boldsymbol{X})$是$\theta$的一个无偏估计，$D\hat{\theta}<\infty$，若对任何满足条件：$EL(\boldsymbol{X})=0$，$DL(\boldsymbol{X})<\infty$的统计量$L(\boldsymbol{X})$，有

$$E[L(\boldsymbol{X})\hat{\theta}(\boldsymbol{X})] = 0,$$

则$\hat{\theta}(\boldsymbol{X})$是$\theta$的 MVUE. 其中$\boldsymbol{X}=(X_1,X_2,\cdots,X_n)^{\mathrm{T}}$.

证明　设$\hat{\theta}_1(\boldsymbol{X})$是$\theta$的任一无偏估计，记$L(\boldsymbol{X})=\hat{\theta}_1(\boldsymbol{X})-\hat{\theta}(\boldsymbol{X})$，则$L(\boldsymbol{X})$为 0 的无偏估计，由于

$$\begin{aligned} D\hat{\theta}_1(\boldsymbol{X}) &= D[L(\boldsymbol{X})+\hat{\theta}(\boldsymbol{X})] \\ &= DL(\boldsymbol{X})+D\hat{\theta}(\boldsymbol{X})+2E\{[L(\boldsymbol{X})-EL(\boldsymbol{X})][\hat{\theta}(\boldsymbol{X})-E\hat{\theta}(\boldsymbol{X})]\} \\ &= DL(\boldsymbol{X})+D\hat{\theta}(\boldsymbol{X}) \geqslant D\hat{\theta}(\boldsymbol{X}), \end{aligned}$$

故$\hat{\theta}(\boldsymbol{X})$是$\theta$的 MVUE.

例 2.20　设$\boldsymbol{X}=(X_1,X_2,\cdots,X_n)^{\mathrm{T}}$是来自正态总体$N(\mu,\sigma^2)$的一个样本，已知$\overline{X}$和$S_n^{*2}$分别是$\mu$和$\sigma^2$的无偏估计，证明$\overline{X}$和$S_n^{*2}$分别是$\mu$和$\sigma^2$的 MVUE.

证明　设$L(\boldsymbol{X})$满足$EL(\boldsymbol{X})=0$，则有

$$\int\cdots\int L\exp\left\{-\frac{1}{2\sigma^2}\sum_{i=1}^{n}(x_i-\mu)^2\right\}\mathrm{d}x = 0. \tag{2.15}$$

上式关于μ求导，得

$$\int\cdots\int L\left(\sum_{i=1}^{n}x_i\right)\exp\left\{-\frac{1}{2\sigma^2}\sum_{i=1}^{n}(x_i-\mu)^2\right\}\mathrm{d}x = 0,$$

故有

$$E[L(\boldsymbol{X})\overline{X}] = 0,$$

所以$\overline{X}$是μ的 MVUE.

式(2.15)关于 μ 求二阶导数,得

$$\int\cdots\int L(\sum_{i=1}^{n}x_i)^2\exp\left\{-\frac{1}{2\sigma^2}\sum_{i=1}^{n}(x_i-\mu)^2\right\}\mathrm{d}x=0.$$

式(2.15)关于 σ^2 求导,得

$$\int\cdots\int L\sum_{i=1}^{n}(x_i-\mu)^2\exp\left\{-\frac{1}{2\sigma^2}\sum_{i=1}^{n}(x_i-\mu)^2\right\}\mathrm{d}x=0.$$

利用 $\sum_{i=1}^{n}(x_i-\overline{x})^2=\sum_{i=1}^{n}(x_i-\mu)^2-n(\overline{x}-\mu)^2$,可得

$$\int\cdots\int L\sum_{i=1}^{n}(x_i-\overline{x})^2\exp\left\{-\frac{1}{2\sigma^2}\sum_{i=1}^{n}(x_i-\mu)^2\right\}\mathrm{d}x=0,$$

故有

$$E[L(\boldsymbol{X})S_n^{*^2}]=0,$$

所以 $S_n^{*^2}$ 是 σ^2 的 MVUE.

定理 2.7 给出了最小方差无偏估计的一种判别方法,但由上例可见,该判别法使用并不方便,而且还只是一个充分条件. 为了寻求更好的方法,需要借助充分统计量甚至充分完备统计量的概念.

定理 2.8 设总体 X 的分布函数为 $F(x;\theta)$,$\theta\in\Theta$ 是未知参数,$(X_1,X_2,\cdots,X_n)^{\mathrm{T}}$ 是来自总体 X 的一个样本. 如果 $T=T(X_1,X_2,\cdots,X_n)$是 θ 的充分统计量,$\hat{\theta}$ 是 θ 的任一无偏估计,记 $\hat{\theta}^*\triangleq E(\hat{\theta}|T)$,则有

$$E\hat{\theta}^*=\theta,\quad 对一切\ \theta\in\Theta, \tag{2.16}$$

$$D\hat{\theta}^*\leqslant D\hat{\theta},\quad 对一切\ \theta\in\Theta, \tag{2.17}$$

证明见文献[1].

由于 $\hat{\theta}^*=E(\hat{\theta}|T)$仍然是充分统计量且作为 θ 的估计量,可称之为充分估计量,上述定理表明,要寻找 θ 的最小方差无偏估计,只需在无偏的充分估计量类中寻找就足够了. 假若 θ 的充分无偏估计量是惟一的,则这个充分无偏估计量就一定是最小方差无偏估计量. 那么,在什么情况下,它才是惟一的呢? 显然,如果它又是完备统计量,便可保证其惟一性.

定理 2.9 设总体 X 的分布函数为 $F(x;\theta)$,$\theta\in\Theta$,$(X_1,X_2,\cdots,X_n)^{\mathrm{T}}$ 为其样本,若 $T=T(X_1,X_2,\cdots,X_n)$是 θ 的充分完备统计量,$\hat{\theta}$ 为 θ 的一个无偏估计,则

$$\hat{\theta}^*\triangleq E(\hat{\theta}|T) \tag{2.18}$$

为 θ 的惟一的最小方差无偏估计.

证明 设 $\hat{\theta}_1$ 和 $\hat{\theta}_2$ 是 θ 的任意两个无偏估计,由定理 2.8 知,$E(\hat{\theta}_1|T)$和 $E(\hat{\theta}_2|T)$也是 θ 的无偏估计,即对一切 $\theta\in\Theta$,有

$$E_\theta[E(\hat{\theta}_1|T)]=\theta,\quad E_\theta[E(\hat{\theta}_2|T)]=\theta \tag{2.19}$$

且

$$D_\theta[E(\hat{\theta}_1|T)] \leqslant D_\theta\hat{\theta}_1, \quad D_\theta[E(\hat{\theta}_2|T)] \leqslant D_\theta\hat{\theta}_2.$$

由式(2.19)得

$$E_\theta[E(\hat{\theta}_1|T) - E(\hat{\theta}_2|T)] = 0, \quad \text{对一切 } \theta \in \Theta.$$

由于 T 是完备统计量,由定义 1.5 得

$$P_\theta(E(\hat{\theta}_1 \mid T) = E(\hat{\theta}_2 \mid T)) = 1, \quad \text{对一切 } \theta \in \Theta,$$

即 θ 的充分无偏估计是惟一的. 再由定理 2.8 知,$\hat{\theta}^* = E(\hat{\theta}_1 \mid T)$是 θ 的最小方差无偏估计.

定理 2.9 提供了一种寻求 θ 的最小方差无偏估计量的方法,即先找到 θ 的一个充分完备统计量 $T = T(X_1, X_2, \cdots, X_n)$和一个无偏估计 $\hat{\theta}$,再求条件数学期望 $E(\hat{\theta}|T)$即可. 例如,对泊松总体 $P(\lambda)$,由例 1.9 知 $\overline{X}$ 是参数 λ 的充分完备统计量且又是 λ 的一个无偏估计,所以 $E(\overline{X}|\overline{X}) = \overline{X}$ 是 λ 的最小方差无偏估计.

例 2.21 设总体 $X \sim N(\mu, \sigma^2)$,$\theta = (\mu, \sigma^2)$,$(X_1, X_2, \cdots, X_n)^{\mathrm{T}}$ 为其样本,由例 1.10,$\boldsymbol{T} = (\overline{X}, S_n^2)^{\mathrm{T}}$ 是 $\boldsymbol{\theta} = (\mu, \sigma^2)^{\mathrm{T}}$ 的充分完备统计量,又 $\overline{X}, S_n^{*2}$ 分别为 μ 和 σ^2 的无偏估计,于是,由定理 2.9,

$$\hat{\mu} = E(\overline{X}|\boldsymbol{T}) = \overline{X},$$

$$\hat{\sigma}^2 = E(S_n^{*2}|\boldsymbol{T}) = S_n^{*2}.$$

分别是 μ 和 σ^2 惟一的最小方差无偏估计.

例 2.22 设$(X_1, X_2, \cdots, X_n)^{\mathrm{T}}$是来自总体 X 服从区间$(0,\theta)$上均匀分布的一个样本. 求 θ 的最小方差无偏估计.

解 样本的联合分布为

$$L(\theta) = \prod_{i=1}^n f(x_i) = \begin{cases} \prod_{i=1}^n \dfrac{1}{\theta}, & 0 < x_1, x_2, \cdots, x_n < \theta, \\ 0, & \text{其他}, \end{cases}$$

$$= \begin{cases} \dfrac{1}{\theta^n}, & 0 < x_{(n)} < \theta \\ 0, & \text{其他}, \end{cases} = \theta^{-n} I_{(0,\theta)}(x_{(n)}),$$

其中 $x_{(n)}$ 为最大次序统计量的取值,$I_{(0,\theta)}(x)$为示性函数,即

$$I_{(0,\theta)}(x) = \begin{cases} 1, & 0 < x < \theta, \\ 0, & \text{其他}. \end{cases}$$

由因子分解定理 1.3 知,$X_{(n)}$ 是 θ 的充分统计量. 其分布密度为

$$f_{X_{(n)}}(x) = \begin{cases} \dfrac{n}{\theta^n} x^{n-1}, & 0 < x < \theta, \\ 0, & \text{其他}. \end{cases}$$

由定义 1.5 易验证该分布族是完备的,因而 $X_{(n)}$ 是 θ 的充分完备统计量. 又因

$$EX_{(n)}=\int_0^\theta \frac{n}{\theta^n}x^n\mathrm{d}x=\frac{n}{n+1}\theta,$$

$$E\left[\frac{n+1}{n}X_{(n)}\right]=\theta,$$

即$\frac{n+1}{n}X_{(n)}$是θ的一个无偏估计，故由定理 2.9，

$$E\left[\frac{n+1}{n}X_{(n)}\,\middle|\,X_{(n)}\right]=\frac{n+1}{n}X_{(n)}$$

是θ的最小方差无偏估计.

2.3.2 有效估计

最小方差无偏估计提供了一种优良的估计.然而，一个更深入的问题是：无偏估计的方差是否可以任意小？如果不可以任意小，那么它的下界是什么？这个下界能否达到？信息不等式和有效估计将回答这些问题.

1. 信息不等式

定理 2.10 设Θ是实数轴上的一个开区间，$\{f(x;\theta),\theta\in\Theta\}$是总体$X$的分布密度族；$\boldsymbol{X}=(X_1,X_2,\cdots,X_n)^{\mathrm{T}}$是来自总体$X$的一个样本，$T(\boldsymbol{X})=T(X_1,X_2,\cdots,X_n)$是$g(\theta)$的一个无偏估计量，且满足条件：

(1)集合$S=\{x:f(x;\theta)\neq 0\}$与$\theta$无关；

(2)$g'(\theta)$和$\frac{\partial f(x;\theta)}{\partial\theta}$存在，且对$\Theta$中一切$\theta$有

$$\frac{\partial}{\partial\theta}\int f(x;\theta)\mathrm{d}x=\int\frac{\partial f(x;\theta)}{\partial\theta}\mathrm{d}x,$$

$$\frac{\partial}{\partial\theta}\int T(\boldsymbol{x})L(\boldsymbol{x};\theta)\mathrm{d}\boldsymbol{x}=\int T(\boldsymbol{x})\frac{\partial L(\boldsymbol{x};\theta)}{\partial\theta}\mathrm{d}\boldsymbol{x},$$

其中$L(\boldsymbol{x};\theta)=\prod_{i=1}^n f(x_i;\theta)$为样本$\boldsymbol{X}=(X_1,X_2,\cdots,X_n)^{\mathrm{T}}$的联合分布密度；

(3)
$$I(\theta)=E\left[\frac{\partial\ln f(X;\theta)}{\partial\theta}\right]^2>0 \tag{2.20}$$

或

$$I(\theta)=-E\left[\frac{\partial^2\ln f(X;\theta)}{\partial\theta^2}\right]>0, \tag{2.21}$$

则对一切$\theta\in\Theta$，有

$$D[T(\boldsymbol{X})]\geqslant\frac{[g'(\theta)]^2}{nI(\theta)}, \tag{2.22}$$

特别当$g(\theta)=\theta$时，上式成为

$$D[T(\boldsymbol{X})] \geqslant \frac{1}{nI(\theta)}. \tag{2.23}$$

式(2.22)和式(2.23)称为信息不等式,或称为罗-克拉默(Rao-Cramer)不等式.不等式的右端项称为估计量 $T(\boldsymbol{X})$ 方差的罗-克拉默下界。

值得注意的是,对于离散总体,若设总体 X 的分布律为

$$P\{X = x\} = f(x;\theta), \quad x = x^{(1)}, x^{(2)}, \cdots,$$

且满足类似于上述定理的条件,则罗-克拉默不等式(2.22)和(2.23)式仍然成立.

例 2.23　设总体 X 服从泊松分布 $P(\lambda)$, $(X_1, X_2, \cdots, X_n)^{\mathrm{T}}$ 是来自总体 X 的一个样本,试求 λ 的无偏估计的方差下界.

解　对于泊松分布 $P(\lambda)$,有 $P\{X=x\}=\dfrac{\lambda^x}{x!}\mathrm{e}^{-\lambda}$,即

$$f(x;\lambda) = \frac{\lambda^x}{x!}\mathrm{e}^{-\lambda}, \quad x = 0,1,2,\cdots,$$

$$\ln f(x;\lambda) = x\ln\lambda - \lambda - \ln(x!).$$

因此

$$I(\lambda) = E\left[\frac{\mathrm{d}}{\mathrm{d}\lambda}\ln f(X;\lambda)\right]^2 = E\left(\frac{X}{\lambda} - 1\right)^2 = \frac{1}{\lambda^2}E(X-\lambda)^2.$$

由于 $EX=\lambda, DX=\lambda$,故有

$$I(\lambda) = \frac{DX}{\lambda^2} = \frac{1}{\lambda}.$$

于是 λ 的任一无偏估计量 $\hat{\lambda}(X_1, X_2, \cdots, X_n)$ 都满足不等式

$$D\hat{\lambda} \geqslant \frac{1}{nI(\lambda)} = \frac{\lambda}{n}.$$

对于 λ 的无偏估计 $\hat{\lambda}=\overline{X}$,则有

$$D\hat{\lambda} = D\overline{X} = \frac{\lambda}{n}.$$

因此,$\hat{\lambda}=\overline{X}$ 是方差达到罗-克拉默下界的无偏估计量,即是最小方差无偏估计量.

例 2.24　设 $(X_1, X_2, \cdots, X_n)^{\mathrm{T}}$ 是来自总体 $X \sim N(\mu, \sigma^2)$ 的一个样本,试求 μ 和 σ^2 的无偏估计的方差下界.

解　总体 X 的分布密度为

$$f(x;\mu,\sigma^2) = \frac{1}{\sqrt{2\pi}\,\sigma}\mathrm{e}^{-\frac{(x-\mu)^2}{2\sigma^2}},$$

$$\ln f(x;\mu,\sigma^2) = -\ln\sqrt{2\pi} - \frac{1}{2}\ln\sigma^2 - \frac{1}{2\sigma^2}(x-\mu)^2,$$

所以

$$I(\mu) = E\left[\frac{\partial \ln f(X;\mu,\sigma^2)}{\partial\mu}\right]^2 = E\left(\frac{X-\mu}{\sigma^2}\right)^2$$

$$=\frac{1}{\sigma^4}E(X-\mu)^2=\frac{DX}{\sigma^4}=\frac{1}{\sigma^2}.$$

于是 μ 的无偏估计的方差下界是$\frac{1}{nI(\mu)}=\frac{\sigma^2}{n}$，而

$$D(\overline{X})=\frac{\sigma^2}{n}.$$

这说明样本均值 $\overline{X}$ 的方差达到了罗-克拉默下界，所以 $\overline{X}$ 是 μ 的最小方差无偏估计. 由于

$$\frac{\partial}{\partial\sigma^2}\ln f(x;\mu,\sigma^2)=-\frac{1}{2\sigma^2}+\frac{(x-\mu)^2}{2\sigma^4},$$

$$\frac{\partial^2}{\partial(\sigma^2)^2}\ln f(x;\mu,\sigma^2)=\frac{1}{2\sigma^4}-\frac{(x-\mu)^2}{\sigma^6}.$$

根据式(2.21)，

$$I(\sigma^2)=-E\left[\frac{\partial^2}{\partial(\sigma^2)^2}\ln f(X;\mu,\sigma^2)\right]=\frac{E(X-\mu)^2}{\sigma^6}-\frac{1}{2\sigma^4}=\frac{1}{2\sigma^4}.$$

因此 σ^2 的无偏估计量的方差下界是 $\frac{1}{nI(\sigma^2)}=\frac{2\sigma^4}{n}$.

由例 2.4 知 S_n^{*2} 是 σ^2 的无偏估计，根据定理 1.12，$\frac{(n-1)S_n^{*2}}{\sigma^2}$服从$\chi^2(n-1)$，由 χ^2 分布的性质知

$$D\left[\frac{(n-1)S_n^{*2}}{\sigma^2}\right]=2(n-1),$$

所以

$$DS_n^{*2}=\frac{2\sigma^4}{n-1}>\frac{2\sigma^4}{n}=\frac{1}{nI(\sigma^2)},$$

即 S_n^{*2} 的方差达不到罗-克拉默下界. 但由例 2.20 知，S_n^{*2} 是 σ^2 的最小方差无偏估计，这表明最小方差无偏估计量的方差不一定能够达到罗-克拉默下界. 为此，引入有效估计的概念.

2. 有效估计

定义 2.8 若 θ(或 $g(\theta)$)的一个无偏估计量 $\hat{\theta}$(或 $T(X)$)的方差达到罗-克拉默下界，即

$$D\hat{\theta}=\frac{1}{nI(\theta)}\quad\left(\text{或 } D[T(X)]=\frac{[g'(\theta)]^2}{nI(\theta)}\right),\tag{2.24}$$

则称 $\hat{\theta}$(或 $T(X)$)为 θ(或 $g(\theta)$)的有效估计(量).

定义 2.9 设 $\hat{\theta}$ 是 θ 的任一无偏估计，称

$$e(\hat{\theta})=\frac{1}{nI(\theta)}\Big/D\hat{\theta}\tag{2.25}$$

为 $\hat{\theta}$ 的效率.

由罗-克拉默不等式知，对于任意一个无偏估计 $\hat{\theta}$，其效率满足 $0<e(\hat{\theta})\leqslant 1$. 如果 $e(\hat{\theta})=1$，则 $\hat{\theta}$ 是 θ 的有效估计.

定义 2.10　若 θ 的无偏估计量 $\hat{\theta}$ 的效率满足

$$\lim_{n\to\infty} e(\hat{\theta}) = 1, \tag{2.26}$$

则称 $\hat{\theta}$ 是 θ 的渐近有效估计(量).

由例 2.23 可见，对于泊松分布 $P(\lambda)$，样本均值 $\overline{X}$ 是参数 λ 的有效估计. 例 2.24 说明，对于正态总体 $N(\mu,\sigma^2)$，$\overline{X}$ 是 μ 的有效估计，但 S_n^{*2} 不是 σ^2 的有效估计，而是渐近有效估计，这是因为

$$\lim_{n\to\infty} e(S_n^{*2}) = \lim_{n\to\infty} \frac{2\sigma^4}{n}\Big/\frac{2\sigma^4}{n-1} = 1.$$

例 2.25　设总体 X 服从二项分布 $B(N,p)$，$(X_1,X_2,\cdots,X_n)^{\mathrm{T}}$ 是来自总体 X 的样本，试证 $\hat{p}=\frac{1}{N}\overline{X}$ 是参数 p 的有效估计量.

证明　X 的分布律为 $P\{X=x\}=\mathrm{C}_N^x p^x(1-p)^{N-x}$，即

$$f(x;p) = \mathrm{C}_N^x p^x(1-p)^{N-x},\quad x=0,1,\cdots,N,$$

$$\ln f(x;p) = \ln \mathrm{C}_N^x + x\ln p + (N-x)\ln(1-p),$$

所以

$$\begin{aligned} I(p) &= E\left[\frac{\partial}{\partial p}\ln f(X;p)\right]^2 = E\left(\frac{X}{p}-\frac{N-X}{1-p}\right)^2 \\ &= \frac{1}{p^2(1-p)^2}E(X-Np)^2 = \frac{DX}{p^2(1-p)^2} \\ &= \frac{Np(1-p)}{p^2(1-p)^2} = \frac{N}{p(1-p)}. \end{aligned}$$

于是 p 的无偏估计量的方差下界是

$$\frac{1}{nI(p)} = \frac{p(1-p)}{nN}.$$

又

$$D\left(\frac{1}{N}\overline{X}\right) = \frac{1}{N^2}D\overline{X} = \frac{1}{N^2}\frac{DX}{n} = \frac{Np(1-p)}{N^2 n} = \frac{p(1-p)}{Nn},$$

所以

$$e(\hat{p}) = \frac{1/nI(p)}{D\left(\frac{1}{N}\overline{X}\right)} = 1.$$

故 $\hat{p}=\frac{1}{N}\overline{X}$ 是 p 的有效估计.

定理 2.11　设 $(X_1,X_2,\cdots,X_n)^{\mathrm{T}}$ 为总体 $X\sim F(x;\theta)$ 的一个样本，$\hat{\theta}=$

$\hat{\theta}(X_1,X_2,\cdots,X_n)$是$\theta$的一个无偏估计量，则$\hat{\theta}$是$\theta$的有效估计的充分必要条件是：

(1)$\hat{\theta}$是θ的充分统计量；

(2)$\dfrac{\partial \ln L(x;\theta)}{\partial \theta}=C(\theta)[\hat{\theta}(x_1,x_2,\cdots,x_n)-\theta]$，

其中$L(x;\theta)$是样本$(X_1,X_2,\cdots,X_n)^{\mathrm{T}}$的联合分布密度(或联合分布律)，$C(\theta)$是仅依赖于$\theta$的函数.

证明见文献[1].

该定理表明，若参数θ的最大似然估计$\hat{\theta}$又是θ的充分统计量，则它可能就是有效估计量.

例 2.26 设总体X服从两点分布$B(1,p)$，$(X_1,X_2,\cdots,X_n)^{\mathrm{T}}$为其样本，证明：参数$p$的最大似然估计量是有效估计.

证明 总体X的分布律为

$$P\{X=x\}=p^x(1-p)^{1-x},\quad x=0,1,$$

似然函数为

$$L(p)=\prod_{i=1}^{n}P\{X=x_i\}=p^{\sum\limits_{i=1}^{n}x_i}(1-p)^{n-\sum\limits_{i=1}^{n}x_i}.$$

$$\frac{\partial \ln L(p)}{\partial p}=\frac{\sum\limits_{i=1}^{n}x_i}{p}-\frac{n-\sum\limits_{i=1}^{n}x_i}{1-p}=\frac{n[\overline{X}-p]}{p(1-p)},$$

令

$$\left.\frac{\partial \ln L(p)}{\partial p}\right|_{p=\hat{p}}=0,$$

则p的最大似然估计为$\hat{p}=\overline{X}$，又由例 1.3，$\hat{p}=\overline{X}$是p的充分统计量，则由定理 2.11，p的最大似然估计量$\hat{p}=\overline{X}$是p的有效估计.

2.4 区间估计

2.4.1 区间估计的概念

在参数的点估计中，当$\hat{\theta}(X_1,X_2,\cdots,X_n)$是未知参数$\theta$的一个估计量时，对于一个样本值$(x_1,x_2,\cdots,x_n)^{\mathrm{T}}$就得到$\theta$的一个估计值$\hat{\theta}(x_1,x_2,\cdots,x_n)$. 估计值虽然能给人们一个明确的数量概念，但似乎还很不够，因为它只是θ的一个近似值，与θ总有一个正的或负的偏差. 而点估计本身既没有反映近似值的精确度，又不知道它的偏差范围. 为了弥补点估计在这方面的不足，可采用另一种估计方式——区间估计.

定义 2.11 设总体X的分布函数为$F(x;\theta)$，θ为未知参数，$(X_1,X_2,\cdots,$

$X_n)^{\mathrm{T}}$ 是来自总体 X 的样本. 如果存在两个统计量 $\hat{\theta}_1(X_1,X_2,\cdots,X_n)$ 和 $\hat{\theta}_2(X_1,X_2,\cdots,X_n)$，对于给定的 $\alpha(0<\alpha<1)$，使得

$$P\{\hat{\theta}_1(X_1,X_2,\cdots,X_n)<\theta<\hat{\theta}_2(X_1,X_2,\cdots,X_n)\}=1-\alpha, \tag{2.27}$$

则称区间$(\hat{\theta}_1,\hat{\theta}_2)$为参数 θ 的置信度为 $1-\alpha$ 的置信区间，$\hat{\theta}_1$ 称为置信下限，$\hat{\theta}_2$ 称为置信上限.

所谓 θ 的区间估计，就是要在给定 α 值的前提下，去寻找两个统计量 $\hat{\theta}_1$ 和 $\hat{\theta}_2$，使其满足式(2.27). 从而知道 θ 落在区间$(\hat{\theta}_1,\hat{\theta}_2)$中的概率为 $1-\alpha$. 故也称$(\hat{\theta}_1,\hat{\theta}_2)$为 θ 的区间估计. 由于 $\hat{\theta}_1$ 和 $\hat{\theta}_2$ 皆为统计量，因而是随机变量，所以区间$(\hat{\theta}_1,\hat{\theta}_2)$是随机区间，式(2.27)的含意是指在每次抽样下，对于给定的样本值$(x_1,x_2,\cdots,x_n)^{\mathrm{T}}$就得到一个区间$(\hat{\theta}_1(x_1,x_2,\cdots,x_n),\hat{\theta}_2(x_1,x_2,\cdots,x_n))$，重复多次抽样就得到许多个不同的区间，在所有这些区间中，大约有$(1-\alpha)\cdot 100\%$个区间包含未知参数 θ，而不包含 θ 的区间约占有 $\alpha\cdot 100\%$. 由于 α 通常给的较小，这就意味着式(2.27)的概率较大. 因此，置信度$1-\alpha$表达了区间估计的可靠度，它是区间估计的可靠概率，α 表达了区间估计的不可靠概率；而区间估计的精确度一般可用置信区间的平均长度 $E(\hat{\theta}_2-\hat{\theta}_1)$来表示. 由于给定样本容量 n 后，可靠度和精确度相互制约着，即提高了可靠度，必然增加了置信区间长度，从而降低了精确度；反之，增加了精确度必然降低了可靠度. 因此，实际应用中常采用一种折中方案：在使得置信度达到一定要求的前提下，寻找精确度尽可能高的区间估计.

寻求未知参数 θ 的置信区间的一般步骤：

(1)设法找到一个包含样本$(X_1,X_2,\cdots,X_n)^{\mathrm{T}}$ 和待估参数 θ 的函数 $u(X_1,X_2,\cdots,X_n;\theta)$，除 θ 外，u 不含其他未知参数，u 的分布可求出且与 θ 无关；

(2)对于给定的置信度 $1-\alpha$，由等式

$$P\{c<u(X_1,X_2,\cdots,X_n;\theta)<d\}=1-\alpha$$

适当地确定两个常数 c,d；

(3)求解不等式

$$c<u(X_1,X_2,\cdots,X_n;\theta)<d$$

得

$$\hat{\theta}_1(X_1,X_2,\cdots,X_n)<\theta<\hat{\theta}_2(X_1,X_2,\cdots,X_n),$$

从而有

$$P\{\hat{\theta}_1(X_1,X_2,\cdots,X_n)<\theta<\hat{\theta}_2(X_1,X_2,\cdots,X_n)\}=1-\alpha,$$

故$(\hat{\theta}_1,\hat{\theta}_2)$就是所求的置信区间.

2.4.2 正态总体数学期望的置信区间

1. 已知 DX，求 EX 的置信区间

设总体 X 服从正态分布 $N(\mu,\sigma^2)$，其中 σ^2 已知. 现对总体均值 μ 作区间估计.

设$(X_1,X_2,\cdots,X_n)^{\mathrm{T}}$是来自总体$X$的样本，自然用$\overline{X}$对$\mu$作点估计，因为$\overline{X}\sim N\left(\mu,\frac{\sigma^2}{n}\right)$，故

$$U=\frac{\overline{X}-\mu}{\sigma/\sqrt{n}}\sim N(0,1).$$

由正态分布表(附表1)可知，对于给定的α，存在一个值$u_{\frac{\alpha}{2}}$，使得

$$P\{|U|<u_{\frac{\alpha}{2}}\}=1-\alpha,$$

这里$u_{\frac{\alpha}{2}}$是标准正态分布的$\frac{\alpha}{2}$上侧分位数. 于是

$$P\left\{\left|\frac{\overline{X}-\mu}{\sigma/\sqrt{n}}\right|<u_{\frac{\alpha}{2}}\right\}=1-\alpha$$

或

$$P\left\{\overline{X}-u_{\frac{\alpha}{2}}\frac{\sigma}{\sqrt{n}}<\mu<\overline{X}+u_{\frac{\alpha}{2}}\frac{\sigma}{\sqrt{n}}\right\}=1-\alpha,$$

故μ的置信度为$1-\alpha$的置信区间为

$$\left(\overline{X}-u_{\frac{\alpha}{2}}\frac{\sigma}{\sqrt{n}},\overline{X}+u_{\frac{\alpha}{2}}\frac{\sigma}{\sqrt{n}}\right). \tag{2.28}$$

未知参数的置信度为$1-\alpha$的置信区间不是惟一的，对上述问题来说，根据分位数的定义，还可取$\beta<\alpha$，使

$$P\{U<u_{1-\alpha+\beta}\}=\alpha-\beta,\quad P\{U>u_\beta\}=\beta.$$

从而，有

$$P\{u_{1-\alpha+\beta}<U<u_\beta\}=1-\alpha,$$

即

$$P\left\{u_{1-\alpha+\beta}<\frac{\overline{X}-\mu}{\sigma/\sqrt{n}}<u_\beta\right\}=1-\alpha,$$

故

$$P\left\{\overline{X}-u_\beta\frac{\sigma}{\sqrt{n}}<\mu<\overline{X}+u_{1-\alpha+\beta}\frac{\sigma}{\sqrt{n}}\right\}=1-\alpha.$$

即是说，$\left(\overline{X}-u_\beta\frac{\sigma}{\sqrt{n}},\overline{X}+u_{1-\alpha+\beta}\frac{\sigma}{\sqrt{n}}\right)$也是所求的$\mu$的置信度为$1-\alpha$的置信区间. 但是，因为标准正态分布密度曲线是一单峰以y轴为对称轴的曲线，故对称区间$\left(\overline{X}-u_{\frac{\alpha}{2}}\frac{\sigma}{\sqrt{n}},\overline{X}+u_{\frac{\alpha}{2}}\frac{\sigma}{\sqrt{n}}\right)$的长度最小，故用它作区间估计精确度最高.

例 2.27 某车间生产的滚珠直径X服从正态分布$N(\mu,0.6)$. 现从某天的产品中抽取6个，测得直径如下(单位:mm)：

$$14.6,\ 15.1,\ 14.9,\ 14.8,\ 15.2,\ 15.1.$$

试求平均直径置信度为95%的置信区间.

解 置信度$1-\alpha=0.95,\alpha=0.05,\frac{\alpha}{2}=0.025$,查附表1可得$u_{0.025}=1.96$.又由样本值得$\bar{x}=14.95,n=6;\sigma=\sqrt{0.6}$.由式(2.28)有

置信下限: $\bar{x}-u_{0.025}\frac{\sigma}{\sqrt{n}}=14.95-1.96\sqrt{\frac{0.6}{6}}=14.75$,

置信上限: $\bar{x}+u_{0.025}\frac{\sigma}{\sqrt{n}}=14.95+1.96\sqrt{\frac{0.6}{6}}=15.15$.

所以μ的置信区间为(14.75,15.15).

2. *DX*未知,求*EX*的置信区间

设总体X服从正态分布$N(\mu,\sigma^2)$,其中σ^2未知.现对总体均值μ作区间估计.

设$(X_1,X_2,\cdots,X_n)^{\mathrm{T}}$是来自总体$X$的样本,由于$\sigma^2$未知,如果仍然利用上述随机变量$U$的分布来求$\mu$的置信区间,置信上限和置信下限中因包含$\sigma$而无法计算.此时用样本标准差$S_n^*$来代替$\sigma$,故引入随机变量

$$T=\frac{\overline{X}-\mu}{S_n^*/\sqrt{n}}.$$

由定理1.13知,$T\sim t(n-1)$.于是对给定的置信度$1-\alpha$,存在$t_{\frac{\alpha}{2}}(n-1)$,使得

$$P\{|T|<t_{\frac{\alpha}{2}}(n-1)\}=1-\alpha,$$

这里$t_{\frac{\alpha}{2}}(n-1)$是自由度为$n-1$的$t$分布关于$\frac{\alpha}{2}$的上侧分位数,$t_{\frac{\alpha}{2}}(n-1)$的数值可由附表2查得.于是有

$$P\left\{\left|\frac{\overline{X}-\mu}{S_n^*/\sqrt{n}}\right|<t_{\frac{\alpha}{2}}(n-1)\right\}=1-\alpha$$

或

$$P\left\{\overline{X}-t_{\frac{\alpha}{2}}(n-1)\frac{S_n^*}{\sqrt{n}}<\mu<\overline{X}+t_{\frac{\alpha}{2}}(n-1)\frac{S_n^*}{\sqrt{n}}\right\}=1-\alpha,$$

故μ的置信度为$1-\alpha$的置信区间为

$$\left(\overline{X}-t_{\frac{\alpha}{2}}(n-1)\frac{S_n^*}{\sqrt{n}},\overline{X}+t_{\frac{\alpha}{2}}(n-1)\frac{S_n^*}{\sqrt{n}}\right).\tag{2.29}$$

类似于*DX*已知情形,在给定置信度的条件下,上述对称的置信区间也是估计精确度最高的置信区间.

例2.28 某糖厂用自动包装机装糖,设各包重量服从正态分布$N(\mu,\sigma^2)$.某日开工后测得9包重量为(单位:kg):

99.3, 98.7, 100.5, 101.2, 98.3, 99.7, 99.5, 102.1, 100.5.

试求 μ 的置信度为 95%的置信区间.

解 置信度 $1-\alpha=0.95$,查附表 2 得 $t_{\frac{\alpha}{2}}(n-1)=t_{0.025}(8)=2.306$. 由样本值算得 $\bar{x}=99.978$,${S_n^*}^2=1.47$,故

置信下限: $\bar{x}-t_{\frac{\alpha}{2}}(n-1)\dfrac{S_n^*}{\sqrt{n}}=99.978-2.306\sqrt{\dfrac{1.47}{9}}=99.046$,

置信上限: $\bar{x}+t_{\frac{\alpha}{2}}(n-1)\dfrac{S_n^*}{\sqrt{n}}=99.978+2.306\sqrt{\dfrac{1.47}{9}}=100.91$.

所以 μ 的置信度为 95%的置信区间为(99.046,100.91).

2.4.3 正态总体方差的置信区间

设总体 X 服从正态分布 $N(\mu,\sigma^2)$,μ,σ^2 均未知,$(X_1,X_2,\cdots,X_n)^{\mathrm{T}}$ 是来自总体 X 的样本,试对总体方差 σ^2 或标准差 σ 作区间估计. 讨论方差的区间估计可用于分析生产的稳定性与估计精度等问题.

我们知道样本方差 ${S_n^*}^2$ 是 σ^2 的最小方差无偏估计和相合估计,且由定理 1.12 知

$$\chi^2=\frac{(n-1){S_n^*}^2}{\sigma^2}\sim\chi^2(n-1).$$

于是,对于给定的置信度 $1-\alpha$,可选择 c,d 使得

$$P\{c<\chi^2<d\}=1-\alpha.$$

但满足上式的 c,d 有很多对,究竟如何选呢? 通常采用的方法是选取 $\chi^2_{\frac{\alpha}{2}}(n-1)$ 和 $\chi^2_{1-\frac{\alpha}{2}}(n-1)$(如图 2.1),使

$$P\{\chi^2\geqslant\chi^2_{\frac{\alpha}{2}}(n-1)\}=P\{\chi^2\leqslant\chi^2_{1-\frac{\alpha}{2}}(n-1)\}=\frac{\alpha}{2}.$$

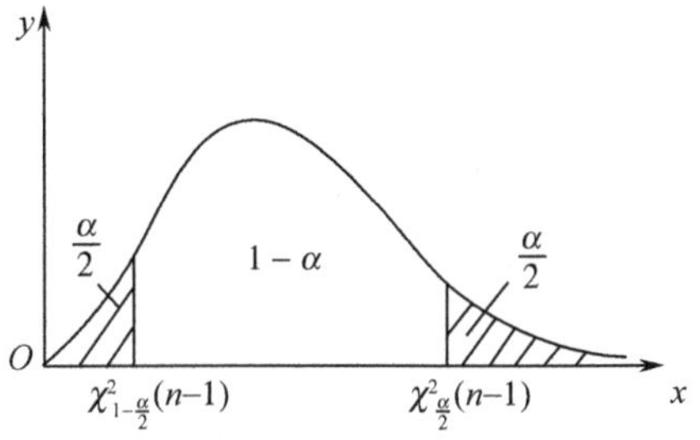

图 2.1

于是就有

$$P\{\chi^2_{1-\frac{\alpha}{2}}(n-1)<\chi^2<\chi^2_{\frac{\alpha}{2}}(n-1)\}=1-\alpha,$$

即

$$P\left\{\frac{(n-1)S_n^{*2}}{\chi^2_{\frac{\alpha}{2}}(n-1)}<\sigma^2<\frac{(n-1)S_n^{*2}}{\chi^2_{1-\frac{\alpha}{2}}(n-1)}\right\}=1-\alpha$$

或

$$P\left\{\sqrt{\frac{(n-1)S_n^{*2}}{\chi^2_{\frac{\alpha}{2}}(n-1)}}<\sigma<\sqrt{\frac{(n-1)S_n^{*2}}{\chi^2_{1-\frac{\alpha}{2}}(n-1)}}\right\}=1-\alpha,$$

故 σ^2 置信度为 $1-\alpha$ 的置信区间为

$$\left(\frac{(n-1)S_n^{*2}}{\chi^2_{\frac{\alpha}{2}}(n-1)},\frac{(n-1)S_n^{*2}}{\chi^2_{1-\frac{\alpha}{2}}(n-1)}\right), \tag{2.30}$$

而 σ 的置信区间为

$$\left(\sqrt{\frac{(n-1)S_n^{*2}}{\chi^2_{\frac{\alpha}{2}}(n-1)}},\sqrt{\frac{(n-1)S_n^{*2}}{\chi^2_{1-\frac{\alpha}{2}}(n-1)}}\right).$$

需要说明的是,置信区间式(2.30)并不是区间的平均长度最短的.以下给出平均长度最短的置信区间的求法:设 a,b 满足下列条件

$$P\{aS_n^{*2}<\sigma^2<bS_n^{*2}\}=P\left\{\frac{n-1}{b}<\frac{(n-1)S_n^{*2}}{\sigma^2}<\frac{n-1}{a}\right\}$$

$$=\int_{\frac{n-1}{b}}^{\frac{n-1}{a}}\chi^2(x\mid n-1)\mathrm{d}x=1-\alpha, \tag{2.31}$$

则区间(aS_n^{*2},bS_n^{*2})就是 σ^2 的置信度为 $1-\alpha$ 的置信区间,其中 $\chi^2(x|n-1)$表示自由度为 $n-1$ 的 χ^2 分布的密度函数.该区间的平均长度为

$$L=E(bS_n^{*2}-aS_n^{*2})=\frac{(b-a)\sigma^2}{n-1}E\left[\frac{(n-1)S_n^{*2}}{\sigma^2}\right]=(b-a)\sigma^2,$$

则求平均长度最短的置信区间问题成为寻找 a 和 b,使得

$$\begin{cases}a\text{ 和 }b\text{ 满足式(2.31)},\\ \min\limits_{a,b}(b-a).\end{cases}$$

由式(2.31)知,b 可以看作是 a 的函数,记 $b=b(a)$,令 $f(a)=b(a)-a$,在式(2.31)最后一个等式两边对 a 求导,得

$$\frac{1}{a^2}\chi^2\left(\frac{n-1}{a}\middle|n-1\right)-\frac{1}{b^2}\chi^2\left(\frac{n-1}{b}\middle|n-1\right)b'(a)=0,$$

从而由 $f'(a)=b'(a)-1$ 推得

$$\frac{1}{a^2}\chi^2\left(\frac{n-1}{a}\middle|n-1\right)=\frac{1}{b^2}\chi^2\left(\frac{n-1}{b}\middle|n-1\right). \tag{2.32}$$

所以在形如(aS_n^{*2},bS_n^{*2})的 $1-\alpha$ 置信区间中,由(2.31)和(2.32)两式确定的 a 和 b,区间的平均长度达到最短.显然,由此确定 a 和 b 十分麻烦,因此,在实际使用中,仍采用式(2.30).

例 2.29 从自动机床加工的同类零件中抽取 16 件,测得长度值为(单位:mm):

12.15，12.12，12.01，12.08，12.09，12.16，12.06，12.13，

12.07，12.11，12.08，12.01，12.03，12.01，12.03，12.06.

假设零件长度服从正态分布 $N(\mu,\sigma^2)$，分别求零件长度方差 σ^2 和标准差 σ 的置信度为 95%的置信区间.

解 根据题意 $n=16$，$1-\alpha=0.95$，$\alpha=0.05$，查附表 3 得 $\chi^2_{0.025}(15)=27.5$，$\chi^2_{0.975}(15)=6.26$，又

$$\bar{x}=\frac{1}{n}\sum_{i=1}^{n}x_i=12.08,$$

$$(n-1)s_n^{*2}=\sum_{i=1}^{n}(x_i-\bar{x})^2=0.037,$$

置信下限：$\dfrac{(n-1)s_n^{*2}}{\chi^2_{\frac{\alpha}{2}}(n-1)}=\dfrac{0.037}{27.5}\approx 0.0013$，

置信上限：$\dfrac{(n-1)s_n^{*2}}{\chi^2_{1-\frac{\alpha}{2}}(n-1)}=\dfrac{0.037}{6.26}\approx 0.0059$.

故 σ^2 的置信区间为(0.001 3，0.005 9)，σ 的置信区间为(0.036，0.077).

2.4.4 两个正态总体均值差的置信区间

设有两个正态总体 $X\sim N(\mu_1,\sigma_1^2)$ 和 $Y\sim N(\mu_2,\sigma_2^2)$，$X$ 与 Y 相互独立. $(X_1,X_2,\cdots,X_{n_1})^{\mathrm{T}}$ 和 $(Y_1,Y_2,\cdots,Y_{n_2})^{\mathrm{T}}$ 是分别从总体 X 和总体 Y 中抽取的样本. 现对两个总体的均值差 $\mu_1-\mu_2$ 作区间估计.

由于两个总体 X 与 Y 独立，则样本均值 $\overline{X}=\dfrac{1}{n_1}\sum_{i=1}^{n_1}X_i$ 与 $\overline{Y}=\dfrac{1}{n_2}\sum_{i=1}^{n_2}Y_i$ 也独立，且 $\overline{X}\sim N\left(\mu_1,\dfrac{\sigma_1^2}{n_1}\right)$，$\overline{Y}\sim N\left(\mu_2,\dfrac{\sigma_2^2}{n_2}\right)$. 于是有

$$\overline{X}-\overline{Y}\sim N\left(\mu_1-\mu_2,\frac{\sigma_1^2}{n_1}+\frac{\sigma_2^2}{n_2}\right). \tag{2.33}$$

对于总体方差分两种情况讨论.

(1)σ_1^2 和 σ_2^2 均已知.

这时，由式(2.33)可知

$$U=\frac{\overline{X}-\overline{Y}-(\mu_1-\mu_2)}{\sqrt{\dfrac{\sigma_1^2}{n_1}+\dfrac{\sigma_2^2}{n_2}}}\sim N(0,1),$$

故对于给定的置信度 $1-\alpha$，存在标准正态分布$\dfrac{\alpha}{2}$上侧分位数 $u_{\frac{\alpha}{2}}$，使得

$$P\left\{\left|\frac{\overline{X}-\overline{Y}-(\mu_1-\mu_2)}{\sqrt{\frac{\sigma_1^2}{n_1}+\frac{\sigma_2^2}{n_2}}}\right|<u_{\frac{\alpha}{2}}\right\}=1-\alpha,$$

即

$$P\left\{(\overline{X}-\overline{Y})-u_{\frac{\alpha}{2}}\sqrt{\frac{\sigma_1^2}{n_1}+\frac{\sigma_2^2}{n_2}}<\mu_1-\mu_2<(\overline{X}-\overline{Y})+u_{\frac{\alpha}{2}}\sqrt{\frac{\sigma_1^2}{n_1}+\frac{\sigma_2^2}{n_2}}\right\}=1-\alpha.$$

从而得 $\mu_1-\mu_2$ 的置信度为 $1-\alpha$ 的置信区间为

$$\left(\overline{X}-\overline{Y}-u_{\frac{\alpha}{2}}\sqrt{\frac{\sigma_1^2}{n_1}+\frac{\sigma_2^2}{n_2}},\overline{X}-\overline{Y}+u_{\frac{\alpha}{2}}\sqrt{\frac{\sigma_1^2}{n_1}+\frac{\sigma_2^2}{n_2}}\right). \tag{2.34}$$

当总体 X 和 Y 的分布未知，但样本容量 n_1 和 n_2 都较大时，在式(2.34)中可用 $S_{1n_1}^2$ 和 $S_{2n_2}^2$ 分别代替 σ_1^2 和 σ_2^2 得到 $\mu_1-\mu_2$ 的置信区间.

(2)$\sigma_1^2=\sigma_2^2=\sigma^2$，但 σ^2 未知.

这就是说，在方差 σ_1^2 和 σ_2^2 未知时，要求方差相等，即 $\sigma_1^2=\sigma_2^2$. 这是因为在此条件下，根据定理 1.14 有

$$T=\frac{(\overline{X}-\overline{Y})-(\mu_1-\mu_2)}{\sqrt{(n_1-1)S_{1n_1}^{*2}+(n_2-1)S_{2n_2}^{*2}}}\sqrt{\frac{n_1n_2(n_1+n_2-2)}{n_1+n_2}}\sim t(n_1+n_2-2),$$

故对给定的置信度 $1-\alpha$，由附表 2 查得关于 $\frac{\alpha}{2}$ 的 t 分布上侧分位数 $t_{\frac{\alpha}{2}}(n_1+n_2-2)$，使得

$$P\{|T|<t_{\frac{\alpha}{2}}(n_1+n_2-2)\}=1-\alpha,$$

即

$$\begin{aligned}P\Big\{&\overline{X}-\overline{Y}-t_{\frac{\alpha}{2}}(n_1+n_2-2)\sqrt{(n_1-1)S_{1n_1}^{*2}+(n_2-1)S_{2n_2}^{*2}}\\&\cdot\sqrt{\frac{n_1+n_2}{n_1n_2(n_1+n_2-2)}}<\mu_1-\mu_2<\overline{X}-\overline{Y}+t_{\frac{\alpha}{2}}(n_1+n_2-2)\\&\cdot\sqrt{(n_1-1)S_{1n_1}^{*2}+(n_2-1)S_{2n_2}^{*2}}\cdot\sqrt{\frac{n_1+n_2}{n_1n_2(n_1+n_2-2)}}\Big\}=1-\alpha.\end{aligned}$$

从而得 $\mu_1-\mu_2$ 的置信度为 $1-\alpha$ 的置信区间为

$$\begin{aligned}&\Big(\overline{X}-\overline{Y}-t_{\frac{\alpha}{2}}(n_1+n_2-2)\sqrt{(n_1-1)S_{1n_2}^{*2}+(n_2-1)S_{2n_2}^{*2}}\sqrt{\frac{n_1+n_2}{n_1n_2(n_1+n_2-2)}},\\&\overline{X}-\overline{Y}+t_{\frac{\alpha}{2}}(n_1+n_2-2)\sqrt{(n_1-1)S_{1n_1}^{*2}+(n_2-1)S_{2n_2}^{*2}}\sqrt{\frac{n_1+n_2}{n_1n_2(n_1+n_2-2)}}\Big).\end{aligned} \tag{2.35}$$

例 2.30 机床厂某日从两台机器加工的同一种零件中，分别抽取若干个样品，测得零件尺寸如下(单位:mm)：

第一台机器：6.2，5.7，6.5，6.0，6.3，5.8，5.7，6.0，6.0，5.8，6.0；

第二台机器：5.6，5.9，5.6，5.7，5.8，6.0，5.5，5.7，5.5.

假设两台机器加工的零件尺寸均服从正态分布，且方差相同. 取置信度为 95%，试对两机器加工的零件尺寸均值之差作区间估计.

解 用 X 表示第一台机器加工的零件尺寸，Y 表示第二台机器加工的零件尺寸. 由题设 $n_1=11, n_2=9; 1-\alpha=0.95, \alpha=0.05, t_{0.025}(18)=2.1009$. 经计算得

$$\bar{x}=6.0,\quad (n_1-1)s_{1n_1}^{*2}=\sum_{i=1}^{n_1}x_i^2-n_1\bar{x}^2=0.64,$$

$$\bar{y}=5.7,\quad (n_2-1)s_{2n_2}^{*2}=\sum_{i=1}^{n_2}y_i^2-n_2\bar{y}^2=0.24.$$

置信下限：

$$\bar{x}-\bar{y}-t_{\frac{\alpha}{2}}(n_1+n_2-2)\sqrt{(n_1-1)s_{1n_1}^{*2}+(n_2-1)s_{2n_2}^{*2}}\sqrt{\frac{n_1+n_2}{n_1n_2(n_1+n_2-2)}}$$

$$=6.0-5.7-2.1009\sqrt{0.64+0.24}\sqrt{\frac{11+9}{11\cdot 9\cdot 18}}=0.0912,$$

置信上限：

$$\bar{x}-\bar{y}+t_{\frac{\alpha}{2}}(n_1+n_2-2)\sqrt{(n_1-1)s_{1n_1}^{*2}+(n_2-1)s_{2n_2}^{*2}}\sqrt{\frac{n_1+n_2}{n_1n_2(n_1+n_2-2)}}$$

$$=6.0-5.7+2.1009\sqrt{0.64+0.24}\sqrt{\frac{11+9}{11\cdot 9\cdot 18}}=0.5088.$$

故第一台机器加工的零件尺寸与第二台机器加工的零件尺寸的均值之差的置信区间为(0.0912, 0.5088).

2.4.5 两个正态总体方差比的置信区间

设有两个正态总体 $X\sim N(\mu_1,\sigma_1^2)$ 和 $Y\sim N(\mu_2,\sigma_2^2)$，$X$ 与 Y 相互独立，μ_1,μ_2,σ_1^2 和 σ_2^2 是未知参数，$(X_1,X_2,\cdots,X_{n_1})^{\mathrm{T}}$ 和 $(Y_1,Y_2,\cdots,Y_{n_2})^{\mathrm{T}}$ 是分别来自总体 X 和 Y 的样本. 现对两个总体的方差之比 $\frac{\sigma_1^2}{\sigma_2^2}$ 作区间估计.

自然可用 $S_{1n_1}^{*2}$ 和 $S_{2n_2}^{*2}$ 分别作为 σ_1^2 和 σ_2^2 的点估计，且由定理 1.15 知

$$F=\frac{S_{2n_2}^{*2}/\sigma_2^2}{S_{1n_1}^{*2}/\sigma_1^2}=\frac{S_{2n_2}^{*2}}{S_{1n_2}^{*2}}\frac{\sigma_1^2}{\sigma_2^2}\sim F(n_2-1,n_1-1). \tag{2.36}$$

给定置信度 $1-\alpha$，选取 c 和 d 使得

$$P\{c<F<d\}=1-\alpha$$

满足上式的 c,d 仍有许多对，但通常选择 F 分布关于 $\frac{\alpha}{2}$ 和 $1-\frac{\alpha}{2}$ 的上侧分位数

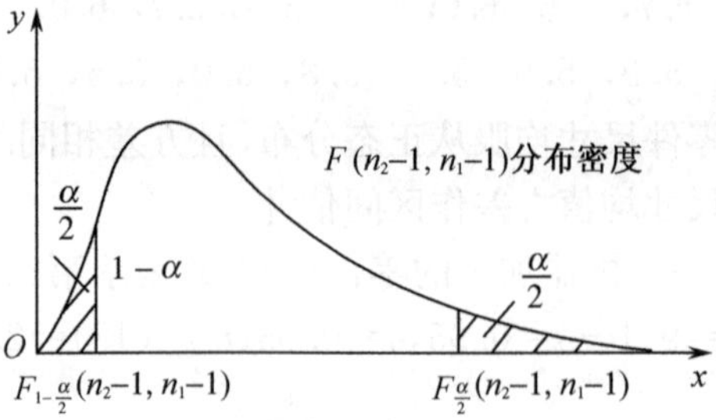

图 2.2

$F_{\frac{\alpha}{2}}(n_2-1,n_1-1)$和$F_{1-\frac{\alpha}{2}}(n_2-1,n_1-1)$(图 2.2),使得

$$P\{F \geqslant F_{\frac{\alpha}{2}}(n_2-1,n_1-1)\} = P\{F \leqslant F_{1-\frac{\alpha}{2}}(n_2-1,n_1-1)\} = \frac{\alpha}{2},$$

亦即

$$P\{F_{1-\frac{\alpha}{2}}(n_2-1,n_1-1) < F < F_{\frac{\alpha}{2}}(n_2-1,n_1-1)\} = 1-\alpha.$$

将式(2.36)中的 F 代入上式并整理得

$$P\left\{F_{1-\frac{\alpha}{2}}(n_2-1,n_1-1)\frac{S_{1n_1}^{*2}}{S_{2n_2}^{*2}} < \frac{\sigma_1^2}{\sigma_2^2} < F_{\frac{\alpha}{2}}(n_2-1,n_1-1)\frac{S_{1n_1}^{*2}}{S_{2n_2}^{*2}}\right\} = 1-\alpha,$$

故$\frac{\sigma_1^2}{\sigma_2^2}$的置信度为 $1-\alpha$ 的置信区间为

$$\left(F_{1-\frac{\alpha}{2}}(n_2-1,n_1-1)\frac{S_{1n_1}^{*2}}{S_{2n_2}^{*2}}, F_{\frac{\alpha}{2}}(n_2-1,n_1-1)\frac{S_{1n_1}^{*2}}{S_{2n_2}^{*2}}\right). \tag{2.37}$$

表 2.2 列举了一些置信区间的求解情况.

表 2.2

估计对象	对总体的要求	所用函数及其分布	置信区间
均值 μ	正态总体 σ^2 已知	$U=\frac{\overline{X}-\mu}{\sigma/\sqrt{n}}\sim N(0,1)$	$\left(\overline{X}-u_{\frac{\alpha}{2}}\frac{\sigma}{\sqrt{n}}, \overline{X}+u_{\frac{\alpha}{2}}\frac{\sigma}{\sqrt{n}}\right)$
均值 μ	正态总体 σ^2 未知	$T=\frac{\overline{X}-\mu}{S_n^*/\sqrt{n}}\sim t(n-1)$	$\left(X-t_{\frac{\alpha}{2}}(n-1)\frac{S_n^*}{\sqrt{n}}, \overline{X}+t_{\frac{\alpha}{2}}(n-1)\frac{S_n^*}{\sqrt{n}}\right)$
方差 σ^2	正态总体	$\chi^2=\frac{(n-1)S_n^{*2}}{\sigma^2}\sim\chi^2(n-1)$	$\left(\frac{(n-1)S_n^{*2}}{\chi_{\frac{\alpha}{2}}^2(n-1)}, \frac{(n-1)S_n^{*2}}{\chi_{1-\frac{\alpha}{2}}^2(n-1)}\right)$

续表

估计对象	对总体的要求	所用函数及其分布	置信区间
均值差 $\mu_1-\mu_2$	两个正态总体，方差已知	$U=\dfrac{\overline{X}-\overline{Y}-(\mu_1-\mu_2)}{\sqrt{\dfrac{\sigma_1^2}{n_1}+\dfrac{\sigma_2^2}{n_2}}}\sim N(0,1)$	$\left(\overline{X}-\overline{Y}-u_{\frac{\alpha}{2}}\sqrt{\dfrac{\sigma_1^2}{n_1}+\dfrac{\sigma_2^2}{n_2}},\ \overline{X}-\overline{Y}+u_{\frac{\alpha}{2}}\sqrt{\dfrac{\sigma_1^2}{n_1}+\dfrac{\sigma_2^2}{n_2}}\right)$
均值差 $\mu_1-\mu_2$	两个正态总体，方差相等	$T=\dfrac{\overline{X}-\overline{Y}-(\mu_1-\mu_2)}{\sqrt{(n_1-1)S_{1n_1}^{*2}+(n_2-1)S_{2n_2}^{*2}}}\cdot\sqrt{\dfrac{n_1n_2(n_1+n_2-2)}{n_1+n_2}}\sim t(n_1+n_2-2)$	$(\overline{X}-\overline{Y}-\lambda,\overline{X}-\overline{Y}+\lambda)$ $\lambda=t_{\frac{\alpha}{2}}(n_1+n_2-2)\cdot\sqrt{(n_1-1)S_{1n_1}^{*2}+(n_2-1)S_{2n_2}^{*2}}\cdot\sqrt{\dfrac{n_1+n_2}{n_1n_2(n_1+n_2-2)}}$
方差比 $\dfrac{\sigma_1^2}{\sigma_2^2}$	两个正态总体	$F=\dfrac{S_{2n_2}^{*2}/\sigma_2^2}{S_{1n_1}^{*2}/\sigma_1^2}\sim F(n_2-1,n_1-1)$	$\left(F_{1-\frac{\alpha}{2}}(n_2-1,n_1-1)\dfrac{S_{1n_1}^{*2}}{S_{2n_2}^{*2}},\ F_{\frac{\alpha}{2}}(n_2-1,n_1-1)\dfrac{S_{1n_1}^{*2}}{S_{2n_2}^{*2}}\right)$

例 2.31 为了考察温度对某物体断裂强力的影响，在 70℃与 80℃分别重复作了 8 次试验，测得断裂强力的数据如下(单位：Pa)：

70℃： 20.5，18.8，19.8，20.9，21.5，19.5，21.0，21.2；

80℃： 17.7，20.3，20.0，18.8，19.0，20.1，20.2，19.1.

假定 70℃下的断裂强力用 X 表示，且服从 $N(\mu_1,\sigma_1^2)$分布，80℃下的断裂强力用 Y 表示，且服从 $N(\mu_2,\sigma_2^2)$分布. 试求方差比$\dfrac{\sigma_1^2}{\sigma_2^2}$的置信度为 90%的置信区间.

解 由样本值计算得

$$\bar{x}=20.4,\quad s_{1n_1}^{*2}=0.8857,$$

$$\bar{y}=19.4,\quad s_{2n_2}^{*2}=0.8286.$$

由 $m=n=8,1-\alpha=0.90,\alpha=0.10$，查附表 4 得 $F_{0.05}(7,7)=3.79$，而 $F_{0.95}(7,7)$在此表中不能直接查到，此时，可利用 F 分布分位数的性质得

$$F_{0.95}(7,7)=\frac{1}{F_{0.05}(7,7)}=\frac{1}{3.79}=0.2639.$$

将以上计算结果代入式(2.37)得到$\dfrac{\sigma_1^2}{\sigma_2^2}$的置信区间为

$$\left(0.2639\cdot\frac{0.8857}{0.8286},3.79\cdot\frac{0.8857}{0.8286}\right)=(0.2821,4.0512).$$

2.4.6 单侧置信区间

前面介绍了参数的区间估计，置信区间都有上下限，即置信区间采用了$(\hat{\theta}_1,\hat{\theta}_2)$的形式.但在许多实际问题中，如估计元件、设备的使用寿命，显然平均寿命越长越好，对于这种情况，可将置信上限取为$+\infty$，而只关心其置信下限$\hat{\theta}_1$，即置信区间可采用$(\hat{\theta}_1,+\infty)$的形式；又如对大批产品的废品率的估计，废品率越低越好，此时置信区间可采用$(-\infty,\hat{\theta}_2)$的形式.

若置信区间形如$(\hat{\theta},+\infty)$，则称$\hat{\theta}_1$为单侧置信下限；若置信区间形如$(-\infty,\hat{\theta}_2)$，则称$\hat{\theta}_2$为单侧置信上限. 置信区间$(\hat{\theta}_1,+\infty)$和$(-\infty,\hat{\theta}_2)$都称为单侧置信区间. 下面仅对正态总体方差未知的情形给出数学期望的单侧置信区间的求法，其余情形留给读者作为练习，详见表 2.3.

表 2.3

估计对象	对总体的要求	具有单侧置信上限	具有单侧置信下限
均值 μ	正态总体 σ^2 已知	$\left(-\infty,\overline{X}+u_\alpha\frac{\sigma}{\sqrt{n}}\right)$	$\left(\overline{X}-u_\alpha\frac{\sigma}{\sqrt{n}},+\infty\right)$
均值 μ	正态总体 σ^2 未知	$\left(-\infty,\overline{X}+t_\alpha(n-1)\frac{S_n^*}{\sqrt{n}}\right)$	$\left(\overline{X}-t_\alpha(n-1)\frac{S_n^*}{\sqrt{n}},+\infty\right)$
方差 σ^2	正态总体	$\left(0,\frac{(n-1)S_n^{*2}}{\chi_{1-\alpha}^2(n-1)}\right)$	$\left(\frac{(n-1)S_n^{*2}}{\chi_\alpha^2(n-1)},+\infty\right)$
均值差 $\mu_1-\mu_2$	两正态总体方差相等	$(-\infty,\overline{X}-\overline{Y}+\lambda)$ $\lambda=t_\alpha(n_1+n_2-2)$ $\cdot\sqrt{(n_1-1)S_{1n_1}^{*2}+(n_2-1)S_{2n_2}^{*2}}$ $\cdot\sqrt{\frac{n_1+n_2}{n_1n_2(n_1+n_2-2)}}$	$(\overline{X}-\overline{Y}-\lambda,+\infty)$ $\lambda=t_\alpha(n_1+n_2-2)$ $\cdot\sqrt{(n_1-1)S_{1n_1}^{*2}+(n_2-1)S_{2n_2}^{*2}}$ $\cdot\sqrt{\frac{n_1+n_2}{n_1n_2(n_1+n_2-2)}}$
方差比 $\frac{\alpha_1^2}{\alpha_2^2}$	两个正态总体	$\left(0,F_\alpha(n_2-1,n_1-1)\frac{S_{1n_1}^{*2}}{S_{2n_2}^{*2}}\right)$	$\left(F_{1-\alpha}(n_2-1,n_1-1)\frac{S_{1n_1}^{*2}}{S_{2n_2}^{*2}},+\infty\right)$

设总体 X 服从正态分布 $N(\mu,\sigma^2)$，σ^2 未知，$(X_1,X_2,\cdots,X_n)^{\mathrm{T}}$ 是来自 X 的样本，对给定的置信度 $1-\alpha$，求 μ 的单侧置信区间.

选取与求 μ 的置信区间完全相同的随机变量

$$T=\frac{\overline{X}-\mu}{S_n^*/\sqrt{n}}\sim t(n-1),$$

对给定的置信度 $1-\alpha$，由附表 2 知，存在 $t_\alpha(n-1)$，使得

$$P\{T<t_\alpha(n-1)\}=1-\alpha,$$

即

$$P\left\{\frac{\overline{X}-\mu}{S_n^*/\sqrt{n}}<t_\alpha(n-1)\right\}=1-\alpha,$$

亦即

$$P\left\{\overline{X}-t_\alpha(n-1)\frac{S_n^*}{\sqrt{n}}<\mu<+\infty\right\}=1-\alpha.$$

于是 μ 的单侧置信区间为

$$\left(\overline{X}-t_\alpha(n-1)\frac{S_n^*}{\sqrt{n}},+\infty\right). \tag{2.38}$$

另外，由于 t 分布关于 Y 轴对称，所以 $t_\alpha(n-1)=-t_{1-\alpha}(n-1)$，故

$$P\{T>-t_\alpha(n-1)\}=1-\alpha,$$

即

$$P\left\{\frac{\overline{X}-\mu}{S_n^*/\sqrt{n}}>-t_\alpha(n-1)\right\}=1-\alpha,$$

亦即

$$P\left\{-\infty<\mu<\overline{X}+t_\alpha(n-1)\frac{S_n^*}{\sqrt{n}}\right\}=1-\alpha.$$

于是 μ 的具有单侧置信上限的单侧置信区间为

$$\left(-\infty,\overline{X}+t_\alpha(n-1)\frac{S_n^*}{\sqrt{n}}\right). \tag{2.39}$$

例 2.32 从某批灯泡中随机抽取 10 只做寿命试验，测得 $\bar{x}=1\ 500$ h，$s_n^*=20$ h，设灯泡寿命服从正态分布，试求平均寿命的置信度为 95%的单侧置信下限.

解 已知 $n=10$，$\bar{x}=1\ 500$，$s_n^*=20$，又 $1-\alpha=0.95$，$\alpha=0.05$ 查附表 2 得，$t_{0.05}(9)=1.833\ 1$，由式(2.38)，平均寿命的置信度为 95%的单侧置信区间为

$$\left(1\ 500-1.833\ 1\frac{20}{\sqrt{10}},+\infty\right)=(1\ 488.41,+\infty),$$

单侧置信下限为 1 488.41.

2.4.7 非正态总体参数的置信区间

对于非正态总体，因其精确的抽样分布往往难以求出，这时进行参数的区间估

计有一定困难. 但我们可以求出某些统计量在大样本条件下的近似分布,这样将问题的本质又归于正态总体情形.

设$(X_1,X_2,\cdots,X_n)^{\mathrm{T}}$为总体 X 的样本,$EX=\mu$ 未知,当 n 较大时,求总体均值 μ 的置信度为 $1-\alpha$ 的置信区间.

由定理 1.18,得当 $n\to\infty$ 时

$$\frac{\overline{X}-\mu}{S_n/\sqrt{n}}\xrightarrow{L}N(0,1).$$

对于给定的置信度,可求得 $u_{\frac{\alpha}{2}}$,使

$$P\left\{\left|\frac{\overline{X}-\mu}{S_n/\sqrt{n}}\right|<u_{\frac{\alpha}{2}}\right\}\approx 1-\alpha,$$

即

$$P\left\{\overline{X}-u_{\frac{\alpha}{2}}\frac{S_n}{\sqrt{n}}<\mu<\overline{X}+u_{\frac{\alpha}{2}}\frac{S_n}{\sqrt{n}}\right\}\approx 1-\alpha.$$

故均值 μ 的置信度为 $1-\alpha$ 的置信区间为

$$\left(\overline{X}-u_{\frac{\alpha}{2}}\frac{S_n}{\sqrt{n}},\overline{X}+u_{\frac{\alpha}{2}}\frac{S_n}{\sqrt{n}}\right).\tag{2.40}$$

下面利用上述结论求两点分布 $B(1,p)$ 中参数 p 的区间估计. X 的分布律为

$$P\{X=1\}=p,\quad P\{X=0\}=1-p,\quad 0<p<1.$$

设$(X_1,X_2,\cdots,X_n)^{\mathrm{T}}$是来自 X 的样本,其中恰有 m 个"1",此时

$$\mu=EX=p,\quad \overline{X}=\frac{1}{n}\sum_{i=1}^{n}X_i=\frac{m}{n},$$

$$S_n^2=\frac{1}{n}\sum_{i=1}^{n}X_i^2-\overline{X}^2=\frac{m}{n}-\left(\frac{m}{n}\right)^2.$$

把这些量代入式(2.40)得到 p 的置信度为 $1-\alpha$ 的置信区间为

$$\left(\frac{m}{n}-u_{\frac{\alpha}{2}}\sqrt{\frac{1}{n}\frac{m}{n}\left(1-\frac{m}{n}\right)},\frac{m}{n}+u_{\frac{\alpha}{2}}\sqrt{\frac{1}{n}\frac{m}{n}\left(1-\frac{m}{n}\right)}\right).\tag{2.41}$$

例 2.33　在试验的 1 000 个电子元件中,共有 100 个失效,试以 95%的概率估计整批产品的失效率.

解　记失效元件为"1",非失效元件为"0",失效率为 p. 则总体 X 服从两点分布 $B(1,p)$. 据题意 $n=1\ 000$,$m=100$,由 $1-\alpha=0.95$ 得 $u_{\frac{\alpha}{2}}=1.96$. 由式(2.41)得

置信下限:

$$\frac{m}{n}-u_{\frac{\alpha}{2}}\sqrt{\frac{1}{n}\frac{m}{n}\left(1-\frac{m}{n}\right)}=0.1-1.96\sqrt{0.001\cdot 0.1\cdot 0.9}=0.091\ 4.$$

置信上限:

$$\frac{m}{n}+u_{\frac{\alpha}{2}}\sqrt{\frac{1}{n}\frac{m}{n}\left(1-\frac{m}{n}\right)}=0.1+1.96\sqrt{0.001\cdot 0.1\cdot 0.9}=0.118\ 6.$$

故失效率的置信区间为(0.091 4,0.118 6).

例 2.34 设总体 X 的分布密度为

$$f(x)=\begin{cases}\frac{1}{\theta}e^{-\frac{x}{\theta}}, & x>0,\\ 0, & x\leqslant 0,\end{cases}\quad (\theta>0),$$

$(X_1,X_2,\cdots,X_n)^T$ 为总体 X 的样本,求参数 θ 的置信度为 $1-\alpha$ 的置信区间.

解 θ 的最小方差无偏估计为 $\overline{X}=\frac{1}{n}\sum_{i=1}^{n}X_i$. 考虑到样本 $(X_1,X_2,\cdots,X_n)^T$ 独立且每个 $X_i\sim\Gamma\left(1,\frac{1}{\theta}\right)$,利用 Γ 分布的可加性,可得

$$T\triangleq n\overline{X}=\sum_{i=1}^{n}X_i\sim\Gamma\left(n,\frac{1}{\theta}\right),$$

即 T 的分布密度为

$$f_T(x)=\begin{cases}\frac{1}{\theta^n\Gamma(n)}x^{n-1}e^{-\frac{x}{\theta}}, & x>0,\\ 0, & x\leqslant 0.\end{cases}$$

令

$$\chi^2=\frac{2T}{\theta}=\frac{2n\overline{X}}{\theta},$$

则有 χ^2 的分布密度为

$$\begin{aligned}f_{\chi^2}(x)&=f_T\left(\frac{\theta}{2}x\right)\left|\left(\frac{\theta}{2}x\right)'\right|=\frac{\theta}{2}f_T\left(\frac{\theta}{2}x\right)\\ &=\begin{cases}\frac{1}{2^n\Gamma(n)}x^{n-1}e^{-\frac{x}{2}}, & x>0,\\ 0, & x\leqslant 0,\end{cases}\end{aligned}$$

即 $\chi^2\sim\chi^2(2n)$. 给定置信度 $1-\alpha$,可选择 c,d 使得

$$P\{c<\chi^2<d\}=1-\alpha,$$

满足上式的 c,d 有很多对,一般选取 c,d 使

$$P\{\chi^2<c\}=P\{\chi^2>d\}=\frac{\alpha}{2},$$

即 $c=\chi^2_{1-\frac{\alpha}{2}}(2n)$,$d=\chi^2_{\frac{\alpha}{2}}(2n)$. 故有

$$P\left\{\chi^2_{1-\frac{\alpha}{2}}(2n)<\frac{2n\overline{X}}{\theta}<\chi^2_{\frac{\alpha}{2}}(2n)\right\}=1-\alpha,$$

即

$$P\left\{\frac{2n\overline{X}}{\chi^2_{\frac{\alpha}{2}}(2n)}<\theta<\frac{2n\overline{X}}{\chi^2_{1-\frac{\alpha}{2}}(2n)}\right\}=1-\alpha.$$

于是,θ 的置信度为 $1-\alpha$ 的置信区间为

$$\left(\frac{2n\overline{X}}{\chi^2_{\frac{\alpha}{2}}(2n)},\frac{2n\overline{X}}{\chi^2_{1-\frac{\alpha}{2}}(2n)}\right).$$

例 2.35　设总体 X 服从$(0,\theta)$上的均匀分布，$(X_1,X_2,\cdots,X_n)^{\mathrm{T}}$ 为总体 X 的样本，求参数 θ 形如$(aX_{(n)},bX_{(n)})$的置信度为 $1-\alpha$ 的平均区间长度最短的置信区间，其中 $X_{(n)}=\max\limits_{1\leqslant i\leqslant n}\{X_i\}$.

解　根据题意即求 a,b 满足

$$P\{aX_{(n)}<\theta<bX_{(n)}\}=1-\alpha,$$

且使

$$L=E[bX_{(n)}-aX_{(n)}]$$

达到最小.

由例 2.22，$X_{(n)}$ 的分布密度为

$$f_{X_{(n)}}(x)=\begin{cases}\dfrac{n}{\theta^n}x^{n-1}, & 0<x<\theta,\\ 0, & \text{其他},\end{cases}$$

令

$$Y=\frac{X_{(n)}}{\theta},$$

则 Y 的分布密度为

$$\begin{aligned}f_Y(y)&=f_{X_{(n)}}(\theta y)\mid(\theta y)'\mid=\theta f_{X_{(n)}}(\theta y)\\&=\begin{cases}ny^{n-1}, & 0<y<1,\\ 0, & \text{其他}.\end{cases}\end{aligned}$$

于是选取 $b>a\geqslant 1$，则

$$P\{aX_{(n)}<\theta<bX_{(n)}\}=P\left\{\frac{1}{b}<\frac{X_{(n)}}{\theta}<\frac{1}{a}\right\}=\int_{\frac{1}{b}}^{\frac{1}{a}}ny^{n-1}\mathrm{d}y=\frac{1}{a^n}-\frac{1}{b^n}=1-\alpha,$$

$$L=E(bX_{(n)}-aX_{(n)})=(b-a)EX_{(n)}=(b-a)\frac{n\theta}{n+1}.$$

从而问题转换成为

$$\begin{cases}\min\limits_{a,b}(b-a),\\ \dfrac{1}{a^n}-\dfrac{1}{b^n}=1-\alpha.\end{cases}$$

解此问题得：$a=1,b=\dfrac{1}{\sqrt[n]{\alpha}}$. 故 θ 的置信度为 $1-\alpha$ 的平均最短置信区间为

$$\left(X_{(n)},\frac{X_{(n)}}{\sqrt[n]{\alpha}}\right).$$

平均置信区间长度

$$L=\left(\frac{1}{\sqrt[n]{\alpha}}-1\right)\frac{n\theta}{1+n}\rightarrow 0,\quad \text{当 } n\rightarrow\infty \text{ 时}.$$

由此可见,区间估计的精确度随样本容量 n 的增大而提高.若固定 n 时,α 越小即可靠度越大,L 将变大即精确度降低,反之,α 越大即可靠度越小,L 将变小即精确度提高.这说明可靠度和精确度不可兼得.故只有通过增加样本容量 n,使两者均可满足指定的要求.

习 题 2

1. 设总体 X 服从正态分布 $N(\mu,\sigma^2)$,$(X_1,X_2,\cdots,X_n)^{\mathrm{T}}$ 是其样本,

(1)求 k 使估计量 $\hat{\sigma}^2=\frac{1}{k}\sum_{i=1}^{n-1}(X_{i+1}-X_i)^2$ 是 σ^2 的无偏估计;

(2)求 k 使估计量 $\hat{\sigma}=\frac{1}{k}\sum_{i=1}^{n}|X_i-\overline{X}|$ 为 σ 的无偏估计.

2. 设 $(X_1,X_2,\cdots,X_n)^{\mathrm{T}}$ 是来自总体 X 的样本,$\alpha_i>0(i=1,2,\cdots,n)$ 且满足 $\sum_{i=1}^{n}\alpha_i=1$,试证:

(1) $\sum_{i=1}^{n}\alpha_iX_i$ 是 EX 的无偏估计;

(2)在 EX 的所有形如 $\sum_{i=1}^{n}\alpha_iX_i$ 的线性无偏估计类中,$\overline{X}=\frac{1}{n}\sum_{i=1}^{n}X_i$ 的方差最小,即 $\overline{X}$ 是 EX 的最小方差线性无偏估计.

3. 设总体 X 服从区间 $[0,\theta]$ 上的均匀分布,$(X_1,X_2,\cdots,X_n)^{\mathrm{T}}$ 是其样本,

(1)证明 $\hat{\theta}_1=2\overline{X}$ 和 $\hat{\theta}_2=\frac{n+1}{n}\max\limits_{1\leqslant i\leqslant n}\{X_i\}$ 均为 θ 的无偏估计;

(2)比较 $\hat{\theta}_1,\hat{\theta}_2$ 哪个有效.

4. 设总体 $X\sim P(\lambda)$,其中参数 $\lambda>0$,X_1 为总体 X 的一个样本,试证:$T(X_1)=(-2)^{X_1}$ 是待估函数 $\mathrm{e}^{-3\lambda}$ 的无偏估计.

5. 设总体 X 的均值 μ 和方差 σ^2 存在,$(X_1,X_2,\cdots,X_n)^{\mathrm{T}}$ 是来自总体 X 的一个样本,求 μ 的估计量 $\hat{\mu}=\frac{2}{n(n+1)}\sum_{i=1}^{n}iX_i$ 的均方误差 $\mathrm{MSE}(\hat{\mu},\mu)$.

6. 设总体 $X\sim N(0,\sigma^2)$,$\sigma>0$ 是未知参数,$(X_1,X_2,\cdots,X_n)^{\mathrm{T}}$ 是来自总体 X 的样本,试证估计量 $\hat{\sigma}^2=\frac{1}{n}\sum_{i=1}^{n}X_i^2$ 是 σ^2 的相合估计.并求 $\hat{\sigma}^2$ 的渐近分布.

7. 设 $(X_1,X_2,\cdots,X_n)^{\mathrm{T}}$ 是来自正态总体 $N(\mu,\sigma^2)$ 的一个样本,证明 S_n^2 是 σ^2 的相合估计.

8. 设总体 X 服从几何分布

$$P\{X=k\}=p(1-p)^{k-1},\quad k=1,2,\cdots,$$

$(X_1,X_2,\cdots,X_n)^{\mathrm{T}}$ 为总体 X 的样本,试求参数 p 的矩估计和最大似然估计.

9. 设总体 X 的分布密度为

$$f(x)=\begin{cases}\frac{2}{\theta^2}(\theta-x), & 0<x<\theta,\\ 0, & \text{其他},\end{cases}$$

$(X_1,X_2,\cdots,X_n)^T$ 为总体 X 的样本,试求 θ 的矩估计.

10. 设总体 X 服从$[0,\theta]$上的均匀分布,$(1.3,0.6,1.7,2.2,0.3,1.1)^T$ 是总体 X 的一个样本值,(1)试用矩估计法求总体均值、总体方差及参数 θ 的估计值; (2)试用最大似然估计法求总体均值、总体方差及参数 θ 的估计值.

11. 设总体的分布密度为

$$f(x)=\begin{cases}(\theta+1)x^{\theta}, & 0<x<1,\\ 0, & \text{其他},\end{cases}$$

其中 $\theta>-1$,$(X_1,X_2,\cdots,X_n)^T$ 为其样本,求参数 θ 的矩估计和最大似然估计. 当样本值为 $(0.1,0.2,0.9,0.8,0.7,0.7)^T$ 时求 θ 的估计值.

12. 设$(X_1,X_2,\cdots,X_n)^T$ 是来自总体 X 的样本,试分别求总体分布中未知参数的最大似然估计. 已知总体 X 的分布密度为

(1) $f(x)=\begin{cases}\dfrac{2x}{\theta^2}e^{-\frac{x^2}{\theta^2}}, & x>0,\theta>0,\\ 0, & x\leqslant 0;\end{cases}$ (2) $f(x)=\dfrac{1}{2\sigma}e^{-\frac{|x|}{\sigma}}$, $-\infty<x<+\infty(\sigma>0)$;

(3) $f(x)=\begin{cases}e^{-(x-\theta)}, & x\geqslant\theta,\\ 0, & x<\theta;\end{cases}$ (4) $f(x)=\begin{cases}\dfrac{1}{\beta}e^{-\frac{x-\alpha}{\beta}}, & x\geqslant\alpha,\beta>0,\\ 0, & x<\alpha.\end{cases}$

13. 设总体 $X\sim N(\mu,\sigma^2)$,对于容量为 n 的样本,求使得 $P\{X\geqslant\theta\}=0.05$ 的参数 θ 的最大似然估计.

14. 设某电子元件的寿命 T 的概率密度为

$$f(t)=\begin{cases}\dfrac{1}{\lambda}e^{-\frac{1}{\lambda}t}, & t>0,\\ 0, & t\leqslant 0,\end{cases}$$

$\lambda>0$ 未知. 随机地取 50 个电子元件投入寿命试验,规定试验进行到其中有 15 个失效时结束试验,测得失效时间(小时)为

115, 119, 131, 138, 142, 147, 148, 155, 158, 159, 163, 166, 167, 170, 172

试求电子元件平均寿命 λ 的最大似然估计值.

15. 设某产品寿命 T 的概率密度为

$$f(t)=\begin{cases}\theta e^{-\theta t}, & t>0,\\ 0, & t\leqslant 0.\end{cases}$$

$\theta>0$ 未知. 随机地取 40 只产品投入寿命试验,规定试验进行到 20 小时末结束试验,测得失效时间(小时)为:8, 9, 10, 12, 13, 14, 16, 17, 18, 19. 试求未知参数 θ 的最大似然估计值.

16. 设 X_1,X_2 独立同分布,其共同的概率密度函数为

$$f(x;\theta)=k\theta^k x^{-(k+1)},x>\theta,\theta>0,\ k>2 \text{ 已知}$$

(1) 证明 $T_1=\dfrac{k-1}{2k}(X_1+X_2)$,$T_2=\dfrac{2k-1}{2k}\min(X_1,X_2)$都是 θ 的无偏估计;

(2) 证明:在均方误差意义下,在形如 $T_C=C\min(X_1,X_2)$的估计中,$C=\dfrac{2k-2}{2k-1}$时最优.

17. 设总体 $X\sim N(\mu,\sigma^2)$,现得到总体 X 的一个样本值为(14.7, 15.1, 14.8, 15.0, 15.2,

14.6)^{T}. (1)试用最大似然估计与次序统计量法估计 μ 值； (2)试用最大似然估计与次序统计量法估计 σ^2 值.

18. 设总体 X 服从二项分布 $B(N,p)$，$(X_1,X_2,\cdots,X_n)^{\mathrm{T}}$ 为其样本，求参数 p 的最小方差无偏估计.

19. 设总体 X 的分布密度为

$$f(x)=\begin{cases}\dfrac{1}{\theta}\mathrm{e}^{-\frac{x}{\theta}}, & x>0,\theta>0,\\ 0, & x\leqslant 0,\end{cases}$$

$(X_1,X_2,\cdots,X_n)^{\mathrm{T}}$ 为其样本，试求参数 θ 的最小方差无偏估计.

20. 设总体 $X\sim N(0,\sigma^2)$，$(X_1,X_2,\cdots,X_n)^{\mathrm{T}}$ 为其样本，试求：
(1)σ^2 的最小方差无偏估计； (2)σ 和 σ^4 的最小方差无偏估计.

21. 设总体 $X\sim N(\mu,\sigma^2)$，$(X_1,X_2,\cdots,X_n)^{\mathrm{T}}$ 为其样本，试求：
(1)$3\mu+4\sigma^2$ 的最小方差无偏估计； (2)$\mu^2-4\sigma^2$ 的最小方差无偏估计.

22. 在下列情况下，分别求罗-克拉默不等式的下界：
(1)总体 $X\sim N(\theta,1)$，$g(\theta)=\theta^2$； (2)总体 $X\sim U(0,\theta)$，$g(\theta)=DX$； (3)总体 $X\sim B(N,p)$，$g(p)=p^2$.

23. 设$(X_1,X_2,\cdots,X_n)^{\mathrm{T}}$ 是来自正态总体 $N(0,\sigma^2)$的一个样本，试证：

(1) $\hat{\sigma}^2=\dfrac{1}{n}\sum\limits_{i=1}^{n}X_i^2$ 是 σ^2 的有效估计；

(2)$\hat{\sigma}^2=\dfrac{1}{n-1}\sum\limits_{i=1}^{n}(X_i-\overline{X})^2$ 不是 σ^2 的有效估计，而是 σ^2 的渐近有效估计.

24. 设 $(X_1, X_2, \cdots, X_n)^{\mathrm{T}}$ 是取自正态总体 $N(\mu, \sigma^2)$ 的一个样本，μ 为已知，试证 $\hat{\sigma}=\dfrac{1}{n}\sqrt{\dfrac{\pi}{2}}\sum\limits_{i=1}^{n}|X_i-\mu|$ 是 σ 的无偏估计，并求 $\hat{\sigma}$ 的效率 $e(\hat{\sigma})$.

25. 设总体 $X\sim N(1,\sigma^2)$，$(X_1,X_2,\cdots,X_n)^{\mathrm{T}}$ 为其样本，试求参数 σ^2 的有效估计.

26. 设总体 X 服从 $Ga(\alpha,\theta)$分布，即分布密度为

$$f(x)=\begin{cases}\dfrac{\theta^{\alpha}}{\Gamma(\alpha)}\mathrm{e}^{-\theta x}x^{\alpha-1}, & x>0,\\ 0, & x\leqslant 0,\end{cases}$$

其中 $\alpha(\alpha>0)$为已知常数，$\theta(\theta>0)$为未知常数，$(X_1,X_2,\cdots,X_n)^{\mathrm{T}}$ 为总体 X 的一个样本，试求 $g(\theta)=\dfrac{1}{\theta}$的最大似然估计，并判别其是否为有效估计.

27. 随机地从一批零件中抽取 16 个，测得其长度为(单位：cm)：

2.14, 2.10, 2.13, 2.15, 2.13, 2.12, 2.13, 2.10
2.15, 2.12, 2.14, 2.10, 2.13, 2.11, 2.14, 2.11.

假设该零件的长度服从正态分布 $N(\mu, \sigma^2)$，试求总体均值 μ 的置信度为 90%的置信区间.
(1) 若已知 $\sigma=0.01$ (cm)；(2) 若 σ 未知.

28. 共 16 次测量铅的比重，得 16 个测量值的平均值为 2.705，而修正样本标准差为 0.029，假定测量结果 X 服从正态分布，试求铅的平均比重的置信度为 95%的置信区间.

29. 为了确定某铜矿的储量，打钻个数为 107，测得铜矿平均厚度 $\overline{x}=11.6$ (m)，方差 $s^2=78.6$，已知铜矿厚度 X 服从正态分布，试求在置信度为 95%的条件下，以样本平均厚度估计总体均值 μ 的误差 $|\overline{X}-\mu|$ 是多少？

30. 对方差 σ^2 已知的正态总体来说，样本容量 n 应取多大，方使总体均值 μ 的置信度为 $1-\alpha$ 的置信区间长度不大于 L？

31. 已知一批产品的长度指标 $X\sim N(\mu, 0.5^2)$，问至少应取多大的样本容量，才能使样本均值与总体均值的绝对误差，在置信度为 95%的条件下小于 1/10.

32. 设总体 $X\sim N(\mu_0, \sigma^2)$，μ_0 已知，$(X_1, X_2, \cdots, X_n)^{\mathrm{T}}$ 为其样本，试求未知参数 σ^2 的置信度为 $1-\alpha$ 的置信区间.

33. 投资的回收利润率常常用来衡量投资的风险，随机地调查 26 个年回收利润率（%），得样本标准差 $s_n^*=15$（%），设回收利润率服从正态分布，求它的均方差的置信度为 95%的置信区间.

34. 对某农作物两个品种 A，B 计算了 8 个地区的亩产量，产量如下（单位：kg）：

品种 A：86，87，56，93，84，93，75，79；

品种 B：79，58，91，77，82，74，80，66.

假定两个品种的亩产量均服从正态分布，且方差相等，试求两品种平均亩产量之差的置信度为 95%的置信区间.

35. 某自动机床加工同类型套筒，假设套筒的直径服从正态分布，现从两个不同班次的产品中各抽验了 5 个套筒，测定它们的直径，得如下数据：

A 班：2.066，2.063，2.068，2.060，2.067.

B 班：2.058，2.057，2.063，2.059，2.060.

试求两班所加工的套筒直径的方差比 σ_A^2/σ_B^2 的置信度为 90%的置信区间.

36. 为估计一批钢索所能承受的平均张力，从其中取样做 10 次试验，由试验值算得平均张力 $\overline{x}=6700$Pa，标准差 $s_n^*=220$Pa，设张力服从正态分布，求平均张力的单侧置信下限（置信度为 95%）.

37. 从一批某种型号电子管中抽出容量为 10 的样本，计算出标准差 $s_n^*=45$h. 设整批电子管寿命服从正态分布，试求这批电子管寿命标准差 σ 的单侧置信上限（置信度为 95%）.

38. 从某批产品中随机抽取 100 个，其中一等品为 64 个，试求一等品率 p 的置信区间（置信度为 95%）.

39. 在一批货物的容量为 100 的样本中，经检验发现 16 个次品，试求这批货物次品率的 95%的置信区间.

40. 假定总体 X 服从泊松分布 $P(\lambda)$，$\lambda>0$，$(X_1, X_2, \cdots, X_n)^{\mathrm{T}}$ 为总体 X 的样本，试在 n 充分大的条件下，求参数 λ 的置信度为 $1-\alpha$ 近似置信区间.

第 3 章　统计决策与贝叶斯估计

20 世纪 40 年代，瓦尔德(Wald)提出了一种观点，把统计推断问题看成是人和自然的一种“博弈”，建立了统计决策理论，它是前面讨论过的参数估计方法——点估计、区间估计的一种推广. 这个理论的一些基本观点，已不同程度地渗透到各个统计分支，对数理统计学的发展产生了一定的影响.

贝叶斯(Bayes)估计是贝叶斯统计的主要部分，它是运用决策理论研究参数估计问题. 本章将对统计决策理论的若干基本概念作初步介绍，在此基础上，主要讨论近几十年来在数理统计这一学科中相当活跃的贝叶斯方法在参数估计中的一些应用. 希望深入了解这方面知识的读者可以查阅有关专著.

3.1　统计决策的基本概念

3.1.1　统计判决问题的三个要素

为了估计一个未知参数，需要给出一个合适的估计量，该估计量也称为该统计问题的解. 一般地说，一个统计问题的解就是所谓的统计决策函数. 为了明确统计决策函数这一重要概念，需对构成一个统计决策问题的基本要素作一介绍. 这些要素是：样本空间和分布族、行动空间以及损失函数. 以下逐点介绍.

1. 样本空间和分布族

设总体 X 的分布函数为 $F(x;\theta)$，θ 是未知参数 $\theta\in\Theta$，Θ 称为参数空间. 若 $(X_1,X_2,\cdots,X_n)^{\mathrm{T}}$ 为取自总体 X 的一个样本，则样本所有可能值组成的集合称为样本空间，记为 $\mathscr{X}$，由于 X_i 的分布函数为 $F(x_i;\theta)$，$i=1,2,\cdots,n$，则 $(X_1,X_2,\cdots,X_n)^{\mathrm{T}}$ 的联合分布函数为

$$F(x_1,\cdots,x_n;\theta)=\prod_{i=1}^{n}F(x_i;\theta),\quad \theta\in\Theta.$$

若记 $F^*=\left\{\prod\limits_{i=1}^{n}F(x_i;\theta),\theta\in\Theta\right\}$，则称 F^* 为样本 $(X_1,X_2,\cdots,X_n)^{\mathrm{T}}$ 的概率分布族，简称分布族.

例 3.1　设总体 X 服从两点分布 $B(1,p)$，p 为未知参数，$0<p<1$，$(X_1,X_2,\cdots,X_n)^{\mathrm{T}}$ 是取自总体 X 的样本，则样本空间是集合

$$\mathscr{X}=\{(x_1,\cdots,x_n):x_i=0,1,i=1,2,\cdots,n\}.$$

它含有 2^n 个元素,样本$(X_1,X_2,\cdots,X_n)^{\mathrm{T}}$ 的分布族为

$$F^* = \{p^{\sum\limits_{i=1}^{n} x_i}(1-p)^{n-\sum\limits_{i=1}^{n} x_i}, x_i = 0,1, i = 1,2,\cdots,n, 0 < p < 1\}.$$

2. 行动空间(或称判决空间)

对于一个统计问题,如参数 θ 的点估计,区间估计及其他统计问题,我们常常要给予适当的回答. 对参数 θ 的点估计,一个具体的估计值就是一个回答. 在统计决策中,每一个具体的回答称为一个决策,一个统计问题中可能选取的全部决策组成的集合称为决策空间,记为 $\mathscr{A}$. 一个决策空间 $\mathscr{A}$ 至少应含有两个决策,假如 $\mathscr{A}$ 中只含有一个决策,那人们就无需选择,从而也形成不了一个统计决策问题.

例如,要估计正态分布 $N(\mu,\sigma^2)$ 中的参数 μ,$\mu\in\Theta=(-\infty,+\infty)$. 因为 μ 在 $(-\infty,+\infty)$ 中取值,所以每一个实数都可用来估计 μ,故每一个实数都代表一个决策,决策空间为 $\mathscr{A}=(-\infty,+\infty)$.

值得注意的是,在 $\mathscr{A}$ 中具体选取哪个决策与抽取的样本和所采用的统计方法有关.

例 3.2 某厂打算根据各年度市场的销售量来决定下年度应该扩大生产还是缩减生产,或者维持原状,这样决策空间 $\mathscr{A}$ 为

$$\mathscr{A} = \{\text{扩大生产,缩减生产,维持原状}\}.$$

3. 损失函数

统计决策的一个基本观点和假定是,每采取一个决策,必然有一定的后果(经济的或其他的),决策不同,后果各异. 对于每个具体的统计决策问题,一般有多种优劣不同的决策可采用. 例如,要估计正态分布 $N(\mu,0.2^2)$ 中的参数 μ,假设 μ 的真值为 3,那么采用 3.5 这个决策显然比 10 这个决策好的多. 如果要作 μ 的区间估计,则显然[2,4]这个决策比[−5,10]这个决策好. 统计决策理论的一个基本思想是把上面所谈的优劣性,以数量的形式表现出来,其方法是引入一个依赖于参数值 $\theta\in\Theta$ 和决策 $d\in\mathscr{A}$ 的二元实值非负函数 $L(\theta,d)\geqslant 0$,称之为损失函数,它表示当参数真值为 θ 而采取决策 d 时所造成的损失,决策越正确,损失就越小. 由于在统计问题中人们总是利用样本对总体进行推断,所以误差是不可避免的,因而总会带来损失,这就是损失函数定义为非负函数的原因.

例 3.3 设总体 X 服从正态分布 $N(\theta,1)$,θ 为未知参数,参数空间 $\Theta=(-\infty,+\infty)$,决策空间自然地取为 $\mathscr{A}=(-\infty,+\infty)$,一个可供考虑的损失函数是

$$L(\theta,d) = (\theta-d)^2,$$

当 $d=\theta$,即估计正确时损失为 0,估计 d 与实际值 θ 的距离 $|d-\theta|$ 越大,损失也越大.

如果要求未知参数 θ 的区间估计，损失函数可取为

$$L(\theta,d) = d_2 - d_1, \quad \theta \in \Theta, d = [d_1, d_2] \in \mathscr{A},$$

其中 $\mathscr{A}=\{[d_1,d_2]: -\infty<d_1<d_2<\infty\}$，这个损失函数表示以区间估计的长度来度量采用决策 $d=[d_1,d_2]$所带来的损失，也可以取损失函数为

$$L(\theta,d) = 1 - I_{[d_1,d_2]}(\theta), \quad \theta \in \Theta, d = [d_1, d_2] \in \mathscr{A},$$

其中 $I_{[d_1,d_2]}(\theta)$是集合$[d_1,d_2]$的示性函数，即

$$I_{[d_1,d_2]}(\theta) = \begin{cases} 0, & \text{当 } \theta \notin [d_1,d_2] \text{ 时}, \\ 1, & \text{当 } \theta \in [d_1,d_2] \text{ 时}, \end{cases}$$

这个损失函数表示当决策 d 正确（即区间$[d_1,d_2]$覆盖未知参数的实际值）时损失为 0，反之损失为 1.

对于不同的统计问题，可以选取不同的损失函数，常见的损失函数有以下几种.

(1)线性损失函数

$$L(\theta,d) = \begin{cases} k_0(\theta - d), & d \leqslant \theta, \\ k_1(d - \theta), & d > \theta, \end{cases} \tag{3.1}$$

其中 k_0 和 k_1 是两个常数，它们的选择常反映行动 d 低于参数θ 和高于参数θ 的相对重要性，当 $k_0=k_1=1$ 时就得到：

绝对值损失函数

$$L(\theta,d) = |\theta - d|. \tag{3.2}$$

(2)平方损失函数

$$L(\theta,d) = (\theta - d)^2. \tag{3.3}$$

(3)凸损失函数

$$L(\theta,d) = \lambda(\theta) W(|\theta - d|), \tag{3.4}$$

其中 $\lambda(\theta)>0$ 是 θ 的已知函数，且有限，$W(t)$是 $t>0$ 上的单调非降函数且 $W(0)=0$.

(4)多元二次损失函数，当 $\boldsymbol{\theta}$ 和 $\boldsymbol{d}$ 均为多维向量时，可取如下二次型作为损失函数

$$L(\boldsymbol{\theta},\boldsymbol{d}) = (\boldsymbol{d} - \boldsymbol{\theta})^{\mathrm{T}} \boldsymbol{A} (\boldsymbol{d} - \boldsymbol{\theta}), \tag{3.5}$$

其中 $\boldsymbol{\theta}=(\theta_1,\cdots,\theta_p)^{\mathrm{T}}$，$\boldsymbol{d}=(d_1,\cdots,d_p)^{\mathrm{T}}$，$\boldsymbol{A}$ 为 $p\times p$ 阶正定矩阵，p 为大于 1 的 某个自然数. 当$\boldsymbol{A}$为对角阵即$\boldsymbol{A}=\mathrm{diag}(\omega_1,\cdots,\omega_p)$时，则$p$元损失函数为

$$L(\boldsymbol{\theta},\boldsymbol{d}) = \sum_{i=1}^{p} \omega_i (d_i - \theta_i)^2, \tag{3.6}$$

其中诸 $\omega_i(i=1,2,\cdots,p)$可看作各参数重要性的加权.

将统计决策方法用于实际问题时，如何选择损失函数是一个关键问题，也是一个难点. 一般来说，选取的损失函数应与实际问题相符合，同时也要在数学上便于

处理. 上面提到的二次损失(又称为平方损失)函数是参数点估计中常用的一种损失函数.

3.1.2 统计决策函数及其风险函数

1. 统计决策函数

给定了样本空间 $\mathscr{X}$ 和概率分布族 F^*，决策空间 $\mathscr{A}$ 及损失函数 $L(\theta,d)$ 这三个要素后，统计决策问题就确定了，此后，我们的任务就是在 $\mathscr{A}$ 中选取一个好的决策 d，所谓好是指有较小的损失. 对样本空间 $\mathscr{X}$ 中每一点 $\boldsymbol{x}=(x_1,\cdots,x_n)^{\mathrm{T}}$，可在决策空间中寻找一点 $d(\boldsymbol{x})$ 与其对应，这样一个对应关系可看作定义在样本空间 $\mathscr{X}$ 上而取值于决策空间 $\mathscr{A}$ 内的函数 $d(\boldsymbol{x})$.

定义 3.1 定义在样本空间 $\mathscr{X}$ 上，取值于决策空间 $\mathscr{A}$ 内的函数 $d(x)$，称为统计决策函数，简称为决策函数.

形象地说，决策函数 $d(\boldsymbol{x})$ 就是一个"行动方案". 当有了样本 $\boldsymbol{x}$ 后，按既定的方案采取行动 (决策) $d(\boldsymbol{x})$. 在不致误解的情况下，也称 $d(\boldsymbol{X})=d(X_1,\cdots,X_n)$ 为决策函数，此时表示当样本值为 $\boldsymbol{x}=(x_1,\cdots,x_n)^{\mathrm{T}}$ 时采取决策 $d(\boldsymbol{x})=d(x_1,\cdots,x_n)$，因此，决策函数 $d(\boldsymbol{X})$ 本质上是一个统计量.

例如，设总体 X 服从正态分布 $N(\mu,\sigma^2)$，σ^2 已知，$(X_1,\cdots,X_n)^{\mathrm{T}}$ 为取自 X 的样本，求参数 μ 的点估计. 此时可用 $d(\boldsymbol{x})=\overline{x}=\dfrac{1}{n}\sum\limits_{i=1}^{n}x_i$ 来估计 μ，$d(\boldsymbol{x})=\overline{x}$ 就是一个决策函数.

如果要求 μ 的区间估计，那么

$$d(\boldsymbol{x})=\left(\overline{x}-u_{\frac{\alpha}{2}}\frac{\sigma}{\sqrt{n}},\overline{x}+u_{\frac{\alpha}{2}}\frac{\sigma}{\sqrt{n}}\right)$$

就是一个决策函数.

2. 风险函数

给定一个决策函数 $d(\boldsymbol{X})$ 之后，所采取的决策完全取决于样本 X，从而损失必然与 X 有关，也就是说决策函数与损失函数 $L(\theta,d)$ 都是样本 X 的函数，因此都是随机变量. 当样本 X 取不同的值 $\boldsymbol{x}$ 时，对应的决策 $d(\boldsymbol{x})$ 可能不同，由此带来的损失 $L(\theta,d(\boldsymbol{x}))$ 也不相同，这样就不能运用基于样本 $\boldsymbol{x}$ 所采取的决策而带来的损失 $L(\theta,d(\boldsymbol{x}))$ 来衡量决策的好坏，而应该从整体上来评价. 为了比较决策函数的优劣，一个常用的数量指标是平均损失，即所谓的风险函数.

定义 3.2 设样本空间和分布族分别为 $\mathscr{X}$ 和 F^*，决策空间为 $\mathscr{A}$，损失函数为 $L(\theta,d)$，$d(\boldsymbol{X})$ 为决策函数，则由下式确定的 θ 的函数 $R(\theta,d)$ 称为决策函数 $d(\boldsymbol{X})$ 的风险函数

$$R(\theta,d)=E_\theta[L(\theta,d(\boldsymbol{X}))]=E_\theta[L(\theta,d(X_1,\cdots,X_n))],\tag{3.7}$$

$R(\theta,d)$表示当真参数为θ时，采用决策(行动)d所遭受的平均损失，其中E_θ表示当参数为θ时，对样本的函数$L(\theta,d(\boldsymbol{X}))$求数学期望. 显然风险越小，即损失越小决策函数就越好. 但是，对于给定的决策函数$d(\boldsymbol{X})$，风险函数仍是θ的函数，所以，两个决策函数风险大小的比较涉及两个函数的比较，情况比较复杂，因此就产生了种种优良性准则，下面仅介绍两种.

定义 3.3 设$d_1(\boldsymbol{X})$和$d_2(\boldsymbol{X})$是统计决策问题中的两个决策函数，若其风险函数满足不等式

$$R(\theta,d_1)\leqslant R(\theta,d_2),\quad \forall\theta\in\Theta.$$

且存在一些θ使上述严格不等式$R(\theta,d_1)<R(\theta,d_2)$成立，则称决策函数$d_1(\boldsymbol{X})$一致优于$d_2(\boldsymbol{X})$. 假如下列关系式成立

$$R(\theta,d_1)=R(\theta,d_2),\quad \forall\theta\in\Theta,$$

则称决策函数$d_1(\boldsymbol{X})$与$d_2(\boldsymbol{X})$等价.

定义 3.4 设$D=\{d(\boldsymbol{X})\}$是一切定义在样本空间上取值于决策空间$\mathscr{A}$上的决策函数的全体，若存在一个决策函数$d^*(\boldsymbol{X})(d^*(\boldsymbol{X})\in D)$，使对任一个$d(\boldsymbol{X})\in D$，都有

$$R(\theta,d^*)\leqslant R(\theta,d),\quad \forall\theta\in\Theta,$$

则称$d^*(\boldsymbol{X})$为(该决策函数类D的)一致最小风险决策函数，或称为一致最优决策函数.

上述两个定义都是对某个给定的损失函数而言的，当损失函数改变了，相应的结论也可能随之而变. 定义 3.4 的结论还是对某个决策函数类而言的. 当决策函数类改变了，一致最优性可能就不具备了.

例 3.4 设总体X服从正态分布$N(\mu,1)$，$\mu\in(-\infty,+\infty)$，$\boldsymbol{X}=(X_1,X_2,\cdots,X_n)^{\mathrm{T}}$为取自$X$的样本，欲估计未知参数$\mu$，选取损失函数为

$$L(\mu,d)=(d-\mu)^2,$$

则对μ的任一估计$d(\boldsymbol{X})$，风险函数为

$$R(\mu,d)=E_\mu[L(\mu,d)]=E_\mu(d-\mu)^2.$$

若进一步要求$d(\boldsymbol{X})$是无偏估计，即$E_\mu[d(\boldsymbol{X})]=\mu$，则风险函数是

$$R(\mu,d)=E_\mu(d-Ed)^2=D_\mu(d(\boldsymbol{X})),$$

即风险函数为估计量$d(\boldsymbol{X})$的方差.

若取$d(\boldsymbol{X})=\overline{X}$，则$R(\mu,d)=D\overline{X}=\dfrac{1}{n}$.

若取$d(\boldsymbol{X})=X_1$，则$R(\mu,d)=DX_1=1$.

显然，当$n>1$时，后者的风险比前者大，即$\overline{X}$优于X_1.

例 3.5 设x_1和x_2是从下列分布获得的两个观察值

$$P\{X=\theta-1\}=P\{X=\theta+1\}=0.5,\quad \theta\in\Theta=R,$$

现研究 θ 的估计问题. 为此取决策空间 $\mathscr{A}=R$,取损失函数为

$$L(\theta,d)=1-I(d),$$

其中 $I(d)$ 为示性函数,当 $d=\theta$ 时它为 1,否则为 0. 我们知道,从样本空间 $\mathscr{X}=\{(x_1,x_2)\}$ 到决策空间 $\mathscr{A}$ 上的决策函数有许多,现考察其中三个.

(1) $d_1(x_1,x_2)=(x_1+x_2)/2$,其风险函数为

$$R(\theta,d_1)=1-P\{d_1=\theta\}=1-P\{x_1\neq x_2\}=0.5,\quad \forall\,\theta\in\Theta;$$

(2) $d_2(x_1,x_2)=x_1-1$,其风险函数为

$$R(\theta,d_2)=1-P\{d_2=\theta\}=1-P\{x_1=\theta+1\}=0.5,\quad \forall\,\theta\in\Theta;$$

(3) $d_3(x_1,x_2)=\begin{cases}(x_1+x_2)/2, & x_1\neq x_2,\\ x_1-1, & x_1=x_2,\end{cases}$ 其风险函数为

$$\begin{aligned}R(\theta,d_3)&=1-P\{d_3=\theta\}=1-P\{x_1\neq x_2\text{ 或 }x_1=\theta+1\}\\&=0.25,\quad \forall\,\theta\in\Theta.\end{aligned}$$

假如只限于考察这三个决策函数组成的类 $D=\{d_1,d_2,d_3\}$,那么 d_3 是决策函数类中一致最优决策函数,当决策函数类扩大或损失函数改变时,d_3 的最优性可能会消失.

3.2　统计决策中的常用分布族

在第 1 章中,我们介绍过一些分布族,它们是 χ^2 分布族 $\{\chi_n^2:n\geqslant1\}$,t 分布族 $\{t(n):n\geqslant1\}$,F 分布族 $\{F(n_1,n_2):n_1\geqslant1,n_2\geqslant1\}$. 在统计决策中还经常会遇到 Gamma 分布族、贝塔分布族等,本节介绍 Gamma 分布族、贝塔分布族.

1. Gamma 分布族

定义 3.5　若随机变量 X 的密度函数为

$$f(x;\alpha,\beta)=\begin{cases}\dfrac{\beta^{\alpha}}{\Gamma(\alpha)}x^{\alpha-1}\mathrm{e}^{-\beta x}, & x>0,\\ 0, & x\leqslant0,\end{cases}$$

则称 X 服从 Gamma 分布,记作 $X\sim\Gamma(\alpha,\beta)$,其中 $\alpha>0$, $\beta>0$ 为参数,

$$\Gamma(\alpha)=\int_0^{+\infty}x^{\alpha-1}\mathrm{e}^{-x}\mathrm{d}x,$$

且 $\Gamma(\alpha+1)=\alpha\Gamma(\alpha)$,$\Gamma(1)=\Gamma(0)=1$,$\Gamma(n+1)=n!$,$\Gamma\left(\dfrac{1}{2}\right)=\sqrt{\pi}$.

Gamma 分布族记作 $\{\Gamma(\alpha,\beta):\alpha>0,\beta>0\}$.

Gamma 分布具有下列性质:

性质 1　若 $X\sim\Gamma(\alpha,\beta)$,则

$$E(X^k)=\frac{\Gamma(\alpha+k)}{\Gamma(\alpha)\beta^k}=\frac{(\alpha+k-1)(\alpha+k-2)\cdots\alpha}{\beta^k}$$

它的数学期望与方差分别为

$$EX=\frac{\alpha}{\beta},\ D(X)=\frac{\alpha}{\beta^2}$$

证明 $E(X^k)=\int_0^{\infty}\frac{\beta^{\alpha}}{\Gamma(\alpha)}x^{\alpha+k-1}\mathrm{e}^{-\beta x}\mathrm{d}x$

$$\xlongequal{\text{令 }\beta x=t}\frac{1}{\beta^k\Gamma(\alpha)}\int_0^{\infty}t^{\alpha+k-1}\mathrm{e}^{-t}\mathrm{d}t=\frac{\Gamma(\alpha+k)}{\Gamma(\alpha)\beta^k}$$

$$=\frac{(\alpha+k-1)(\alpha+k-2)\cdots\alpha\Gamma(\alpha)}{\beta^k\Gamma(\alpha)}$$

$$=\frac{(\alpha+k-1)(\alpha+k-2)\cdots\alpha}{\beta^k}.$$

当 $k=1$ 即得 $EX=\frac{\alpha}{\beta}$，当 $k=2$ 时，$EX^2=\frac{(\alpha+1)\alpha}{\beta^2}$，

所以 $D(X)=EX^2-(EX)^2=\frac{(\alpha+1)\alpha}{\beta^2}-\frac{\alpha^2}{\beta^2}=\frac{\alpha}{\beta^2}$.

性质 2 若 $X\sim\Gamma(\alpha,\beta)$，则 X 的特征函数为

$$g(t)=\left(1-\frac{it}{\beta}\right)^{-\alpha}.$$

性质 3 若 $X_j\sim\Gamma(\alpha_j,\beta)$，$j=1,2,\cdots,n$，且诸 X_j 间相互独立，则

$$\sum_{j=1}^{n}X_j\sim\Gamma\left(\sum_{j=1}^{n}\alpha_j,\beta\right).$$

这个性质称为 Gamma 分布的可加性．

证明 由特征函数的性质知，$Y_n=\sum\limits_{j=1}^{n}X_j$ 的特征函数为

$$g_{Y_n}(t)=\prod_{j=1}^{n}g_j(t)=\prod_{j=1}^{n}\left(1-\frac{it}{\beta}\right)^{-\alpha_j}=\left(1-\frac{it}{\beta}\right)^{-\sum\limits_{j=1}^{n}\alpha_j}.$$

再由唯一性定理知 $\left(1-\frac{it}{\beta}\right)^{-\sum\limits_{j=1}^{n}\alpha_j}$ 为 $\Gamma(\sum\limits_{j=1}^{n}\alpha_j,\beta)$ 的特征函数，因此 $Y_n=\sum\limits_{j=1}^{n}X_j$ 服从 $\Gamma\left(\sum\limits_{j=1}^{n}\alpha_j,\beta\right)$.

值得注意的是 $\Gamma(1,\beta)=e(\beta)$，$\beta>0$. 其中 $e(\beta)$ 为指数分布，其密度函数为

$$f(x;\beta)=\begin{cases}\beta\mathrm{e}^{-\beta x}, & x>0,\\ 0, & x\leqslant 0.\end{cases}$$

由性质 3 即可推出

性质 4 若 $X_1,X_2,\cdots,X_n$ 相互独立，同服从指数分布 $e(\beta)$（即 $\Gamma(1,\beta)$ 分布），则

$$\sum_{i=1}^{n} X_i \sim \Gamma(n,\beta).$$

性质 5　若 $X\sim\Gamma(\alpha,1)$，则 $Y=\dfrac{X}{\beta}\sim\Gamma(\alpha,\beta)$.

在 Γ 分布中，令 $\alpha=\dfrac{n}{2}$，$\beta=\dfrac{1}{2}$，则得到自由度为 n 的 $\chi^2(n)$，即 $\Gamma\left(\dfrac{n}{2},\dfrac{1}{2}\right)=\chi^2(n)$.

2. 贝塔分布族

定义 3.6　若随机变量 X 的密度函数为

$$f(x;a,b)=\begin{cases}\dfrac{\Gamma(a+b)}{\Gamma(a)\Gamma(b)}x^{a-1}(1-x)^{b-1}, & 0<x<1,\\ 0, & \text{其他}.\end{cases}$$

则称 X 服从 β 分布，记作 $\mathrm{Be}(a,b)$ 其中 $a>0,b>0$ 是参数，β 分布族记作 $\{\mathrm{Be}(a,b):a>0,b>0\}$.

关于 β 分布族我们作如下讨论

(1) β 变量 X 的 k 阶矩为

$$E(X^k)=\frac{a(a+1)\cdots(a+k-1)}{(a+b)(a+b+1)\cdots(a+b+k-1)}=\frac{\Gamma(a+k)\Gamma(a+b)}{\Gamma(a)\Gamma(a+b+k)}.$$

它的数学期望与方差分别为

$$EX=\frac{a}{a+b},\quad DX=\frac{ab}{(a+b)^2(a+b+1)}.$$

(2) 设随机变量 X 与 Y 独立，$X\sim\Gamma(a,1)$，$Y\sim\Gamma(b,1)$，则

$$Z=\frac{X}{X+Y}\sim\mathrm{Be}(a,b).$$

(3) 若 $X\sim\chi^2(n_1)$，$Y\sim\chi^2(n_2)$ 且相互独立，则

$$Z=\frac{X}{X+Y}\sim\mathrm{Be}\left(\frac{n_1}{2},\frac{n_2}{2}\right).$$

(2)和(3)的证明留给读者 .

3.3　贝叶斯估计

在一个统计问题中，可供选择的决策函数往往很多，自然希望寻找使风险最小的决策函数，然而在这种意义下的最优决策函数往往是不存在的. 这是因为风险函数 $R(\theta,d)$ 是既依赖于参数 θ 又依赖于决策函数 d 的二元函数，它往往会使得在某些 θ 处决策函数 d_1 的风险函数值较小，而在另一些 θ 处决策函数 d_2 的风险函数值较小. 要解决这个问题，就要建立一个整体指标的比较准则. 贝叶斯方法通过引

进先验分布把两个风险函数的点点比较转化为用一个整体指标的比较来代替，从而可以决定优劣.

3.3.1　先验分布与后验分布

在第 2 章讨论参数估计问题时，我们都是把待估参数 θ 视为参数空间 Θ 中的一个未知常数(或常数向量)，在估计时仅利用样本所提供的关于总体的信息，而没有利用关于 θ 的其他任何信息. 然而在许多实际问题中，往往在抽样前便对参数 θ 有所了解，这种在抽样前对未知参数 θ 所了解的信息，称为先验信息.

例 3.6　某学生通过物理实验确定当地的重力加速度，测得如下数据(m/s^2)：

$$9.80,\ 9.79,\ 9.78,\ 6.81,\ 6.80.$$

问如何估计当地的重力加速度?

如果用样本均值 $\overline{x}=8.596$ 来估计，你一定会认为这个结果很差，这是因为在未做实验之前你对重力加速度已有了一个先验的认识，比如你已经知道它大致在 9.80 左右，误差最大不超过 0.1. 因此，参数的先验信息对于正确估计参数往往是有益的.

要利用参数 θ 的先验信息，通常是将 θ 看作在参数空间 Θ 中取值的随机变量. 在实际中这种作法可以有两种理解：一是从某一范围考察，参数确是随机的，如用 p 表示某工厂每日的废品率，尽管从某一天看，p 确是一个未知常数，但从数天或更长一段时间看，每天的 p 会有一定变化，一般来说 p 的变化范围呈现一定的分布规律，我们可以利用这种分布规律来作为某日废品率估计的先验信息；另一种理解是参数可能确是某一常数，但人们无法知道或无法准确地知道它，只可能通过它的观测值去认识它，像例 3.6 中的当地重力加速度，这时，我们不妨把它看成一个随机变量，认为它所服从的分布可以通过它的先验知识获得. 例如，可以认为当地的重力加速度服从正态分布 $N(9.80, 0.1^2)$. 这一观点在实际中是很有用处的. 它将使我们能够充分地利用参数的先验信息对参数作出更准确的估计.

贝叶斯估计方法就是把未知参数 θ 视为一个具有已知分布 $\pi(\theta)$ 的随机变量，从而将先验信息数学形式化并加以利用的一种方法，通常称 $\pi(\theta)$ 为先验分布. 先验分布 $\pi(\theta)$ 与其他分布一样也有离散型和连续型之分，这要视 θ 是离散型随机变量还是连续型随机变量而定.

设总体 X 的分布密度为 $p(x,\theta)$，$\theta\in\Theta$，θ 的先验分布为 $\pi(\theta)$，由于 θ 为随机变量并假定已知 θ 的先验分布，所以总体 X 的分布密度 $p(x,\theta)$ 应看作给定 θ 时 X 的条件分布密度，于是总体 X 的分布密度 $p(x,\theta)$ 需改用 $p(x|\theta)$ 来表示. 设 $\boldsymbol{X}=(X_1,\cdots,X_n)^{\mathrm{T}}$ 为取自总体 X 的一个样本，当给定样本值 $\boldsymbol{x}=(x_1,\cdots,x_n)^{\mathrm{T}}$ 时，样本 $\boldsymbol{X}=(X_1,\cdots,X_n)^{\mathrm{T}}$ 的联合密度为

$$q(x_1,\cdots,x_n \mid \theta)=\prod_{i=1}^{n}p(x_i \mid \theta),$$

或表示为

$$q(\boldsymbol{x} \mid \theta)=\prod_{i=1}^{n}p(x_i \mid \theta).$$

由此，样本 X 和 θ 的联合概率分布为

$$f(\boldsymbol{x},\theta)=q(\boldsymbol{x} \mid \theta)\pi(\theta).$$

由乘法公式知

$$f(\boldsymbol{x},\theta)=\pi(\theta)q(\boldsymbol{x} \mid \theta)=m(\boldsymbol{x})h(\theta \mid x).$$

于是有

$$h(\theta \mid \boldsymbol{x})=\frac{\pi(\theta)q(\boldsymbol{x} \mid \theta)}{m(\boldsymbol{x})} \quad (\theta \in \Theta). \tag{3.8}$$

称 $h(\theta|\boldsymbol{x})$ 为给定样本 $\boldsymbol{X}=\boldsymbol{x}$ 时，θ 的后验分布，它是给定样本后 θ 的条件分布. 其中 $m(\boldsymbol{x})$ 是 $(\boldsymbol{X},\theta)$ 关于样本 $\boldsymbol{X}$ 的边缘分布.

如果 θ 是连续型随机变量，则

$$m(\boldsymbol{x})=\int_{\Theta}q(\boldsymbol{x} \mid \theta)\pi(\theta)\mathrm{d}\theta.$$

如果 θ 是离散型随机变量，则

$$m(\boldsymbol{x})=\sum_{\theta}q(\boldsymbol{x} \mid \theta)\pi(\theta).$$

贝叶斯估计方法认为后验分布集中体现了样本和先验分布两者所提供的关于总体信息的总和，因而估计应建立在后验分布的基础上来进行.

例 3.7 为了提高某产品的质量，公司经理考虑增加投资来改进生产设备，预计需投资 90 万元，但从投资效果看，顾问们提出了两种不同意见：

θ_1： 改进生产设备后，高质量产品可占 90%，

θ_2： 改进生产设备后，高质量产品可占 70%.

经理当然希望 θ_1 发生，公司效益可得到很大提高，投资改进设备也是合算的. 但根据下属两个部门（顾问们）过去建议被采纳的情况，经理认为 θ_1 的可信度只有 40%，θ_2 的可信度是 60%，即

$$\pi(\theta_1)=0.4, \quad \pi(\theta_2)=0.6.$$

这两个都是经理的主观概率. 经理不想仅用过去的经验来决策此事，想慎重一些，通过小规模试验后观其结果再决定. 为此做了一项试验，试验结果（记为 A）如下：

A： 试制 5 个产品，全是高质量的产品.

经理对这次试验结果很高兴，希望用此试验结果来修改他原来对 θ_1 和 θ_2 的看法，即要求后验概率 $h(\theta_1|A)$ 与 $h(\theta_2|A)$. 这可采用贝叶斯公式来完成. 现已有先验概率 $\pi(\theta_1)$ 与 $\pi(\theta_2)$. 还需要两个条件概率 $P(A|\theta_1)$ 与 $P(A|\theta_2)$. 由二项分布算得

$$P(A \mid \theta_1) = 0.9^5 = 0.590, \quad P(A \mid \theta_2) = 0.7^5 = 0.168.$$

由全概率公式算得

$$P(A) = P(A \mid \theta_1)\pi(\theta_1) + P(A \mid \theta_2)\pi(\theta_2) = 0.337.$$

于是可求得后验概率为

$$h(\theta_1 \mid A) = P(A \mid \theta_1)\pi(\theta_1)/P(A) = 0.236/0.337 = 0.7,$$

$$h(\theta_2 \mid A) = P(A \mid \theta_2)\pi(\theta_2)/P(A) = 0.101/0.337 = 0.3.$$

这表明,经理根据试验 A 的信息调整自己的看法,把对 θ_1 与 θ_2 的可信度由 0.4 和 0.6 调整到 0.7 和 0.3. 后者是综合了经理的主观概率和试验结果而获得的,要比主观概率更有吸引力,更贴近当前实际.

经过试验 A 后,经理对增加投资改进质量的兴趣增大,但因投资额大,还想再做一次小规模试验,观其结果再作决策. 为此又做了一项试验,试验结果(记为 B)如下:

B: 试制 10 个产品,有 9 个是高质量产品.

经理对此试验结果更为高兴,希望用此试验结果对 θ_1 与 θ_2 再作一次调整. 为此把上次后验概率看作这次的先验概率,即

$$\pi(\theta_1) = 0.7, \quad \pi(\theta_2) = 0.3.$$

用二项分布算得

$$P(B \mid \theta_1) = 10(0.9)^9 0.1 = 0.387,$$

$$P(B \mid \theta_2) = 10(0.7)^9 0.3 = 0.121,$$

由此可算得 $P(B)=0.307$ 和后验概率 $h(\theta_1|B)=0.883$, $h(\theta_2|B)=0.117$.

经理看到,经过两次试验,θ_1(高质量产品可占 90%)的概率已上升到 0.883,到作决策的时候了,他能以 88.3%的把握保证此项投资能取得较大经济效益.

3.3.2 共轭先验分布

前面提到后验分布在贝叶斯统计中起着重要作用,然而,在某些场合后验分布的计算较为复杂,为了简便地计算参数 θ 的后验分布,我们引入共轭先验分布的概念.

定义 3.7 设总体 X 的分布密度为 $p(x|\theta)$, F^* 为 θ 的一个分布族,$\pi(\theta)$ 为 θ 的任意一个先验分布,$\pi(\theta) \in F^*$,若对样本的任意观察值 x,θ 的后验分布 $h(\theta|x)$ 仍在分布族 F^* 内,则称 F^* 是关于分布密度 $p(x|\theta)$ 的共轭先验分布族,或简称为共轭族.

应当注意,共轭先验分布是对某分布中的参数而言的,如正态均值、正态方差、泊松均值等. 离开指定的参数及所在的分布去谈共轭先验分布是没有意义的.

引入共轭分布族后,使得数学运算较为简便,因为当 θ 的先验分布为共轭分布时,其后验分布也属于同一类型,这一点使得在共轭先验分布下,贝叶斯估计问题

易于处理.

在实际中,如何获得参数 θ 的共轭先验分布,是我们关心的一个重要问题.为此我们引入后验分布核的概念,随后介绍两种计算共轭先验分布的求法.

当给定样本的分布(或称为似然函数)$q(x|\theta)$和先验分布 $\pi(\theta)$后,由贝叶斯公式知 θ 的后验分布为

$$h(\theta \mid x) = \pi(\theta)q(x \mid \theta)/m(x),$$

其中 $m(x)$为样本 $\boldsymbol{X}=(X_1,\cdots,X_n)^{\mathrm{T}}$ 的边缘分布.由于 $m(x)$不依赖于 θ,在计算 θ 的后验分布中仅起到一个正则化因子的作用,若把 $m(x)$省略,可将贝叶斯公式改写为如下等价形式

$$h(\theta \mid x) \propto \pi(\theta)q(x \mid \theta), \tag{3.9}$$

其中符号"$\propto$"表示两边仅差一个不依赖于 θ 的常数因子.(3.9)式的右端虽不是正常的密度函数,但它是后验分布 $h(\theta|x)$的主要部分,称为 $h(\theta|x)$的核.

在许多情况下,共轭先验分布可以用下述方法获得:首先求出似然函数 $q(x|\theta)$,根据 $q(x|\theta)$中所含 θ 的因式情况,选取与似然函数(θ 的函数)具有相同核的分布作为先验分布,这个分布往往就是共轭先验分布.

例 3.8　设$(X_1,X_2,\cdots,X_n)^{\mathrm{T}}$ 是来自正态分布 $N(\theta,\sigma^2)$的一个样本,其中 θ 已知,现要寻求方差 σ^2 的共轭先验分布.由于该样本的似然函数为

$$\begin{aligned} q(x \mid \sigma^2) &= \left(\frac{1}{\sqrt{2\pi}\,\sigma}\right)^n \exp\left\{-\frac{1}{2\sigma^2}\sum_{i=1}^n (x_i-\theta)^2\right\} \\ &\propto \left(\frac{1}{\sigma^2}\right)^{n/2} \exp\left\{-\frac{1}{2\sigma^2}\sum_{i=1}^n (x_i-\theta)^2\right\}, \end{aligned}$$

上述似然函数中所含 σ^2 的因式将决定 σ^2 的共轭先验分布的形式,什么分布具有上述的核呢?

设 X 服从 Γ 分布 $\Gamma(\alpha,\lambda)$,其中 $\alpha>0$ 为形状参数,$\lambda>0$ 为尺度参数,其密度函数为

$$p(x \mid \alpha,\lambda) = \frac{\lambda^\alpha}{\Gamma(\alpha)} x^{\alpha-1}\mathrm{e}^{-\lambda x}, \quad x>0.$$

通过概率运算可以求得 $Y=X^{-1}$的密度函数为

$$p(y \mid \alpha,\lambda) = \frac{\lambda^\alpha}{\Gamma(\alpha)}\left(\frac{1}{y}\right)^{\alpha+1}\mathrm{e}^{-\lambda/y}, \quad y>0,$$

这个分布称为倒 Γ 分布,记为 $I\Gamma(\alpha,\lambda)$.假如取此倒 Γ 分布为 σ^2 的先验分布,其中参数 α 与 λ 已知,则其密度函数为

$$\pi(\sigma^2) = \frac{\lambda^\alpha}{\Gamma(\alpha)}\left(\frac{1}{\sigma^2}\right)^{\alpha+1}\mathrm{e}^{-\lambda/\sigma^2}, \quad \sigma^2>0.$$

于是 σ^2 的后验分布为

$$h(\sigma^2 \mid x) \propto \pi(\sigma^2)q(x \mid \sigma^2)$$

$$\propto \left(\frac{1}{\sigma^2}\right)^{\alpha+\frac{n}{2}+1} \exp\left\{-\frac{1}{\sigma^2}\left[\lambda+\frac{1}{2}\sum_{i=1}^{n}(x_i-\theta)^2\right]\right\}.$$

容易看出，这仍是倒 Γ 分布 $I\Gamma\left(\alpha+\frac{n}{2},\lambda+\frac{1}{2}\sum_{i=1}^{n}(x_i-\theta)^2\right)$，它是正态方差 σ^2 的共轭先验分布，其合理性由先验信息决定.

例 3.9 设总体 X 服从二项分布 $B(N,\theta)$，$(X_1,\cdots,X_n)^{\mathrm{T}}$ 为取自 X 的样本，其似然函数为

$$\begin{aligned} q(x \mid \theta) &= \prod_{i=1}^{n} \mathrm{C}_N^{x_i}\theta^{x_i}(1-\theta)^{N-x_i} \\ &\propto \theta^{\sum_{i=1}^{n}x_i}(1-\theta)^{nN-\sum_{i=1}^{n}x_i}, \quad x_i = 0,1,\cdots,N, \end{aligned}$$

$q(x|\theta)$ 中所含 θ 的因式为贝塔分布的核，从而设 θ 的先验分布为贝塔分布 $\mathrm{Be}(\alpha,\beta)$，其核为 $\theta^{\alpha-1}(1-\theta)^{\beta-1}$，其中 α,β 已知. 于是可写出 θ 的后验分布密度为

$$h(\theta \mid x) \propto \theta^{\alpha+\sum_{i=1}^{n}x_i-1}(1-\theta)^{\beta+nN-\sum_{i=1}^{n}x_i-1}, \quad 0<\theta<1.$$

可以看出 θ 的后验分布是贝塔分布 $Be\left(\alpha+\sum_{i=1}^{n}x_i,\beta+nN-\sum_{i=1}^{n}x_i\right)$ 的核，这说明二项分布 $B(N,\theta)$ 中 θ 的共轭先验分布为贝塔分布. 通过计算可得 θ 的后验密度为

$$h(\theta \mid x) = \frac{\Gamma(\alpha+\beta+nN)\theta^{\alpha+\sum_{i=1}^{n}x_i-1}(1-\theta)^{\beta+nN-\sum_{i=1}^{n}x_i-1}}{\Gamma\left(\alpha+\sum_{i=1}^{n}x_i\right)\Gamma\left(\beta+nN-\sum_{i=1}^{n}x_i\right)}, \quad 0<\theta<1.$$

当参数 θ 存在适当的充分统计量时，一般可用下面的方法构造共轭先验分布族.

设总体 X 的分布密度为 $p(x|\theta)$，$(X_1,\cdots,X_n)^{\mathrm{T}}$ 为取自 $\boldsymbol{X}$ 的样本，$T=T(\boldsymbol{X})=T(X_1,\cdots,X_n)$ 是参数 θ 的充分统计量，则由因子分解定理有

$$\prod_{i=1}^{n} p(x_i \mid \theta) = g_n(t \mid \theta)h(x_1,\cdots,x_n),$$

其中 $h(x_1,\cdots,x_n)$ 与 θ 无关，$t=t(X_1,\cdots,X_n)$.

定理 3.1 设 $f(\theta)$ 为任一固定的函数，满足条件

(1) $f(\theta)\geqslant 0,\theta\in\Theta$,

(2) $0<\int_{\Theta} g_n(t \mid \theta)f(\theta)\mathrm{d}\theta<\infty$,

则

$$D_f = \left\{\frac{g_n(t \mid \theta)f(\theta)}{\int_{\Theta} g_n(t \mid \theta)f(\theta)\mathrm{d}\theta} : n=1,2,\cdots\right\}$$

是共轭先验分布族.

例 3.10　设总体 X 服从两点分布 $B(1,\theta)$，其分布为 $p(x|\theta)=\theta^x(1-\theta)^{1-x}$，$x=0,1$，$(X_1,\cdots,X_n)^{\mathrm{T}}$ 为取自总体 X 的一个样本，则似然函数为

$$q(x\mid\theta)=\prod_{i=1}^{n}p(x_i\mid\theta)=\theta^{n\bar{x}}(1-\theta)^{n-n\bar{x}}=g_n(t\mid\theta)\cdot 1,$$

其中 $t=n\bar{x}$，$\bar{x}=\dfrac{1}{n}\sum_{i=1}^{n}x_i$，$g_n(t|\theta)=\theta^t(1-\theta)^{n-t}$. 所以 $T=n\bar{X}$ 是充分统计量，取 $f(\theta)=1$，则

$$\mathscr{D}_f=\left\{\frac{\theta^t(1-\theta)^{n-t}}{\int_0^1\theta^t(1-\theta)^{n-t}\mathrm{d}\theta}:n=1,2,\cdots,t=0,1,2,\cdots,n\right\}$$

是共轭先验分布族.

容易看出 $\mathscr{D}_f$ 是贝塔分布族的子族. 可以证明贝塔分布族的全体

$$\{\mathrm{Be}(a,b):a>0,b>0\}$$

仍是共轭先验分布族，其中 $\mathrm{Be}(a,b)$ 的密度为

$$p(\theta)=\frac{\Gamma(a+b)}{\Gamma(a)\Gamma(b)}\theta^{a-1}(1-\theta)^{b-1},\quad 0<\theta<1.$$

我们将常用的共轭先验分布列于表 3.1.

表 3.1　常用共轭先验分布

总体分布	参数	共轭先验分布
二项分布	成功概率	贝塔分布 $\mathrm{Be}(\alpha,\beta)$
泊松分布	均值	Γ 分布 $\Gamma(\alpha,\lambda)$
指数分布	均值的倒数	Γ 分布 $\Gamma(\alpha,\lambda)$
正态分布(方差已知)	均值	正态分布 $N(\mu,\tau^2)$
正态分布(均值已知)	方差	倒 Γ 分布 $I\Gamma(\alpha,\lambda)$

3.3.3　贝叶斯风险

将参数 θ 视为 Θ 上具有先验分布 $\pi(\theta)$ 的随机变量后，风险函数 $R(\theta,d)$ 可写为

$$R(\theta,d)=E_\theta[L(\theta,d(\boldsymbol{X}))]=\int_{\mathscr{X}}L(\theta,d(\boldsymbol{x}))q(\boldsymbol{x}\mid\theta)\mathrm{d}\boldsymbol{x},$$

它是 θ 的函数，仍是随机变量，关于 θ 再求期望，得

$$R_B(d)\xlongequal{\text{def}}E[R(\theta,d)]=\int_{\Theta}R(\theta,d)\pi(\theta)\mathrm{d}\theta,\tag{3.10}$$

$R_B(d)$ 称为决策函数 d 在给定先验分布 $\pi(\theta)$ 下的贝叶斯风险，简称 d 的贝叶斯风险.

当总体 X 和 θ 都是连续型随机变量时，上式可写为

$$R_B(d)=\int_\Theta R(\theta,d)\pi(\theta)\mathrm{d}\theta=\int_\Theta\int_{\mathscr{X}} L(\theta,d(\boldsymbol{x}))q(\boldsymbol{x}\mid\theta)\pi(\theta)\mathrm{d}\boldsymbol{x}\mathrm{d}\theta$$
$$=\int_\Theta\int_{\mathscr{X}} L(\theta,d(\boldsymbol{x}))m(\boldsymbol{x})h(\theta\mid\boldsymbol{x})\mathrm{d}\boldsymbol{x}\mathrm{d}\theta$$
$$=\int_{\mathscr{X}} m(\boldsymbol{x})\left\{\int_\Theta L(\theta,d(\boldsymbol{x}))h(\theta\mid\boldsymbol{x})\mathrm{d}\theta\right\}\mathrm{d}\boldsymbol{x}.$$

当总体 X 和 θ 都是离散型随机变量时,有

$$R_B(d)=\sum_x m(\boldsymbol{x})\left\{\sum_\theta L(\theta,d(\boldsymbol{x})h(\theta\mid\boldsymbol{x}))\right\}.$$

由上式可见,贝叶斯风险可看作是随机损失函数 $L(\theta,d(\boldsymbol{X}))$求两次期望而得到的,即第一次先对 θ 的后验分布求期望,第二次关于样本 $\boldsymbol{X}$ 的边缘分布求期望.此时,由于 $R_B(d)$已不依赖于参数 θ 而仅依赖于决策函数$d(\boldsymbol{X})$,因此,以贝叶斯风险的大小作为衡量决策函数优劣的标准是合理的.

3.3.4 贝叶斯估计

1. 贝叶斯点估计

定义 3.8 设总体 X 的分布函数 $F(x,\theta)$中参数 θ 为随机变量,$\pi(\theta)$为 θ 的先验分布.若在决策函数类 D 中存在一个决策函数 $d^*(\boldsymbol{X})$,使得对决策函数类 D 中任一决策函数 $d(\boldsymbol{X})$,均有

$$R_B(d^*)=\inf_d R_B(d),\quad \forall d\in D,$$

则称 $d^*(\boldsymbol{X})$为参数 θ 的贝叶斯估计量.

由定义可见,贝叶斯估计量 $d^*(\boldsymbol{X})$就是使贝叶斯风险 $R_B(d)$达到最小的决策函数.应该注意,贝叶斯估计量是依赖于先验分布 $\pi(\theta)$的,即对于不同的 $\pi(\theta)$,θ 的贝叶斯估计量是不同的,在常用损失函数下,贝叶斯估计有如下几个结论.

定理 3.2 设 θ 的先验分布为 $\pi(\theta)$和损失函数为

$$L(\theta,d)=(\theta-d)^2,$$

则 θ 的贝叶斯估计是

$$d^*(\boldsymbol{x})=E(\theta\mid\boldsymbol{X}=\boldsymbol{x})=\int_\Theta \theta h(\theta\mid\boldsymbol{x})\mathrm{d}\theta,\tag{3.11}$$

其中 $h(\theta|x)$为参数 θ 的后验密度.

证明 由于

$$R_B(d)=\int_{\mathscr{X}} m(\boldsymbol{x})\left\{\int_\Theta[\theta-d(\boldsymbol{x})]^2 h(\theta\mid\boldsymbol{x})\mathrm{d}\theta\right\}\mathrm{d}\boldsymbol{x}=\min$$

与

$$\int_\Theta[\theta-d(\boldsymbol{x})]^2 h(\theta\mid\boldsymbol{x})\mathrm{d}\theta=\min\ (\text{a. s.})$$

是等价的.而

$$\begin{aligned}&\int_{\Theta}[\theta-d(\boldsymbol{x})]^2h(\theta\mid\boldsymbol{x})\mathrm{d}\theta\\&=\int_{\Theta}[\theta-E(\theta\mid\boldsymbol{x})+E(\theta\mid\boldsymbol{x})-d(\boldsymbol{x})]^2h(\theta\mid\boldsymbol{x})\mathrm{d}\theta\\&=\int_{\Theta}[\theta-E(\theta\mid\boldsymbol{x})]^2h(\theta\mid\boldsymbol{x})\mathrm{d}\theta\\&\quad+\int_{\Theta}[E(\theta\mid\boldsymbol{x})-d(\boldsymbol{x})]^2h(\theta\mid\boldsymbol{x})\mathrm{d}\theta\\&\quad+2\int_{\Theta}[\theta-E(\theta\mid\boldsymbol{x})][E(\theta\mid\boldsymbol{x})-d(\boldsymbol{x})]h(\theta\mid\boldsymbol{x})\mathrm{d}\theta,\end{aligned}$$

其中

$$E(\theta\mid\boldsymbol{x})\triangleq\int_{\Theta}\theta h(\theta\mid\boldsymbol{x})\mathrm{d}\theta.$$

又

$$\begin{aligned}&\int_{\Theta}[\theta-E(\theta\mid\boldsymbol{x})][E(\theta\mid\boldsymbol{x})-d(\boldsymbol{x})]h(\theta\mid\boldsymbol{x})\mathrm{d}\theta\\&=[E(\theta\mid\boldsymbol{x})-d(\boldsymbol{x})]\int_{\Theta}[\theta-E(\theta\mid\boldsymbol{x})]h(\theta\mid\boldsymbol{x})\mathrm{d}\theta\\&=[E(\theta\mid\boldsymbol{x})-d(\boldsymbol{x})][E(\theta\mid\boldsymbol{x})-E(\theta\mid\boldsymbol{x})]=0,\end{aligned}$$

故

$$\begin{aligned}\int_{\Theta}[\theta-d(\boldsymbol{x})]^2h(\theta\mid\boldsymbol{x})\mathrm{d}\theta=&\int_{\Theta}[\theta-E(\theta\mid\boldsymbol{x})]^2h(\theta\mid\boldsymbol{x})\mathrm{d}\theta\\&+\int_{\Theta}[E(\theta\mid\boldsymbol{x})-d(\boldsymbol{x})]^2h(\theta\mid\boldsymbol{x})\mathrm{d}\theta.\end{aligned}$$

显然，当 $d^*(\boldsymbol{x})=E(\theta|\boldsymbol{x})$ a. s 时，$R_B(d)$达到最小.

定理 3.3　设 θ 的先验分布为 $\pi(\theta)$，取损失函数为加权平方损失函数

$$L(\theta,d)=\lambda(\theta)(d-\theta)^2,$$

则 θ 的贝叶斯估计为

$$d^*(\boldsymbol{x})=\frac{E[\lambda(\theta)\theta\mid\boldsymbol{x}]}{E[\lambda(\theta)\mid\boldsymbol{x}]}.$$

本定理的证明与定理 3.2 类似，这里略去不证.

定义 3.9　设 $d=d(\boldsymbol{x})$ 为决策函数类 D 中任一个决策函数，损失函数为 $L(\theta,d(\boldsymbol{x}))$，则 $L(\theta,d(\boldsymbol{x}))$ 对后验分布 $h(\theta|\boldsymbol{x})$ 的数学期望称为后验风险，记为

$$\begin{aligned}R(d\mid\boldsymbol{x})&=E[L(\theta,d(\boldsymbol{x}))\mid x]\\&=\begin{cases}\int_{\Theta}L(\theta,d(\boldsymbol{x}))h(\theta\mid\boldsymbol{x})\mathrm{d}\theta, & \text{当 }\theta\text{ 为连续型变量},\\ \sum_i L(\theta_i,d(\boldsymbol{x}))h(\theta_i\mid\boldsymbol{x}), & \text{当 }\theta\text{ 为离散型变量}.\end{cases}\end{aligned}$$

假如在 D 中存在这样一个决策函数 $d^*(\boldsymbol{x})$，使得

$$R(d^* \mid \boldsymbol{x}) = \inf_d R(d \mid \boldsymbol{x}), \quad \forall d \in D,$$

则称 $d^*(\boldsymbol{x})$为该统计决策问题在后验风险准则下的最优决策函数，或称为贝叶斯(后验型)决策函数. 在估计问题中，它又称为贝叶斯(后验型)估计. 定理 3.5 给出了贝叶斯决策函数 $d^*(\boldsymbol{x})$与贝叶斯后验型决策函数 $d^{**}(\boldsymbol{x})$的等价性.

定理 3.4 设参数 $\boldsymbol{\theta}$ 为随机向量，$\boldsymbol{\theta}=(\theta_1,\cdots,\theta_p)^{\mathrm{T}}$，对给定的先验分布$\pi(\boldsymbol{\theta})$和二次损失函数

$$L(\boldsymbol{\theta},\boldsymbol{d}) = (\boldsymbol{d}-\boldsymbol{\theta})^{\mathrm{T}}\boldsymbol{Q}(\boldsymbol{d}-\boldsymbol{\theta}),$$

其中 $\boldsymbol{Q}$ 为正定矩阵，则 $\boldsymbol{\theta}$ 的贝叶斯估计为后验分布 $h(\boldsymbol{\theta}|\boldsymbol{x})$的均值向量，即

$$d^*(\boldsymbol{x}) = E(\boldsymbol{\theta} \mid \boldsymbol{x}) = \begin{bmatrix} E(\theta_1 \mid \boldsymbol{x}) \\ \vdots \\ E(\theta_p \mid \boldsymbol{x}) \end{bmatrix}.$$

这个结论表明，在正定二次损失下，$\boldsymbol{\theta}$ 的贝叶斯估计不受正定矩阵 $\boldsymbol{Q}$ 的选取的干扰，这一特性常被称为 $\boldsymbol{\theta}$ 的贝叶斯估计关于 $\boldsymbol{Q}$ 是稳健的.

证明 在二次损失下，任一个决策函数向量 $d(\boldsymbol{x})=(d_1(\boldsymbol{x}),\cdots,d_p(\boldsymbol{x}))^{\mathrm{T}}$的后验风险为

$$\begin{aligned}
&E[(\boldsymbol{d}-\boldsymbol{\theta})^{\mathrm{T}}\boldsymbol{Q}(\boldsymbol{d}-\boldsymbol{\theta}) \mid \boldsymbol{x}] \\
&= E[((\boldsymbol{d}-\boldsymbol{d}^*)+(\boldsymbol{d}^*-\boldsymbol{\theta}))^{\mathrm{T}}\boldsymbol{Q}((\boldsymbol{d}-\boldsymbol{d}^*)+(\boldsymbol{d}^*-\boldsymbol{\theta})) \mid \boldsymbol{x}] \\
&= (\boldsymbol{d}-\boldsymbol{d}^*)^{\mathrm{T}}\boldsymbol{Q}(\boldsymbol{d}-\boldsymbol{d}^*) + E[(\boldsymbol{d}^*-\boldsymbol{\theta})\boldsymbol{Q}(\boldsymbol{d}^*-\boldsymbol{\theta}) \mid \boldsymbol{x}],
\end{aligned}$$

上述最后一个等式考虑到 $E(\boldsymbol{d}^*-\boldsymbol{\theta}|\boldsymbol{x})=0$. 上式的第二项为常量，而第一项非负，故使上式最小仅需 $d=d^*(\boldsymbol{x})$即可. 证毕.

定理 3.5 对给定的统计决策问题(包括先验分布给定的情形)和决策函数类 D，当贝叶斯风险满足如下条件

$$\inf_d R_B(d) < \infty, \quad \forall d \in D,$$

则贝叶斯决策函数 $d^*(\boldsymbol{x})$与贝叶斯后验型决策函数 $d^{**}(\boldsymbol{x})$是等价的. 即使后验风险最小的决策函数 $d^{**}(\boldsymbol{x})$同时也使贝叶斯风险最小. 反之使贝叶斯风险最小的决策函数 $d^*(\boldsymbol{x})$同时也使后验风险最小.

定理 3.6 设 θ 的先验分布为 $\pi(\theta)$，损失函数为绝对值损失

$$L(\theta,d) = |d-\theta|,$$

则 θ 的贝叶斯估计 $d^*(\boldsymbol{x})$为后验分布 $h(\theta|\boldsymbol{x})$的中位数.

证明 设 m 为 $h(\theta|\boldsymbol{x})$的中位数，又设 $d=d(\boldsymbol{x})$为 θ 的另一估计. 为确定起见，先设 $d>m$. 由绝对损失函数的定义可得

$$L(\theta,m)-L(\theta,d) = \begin{cases} m-d, & \theta \leqslant m, \\ 2\theta-(m+d), & m<\theta<d, \\ d-m, & \theta \geqslant d, \end{cases}$$

当 $m<\theta<d$ 时，上式中 $2\theta-(m+d)\leqslant 2d-(m+d)=d-m$. 所以上式为

$$L(\theta,m)-L(\theta,d)\leqslant\begin{cases}m-d, & \theta\leqslant m,\\ d-m, & \theta>m,\end{cases}$$

由中位数定义知 $P\{\theta\leqslant m|\boldsymbol{x}\}\geqslant\frac{1}{2}$ 而 $P\{\theta>m|\boldsymbol{x}\}\leqslant\frac{1}{2}$. 由此可知后验风险的差为

$$\begin{aligned}R(m\mid\boldsymbol{x})-R(d\mid\boldsymbol{x})&=E[(L(\theta,m)-L(\theta,d))\mid\boldsymbol{x}]\\&\leqslant(m-d)P\{\theta\leqslant m\mid\boldsymbol{x}\}+(d-m)P\{\theta>m\mid\boldsymbol{x}\}\\&\leqslant(m-d)/2+(d-m)/2=0.\end{aligned}$$

于是对 $d>m$ 有

$$R(m\mid\boldsymbol{x})\leqslant R(d\mid\boldsymbol{x})$$

类似地，对 $d<m$ 亦可证得上述不等式成立. 这就表明后验分布中位数 m 是使后验风险最小，故 m 是 θ 的贝叶斯估计. 证毕.

定理 3.7　在线性损失函数

$$L(\theta,d)=\begin{cases}k_0(\theta-d), & d\leqslant\theta,\\ k_1(d-\theta), & d>\theta\end{cases}$$

下，θ 的贝叶斯估计 $d^*(\boldsymbol{x})$ 为后验分布 $h(\theta|\boldsymbol{x})$ 的 $\frac{k_1}{k_0+k_1}$ 上侧分位数.

证明　首先计算任一决策函数 $d=d(\boldsymbol{x})$ 的后验风险

$$\begin{aligned}R(d\mid\boldsymbol{x})&=\int_{-\infty}^{+\infty}L(\theta,d)h(\theta\mid\boldsymbol{x})\mathrm{d}\theta\\&=k_1\int_{-\infty}^{d}(d-\theta)h(\theta\mid\boldsymbol{x})\mathrm{d}\theta+k_0\int_{d}^{\infty}(\theta-d)h(\theta\mid\boldsymbol{x})\mathrm{d}\theta\\&=(k_1+k_0)\int_{-\infty}^{d}(d-\theta)h(\theta\mid\boldsymbol{x})\mathrm{d}\theta+k_0(E(\theta\mid\boldsymbol{x})-d).\end{aligned}$$

利用积分号下求微分的法则，可得如下方程：

$$\frac{\mathrm{d}R(d\mid\boldsymbol{x})}{\mathrm{d}(d)}=(k_1+k_0)\int_{-\infty}^{d}h(\theta\mid x)\mathrm{d}\theta-k_0=0,$$

$$\int_{-\infty}^{d}h(\theta\mid\boldsymbol{x})\mathrm{d}\theta=\frac{k_0}{k_0+k_1},$$

即

$$\int_{d}^{+\infty}h(\theta\mid\boldsymbol{x})\mathrm{d}\theta=1-\frac{k_0}{k_0+k_1}=\frac{k_1}{k_0+k_1},$$

这表明 d 是后验分布 $h(\theta|\boldsymbol{x})$ 的 $k_1/(k_0+k_1)$ 上侧分位数.

例 3.11　设总体 X 服从两点分布 $B(1,p)$，其中参数 p 未知而 p 在 $[0,1]$ 上服从均匀分布，$(X_1,X_2,\cdots,X_n)^{\mathrm{T}}$ 是来自 X 的样本. 假定损失函数是二次损失函数 $L(p,d)=(p-d)^2$，试求参数 p 的贝叶斯估计及贝叶斯风险.

解　由定理 3.2 知，当损失函数为二次损失函数时，欲求 p 的贝叶斯估计需先

求 p 的后验分布 $h(p|\boldsymbol{x})=q(\boldsymbol{x}|p)\pi(p)/m(\boldsymbol{x})$.

由于给定 p，X 的条件概率是 $q(x|p)=p^x(1-p)^{1-x}$，其中 $x=0,1$. 所以 $(X_1, X_2,\cdots,X_n)^{\mathrm{T}}$ 的条件概率是

$$q(\boldsymbol{x} \mid p)=\prod_{i=1}^{n} p^{x_i}(1-p)^{1-x_i}=p^{\sum_{i=1}^{n}x_i}(1-p)^{n-\sum_{i=1}^{n}x_i}.$$

而 p 的先验概率密度为 $\pi(p)=1, p\in[0,1]$，所以 $(X_1,X_2,\cdots,X_n)^{\mathrm{T}}$ 与 p 的联合密度为

$$f(\boldsymbol{x},p)=p^{\sum_{i=1}^{n}x_i}(1-p)^{n-\sum_{i=1}^{n}x_i},$$

$(X_1,X_2,\cdots,X_n)^{\mathrm{T}}$ 的边缘分布是

$$\begin{aligned}m(\boldsymbol{x})&=\int_0^1 p^{\sum_{i=1}^{n}x_i}(1-p)^{n-\sum_{i=1}^{n}x_i}\mathrm{d}p\\&=\beta\Big(\sum_{i=1}^{n}x_i+1, n+1-\sum_{i=1}^{n}x_i\Big)\\&=\Big(\sum_{i=1}^{n}x_i\Big)!\Big(n-\sum_{i=1}^{n}x_i\Big)!/(n+1)!.\end{aligned}$$

最后两个等号成立是根据 $\beta(p,q)=\int_0^1 x^{p-1}(1-x)^{q-1}\mathrm{d}x$ 和 $\beta(p,q)=\Gamma(p)\Gamma(q)/\Gamma(p+q)$，$\Gamma(n+1)=n!$ 而得. 所以 p 的后验分布为

$$\begin{aligned}h(p \mid \boldsymbol{x})&=\frac{f(\boldsymbol{x},p)}{m(\boldsymbol{x})}=\frac{p^{\sum_{i=1}^{n}x_i}(1-p)^{n-\sum_{i=1}^{n}x_i}}{\Big[\Big(\sum_{i=1}^{n}x_i\Big)!\Big(n-\sum_{i=1}^{n}x_i\Big)!\Big]/(n+1)!}\\&=\frac{(n+1)!}{\Big(\sum_{i=1}^{n}x_i\Big)!\Big(n-\sum_{i=1}^{n}x_i\Big)!}p^{\sum_{i=1}^{n}x_i}(1-p)^{n-\sum_{i=1}^{n}x_i}.\end{aligned}$$

因此 p 的贝叶斯估计是

$$\begin{aligned}\hat{p}&=\int_0^1 ph(p \mid \boldsymbol{x})\mathrm{d}p\\&=\int_0^1\frac{(n+1)!}{\Big(\sum_{i=1}^{n}x_i\Big)!\Big(n-\sum_{i=1}^{n}x_i\Big)!}p^{\sum_{i=1}^{n}x_i+1}(1-p)^{n-\sum x_i}\mathrm{d}p\\&=\frac{(n+1)!}{\Big(\sum_{i=1}^{n}x_i\Big)!\Big(n-\sum_{i=1}^{n}x_i\Big)!}\cdot\frac{\Big[\Big(\sum_{i=1}^{n}x_i+1\Big)!\Big]\Big[\Big(n-\sum x_i\Big)!\Big]}{(n+2)!}\\&=\frac{\sum x_i+1}{n+2}\quad\Big(\text{其中}\sum_{i=1}^{n}x_i=\sum x_i\text{，下文不另说明}\Big).\end{aligned}$$

这个估计的贝叶斯风险为

$$R_B(\hat{p}) = \int_\Theta E[L(p,d) \mid p]\pi(p)\mathrm{d}p = \int_0^1 E(\hat{p}-p)^2\mathrm{d}p$$

$$= \int_0^1 E\left[\frac{\sum_{i=1}^n X_i + 1}{n+2} - p\right]^2 \mathrm{d}p$$

$$= \frac{1}{(n+2)^2}\int_0^1 E\Big[\sum_{i=1}^n X_i + 1 - (n+2)p\Big]^2 \mathrm{d}p.$$

而 $E\Big[\sum_{i=1}^n X_i + 1 - (n+2)p\Big]^2 = E[Y - np + 1 - 2p]^2$，其中 $Y = \sum_{i=1}^n X_i$ 服从二项分布 $B(n,p)$. 再把上式平方展开并分别求期望得

$$E\Big[\sum_{i=1}^n X_i + 1 - (n+2)p\Big]^2 = np(1-p) + (1-2p)^2,$$

所以

$$R_B(\hat{p}) = \frac{1}{(n+2)^2}\int_0^1 [np(1-p) + (1-2p)^2]\mathrm{d}p$$

$$= \frac{1}{(n+2)^2}\int_0^1 [(4-n)p^2 + (n-4)p + 1]\mathrm{d}p$$

$$= \frac{1}{(n+2)^2}\left(\frac{4-n}{3} + \frac{n-4}{2} + 1\right) = \frac{1}{6(n+2)}.$$

附带说明一点，对于 p 的最大似然估计 $\hat{p}_{\mathrm{MLE}} = \frac{1}{n}\sum_{i=1}^n X_i = \overline{X}$，可求出其贝叶斯风险为 $1/6n$.

例 3.12 假设总体 X 服从正态分布 $N(\mu,1)$，其中参数 μ 是未知的，假定 μ 服从正态分布 $N(0,1)$，并假设 $(X_1,X_2,\cdots,X_n)^{\mathrm{T}}$ 是来自该总体的样本. 对于给定的损失函数 $L(\mu,d)=(\mu-d)^2$，试求 μ 的贝叶斯估计量.

解 给定 μ，$(X_1,X_2,\cdots,X_n)^{\mathrm{T}}$ 的条件分布密度为

$$q(x_1,x_2,\cdots,x_n \mid \mu) = \frac{1}{(\sqrt{2\pi})^n}\exp\left\{-\frac{1}{2}\sum_{i=1}^n (x_i-\mu)^2\right\}.$$

$(X_1,X_2,\cdots,X_n)^{\mathrm{T}}$ 与 μ 的联合密度是

$$f(\boldsymbol{x},\mu) = \frac{1}{(2\pi)^{\frac{n+1}{2}}}\exp\left\{-\frac{1}{2}\Big[\sum_{i=1}^n x_i^2 + (n+1)\mu^2 - 2\mu n\overline{x}\Big]\right\}.$$

$(X_1,X_2,\cdots,X_n)^{\mathrm{T}}$ 的边缘分布密度为

$$m(\boldsymbol{x}) = \int_{-\infty}^{\infty} f(\boldsymbol{x},\mu)\mathrm{d}\mu$$

$$= \int_{-\infty}^{\infty} \frac{1}{(2\pi)^{\frac{n+1}{2}}}\exp\left\{-\frac{1}{2}\Big[\sum_{i=1}^n x_i^2 + (n+1)\mu^2 - 2\mu n\overline{x}\Big]\right\}\mathrm{d}\mu$$

$$=\frac{1}{(2\pi)^{\frac{n+1}{2}}}\exp\left\{-\frac{1}{2}\sum_{i=1}^{n}x_i^2\right\}\int_{-\infty}^{\infty}\exp\left\{-\frac{1}{2}\left[(n+1)\mu^2-2\mu n\bar{x}\right]\right\}\mathrm{d}\mu$$

$$=\frac{1}{(2\pi)^{\frac{n}{2}}}\exp\left\{-\frac{1}{2}\left[\sum_{i=1}^{n}x_i^2-\frac{n^2}{n+1}\bar{x}^2\right]\right\}\left(\frac{1}{n+1}\right)^{\frac{1}{2}}.$$

于是 μ 的后验分布密度是

$$h(\mu\mid\boldsymbol{x})=\frac{f(\boldsymbol{x},\mu)}{m(\boldsymbol{x})}=\left(\frac{n+1}{2\pi}\right)^{\frac{1}{2}}\exp\left\{-\frac{n+1}{2}\left(\mu-\frac{n\bar{x}}{n+1}\right)^2\right\}.$$

所以 μ 的贝叶斯估计为

$$\hat{\mu}=\int_{-\infty}^{\infty}\mu h(\mu\mid\boldsymbol{x})\mathrm{d}\mu=\frac{\sqrt{n+1}}{\sqrt{2\pi}}\int_{-\infty}^{\infty}\mu\exp\left\{-\frac{n+1}{2}\left(\mu-\frac{n\bar{x}}{n+1}\right)^2\right\}\mathrm{d}\mu$$

$$=\frac{n\bar{x}}{n+1}=\frac{1}{n+1}\sum_{i=1}^{n}x_i.$$

若 X 服从 $N(\mu,1)$，μ 服从 $N(0,k^2)$，$L(\mu,d)=(\mu-d)^2$，则 μ 的贝叶斯估计为

$$\hat{\mu}_k=\frac{k^2}{1+nk^2}\sum_{i=1}^{n}x_i,$$

贝叶斯风险为 $B(\hat{\mu}_k)=\dfrac{k^2}{1+nk^2}$，请读者自行计算.

由上所述可知，构造贝叶斯估计量主要取决两点：参数的先验分布和损失函数. 在满足一定的条件下，可以证明贝叶斯估计量具有一致性，渐近正态性和渐近有效性.

例 3.13 设 $X=(X_1,\cdots,X_n)^{\mathrm{T}}$ 是来自均匀分布 $U(0,\theta)$ 的一个样本，又设 θ 的先验分布为 pareto 分布，其分布函数与密度函数分别为

$$F(\theta)=1-\left(\frac{\theta_0}{\theta}\right)^{\alpha},\quad\theta\geqslant\theta_0,\quad\pi(\theta)=\alpha\theta_0^{\alpha}/\theta^{\alpha+1},\quad\theta\geqslant\theta_0.$$

其中 $0<\alpha<1$ 和 $\theta_0>0$ 为已知. 该分布记作 $Pa(\alpha,\theta_0)$. θ 的数学期望 $E(\theta)=\alpha\theta_0/(\alpha-1)$. 在上述假设下，样本 X 与 θ 的联合分布为

$$f(x,\theta)=\alpha\theta_0^{\alpha}/\theta^{\alpha+n+1},\quad 0<x_i<\theta,i=1,2,\cdots,n,0<\theta_0<\theta.$$

设 $\theta_1=\max(x_1,x_2,\cdots,x_n,\theta_0)$，则样本 X 的边缘分布为

$$m(x)=\int_{\theta_1}^{\infty}\frac{\alpha\,\theta_0^{\alpha}}{\theta^{\alpha+n+1}}\mathrm{d}\theta=\frac{\alpha\,\theta_0^{\alpha}}{(\alpha+n)\theta_1^{\alpha+n}},\quad 0<x_i<\theta_1.$$

由此可得 θ 的后验密度函数

$$h(\theta\mid x)=\frac{f(x,\theta)}{m(x)}=\frac{(\alpha+n)\theta_1^{\alpha+n}}{\theta^{\alpha+n+1}},\quad\theta>\theta_1.$$

这仍是 pareto 分布 $Pa(\alpha+n,\theta_1)$.

在绝对值损失下，θ 的贝叶斯估计 $\hat{\theta}_B$ 是后验分布的中位数，即 $\hat{\theta}_B$ 是下列方程的解.

$$F(\theta \mid x) = \int_{\Theta} h(\theta \mid x) \mathrm{d}\theta = \int_{\theta_1}^{\hat{\theta}_B} \frac{(\alpha+n)\theta_1^{\alpha+n}}{\theta^{\alpha+n+1}} \mathrm{d}\theta = 1 - \left(\frac{\theta_1}{\hat{\theta}_B}\right)^{\alpha+n} = \frac{1}{2},$$

解之可得 $\hat{\theta}_B = 2^{\frac{1}{\alpha+n}}\theta_1$.

若取平方损失函数,则 θ 的贝叶斯估计 $\hat{\theta}_{B_1}$ 是后验均值,即

$$\hat{\theta}_{B1} = \frac{\alpha+n}{\alpha+n-1}\max(x_1, \cdots, x_n, \theta_0).$$

定理 3.8　设参数 θ 的先验分布为 $\pi(\theta)$,$g(\theta)$ 为 θ 的连续函数,则在平方损失函数下,$g(\theta)$ 的贝叶斯估计为 $d(x) = E[g(\theta) \mid x]$.

证明　在平方损失下,任一个决策函数 $d = d(x)$ 的后验风险为

$$E[(d - g(\theta))^2 \mid x] = d^2 - 2dE[g(\theta) \mid x] + E[g^2(\theta) \mid x].$$

当 $d(x) = E[g(\theta) \mid x]$ 时,上述后验风险达到最小. 即在平方损失函数下,$g(\theta)$ 的贝叶斯估计为 $d(x) = E[g(\theta) \mid x]$.

例 3.14　设 $X = (X_1, \cdots, X_n)^{\mathrm{T}}$ 为取自 Γ 分布 $\Gamma(r, \theta)$ 的一个样本,其中 r 已知. 其期望 $EX = \frac{r}{\theta}$ 与 θ^{-1} 成正比. 通常人们对 θ^{-1} 有兴趣,现求 θ^{-1} 的贝叶斯估计. 为此取 Γ 分布 $\Gamma(\alpha, \beta)$ 作为 θ 的先验分布. 容易获得 θ 的后验分布.

$$h(\theta \mid \boldsymbol{x}) \propto \theta^{\alpha+nr-1} \mathrm{e}^{-\theta\left(\sum_{i=1}^{n} x_i + \beta\right)}, \quad \theta > 0.$$

若取如下平方损失函数

$$L(\theta, d) = \left(d - \frac{1}{\theta}\right)^2,$$

则 θ^{-1} 的贝叶斯估计为

$$\begin{aligned}\hat{\theta}_B^{-1} &= E(\theta^{-1} \mid \boldsymbol{x}) = \frac{\left(\sum_{i=1}^{n} x_i + \beta\right)^{\alpha+nr}}{\Gamma(\alpha+nr)} \int_0^{+\infty} \frac{1}{\theta} \theta^{\alpha+nr-1} \mathrm{e}^{-\theta\left(\sum_{i=1}^{n} x_i + \beta\right)} \mathrm{d}\theta \\ &= \left(\sum_{i=1}^{n} x_i + \beta\right) / (\alpha+nr-1).\end{aligned}$$

若取如下损失函数

$$L(\theta, d) = \theta^2 \left(d - \frac{1}{\theta}\right)^2,$$

这时 θ^{-1} 的贝叶斯估计为

$$\hat{\theta}_1^{-1} = \frac{E(\theta^2\theta^{-1} \mid \boldsymbol{x})}{E(\theta^2 \mid \boldsymbol{x})} = \frac{\int_0^{\infty} \theta^{\alpha+nr} \mathrm{e}^{-\theta\left(\sum_{i=1}^{n} x_i + \beta\right)} \mathrm{d}\theta}{\int_0^{\infty} \theta^{\alpha+nr-1} \mathrm{e}^{-\theta\left(\sum_{i=1}^{n} x_i + \beta\right)} \mathrm{d}\theta}$$

$$=\frac{\left(\sum_{i=1}^{n} x_i+\beta\right)}{\alpha+nr+1}=\frac{\alpha+nr-1}{\alpha+nr+1}\hat{\theta}_B^{-1}.$$

2. 贝叶斯估计的误差

设 $\hat{\theta}$ 是 θ 的一个贝叶斯估计，在给定样本后，$\hat{\theta}$ 是一个数，在综合各种信息后 θ 是按后验分布 $h(\theta|x)$ 取值，所以评定一个贝叶斯估计的误差的最好而又简便的方法是用 θ 对 $\hat{\theta}$ 的后验均方差或其平方根来度量，具体定义如下：

定义 3.10 设参数 θ 的后验分布为 $h(\theta|\boldsymbol{x})$，θ 的贝叶斯估计为 $\hat{\theta}$，则 $(\hat{\theta}-\theta)^2$ 的后验期望

$$\mathrm{MSE}(\hat{\theta}\mid\boldsymbol{x})=E_{\theta|\boldsymbol{x}}(\hat{\theta}-\theta)^2$$

称为 $\hat{\theta}$ 的后验均方差，而其平方根 $[\mathrm{MSE}(\hat{\theta}|\boldsymbol{x})]^{\frac{1}{2}}$ 称为 $\hat{\theta}$ 的后验标准误差，其中符号 $E_{\theta|\boldsymbol{x}}$ 表示对条件分布 $h(\theta|\boldsymbol{x})$ 求期望. 估计量 $\hat{\theta}$ 的后验均方差越小，贝叶斯估计的误差就越小. 当 $\hat{\theta}$ 为 θ 的后验期望 $\hat{\theta}_E=E(\theta|\boldsymbol{x})$ 时，有

$$\mathrm{MSE}(\hat{\theta}_E\mid\boldsymbol{x})=E_{\theta|x}(\hat{\theta}_E-\theta)^2=\mathrm{Var}(\theta\mid\boldsymbol{x}),$$

称为后验方差，其平方根 $[\mathrm{Var}(\theta|\boldsymbol{x})]^{\frac{1}{2}}$ 称为后验标准差.

后验均方差与后验方差有如下关系：

$$\begin{aligned}\mathrm{MSE}(\hat{\theta}\mid\boldsymbol{x})&=E_{\theta|\boldsymbol{x}}(\hat{\theta}-\theta)^2=E_{\theta|\boldsymbol{x}}[(\hat{\theta}-\hat{\theta}_E)+(\hat{\theta}_E-\theta)]^2\\&=E_{\theta|\boldsymbol{x}}[(\hat{\theta}_E-\hat{\theta})^2+\mathrm{Var}(\theta\mid\boldsymbol{x})\\&=(\hat{\theta}_E-\hat{\theta})^2+\mathrm{Var}(\theta\mid\boldsymbol{x}).\end{aligned}$$

这表明，当 $\hat{\theta}$ 为后验均值 $\hat{\theta}_E=E(\theta|\boldsymbol{x})$ 时，可使后验均方差达到最小，所以在实际中常常取后验均值作为 θ 的贝叶斯估计值.

从这个定义还可以看出，后验方差及后验均方差只依赖于样本 $\boldsymbol{X}$，不依赖于 θ，故当样本给定后，它们都是确定的实数，立即可以应用. 而在经典统计中，估计量的方差常常还依赖于被估参数 θ，使用时常用估计 $\hat{\theta}$ 去代替 θ，获得其近似方差才可应用. 另外在计算上，后验方差的计算在本质上不会比后验均值的计算复杂许多，因为它们都用同一个后验分布计算. 而在经典统计中，估计量的方差计算有时还要涉及抽样分布(估计量的分布). 我们知道，寻求抽样分布在经典统计学中常常是一个困难的数学问题，然而，在贝叶斯估计中从不涉及寻求抽样分布问题，这是因为贝叶斯估计对未出现的样本不加考虑之故.

值得注意，在贝叶斯估计中不用无偏性来评价一个估计量的好坏. 这是因为在无偏估计的定义中，$E\hat{\theta}(\boldsymbol{X})=\theta$，其中 $\boldsymbol{X}=(X_1,\cdots,X_n)^{\mathrm{T}}$ 为样本. 这里，数学期望是对样本空间中所有可能样本 $\boldsymbol{X}$ 而求的，但在实际中绝大多数样本尚未出现过，甚至重复数百次也不会出现的样本也要在评价估计量中占一席之地，这是不合理的. 另一方面，在实际使用中不少估计量只使用一次或数次，所以贝叶斯学派认为，评

价一个估计量的好坏只能依据在试验中所收集到的观察值，不应该使用尚未观察到的数据. 这一观点被贝叶斯学派称为“条件观点”. 据此，估计的无偏性在贝叶斯估计中不予考虑.

3. 区间估计

前面曾经提到，后验分布在贝叶斯统计中占有重要地位，当求得参数 θ 的后验分布 $h(\theta|\boldsymbol{x})$ 以后，我们可以计算 θ 落在某区间 $[a,b]$ 内的后验概率 $P\{a\leqslant\theta\leqslant b|\boldsymbol{x}\}$，当 θ 为连续型变量，且其后验概率为 $1-\alpha(0<\alpha<1)$ 时，我们有等式

$$P\{a\leqslant\theta\leqslant b\mid\boldsymbol{x}\}=1-\alpha.$$

反之若给定概率 $1-\alpha$，要找一个区间 $[a,b]$，使上式成立，这样求得的区间称为 θ 的贝叶斯区间估计. 又称为贝叶斯置信区间.

当 θ 为离散型随机变量时，对给定的概率 $1-\alpha$，满足上式的区间不一定存在，这时只要略微放大上式左端概率，才能找到 a 与 b，使得

$$P\{a\leqslant\theta\leqslant b\mid\boldsymbol{x}\}>1-\alpha,$$

这样的区间 $[a,b]$，也称为 θ 的贝叶斯区间估计. 下面给出参数 θ 的贝叶斯区间估计的一般定义.

定义 3.11　设参数 θ 的后验分布为 $h(\theta|\boldsymbol{x})$，对给定的样本 $\boldsymbol{X}=(X_1,\cdots,X_n)^{\mathrm{T}}$ 和概率 $1-\alpha(0<\alpha<1)$，若存在两个统计量 $\hat{\theta}_L=\hat{\theta}_L(\boldsymbol{X})$ 和 $\hat{\theta}_U=\hat{\theta}_U(\boldsymbol{X})$，使得

$$P\{\hat{\theta}_L\leqslant\theta\leqslant\hat{\theta}_U\mid\boldsymbol{x}\}\geqslant1-\alpha,$$

则称区间 $[\hat{\theta}_L,\hat{\theta}_U]$ 为参数 θ 的置信度为 $1-\alpha$ 的贝叶斯置信区间，或简称 θ 的 $1-\alpha$ 置信区间. 而满足下式的 $\hat{\theta}_L$ 称为 θ 的 $1-\alpha$(单侧)置信下限：

$$P\{\theta\geqslant\hat{\theta}_L\mid\boldsymbol{x}\}\geqslant1-\alpha.$$

满足下式的 $\hat{\theta}_U$ 称为 θ 的 $1-\alpha$(单侧)置信上限：

$$P\{\theta\leqslant\hat{\theta}_U\mid\boldsymbol{x}\}\geqslant1-\alpha.$$

在经典统计学中寻求参数 θ 的置信区间有时是困难的，因为首先要设法构造一个函数(含有待估参数的随机变量)，且使该函数的概率分布为已知，分布中不含任何未知参数，这是一项技术性很强的工作，不熟悉“抽样分布”的人是很难完成的，但寻求参数 θ 的贝叶斯置信区间只要利用 θ 的后验分布，而不需要再去寻求另外的分布，二者相比，贝叶斯置信区间的寻求要简单得多.

例 3.15　设 $\boldsymbol{X}=(X_1,\cdots,X_n)^{\mathrm{T}}$ 是来自正态总体 $N(\theta,\sigma^2)$ 的一个样本，其中 σ^2 已知. 取 θ 的先验分布为正态分布 $N(\mu,\tau^2)$，则 θ 的密度函数为

$$\pi(\theta)=\frac{1}{\sqrt{2\pi}\,\tau}\exp\left\{-\frac{1}{2\tau^2}(\theta-\mu)^2\right\},\quad -\infty<\theta<+\infty,$$

其中 μ 与 τ^2 为已知常数，由此可求得样本 $\boldsymbol{X}$ 与 θ 的联合密度函数为

$$f(\boldsymbol{x},\theta)=k_1\exp\left\{-\frac{1}{2}\left[\frac{1}{\sigma^2}\left(n\theta^2-2n\theta\bar{x}+\sum_{i=1}^{n}x_i^2\right)+\frac{1}{\tau^2}(\theta^2-2\mu\theta+\mu^2)\right]\right\},$$

其中 $k_1=(2\pi)^{-(n+1)/2}\tau^{-1}\sigma^{-n}$，$\bar{x}=\sum\limits_{i=1}^{n}\frac{x_i}{n}$. 若再记 $\sigma_0^2=\frac{\sigma^2}{n}$，$A=\sigma_0^{-2}+\tau^{-2}$，$B=\bar{x}\sigma_0^{-2}+\mu\tau^{-2}$，$C=\sigma^{-2}\sum\limits_{i=1}^{n}x_i^2+\mu^2\tau^{-2}$，则有

$$f(x,\theta)=k_1\exp\left\{-\frac{1}{2}[A\theta^2-2\theta B+C]\right\}=k_2\exp\left\{-\frac{1}{2A^{-1}}(\theta-B/A)^2\right\},$$

其中 $k_2=k_1\exp\left\{-\frac{1}{2}(C-B^2/A)\right\}$. 由此容易算得样本 $\boldsymbol{X}$ 的边缘分布为

$$m(\boldsymbol{x})=\int_{-\infty}^{+\infty}f(\boldsymbol{x},\theta)\mathrm{d}\theta=k_2\left(\frac{2\pi}{A}\right)^{\frac{1}{2}}.$$

因而 θ 的后验分布为

$$h(\theta\mid\boldsymbol{x})=\frac{f(\boldsymbol{x},\theta)}{m(\boldsymbol{x})}=\left(\frac{A}{2\pi}\right)^{\frac{1}{2}}\exp\left\{-\frac{(\theta-B/A)^2}{2/A}\right\},$$

这正好是正态分布 $N(\mu_1,\sigma_1^2)$ 的密度函数. 其中

$$\mu_1=\frac{B}{A}=\frac{\bar{x}\sigma_0^{-2}+\mu\tau^{-2}}{\sigma_0^{-2}+\tau^{-2}},\quad \sigma_1^2=\frac{\sigma_0^2\tau^2}{\sigma_0^2+\tau^2}.$$

据此可知 $\frac{\theta-\mu_1}{\sigma_1}$ 服从标准正态分布 $N(0,1)$，于是可得

$$P\left\{\left|\frac{\theta-\mu_1}{\sigma_1}\right|\leqslant u_{\alpha/2}\right\}=1-\alpha,$$

即

$$P\{\mu_1-\sigma_1u_{\alpha/2}\leqslant\theta\leqslant\mu_1+\sigma_1u_{\alpha/2}\}=1-\alpha,$$

其中 $u_{\alpha/2}$ 为标准正态分布的上侧 $\alpha/2$ 分位数. 故可得 θ 的 $1-\alpha$ 贝叶斯置信区间为

$$[\mu_1-\sigma_1u_{\alpha/2},\mu_1+\sigma_1u_{\alpha/2}].$$

例 3.16 对某个儿童做智力测验，设测验结果 $X\sim N(\theta,100)$，其中 θ 在心理学中定义为儿童的智商，根据多次测验，可设 θ 服从正态分布 $N(100,225)$，应用例 3.15 的结论，当 $n=1$ 时，可得在给定 $X=x$ 条件下，该儿童智商 θ 的后验分布服从正态分布 $N(\mu_1,\sigma_1^2)$，其中

$$\mu_1=\frac{100\cdot100+225x}{100+225}=\frac{400+9x}{13},$$

$$\sigma_1^2=\frac{100\cdot225}{100+225}=\frac{900}{13}=69.23\doteq8.32^2.$$

若该儿童在一次智商测验中得 $x=115$，则可得其智商 θ 的后验分布为 $N(110.38,8.32^2)$，于是有

$$P\left\{-u_{\alpha/2} \leqslant \frac{\theta - 110.38}{8.32} \leqslant u_{\alpha/2}\right\} = 1 - \alpha,$$

其中 $u_{\alpha/2}$ 为标准正态分布的上侧分位数. 当给定 $\alpha=0.05$ 时, 查正态分布数值表求得 $u_{\alpha/2}=1.96$, 故有

$$\begin{aligned} &P\{110.38 - 1.96 \cdot 8.32 \leqslant \theta \leqslant 110.38 + 1.96 \cdot 8.32\} \\ &= P\{94.07 \leqslant \theta \leqslant 126.69\} = 1 - \alpha = 0.95, \end{aligned}$$

于是得 θ 的 0.95 的贝叶斯置信区间为[94.07,126.69].

在这个例子中, 若不利用先验信息, 仅利用当前抽样信息, 则也可运用经典方法求出 θ 的置信区间. 由于 X 服从正态分布 $N(\theta,100)$ 和 $\bar{x}=x=115$, 可求得 θ 的 0.95 置信区间为

$$\begin{aligned} [\bar{x} - u_{\alpha/2}\sigma, \bar{x} + u_{\alpha/2}\sigma] &= [115 - 1.96 \cdot 10, 115 + 1.96 \cdot 10] \\ &= [95.4, 134.6]. \end{aligned}$$

我们发现在上述问题中, 置信度相同(均为 0.95)但两个区间长度不同, 贝叶斯置信区间的长度短一些(区间长度短时, 估计的误差小), 这是由于使用了先验分布之故.

3.4　minimax 估计

大家知道, 风险函数提供了一个衡量决策函数好坏的尺度, 我们自然希望选取一个决策函数, 使得它的风险尽可能的小.

定义 3.12　给定一个统计决策问题, 设 D^* 是由全体决策函数组成的类, 如果存在一个决策函数 $d^*=d^*(x_1,\cdots,x_n)$, $d^* \in D^*$, 使得对 D^* 中任意一个决策函数 $d(x_1,\cdots,x_n)$, 总有

$$\max_{\Theta} R(\theta, d^*) \leqslant \max_{\Theta} R(\theta, d), \quad \forall d \in D^*, \tag{3.12}$$

则称 d^* 为这个统计决策问题的最小最大(minimax)决策函数(在这里我们假定 R 关于 θ 的最大值能达到, 如果最大值达不到, 可以理解为上确界).

由定义可见, 我们是以最大风险的大小作为衡量决策函数好坏的准则. 因此, 使最大风险达到最小的决策函数是考虑到最不利的情况, 要求最不利的情况尽可能地好. 也就是人们常说的从最坏处着想, 争取最好的结果. 它是一种出于稳妥的考虑, 也是一种偏于保守的考虑.

如果我们讨论的问题是一个估计问题, 则称满足式(3.12)的决策函数 $d^*(X_1,\cdots,X_n)$ 为 θ 的最小最大(minimax)估计量.

寻求最小最大决策函数的一般步骤为:

1. 对 D^* 中每个决策函数 $d(x_1,\cdots,x_n)$, 求出其风险函数在 Θ 上的最大风险

值$\max\limits_{\theta\in\Theta} R(\theta,d)$；

2. 在所有最大风险值中选取相对最小值，此值对应的决策函数便是最小最大决策函数.

例 3.17 地质学家要根据某地区的地层结构来判断该地是否蕴藏石油. 地层结构总是 0，1 两种状态之一，记该地无油为 θ_0，该地有油为 θ_1，已知它们的分布规律如表 3.2 所示（其中 x 表示地层结构的状态，θ 表示石油的状态），它表示如果该地区蕴藏石油，那么地层结构呈现状态 0 的概率为 0.3，呈现状态 1 的概率为 0.7，如果该地区不蕴藏石油，那么地层结构呈现状态 0 的概率为 0.6，呈现状态 1 的概率为 0.4，土地所有者希望根据地质学家对地层结构的分析来决定自己投资钻探石油，还是出卖土地所有权或者在该地区开辟旅游点，分别记这三种决策为 a_1，a_2，a_3，于是决策空间 $\mathscr{A}=\{a_1,a_2,a_3\}$. 土地所有者权衡利弊之后取损失函数 $L(\theta, a)$ 如表 3.3 所示.

表 3.2 地层结构分布规律表

θ \ x	0	1
θ_0（无油）	0.6	0.4
θ_1（有油）	0.3	0.7

表 3.3 损失函数 $L(\theta,a)$ 取值表

$L(\theta,a)$ θ \ a	a_1	a_2	a_3
θ_0（无油）	12	1	6
θ_1（有油）	0	10	5

假如我们仅取一个观察 X_1（样本大小为 1）. 如果土地所有者打算采用决策函数

$$d_4(x_1)=\begin{cases}a_1, & x_1=1,\\ a_2, & x_1=0,\end{cases}$$

那么风险函数 $R(\theta,d_4)$ 在 $\theta=\theta_0$ 处的值为

$$\begin{aligned}R(\theta_0,d_4)&=L(\theta_0,a_1)P_{\theta_0}\{X_1=1\}+L(\theta_0,a_2)P_{\theta_0}\{X_1=0\}\\&=12\cdot 0.4+1\cdot 0.6=5.4,\end{aligned}$$

在 $\theta=\theta_1$ 处的值为

$$\begin{aligned}R(\theta_1,d_4)&=L(\theta_1,a_1)P_{\theta_1}\{X_1=1\}+L(\theta_1,a_2)P_{\theta_1}\{X_1=0\}\\&=0\cdot 0.7+10\cdot 0.3=3.\end{aligned}$$

如果土地所有者打算采用决策函数

$$d_7(X_1)=\begin{cases}a_1, & x_1=1,\\ a_3, & x_1=0,\end{cases}$$

则风险函数 $R(\theta,d_7)$ 在 $\theta=\theta_0$ 处的值为

$$\begin{aligned}R(\theta_0,d_7)&=L(\theta_0,a_1)P_{\theta_0}\{X_1=1\}+L(\theta_0,a_3)P_{\theta_0}\{X_1=0\}\\&=12\cdot0.4+6\cdot0.6=8.4,\end{aligned}$$

风险函数 $R(\theta,d_7)$，在 $\theta=\theta_1$ 处的值为

$$\begin{aligned}R(\theta_1,d_7)&=L(\theta_1,a_1)P_{\theta_1}\{X_1=1\}+L(\theta_1,a_3)P_{\theta_1}\{X_1=0\}\\&=0\cdot0.7+5\cdot0.3=1.5.\end{aligned}$$

在本例中，可供土地所有者选择的决策函数共有 9 个，将它们列于表 3.4.

表 3.4　决策函数表

x_1	$d_1(x_1)$	$d_2(x_1)$	$d_3(x_1)$	$d_4(x_1)$	$d_5(x_1)$	$d_6(x_1)$	$d_7(x_1)$	$d_8(x_1)$	$d_9(x_1)$
0	a_1	a_1	a_1	a_2	a_2	a_2	a_3	a_3	a_3
1	a_1	a_2	a_3	a_1	a_2	a_3	a_1	a_2	a_3

我们在上面已经计算出决策函数 $d_4(x_1)$ 与 $d_7(x_1)$ 的风险函数，现把这 9 个决策函数的风险函数及其最大值列成表 3.5.

表 3.5　风险函数及最大值表

$d_i(x_1)$	d_1	d_2	d_3	d_4	d_5	d_6	d_7	d_8	d_9
$R(\theta_0,d_i)$	12	7.6	9.6	5.4	1	3	8.4	4	6
$R(\theta_1,d_i)$	0	7	3.5	3	10	6.5	1.5	8.5	5
$\max\limits_{\theta\in\Theta}R(\theta,d_i)$	12	7.6	9.6	5.4	10	6.5	8.4	8.5	6

如果土地所有者希望使得承担可能产生的最大风险尽量小，那么应当采用决策函数 $d_4(x_1)$. 由定义知 $d_4(x_1)$ 是这个统计决策问题的 minimax 决策函数.

下面介绍如何借用贝叶斯方法来求最小最大决策函数. 当然，使用贝叶斯方法必须预先引进未知参数 θ 的先验分布. 但是，这里仅仅是借用这个先验分布以得到 minimax 决策函数而已.

定理 3.9　给定一个统计决策问题，如果存在某个先验分布，使得在这个先验分布下的贝叶斯决策函数 $d_B(x_1,\cdots,x_n)$ 的风险函数是一个常数，那么 $d_B(x_1,\cdots,x_n)$ 必定是这个统计决策问题的一个 minimax 决策函数.

证明　记 $R_M(d)=\max\limits_{\theta\in\Theta}R(\theta,d)$，且设 $d_B(x_1,\cdots,x_n)$ 的风险函数为

$$R(\theta,d_B)=C,\quad\forall\theta\in\Theta,$$

它的贝叶斯风险 $R_B(d_B)=C$. 假定 $d_B(x_1,\cdots,x_n)$不是 minimax 决策函数，那么必定存在一个决策函数 $d(x_1,\cdots,x_n)$，使得

$$R_M(d) < R_M(d_B) = \max_{\theta\in\Theta} R(\theta,d_B) = C.$$

于是 $d(x_1,\cdots,x_n)$的风险函数

$$R(\theta,d) \leqslant R_M(d) < C, \quad \forall\theta\in\Theta.$$

对上式两边在给定的先验分布下求期望，得到

$$R_B(d) = E[R(\theta,d)] < C = R_B(d_B).$$

这表明 $d_B(x_1,\cdots,x_n)$不可能是这个先验分布下的贝叶斯决策函数，从而产生了矛盾. 因此，$d_B(x_1,\cdots,x_n)$必定是一个 minimax 决策函数.

对于上述定理，若给定的统计决策问题为参数的点估计，且定理的条件满足，则相应的决策函数 $d_B(x_1,\cdots,x_n)$必为参数的 minimax 估计量.

例 3.18 在例 3.11 中若取参数 p 的先验分布为贝塔分布$\mathrm{Be}\left(\frac{\sqrt{n}}{2},\frac{\sqrt{n}}{2}\right)$，则在平方损失函数下，$p$ 的贝叶斯估计 $\hat{p}=\dfrac{2\sqrt{n}(\overline{X})+1}{2(\sqrt{n}+1)}$为 p 的 minimax 估计.

解 因 p 的先验分布为贝塔分布 $\mathrm{Be}\left(\frac{\sqrt{n}}{2},\frac{\sqrt{n}}{2}\right)$，其密度函数为

$$\pi(p) = \begin{cases} \dfrac{\Gamma(\sqrt{n})}{\Gamma\left(\frac{\sqrt{n}}{2}\right)\Gamma\left(\frac{\sqrt{n}}{2}\right)} p^{\frac{\sqrt{n}}{2}-1}(1-p)^{\frac{\sqrt{n}}{2}-1}, & 0<p<1, \\ 0, & \text{其余}, \end{cases}$$

所以 p 的后验分布密度为

$$\begin{aligned} h(p\mid \boldsymbol{x}) = h(p\mid x_1,\cdots,x_n) &= \frac{p^{\sum_{i=1}^n x_i}(1-p)^{n-\sum_{i=1}^n x_i}A(p)}{\int_0^1 p^{\sum_{i=1}^n x_i}(1-p)^{n-\sum_{i=1}^n x_i}A(p)\mathrm{d}p} \\ &= \frac{\Gamma(n+\sqrt{n})}{\Gamma\left(\sum_{i=1}^n x_i+\frac{\sqrt{n}}{2}\right)\Gamma\left(n-\sum_{i=1}^n x_i+\frac{\sqrt{n}}{2}\right)} p^{\sum_{i=1}^n x_i+\frac{\sqrt{n}}{2}-1}(1-p)^{n-\sum_{i=1}^n x_i+\frac{\sqrt{n}}{2}-1}, \end{aligned}$$

其中 $0<p<1$，$A(p)=\dfrac{\Gamma(\sqrt{n})p^{\frac{\sqrt{n}}{2}-1}}{\Gamma\left(\frac{\sqrt{n}}{2}\right)\Gamma\left(\frac{\sqrt{n}}{2}\right)}(1-p)^{\frac{\sqrt{n}}{2}-1}$. 由 p 的后验密度知，p 的后验分布为 $\mathrm{Be}\left(\sum_{i=1}^n x_i+\frac{\sqrt{n}}{2},n-\sum_{i=1}^n x_i+\frac{\sqrt{n}}{2}\right)$，通过计算可求得 p 的贝叶斯估计为

$$\hat{p} = E(p\mid x) = \int_0^1 ph(p\mid x)\mathrm{d}p = \frac{2\sqrt{n}\overline{X}+1}{2(\sqrt{n}+1)},$$

$\hat{p}$ 的风险函数为

$$
\begin{aligned}
R(p,\hat{p}) &= E\left[\frac{2\sqrt{n}\overline{X}+1}{2(\sqrt{n}+1)}-p\right]^2 \\
&= D\left[\frac{2\sqrt{n}\overline{X}+1}{2(\sqrt{n}+1)}\right]+\left\{E\left[\frac{2\sqrt{n}\overline{X}+1}{2(\sqrt{n}+1)}\right]-p\right\}^2 \\
&= \frac{4n}{4(\sqrt{n}+1)^2}\frac{p(1-p)}{n}+\left[\frac{2\sqrt{n}p+1}{2(\sqrt{n}+1)}-p\right]^2 \\
&= \frac{1}{4(\sqrt{n}+1)^2}.
\end{aligned}
$$

由上式知 $\hat{p}$ 的风险函数是与 p 无关的常数 $\frac{1}{4(\sqrt{n}+1)^2}$，从而由定理 3.8 知 $\hat{p}=\frac{2\sqrt{n}\overline{X}+1}{2(\sqrt{n}+1)}$ 为 p 的 minimax 估计.

定理 3.10 给定一个贝叶斯决策问题，设 $\{\pi_k(\theta):k\geqslant 1\}$ 为参数空间 Θ 上的一个先验分布列，$\{d_k:k\geqslant 1\}$ 和 $\{R_B(d_k):k\geqslant 1\}$ 分别为相应的贝叶斯估计列和贝叶斯风险列. 若 d_0 是 θ 的一个估计，且它的风险函数 $R(\theta,d_0)$ 满足

$$\max_{\theta\in\Theta}R(\theta,d_0)\leqslant\lim_{k\to\infty}R_B(d_k),$$

则 d_0 为 θ 的 minimax 估计.

证明 （反证法）若 d_0 不是 θ 的最小最大估计，则存在这样的一个估计 d，它的最大风险要小于 d_0 的最大风险，即

$$\max_{\theta\in\Theta}R(\theta,d)<\max_{\theta\in\Theta}R(\theta,d_0).$$

另外，由假设知 d_k 是在先验分布 $\pi_k(\theta)$ 下的贝叶斯估计（$k\geqslant 1$），故其贝叶斯风险最小，从而

$$R_B(d_k)\leqslant R_B(d)=\int_\Theta R(\theta,d)\pi_k(\theta)\mathrm{d}\theta\leqslant\max_{\theta\in\Theta}R(\theta,d).$$

比较上面两个不等式，可得

$$R_B(d_k)<\max_{\theta\in\Theta}R(\theta,d_0),\quad \forall k\geqslant 1,$$

$$\lim_{k\to\infty}R_B(d_k)\leqslant\max_{\theta\in\Theta}R(\theta,d_0),$$

这与假设的条件矛盾，这说明 d_0 是 θ 的最小最大估计.

定理 3.11 给定一个贝叶斯决策问题，若 θ 的一个估计 d_0 的风险函数 $R(\theta,d_0)$ 在 Θ 上为常数 ρ，且存在一个先验分布列 $\{\pi_k(\theta):k\geqslant 1\}$，使得相应的贝叶斯估计 d_k 的贝叶斯风险满足

$$\lim_{k\to\infty}R_B(d_k)=\rho,$$

则 d_0 是 θ 的 minimax 估计.

证明 对任意的 $\theta\in\Theta$，有

$$\max_{\theta\in\Theta} R(\theta,d_0)=R(\theta,d_0)=\rho=\lim_{k\to\infty}R_B(d_k),$$

这表明定理 3.10 的条件满足，故 d_0 是 θ 的最小最大估计.

例 3.19 设 $\boldsymbol{X}=(X_1,\cdots,X_n)^{\mathrm{T}}$ 是来自正态分布 $N(\theta,1)$ 的一个样本，取参数 θ 的先验分布为正态分布 $N(0,\tau^2)$，其中 τ 已知，损失函数取为如下的 0-1 损失

$$L(\theta,d)=\begin{cases}1, & |d-\theta|>\varepsilon, \quad \varepsilon>0,\\ 0, & |d-\theta|\leqslant\varepsilon, \quad \varepsilon>0,\end{cases}$$

在上述损失下，可求得 θ 的贝叶斯估计为

$$d_\tau(\boldsymbol{X})=\overline{X}_n\left(1+\frac{1}{n\tau^2}\right)^{-1}, \quad 其中\ \overline{X}_n=\frac{1}{n}\sum_{i=1}^n X_i.$$

现利用定理 3.11 证明样本均值 $\overline{X}_n$ 是 θ 的最小最大估计.

证明 首先求出 θ 的贝叶斯估计. 由例 3.15 知 θ 的后验分布 $h(\theta|\boldsymbol{x})$ 为正态分布

$$N\left(\sum_{i=1}^n x_i(n+\tau^{-2})^{-1},(n+\tau^{-2})^{-1}\right).$$

对任一个决策函数 $d=d(\boldsymbol{X})\in\mathscr{A}$，其后验风险为

$$\begin{aligned}R(d\mid\boldsymbol{x})&=\int_{-\infty}^{+\infty}L(\theta,d)h(\theta\mid\boldsymbol{x})\mathrm{d}\theta=P_\theta\{|d-\theta|>\varepsilon\}\\&=1-P_\theta\{|d-\theta|\leqslant\varepsilon\}.\end{aligned}$$

要使上述后验风险最小，就要使上式中概率 $P_\theta\{|d-\theta|\leqslant\varepsilon\}$ 最大，由于后验分布 $h(\theta|\boldsymbol{x})$ 为正态分布，所以，要在定长区间(长度为 2ε)上的概率为最大，$d(\boldsymbol{X})$ 只能取后验分布的均值，即在此场合下，θ 的贝叶斯估计为

$$d_\tau(\boldsymbol{X})=\sum_{i=1}^n X_i(n+\tau^{-2})^{-1}.$$

应用定理 3.11 的关键在于选取先验分布列，现选用正态分布列 $\{N(0,\tau_i^2):\tau_1<\tau_2<\cdots<\tau_i<\cdots\to\infty\}$. 作为先验分布列，相应的贝叶斯估计列为 $\{d_{\tau_i}(\boldsymbol{X}),i=1,2,\cdots\}$. 为了计算 $d_\tau(\boldsymbol{X})$ 的贝叶斯风险，需要先作一些计算. 由于 $d_\tau(\boldsymbol{X})$ 仍服从正态分布，其数学期望和方差分别为

$$E(d_\tau)=\theta\left(1+\frac{1}{n\tau^2}\right)^{-1}, \quad \mathrm{Var}(d_\tau)=\frac{1}{n}\left(1+\frac{1}{n\tau^2}\right)^{-2}.$$

而 d_τ 的风险函数为

$$\begin{aligned}R(\theta,d_\tau)&=P_\theta\{|d_\tau-\theta|\geqslant\varepsilon\}=1-P_\theta\{\theta-\varepsilon<d_\tau<\theta+\varepsilon\}\\&=2-\Phi\left(\sqrt{n}\left[\varepsilon\left(1+\frac{1}{n\tau^2}\right)+\frac{\theta}{n\tau^2}\right]\right)-\Phi\left(\sqrt{n}\left[\varepsilon\left(1+\frac{1}{n\tau^2}\right)-\frac{\theta}{n\tau^2}\right]\right),\end{aligned}$$

并且有

$$\lim_{\tau\to\infty}R(\theta,d_\tau)=2-2\Phi(\sqrt{n}\varepsilon).$$

对序列 $\tau_1<\tau_2<\cdots<\tau_i<\cdots\to\infty$，有 $R(\theta,d_{\tau_i})<2$，于是利用勒贝格控制收敛定理知

$$\lim_{i\to\infty}R_B(d_{\tau_i})=\lim_{i\to\infty}E_\theta[R(\theta,d_{\tau_i})]=E_\theta\lim_{i\to\infty}R(\theta,d_{\tau_i})$$

$$=E_\theta[2-2\Phi(\sqrt{n}\varepsilon)]=2[1-\Phi(\sqrt{n}\varepsilon)]=\rho,$$

其中 ρ 是不依赖于 θ 的常数，从而知定理 3.11 的条件全部满足，故知在 0-1 损失函数下，样本均值 $\overline{X}_n$ 是 θ 的最小最大估计.

3.5　经验贝叶斯估计

前面我们曾经指出，贝叶斯方法的最大困难是要求未知参数具有确定的先验分布. 在某些场合下，即使这个要求是合理的，未知参数的先验分布也无法确知，于是人们往往对它作一种人为的规定. 当先验分布的指定与实际情况不符时，所得的贝叶斯解会受到较大的影响，因而在对先验分布无法基本确定时，贝叶斯方法的适用性和优越性就值得怀疑了. 经验贝叶斯方法(Empirical Bayes Method)的提出可以很好地解决这个问题.

经验贝叶斯方法是通过历史资料(即“经验”)以决定先验分布的方法. 这个方法使用的前提是未知参数 θ 确是通常意义下的随机变量，其分布在历史资料的积累过程中一直保持不变.

经验贝叶斯方法是 H. Robbins 在 1955 年提出的. 他提出这种方法的思想受到了国际统计学界的高度重视. 统计学界元老 J. Neyman 甚至称它为统计判决的“两大突破之一”. 多少年来，不少统计学者将 Robbins 方法的思想用于种种统计问题，得出了许多有益的结果.

经验贝叶斯(EB)方法分为两大类，第一类为非参数 EB 方法，第二类为参数 EB 方法. 这两类 EB 方法的不同在于：非参数 EB 方法不指明具体的先验分布，利用数据来估计有关分布；而参数 EB 方法则指明先验分布族，并且每一级先验分布中都含有未知参数需要确定，参数 EB 方法则利用观测数据来估计在某一级中的参数.

3.5.1　非参数经验贝叶斯估计

设参数 $\theta\in\Theta$，Θ 为参数空间，$G(\theta)$ 为 θ 的先验分布，$\mathscr{A}$ 为决策空间，$\mathscr{X}$ 为样本空间，$L(\theta,d)$ 为损失函数. 对于随机变量 $X\in\mathscr{X}$，当给定 θ 时，X 的概率密度为 $p(x|\theta)$. 设 $d(X)$ 为决策函数，则其风险函数为

$$R(\theta,d)=E_\theta[L(\theta,d)]=E_\theta[L(\theta,d(X_1,X_2,\cdots,X_n))],\tag{3.13}$$

$$R_G(d)=E[R(\theta,d)]=\int_\Theta R(\theta,d)\mathrm{d}G(\theta),\tag{3.14}$$

称为 $d(x)$的相对于先验分布 $G(\theta)$的贝叶斯风险. 记使贝叶斯风险达到最小的贝叶斯决策为 $d_G(x)$.

在实际问题中,先验分布 $G(\theta)$往往是未知的,因而无法得到 $d_G(x)$. 假定我们关心的决策问题独立地出现,在第 i 次碰到这个问题时,样本为 X_i,参数真值为 θ_i. 我们假定 θ 有一定的先验分布 $G(\theta)$,但只知 $G(\theta)$属于某个分布族 F^*,而 $\theta_1,\cdots,\theta_n$ 可以看成从分布 $G(\theta)$中抽出的相互独立同分布样本,但我们并不知道 $\theta_1,\theta_2,\cdots,\theta_n$ 的确定值,而只知道 $X_1,X_2,\cdots,X_n$ 相互独立同分布. 分布密度为

$$m_G(x)=\int_\Theta p(x|\theta)\mathrm{d}G(\theta),$$

由于 $m_G(x)$与先验分布 $G(\theta)$有关,从而样本$(X_1,X_2,\cdots,X_n)^{\mathrm{T}}$ 中就包含了 $G(\theta)$的信息. n 越大,所包含的信息应当越多.

若我们再一次面对上述统计决策问题时,得到样本 X,真参数为 θ. 在求贝叶斯解时,可以参考由历史资料 $X_1,X_2,\cdots,X_n$ 获得的关于 $G(\theta)$的信息,以选定一个决策函数 d,这个 d 将与 $X_1,X_2,\cdots,X_n$ 有关,因而可记为 $d_n(X|X_1,\cdots,X_n)$. 我们希望它的贝叶斯风险接近真正的贝叶斯解 $d_G(X)$的贝叶斯风险 $R_G(d_G)$,并且当 $n\to\infty$时,趋向于 $R_G(d_G)$. 设 $x_1,x_2,\cdots,x_n,x$ 分别表示 $X_1,X_2,\cdots,X_n,X$ 的观测值,下面给出 $d_n(X|X_1,X_2,\cdots,X_n)$的计算方法.

首先固定 $x_1,x_2,\cdots,x_n$,这时 $d_n(x|x_1,x_2,\cdots,x_n)$只与 x 有关. 若以 E^* 表示关于(X,θ)的联合分布求期望,则决策函数 d_n 的贝叶斯风险为

$$\begin{aligned}R_G(d_n|x_1,\cdots,x_n)&=E^*[L(\theta,d_n(X|x_1,\cdots,x_n))]\\&=\int_\Theta\left[\int_{\mathscr{X}}L(\theta,d_n(x|x_1,\cdots,x_n))p(x|\theta)\mathrm{d}x\right]\mathrm{d}G(\theta),\end{aligned}\quad(3.15)$$

上式中涉及 $n+1$ 个变量 $X_1,X_2,\cdots,X_n$ 与 X,而 $X_1,X_2,\cdots,X_n$ 也是随机变量,故还要对它们求一次期望,这个期望称为 d_n 的“全面”贝叶斯风险,记为$R_G^*(d_n)$,

$$R_G^*(d_n)=\int_{\mathscr{X}}R_G(d_n|x_1,x_2,\cdots,x_n)m_G(x_1,\cdots,x_n)\mathrm{d}x_1\mathrm{d}x_2\cdots\mathrm{d}x_n.\quad(3.16)$$

定义 3.13 任何同时依赖于历史样本 $X_1,X_2,\cdots,X_n$ 和当前样本 X 的决策函数 $d_n=d_n(X|X_1,X_2,\cdots,X_n)$称为经验贝叶斯决策函数.

设 F^* 为先验分布族,参数 θ 的先验分布为 $G(\theta)$. 若对于任何 $G(\theta)\in F^*$,有

$$\lim_{n\to\infty}R_G^*(d_n)=R_G(d_G).\quad(3.17)$$

则称 d_n 为渐近最优的(简记为 a.o.)的经验贝叶斯决策函数. 当 d_n 为 θ 的估计时,称 d_n 为 θ 的渐近最优经验贝叶斯估计.

应当注意:在经验贝叶斯决策函数中,历史样本 $X_1,X_2,\cdots,X_n$ 与当前样本 X 的作用是不同的. $X_1,X_2,\cdots,X_n$ 的作用在于由之获得关于先验分布 $G(\theta)$的信息,

以帮助选定一个尽可能接近真正的贝叶斯解 $d_G(X)$ 的决策函数 $d(X|X_1,X_2,\cdots,X_n)$，而推断当前参数真值的任务则落在当前样本 X 的头上.

关于经验贝叶斯估计渐近最优性的讨论是比较复杂的工作. 可以证明，某些参数的渐近最优经验贝叶斯估计是不存在的.

例 3.20　设随机变量 X 服从泊松分布，分布律为

$$p(x|\theta)=\theta^x\mathrm{e}^{-\theta}/x!\quad(x=0,1,2,\cdots,\theta>0).$$

设参数 θ 的先验分布为 $G(\theta)$，则 X 的边缘分布为

$$m_G(x)=\int_0^\infty\frac{\mathrm{e}^{-\theta}\theta^x}{x!}\mathrm{d}G(\theta)\quad(x=0,1,\cdots,).$$

对于先验分布 $G(\theta)$，在平方损失下，可求得 θ 的贝叶斯估计为

$$d_G(x)=E(\theta|x)=\frac{\int_0^\infty\theta p(x|\theta)\mathrm{d}G(\theta)}{\int_0^\infty p(x|\theta)\mathrm{d}G(\theta)}=\frac{(1/x!)\int_0^\infty\theta^{x+1}\mathrm{e}^{-\theta}\mathrm{d}G(\theta)}{(1/x!)\int_0^\infty\theta^x\mathrm{e}^{-\theta}\mathrm{d}G(\theta)}$$

$$=(x+1)\frac{m_G(x+1)}{m_G(x)}.\tag{3.18}$$

若先验分布 $G(\theta)$ 未知，但有了历史样本 $X_1,X_2,\cdots,X_n$（样本观测值为 $x_1,\cdots,x_n$）. 它们是从分布 $m_G(x)$ 中抽出的相互独立同分布样本，故由它们可对 $m_G(x)$ 进行估计. 为了避免式(3.18)的分母为 0，取这个估计为

$$\hat{m}_G(x_1,\cdots,x_n,x)=\frac{1}{n+1}\{(x_1\cdots,x_n\text{ 中等于 }x\text{ 的个数})+1\},$$

以 $\hat{m}_G(x)$ 代替式(3.18)中的 $m_G(x)$，以 $\hat{m}_G(x_1,\cdots,x_n,x+1)$ 代替 $m_G(x+1)$ 可得 θ 的经验贝叶斯估计量为

$$d_n(X|X_1,X_2,\cdots,X_n)=(X+1)\,\hat{m}_G(X+1)/\,\hat{m}_G(X).$$

上述经验贝叶斯估计是渐近最优的，但证明较复杂，这里略去.

例 3.21　设随机变量 X 的分布密度为

$$P(x|\theta)=(2\pi)^{-1}\mathrm{e}^{-(x-\theta)^2/2},$$

θ 的先验分布为 $G(\theta)$，$\Theta=(a,b)\subset(-\infty,+\infty)$. 在平方损失下，$\theta$ 的贝叶斯估计为

$$d_G(x)=x-m'_G(x)/m_G(x),$$

其中 $m'_G(x)$ 表示 $m_G(x)$ 关于 x 的导数，$m_G(x)$ 为 X 的边缘密度. 与上述例子不同，我们用非参数密度估计方法（比如核估计）来获得 $m_G(x)$ 及 $m'_G(x)$ 的估计 $\hat{m}_G(x)$ 及 $\hat{m}'_G(x)$. 于是得到 θ 的经验贝叶斯估计为

$$d_n(X|X_1,\cdots,X_n)=X-\hat{m}'_G(x)/\,\hat{m}_G(x),$$

3.5.2　参数经验贝叶斯估计

设随机变量 X 的分布密度（或分布律）为 $p(x|\theta)$，参数 θ 的先验分布为 $G(\theta|$

$\beta) \in F^*$. 其中 β 是未知参数(一维或多维向量),F^* 为先验分布族. 若 $X_1, X_2, \cdots, X_n$ 为历史样本,X 为当前样本,则 X 的边缘分布为

$$m_G(x|\beta) = \int_\Theta p(x|\theta)\, \mathrm{d}G(\theta|\beta),$$

当 β 的估计 $\hat{\beta}$ 存在时(如矩估计,最大似然估计),θ 的先验分布可取为 $G(\theta|\hat{\beta})$. 当损失函数给定时,根据上述结果,可求出 θ 的经验贝叶斯估计.

例 3.22(续例 3.21) 在例 3.21 中,若设 θ 的先验分布族为 $F^* = \{N(0,\sigma^2), \sigma>0\}$. $X_1, X_2, \cdots, X_n$ 为历史样本,则 X 在 θ 的先验分布 $N(0,\sigma^2)$ 之下的边缘分布为 $N(0,1+\sigma^2)$. 由于 σ^2 未知,可求得 σ^2 的最大似然估计为 $\hat{\sigma}_n^2 = \frac{1}{n}\sum_{i=1}^n x_i^2 - 1$.

设当前样本为 X,取 θ 的先验分布为 $N(0,\hat{\sigma}_n^2)$,则在平方损失下 θ 的经验贝叶斯估计为

$$d_n(X|X_1,\cdots,X_n) = \frac{\hat{\sigma}_n^2}{1+\hat{\sigma}_n^2}X = X\Big[\sum_{i=1}^n X_i^2 - n\Big]\Big/\sum_{i=1}^n X_i^2, \tag{3.19}$$

其贝叶斯风险为

$$R_G(d_n|X_1,\cdots,X_n) = \hat{\sigma}_n^2/(1+\hat{\sigma}_n^2),$$

因而得到 d_n 的"全面"贝叶斯风险为

$$R_G^*(d_n) = E[\hat{\sigma}_n^2/(1+\hat{\sigma}_n^2)], \tag{3.20}$$

由大数定律知,当 $n\to\infty$ 时,$\hat{\sigma}_n^2 \to (1+\sigma^2)-1=\sigma^2$(以概率 1 成立). 于是由控制收敛定理得

$$\lim_{n\to\infty} R_G^*(d_n) = \sigma^2/(1+\sigma^2),$$

当 σ^2 已知,θ 的先验分布为 $N(0,\sigma^2)$ 时,上式右边为 θ 的贝叶斯估计的贝叶斯风险,因而式(3.17)成立. 这说明由式(3.19)决定的 d_n 是相对于先验分布族 $\{N(0,\sigma^2):\sigma>0\}$ 的渐近最优经验贝叶斯估计.

习 题 3

1. 在例 3.2 中,如果已知本年度市场的销售量服从指数分布 $E(\lambda)$,其中 λ 未知($\lambda>0$),写出样本空间及样本的分布族.
2. 在一个参数统计模型中,如果要求未知参数 θ 的单侧区间估计$(-\infty, \overline{\theta}(X_1,\cdots,X_n)]$,写出决策空间,并给出适当的损失函数.
3. 设$(X_1,\cdots,X_n)^{\mathrm{T}}$ 是取自正态总体 $N(0,\sigma^2)$ 的一个样本,其中 σ^2 未知,$\sigma^2>0$,现给出 σ^2 的五种估计量:

$$\hat{\sigma}_1^2 = \frac{1}{n-1}\sum_{i=1}^n (X_i-\overline{X})^2,\quad \hat{\sigma}_2^2 = \frac{1}{n}\sum_{i=1}^n (X_i-\overline{X})^2,$$

$$\hat{\sigma}_3^2 = \frac{1}{n+1}\sum_{i=1}^n (X_i-\overline{X})^2,\quad \hat{\sigma}_4^2 = \frac{1}{n}\sum_{i=1}^n X_i{}^2,$$

$$\hat{\sigma}_5^2 = \frac{1}{n+2}\sum_{i=1}^n X_i^2.$$

在平方损失函数 $L(\sigma^2,d)=(d-\sigma^2)^2$ 下，求出它们的风险函数，并比较风险函数值的大小.

4. 在习题 3.3 中，如果改总体分布为 $N(\mu,\sigma^2)$，其中 μ,σ^2 均未知，$-\infty<\mu<\infty,\sigma^2>0$. 试求 $\hat{\sigma}_1^2$，$\hat{\sigma}_2^2,\hat{\sigma}_3^2$ 在平方损失函数 $L(\mu,\sigma^2,d)=(d-\sigma^2)^2$ 下的风险函数，并比较风险函数值的大小.

5. 试证当总体分布密度函数为 $p(x;\theta),\theta\in\Theta$，且 θ 的先验分布的密度函数为 $\pi(\theta)$ 时，θ 的后验分布可以按下列两个公式之一计算：

(1) 当先验分布为连续型时，后验分布的密度函数为

$$\pi(\theta \mid x_1,\cdots,x_n)=\frac{\prod_{i=1}^{n} p(x_i;\theta)\pi(\theta)}{\int_{\Theta}\prod_{i=1}^{n} p(x_i;\theta)\pi(\theta)\mathrm{d}\theta},\quad \theta\in\Theta;$$

(2) 当先验分布为离散时，后验分布的概率函数为

$$\pi(\theta \mid x_1,\cdots,x_n)=\frac{\prod_{i=1}^{n} p(x_i;\theta)\pi(\theta)}{\sum_{\theta\in\Theta}\left\{\prod_{i=1}^{n} p(x_i;\theta)\pi(\theta)\right\}},\quad \theta\in\Theta.$$

6. 设总体 X 服从泊松分布 $p(\lambda)$，其中 λ 未知，$\lambda>0$；$(X_1,\cdots,X_n)^{\mathrm{T}}$ 是取自总体 X 的一个样本. 试证 λ 的共轭先验分布为 Γ 分布.

7. 设总体分布为泊松分布 $p(\lambda)$，$\lambda>0$ 是未知参数，$(X_1,\cdots,X_n)^{\mathrm{T}}$ 是来自这个总体的一个样本. 损失函数为 $L(\lambda,\hat{\lambda})=(\hat{\lambda}-\lambda)^2$，假定 λ 的先验分布密度为

$$\pi(\lambda)=\begin{cases}\lambda \mathrm{e}^{-\lambda}, & \lambda>0,\\ 0, & \lambda\leqslant 0,\end{cases}$$

试求 λ 的贝叶斯估计.

8. 设 X 服从二项分布 $B(N,p)$，p 的先验分布为区间 $(0,1)$ 上的均匀分布，$(X_1,\cdots,X_n)^{\mathrm{T}}$ 为取自 X 的样本，试在平方损失函数下，求 p 的贝叶斯估计.

9. 设总体 X 服从参数为 θ 的指数分布，$(X_1,X_2,\cdots,X_n)^{\mathrm{T}}$ 是来自总体 X 的样本，θ 的先验分布为 Γ 分布，其密度函数为

$$p(x)=\frac{1}{\Gamma(\alpha+1)\beta^{\alpha+1}}x^{\alpha}\mathrm{e}^{-x/\beta},\quad x>0,$$

其中 $\alpha>-1,\beta>0$，在平方损失函数下，求 θ 的贝叶斯估计.

10. 设某产品寿命 X 的密度函数为

$$p(x)=\begin{cases}\theta^2 x\exp\{-\theta x\}, & x>0,\\ 0, & x\leqslant 0,\end{cases}$$

$\theta>0$ 未知．θ 的先验分布密度为 $\pi(\theta)=\begin{cases}2\exp\{-2\theta\}, & \theta>0,\\ 0, & \theta\leqslant 0.\end{cases}$

$(X_1,X_2,\cdots,X_n)^{\mathrm{T}}$ 为来自 X 的样本．在平方损失函数下，求：

(1) 参数 θ 的贝叶斯估计；

(2) 平均寿命 EX 的贝叶斯估计．

11. 在例 3.11 中，如果改取损失函数 $L(p,\hat{p})=\dfrac{(\hat{p}-p)^2}{p(1-p)}$，试证：$p$ 的贝叶斯估计为 $\overline{X}=$

$\frac{1}{n}\sum_{i=1}^{n}X_i$,且它的风险函数是常数$\frac{1}{n}$.

12. 设$(X_1,X_2,\cdots,X_n)^{\mathrm{T}}$ 是来自正态总体 $N(0,\sigma^2)$的一个样本,$\sigma^2>0$,取 σ^2 的先验分布为 $\pi(\sigma^2)\propto 1$,试求 σ^2 的置信度为 $1-\alpha$ 的置信区间.

13. 设随机变量 X 服从 Γ 分布 $\Gamma\left(\alpha,\frac{1}{\theta}\right)$,其中 $\alpha>0$ 已知,θ 未知. 试在损失函数

$$L(\theta,\hat{\theta})=(\hat{\theta}-\theta)^2/\theta^2$$

下验证 $\hat{\theta}=\frac{X}{1+\alpha}$是 θ 的最小最大估计.

14. 设随机变量 X 服从二项分布 $B(n,\theta)$,$x=0,1,2,\cdots,n$. 记 $\lambda=\theta/(1-\theta)$. 假定 λ 的先验分布为 $G(\lambda)$,X 的边缘分布密度为 $m_G(x)$. 若用$\hat{m}_G(x)$表示 $m_G(x)$的估计,试在平方损失下求参数 λ 的经验贝叶斯估计.

第4章 假设检验

在科学研究、工业生产及生活中，常常要对一些问题作出肯定或否定的回答. 如某种药物有疗效吗？一批产品的合格率是否符合规定标准？此时常常需要作出适当的假设(hypothesis)，然后再进行试验或观测，得到统计样本，最后根据样本，构造统计方法进行判断，决定是否接受这个假设. 假设检验就是这样一种统计推断方法. 本章介绍假设检验的基本概念，参数的假设检验方法和非参数的检验方法.

4.1 假设检验的基本概念

假设检验有一套系统的理论，深入理解这个理论中所贯穿的思维方式非常必要. 先来考察一个例子.

例 4.1 某厂有一批产品，共一万件，须经检验后方可出厂. 按规定标准，合格品率需达 99%以上. 今在其中抽取 100 件产品进行抽样检查，发现有4 件次品，问这批产品能否出厂？

解 本例中记产品的合格率为 $1-p$，次品率为 p，假设检验要解决的问题是：如何根据样品的次品率 4/100 来推断整批产品的次品率是否超过了 1%，问题就相当于要对假设：

$$H_0：\quad \text{整批产品的次品率 } p \text{ 不超过 } 1\%$$

作出接受或拒绝的判断. 显然，样本中不合格品的数目越大，假设成立的可能性越小；反之，样本中不合格品的数目越小，假设成立的可能性越大. 这样，问题最后归结为：对于给定的样本容量 $n(n=100)$，如何确定不合格品率的一个临界值 K，当检验出样本中的不合格品数超过 K 时，就拒绝假设 H_0，即认为：整批产品的次品率超过 1%.

记事件"样本中的次品超过 K 个"为 A，则它的对立事件为 $\overline{A}$，用 $P_p(A)$记当次品率为 p 时，A 发生的概率，则 $P_p(\overline{A})$为当次品率为 p 时，$\overline{A}$ 发生的概率. 则

$$P_p(A)=\sum_{j=K+1}^{100}\mathrm{C}_{100}^{j}p^j(1-p)^{100-j}, \tag{4.1}$$

$$P_p(\overline{A})=\sum_{j=0}^{K}\mathrm{C}_{100}^{j}p^j(1-p)^{100-j},$$

$P_p(A)$是当次品率为 p 时 H_0 遭拒绝的概率，而 $P_p(\overline{A})$是当次品率为 p 时 H_0 被接受的概率. 一方面，当 H_0 成立时($p\leqslant 0.01$)，有可能因事件 A 发生而遭到拒绝；

另一方面，当 H_0 不成立时($p>0.01$)，有可能 $\bar{A}$ 发生而被接受. 这两种错误都有可能发生，而且可以证明无法做到将犯两种错误的概率同时减少到最小. 一般做法是：选定一个临界概率值 α，如 1%，5%或 10%等，限制 H_0 错误地被拒绝的概率不能超过 α，即

$$\sup_{p\leqslant 0.01} P_p(A)\leqslant \alpha.$$

进而根据这种做法可以确定 K，由于

$$P_p(A)=\sum_{j=K+1}^{100} C_{100}^{j} p^j(1-p)^{100-j}$$

是 p 的单调升函数，则只需令 $P_{0.01}(A)=\alpha$ 即可定出 K. 如取 $\alpha=5\%$，当$K=1$ 时，$P_{0.01}(A)=0.268$；当 $K=2$ 时，$P_{0.01}(A)=0.023$，也就是说，当 100 个样本中存在三个或三个以上的次品时就拒绝 H_0，即认为产品次品率超过 1%，本例中存在 4 个次品，说明这批产品不能出厂.

这个例子体现了假设检验的基本思想，实际上仔细研究一下还存在如下问题：

(1) 如何确定假设 H_0，是选择"次品率 p 超过 1%"还是"次品率 p 不超过 1%"，这在假设检验中是需要讨论的；

(2) 临界概率值 α 如何确定，对于一些问题可能选取不同的 α，导致完全不同的结果；

(3) 如何定义一个统计量 T，计算出一个临界值，当 T 超过这个临界值时做出接受或拒绝假设的结论. 在例 4.1 中，T 被定义为样本中不合格品的个数，当 $T>2$ 就拒绝假设 H_0.

如何确定样本容量 n? 如果对同一假设 H_0，可以构造多个统计量，进行假设检验，如何选择最优统计量？本章将对大部分问题进行论述，现在来叙述假设检验问题的一般定义和基本概念.

4.1.1 零假设与备选假设

在研究实际问题时，为了对实际问题做出决断，需要做出适当的假设，然后根据样本进行判断，回答是接受还是拒绝这个假设，二者必选其一. 用统计模型来表达，可描述为：设 $\mathscr{F}$ 为一分布族，$\mathscr{F}_0$ 为 $\mathscr{F}$ 的子分布族，总体的分布为 F，一个假设可以一般地表示为 $H_0: F\in\mathscr{F}_0$. 如果 $\mathscr{F}$ 是一个参数分布族 $\mathscr{F}=\{F(x;\theta),\theta\in\Theta\}$，$\mathscr{F}_0=\{F(x;\theta),\theta\in\Theta_0\}$，$\Theta_0\subset\Theta$，在这种情况下，假设可以表示为参数假设检验的形式 $H_0:\theta\in\Theta$. 以下先集中讨论参数假设检验.

一般把上述假设 $H_0:\theta\in\Theta_0$ 称为"零假设"或"原假设". 当零假设被拒绝时，从逻辑上讲就意味着接受一个与之不同的假设，一般称为"备选假设"记为 H_1. 如果事先不指明备选假设，则拒绝 H_0 的含义就是接受备选假设 $H_1:\theta\in\Theta-\Theta_0$. 但在一些实际问题中，常常指明备选假设 $H_1:\theta\in\Theta_1$，$\Theta_1\subset\Theta-\Theta_0$.

一个以 H_0 为零假设，H_1 为备选假设的假设检验问题常记为：

$$H_0:\theta\in\Theta_0\leftrightarrow H_1:\theta\in\Theta_1, \tag{4.2}$$

其中 $\Theta_0\cup\Theta_1\subset\Theta,\Theta_0\cap\Theta_1=\varnothing$. 当 $\Theta_1=\Theta-\Theta_0$ 时，备选假设称为零假设的逻辑对立假设，这时也可以不写出. 若 Θ_0,Θ_1 只含有一个值，称 H_0,H_1 是简单假设，否则称 H_0,H_1 是复合假设.

对于一个实际问题，选择哪一个为零假设，哪一个为备选假设是非常重要的. 由于零假设是作为检验的前提提出来的. 因而，零假设通常受到保护，而备选假设是当零假设被拒绝后才能被接受，这就决定了零假设与备选假设不是处于对等的地位. 一般假设检验的做法是：选择一个检验，使得当 H_0 为真时，拒绝 H_0 的犯错误概率小于 α. 这就体现了保护零假设的思想.

但究竟如何选择 H_0，对于不同的问题，选择的出发点是不同的. 例如要检验一种新的药品是否有效，从制药公司来说，选择新药无效作为原假设 H_0，并希望拒绝这一假设，如果取 $\alpha=0.05$，抽取样本，检验确实拒绝 H_0，则公司能以 95%的把握确定公司没有作出一个错误的断言，可以让患者放心用药. 从医生来说，他可选择新药有效作为原假设 H_0，并希望拒绝 H_0，因为原来的药品已经长期使用，被证明是有效的，那么一种并不特别有效的新药投放市场不仅不会给患者带来多少好处，反而可能造成一些不良效果，如未发现的副作用. 如果通过临床试验，取 $\alpha=0.05$，检验确实拒绝了 H_0，则医生能以 95%的把握确定他没有作出一个错误的断言. 也就是说，本来新药有效，他作出新药无效断言，这一犯错误事件的概率仅为 5%.

4.1.2　检验规则

为了在 H_0 和 H_1 之间作出选择，需要一个行动规则，对一组样本观测值 $\boldsymbol{x}=(x_1,\cdots,x_n)^{\mathrm{T}}$，这个规则必须告诉我们应接受 H_0，还是接受 H_1，这样的规则称为检验规则. 在例 4.1 中，检验规则是 $K>2$ 时拒绝 H_0. 考虑另一个例子.

例 4.2　某电器零件的平均电阻一直保持在 2.64 欧姆，改变加工工艺后，测得 100 个零件的平均电阻为 2.62 欧姆，如电阻值服从正态分布，改变工艺前后电阻的均方差保持在 0.06 欧姆，问新工艺对此零件的电阻有无显著影响？

解　由题设知电阻 $X\sim N(\mu,\sigma_0^2)$，设 $(X_1,\cdots,X_{100})^{\mathrm{T}}$ 为其一组样本，现在取假设检验为：

$$H_0:\mu=2.64\leftrightarrow H_1:\mu\neq 2.64,$$

由样本均值 $\overline{X}$ 的性质得知：

$$E\overline{X}=\mu,\quad D(\overline{X})=\frac{\sigma_0^2}{n}.$$

当 H_0 成立时，$\overline{X}\sim N\left(\mu_0,\frac{\sigma_0^2}{n}\right)$，这里 $\mu_0=2.64,\sigma_0=0.06,n=100$. 因而

$$V=\frac{\overline{X}-\mu_0}{\sigma_0/\sqrt{n}}\overset{H_0}{\sim}N(0,1),$$

这里记号“$V\overset{H_0}{\sim}N(0,1)$”表示 H_0 成立之下，V 服从标准正态分布. 则对于给定的 α（一般常取 $\alpha=0.05, 0.01$ 或 0.10），查附表 1 可得满足下式的 $u_{\alpha/2}$，

$$P_{\mu_0}\left\{\frac{|\overline{X}-\mu_0|}{\sigma_0}\sqrt{n}\geqslant u_{\alpha/2}\right\}=\alpha.$$

对本例 $n=100, \mu_0=2.64, \sigma_0^2=0.06^2$ 上式即为

$$P\left\{\frac{|\overline{X}-2.64|}{0.06}\cdot 10\geqslant 1.96\right\}=0.05,$$

这表明当假设 H_0 成立时，事件 $\left\{\frac{|\overline{X}-2.64|}{0.06}\cdot 10\geqslant 1.96\right\}$ 是一概率为 0.05 的小概率事件，平均在 20 次抽样中大约有一次发生，如果在一次抽样中，小概率事件发生了，使人感到不正常，究其原因，可认为原假设 $H_0:\mu=\mu_0$ 有问题，因此，应该拒绝 $H_0:\mu=\mu_0$，即不能认为新工艺对零件的电阻无显著影响.

大多数问题表明，所有自然产生的检验，都具有刚才所叙述的那种结构，即：对所考虑的假设检验问题，可构造一个统计量 T，当 H_0 成立时，T 有偏小的趋势；当 H_0 不成立时，T 有偏大的趋势，我们可以选择一个适当的数 λ，对于一个样本观测值 $\boldsymbol{x}=(x_1,\cdots,x_n)^{\mathrm{T}}$，若 $T(\boldsymbol{x})\geqslant\lambda$，则否定 H_0；否则接受 H_0，称 T 是检验统计量，λ 是检验的临界值. 如果设 Ω 是所有样本 $\boldsymbol{X}$ 取值构成的集合，则根据检验统计量 T，可将 Ω 分为正交的两个子集.

$$W=\{\boldsymbol{x}:\boldsymbol{x}\in\Omega, \boldsymbol{x}\text{ 使 }H_0\text{ 否定}\},\tag{4.3}$$

若令 $\overline{W}=\Omega-W$，则 $\Omega=\overline{W}\cup W, W\cap\overline{W}=\varnothing$. 一般称 W 为检验的拒绝域. 因此，如果一个检验，当且仅当 $T(\boldsymbol{x})\geqslant\lambda$ 时否定 H_0，则此检验的拒绝域恰好是 $\{\boldsymbol{x}:T(\boldsymbol{x})\geqslant\lambda\}$. 从这个意义上说，一个检验就是对样本空间 Ω 的一个划分：$\overline{W}, W$，满足 $\overline{W}\cup W=\Omega, \overline{W}\cap W=\varnothing$. 当样本观测值落入 $\overline{W}$ 中时就接受 H_0（拒绝 H_1）；而当样本观测值落入 W 中时就拒绝 H_0（接受 H_1），因而 $\overline{W}$ 也称为接受域.

在例 4.1 中 $W=\{K>2\}$，在例 4.2 中

$$W=\left\{\frac{|\overline{X}-\mu_0|}{\sigma_0}\sqrt{n}>u_{\alpha/2}\right\}.$$

为了更简单地表述假设检验，借助于示性函数，引入检验函数 $\delta(\boldsymbol{x})$：

$$\delta(\boldsymbol{x})=\begin{cases}1, & \boldsymbol{x}\in W,\\ 0, & \boldsymbol{x}\notin W,\end{cases}\tag{4.4}$$

由(4.4)可知，若有样本 $\boldsymbol{x}$ 使 $\delta(\boldsymbol{x})=1$，则否定 H_0；若使 $\delta(\boldsymbol{x})=0$，则接受 H_0. 至此，我们将一个假设检验问题与样本空间 Ω 的一个划分问题一一对应起来，或者说将一个假设检验问题与一个检验函数 $\delta(\boldsymbol{x})$ 一一对应起来. 对一个假设检验的问题讨

论,只须对检验函数讨论即可,也就是说我们检验函数描述一个检验.

4.1.3　两类错误的概率和检验的水平

给定一个检验,记它的拒绝域为 W,检验函数 $\delta(\boldsymbol{x})$ 为:

$$\delta(\boldsymbol{x})=\begin{cases}1, & \boldsymbol{x}\in W,\\ 0, & \boldsymbol{x}\notin W.\end{cases}$$

当我们用它来检验(4.2)时,有可能犯两类错误.第一类错误是:零假设成立时,由于样本落在拒绝域中而错误地拒绝零假设.第一类错误又可称为"弃真错误",其概率为

$$E_\theta(\delta(\boldsymbol{X}))=P_\theta\{\boldsymbol{X}\in W\},\qquad \theta\in\Theta_0.$$

第二类错误是:零假设不成立时,由于样本落在接受域中而错误地接受零假设.第二类错误又可称为"存伪错误",其概率为

$$E_\theta(1-\delta(\boldsymbol{X}))=P_\theta\{\boldsymbol{X}\notin W\},\quad \theta\in\Theta_1.$$

例 4.3　对例 4.1 中的检验问题,若选择

$$H_0: p\leqslant 0.01,\qquad H_1: p>0.01,$$

采用检验:

$$\delta_1(\boldsymbol{x})=\begin{cases}1, & \boldsymbol{x}\in W_1,\\ 0, & \boldsymbol{x}\notin W_1,\end{cases}\qquad \delta_2(\boldsymbol{x})=\begin{cases}1, & \boldsymbol{x}\in W_2,\\ 0, & \boldsymbol{x}\notin W_2,\end{cases}$$

这里 $W_1=\{\boldsymbol{x}: T(\boldsymbol{x})>1\}$,$W_2=\{\boldsymbol{x}: T(\boldsymbol{x})>2\}$,$T(\boldsymbol{x})$ 为 100 个样本中次品个数.试求两种检验的两类错误.

对于检验 $\delta_1(\boldsymbol{X})$,犯第一类错误的概率为

$$\begin{aligned}E_p(\delta_1(\boldsymbol{X}))&=P_p\{\boldsymbol{X}\in W_1\}=P_p\{T(\boldsymbol{X})>1\}\\&=1-(1-p)^{100}-100p(1-p)^{99},\quad p\leqslant 0.01,\end{aligned}$$

这个概率的最大值在 $p=0.01$ 处达到,等于 0.268.犯第二类错误的概率为

$$\begin{aligned}E_p(1-\delta_1(\boldsymbol{X}))&=P_p\{\boldsymbol{X}\notin W_1\}=P_p\{T(\boldsymbol{X})\leqslant 1\}\\&=(1-p)^{100}+100p(1-p)^{99},\quad p>0.01,\end{aligned}$$

这个概率的上界在 $p=0.01$ 处达到,为 $1-0.268=0.732$.

对于检验 $\delta_2(\boldsymbol{X})$,犯第一类错误的概率为

$$\begin{aligned}E_p(\delta_2(\boldsymbol{X}))&=P_p\{\boldsymbol{X}\in W_2\}=P_p\{T(\boldsymbol{X})>2\}\\&=1-(1-p)^{100}-100p(1-p)^{99}-100\cdot 99p^2(1-p)^{98},\quad p\leqslant 0.01,\end{aligned}$$

这个概率在 $p=0.01$ 处达到最大值,约为 0.023.犯第二类错误的概率为

$$\begin{aligned}E_p(1-\delta_2(\boldsymbol{X}))&=P_p\{\boldsymbol{X}\notin W\}\\&=(1-p)^{100}+100p(1-p)^{99}+100\cdot 99p^2(1-p)^{98},\quad p>0.01,\end{aligned}$$

这个概率在 $p=0.01$ 处达到最大值,约为 0.977.对于二个检验 δ_1,δ_2,犯两类错误概率的最大值列于表 4.1 中.

表 4.1 犯两类错误的最大值

检验	犯第一类错误最大值	犯第二类错误最大值
δ_1	0.268	0.732
δ_2	0.023	0.977

比较这两个检验，δ_1 犯第二类错误概率相对较小，犯第一类错误概率相对较大；δ_2 犯第一类错误概率相对较小，犯第二类错误概率相对较大. 在假设检验问题中，通常遇到这种情况：想减少犯第一类错误的概率时，犯第二类错误的概率就会增加；反之亦然. 对于这种两难问题，根据保护零假设的原则，Neyman-Pearson 提出了如下处理原则：事先指定一个小的正数 α，要求一个检验 $\delta(\boldsymbol{x})$ 犯第一类错误的概率应该受到限制，不能超过 α，即满足：

$$\sup_{\theta\in\Theta_0} E(\delta(\boldsymbol{X})) = \sup_{\theta\in\Theta_0} P_\theta\{\boldsymbol{X}\in W\} \leqslant \alpha. \tag{4.5}$$

一般称 α 为检验的显著水平(简称水平). 若一个检验 $\delta(\boldsymbol{x})$ 满足(4.5)，则称这个检验 $\delta(\boldsymbol{x})$ 为水平 α 的检验. 根据这一原则，可进一步定义检验的比较.

定义 4.1 设 δ_1,δ_2 是检验问题(4.2)的水平为 α 的两个检验，若

$$E_\theta(\delta_1(\boldsymbol{X})) \geqslant E_\theta(\delta_2(\boldsymbol{X})), \quad \theta\in\Theta_1$$

对一切 $\theta\in\Theta_1$ 成立，则称检验 δ_1 一致地优于检验 δ_2.

这一定义表明，如果限制两个检验犯第一类错误概率的最大值均小于 α，则哪个检验犯第二类错误的概率小，哪个检验为优. 将这一定义可推广到多个比较，为此，先引入势函数的概念.

4.1.4 势函数与无偏检验

定义 4.2 对于检验 $\delta(\boldsymbol{x})$，可以定义一个函数

$$\beta(\theta) = E_\theta(\delta(\boldsymbol{X})) = P_\theta\{\boldsymbol{X}\in W\}, \tag{4.6}$$

称 $\beta(\theta)$ 为这个检验的势函数(power function)，又称为功率函数. 根据定义式(4.6)知，当 $\theta\in\Theta_0$ 时，$\beta(\theta)$ 为犯第一类错误的概率；当 $\theta\in\Theta_1$ 时，$1-\beta(\theta)$ 为犯第二类错误的概率，或者说此时 $\beta(\theta)$ 为一个正确决策的概率. 因此 $\beta(\theta)$ 在 Θ_0 上越小越好，在 Θ_1 上越大越好. 对于许多统计模型，势函数 $\beta(\theta)$ 是 θ 的连续函数，因此在 Θ_0 和 Θ_1 的边界上弃真错误的概率与正确决策的概率之间有连续的过渡. 对于一个合理的检验，应该要求它满足

$$\beta(\theta_1) \geqslant \beta(\theta_0), \quad \forall\,\theta_1\in\Theta_1, \theta_0\in\Theta_0. \tag{4.7}$$

满足条件式(4.7)的水平 α 的检验称为无偏检验. 对一个真实水平为 α 的检验，式(4.7)等价于

$$\beta(\theta) \geqslant \alpha, \quad \forall\,\theta\in\Theta_1.$$

定义 4.3 如果存在检验 δ_0，对于任何水平小于等于 α 的检验 δ，均有

$$E_\theta(\delta_0(\boldsymbol{X})) \geqslant E_\theta(\delta(\boldsymbol{X})), \quad \forall \theta \in \Theta_1$$

成立，则称检验 δ_0 是水平为 α 的一致最优势检验(uniformly most powerful).

例 4.4 设总体 X 服从 $N(\mu,\sigma_0^2)$分布，σ_0^2 已知，$(X_1,X_2,\cdots,X_n)^{\mathrm{T}}$ 是来自 X 的样本，试求检验问题 $H_0:\mu=\mu_0 \leftrightarrow H_1:\mu\neq\mu_0$ 的势函数.

解 对于检验水平 α，该检验问题的拒绝域为

$$W=\left\{x:\frac{|\bar{x}-\mu_0|}{\sigma_0/\sqrt{n}}\geqslant u_{\alpha/2}\right\},$$

则检验的势函数为

$$\begin{aligned}
\beta(\mu) &= P_\mu\left\{\frac{|\overline{X}-\mu_0|}{\sigma_0/\sqrt{n}}\geqslant u_{\alpha/2}\right\} \\
&= P_\mu\left\{\overline{X}\geqslant \mu_0+u_{\alpha/2}\frac{\sigma_0}{\sqrt{n}}\right\}+P_\mu\left\{\overline{X}\leqslant \mu_0-u_{\alpha/2}\frac{\sigma_0}{\sqrt{n}}\right\} \\
&= P_\mu\left\{\frac{\overline{X}-\mu}{\sigma_0/\sqrt{n}}\geqslant \frac{\mu_0-\mu}{\sigma_0/\sqrt{n}}+u_{\alpha/2}\right\}+P_\mu\left\{\frac{\overline{X}-\mu}{\sigma_0/\sqrt{n}}\leqslant \frac{\mu_0-\mu}{\sigma_0/\sqrt{n}}-u_{\alpha/2}\right\} \\
&= 1-\Phi\left(\frac{\mu_0-\mu}{\sigma_0/\sqrt{n}}+u_{\alpha/2}\right)+\Phi\left(\frac{\mu_0-\mu}{\sigma_0/\sqrt{n}}-u_{\alpha/2}\right).
\end{aligned}$$

显然 $\beta(\mu)$是 μ 的连续、单调增函数. 在图 4.1 中，对 $\mu_0=0$ 和各种不同的 n 给出了该势函数的具体曲线图形. 从图中可以看出，样本容量越大，势函数越陡，对应的检

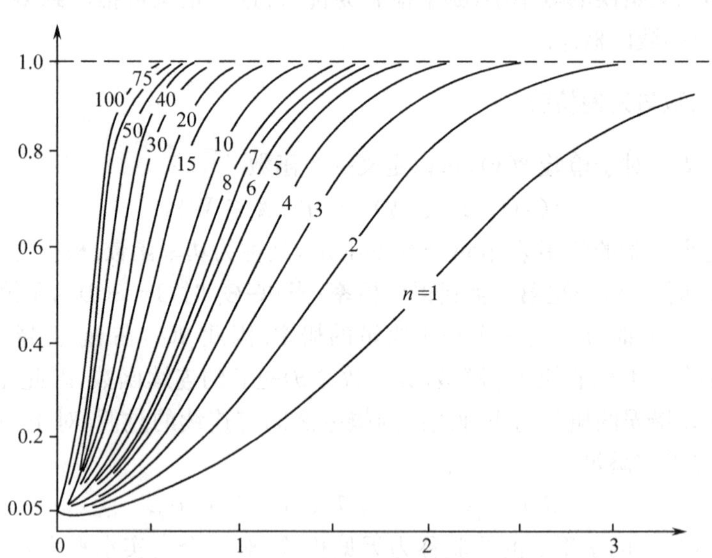

图 4.1 u 检验法的势函数

验就越好.

在许多文献和通用统计软件的输出中,并不是根据给定的水平来确定检验统计量的临界值,而是采取尾概率的表示方法. 对于一真实水平为 α 的检验 $\delta(x)$,假设检验问题为式(4.2),$W=\{T\geqslant t_\alpha\}$,$\Theta_0=\{\theta_0\}$,则

$$P_{\theta_0}\{T\geqslant t_\alpha\}=\alpha.$$

假定在得到样本观测值后,得到 $T=t$,计算 $p=P_{\theta_0}(T\geqslant t)$,这个概率就称为尾概率或称为 p 值. 则当 $p<\alpha$ 时就拒绝 H_0,否则就接受 H_0.

4.2 正态总体均值与方差的假设检验

4.2.1 t 检验

假设总体 $X\sim N(\mu,\sigma_0^2)$,σ_0^2 已知,要检验

$$H_0:\mu=\mu_0\leftrightarrow H_1:\mu\neq\mu_0.$$

在上节的例 4.2 和例 4.4 中,选取了统计量

$$U=\frac{\overline{X}-\mu_0}{\sigma_0/\sqrt{n}},$$

当 H_0 成立时,$U\sim N(0,1)$分布. 这种利用服从标准正态分布的统计量作为检验统计量的检验称之为 U 检验.

1. *方差未知时,单个正态总体均值的检验*

现在仍假定总体服从正态分布 $N(\mu,\sigma^2)$,μ,σ^2 均为未知参数,$(X_1,X_2,\cdots,X_n)^{\mathrm{T}}$ 是总体容量为 n 的样本,欲检验假设 $H_0:\mu=\mu_0\leftrightarrow H_1:\mu\neq\mu_0$. 一个自然的想法是以修正样本方差代替总体方差构造统计量

$$T=\frac{\overline{X}-\mu_0}{S_n^*/\sqrt{n}},$$

其中 ${S_n^*}^2=\dfrac{1}{n-1}\sum\limits_{i=1}^{n}(X_i-\overline{X})^2$. 当假设 H_0 成立时,T 服从自由度为 $n-1$ 的 t 分布. 当 $|T|$ 的值大时,假设不大可能成立,应否定 H_0. 所以,对给定 $0<\alpha<1$,由 t 分布表即可得检验的临界值 $t_{\frac{\alpha}{2}}(n-1)$使

$$P\{|T|\geqslant t_{\frac{\alpha}{2}}(n-1)\}=\alpha,$$

即

$$P\left\{\frac{|\overline{X}-\mu_0|}{S_n^*}\sqrt{n}\geqslant t_{\frac{\alpha}{2}}(n-1)\right\}=\alpha,$$

故检验的拒绝域为

$$W=\left\{\boldsymbol{x}:\frac{|\bar{x}-\mu_0|}{s_n^*}\sqrt{n}\geqslant t_{\frac{\alpha}{2}}(n-1)\right\}.\tag{4.8}$$

若$|T|\geqslant t_{\frac{\alpha}{2}}(n-1)$，拒绝假设$H_0$，即认为总体均值与$\mu_0$有显著差异；若$|T|<t_{\frac{\alpha}{2}}(n-1)$，则接受$H_0$，即认为总体均值与$\mu_0$无显著差异. 这种利用服从$t$分布的统计量作为检验统计量的检验方法称为$t$检验法. 双边$t$检验的势函数为

$$\begin{aligned}\beta(\delta) &= P_\mu\{|T|\geqslant t_{\frac{\alpha}{2}}(n-1)\}\\ &= 1-k\int_0^\infty x^{n-2}\varphi(x)\left\{\Phi\left[\frac{xt_{\frac{\alpha}{2}}(n-1)}{\sqrt{n-1}}-\delta\right]\right.\\ &\qquad \left.-\Phi\left[\frac{-xt_{\frac{\alpha}{2}}(n-1)}{\sqrt{n-1}}-\delta\right]\right\}\mathrm{d}x, \end{aligned}\tag{4.9}$$

其中$k=\sqrt{2\pi}/2^{\frac{1}{2}(n-3)}\Gamma\left(\frac{n-1}{2}\right)$，$\varphi$和$\Phi$分别为标准正态分布的密度和分布函数，$\delta=\frac{\sqrt{n}(\mu-\mu_0)}{\sigma}$. $\beta(\delta)$作为δ的函数，具有下述性质：

(i)关于$\delta=0$是对称的；

(ii)是$|\delta|$的增函数.

就是说，它的表现和$H_0:\mu=\mu_0$(σ^2已知)的双边检验的势函数是相像的.

例 4.5　某切割机在正常工作时，切割每段金属棒的平均长度为10.5 cm. 今从一批产品中随机的抽取15段进行测量，其结果如下：

10.4，10.6，10.1，10.4，10.5，10.3，10.3，10.2，10.9

10.6，10.8，10.5，10.7，10.2，10.7.

假设切割的金属棒的长度服从正态$N(\mu,\sigma^2)$分布，试问该切割机工作是否正常($\alpha=0.05$)？

解　问题是要检验假设$H_0:\mu=10.5\leftrightarrow H_1:\mu\neq 10.5$. 因$\sigma^2$未知，现在要用$t$检验. 由样本值计算出

$$\bar{x}=\frac{1}{15}(10.4+10.6+\cdots+10.2+10.7)=10.48,$$

$$s_n^{*2}=\frac{1}{14}\left(\sum_{i=1}^n x_i^2-n\bar{x}^2\right)=0.056,$$

从而计算得

$$t=\frac{\bar{x}-10.5}{s_n^*}\sqrt{n}=\frac{10.48-10.5}{0.2366}\sqrt{15}\approx -0.3274.$$

对$\alpha=0.05$，由附表2查得$t_{0.025}(14)=2.1448$，由于$|t|=0.3274<t_{0.025}(14)$，故接受原假设H_0，即认为切割机工作正常.

2. 方差未知时两个正态总体均值的检验

设$(X_1,X_2,\cdots,X_{n_1})^{\mathrm{T}}$和$(Y_1,Y_2,\cdots,Y_{n_2})^{\mathrm{T}}$分别是来自两个独立分布$F$和$G$的

随机样本，我们常常要根据这两组样本，比较 F 和 G 为分布的两个总体. 例如，检验一种药物对病人某个指标量(如血压)的影响. 这时$(X_1,X_2,\cdots,X_{n_1})^{\mathrm{T}}$ 可以是对服用“安慰”剂病人测得的血压，而$(Y_1,\cdots,Y_{n_2})^{\mathrm{T}}$ 是对服用某种药物的病人测得的血压. 对于定量的测量结果，譬如血压、高度、重量、长度、体积、温度等等，通常都假定$(X_1,X_2,\cdots,X_{n_1})^{\mathrm{T}}$ 和$(Y_1,Y_2,\cdots,Y_{n_2})^{\mathrm{T}}$ 分别是来自独立正态总体 $N(\mu_1,\sigma^2)$ 和 $N(\mu_2,\sigma^2)$的样本. 要检验假设

$$H_0:\mu_1=\mu_2\leftrightarrow H_1:\mu_1\neq\mu_2,$$

这是在两个正态总体在方差相等的条件下检验均值是否相等. 统计量

$$T=\frac{\overline{X}-\overline{Y}}{\sqrt{(n_1-1)S_{1n_1}^{*2}+(n_2-1)S_{2n_2}^{*2}}}\sqrt{\frac{n_1n_2(n_1+n_2-2)}{n_1+n_2}} \tag{4.10}$$

在假设 H_0 成立的条件下，服从自由度为 n_1+n_2-2 的 t 分布. 给定显著水平 α，由附表 2 可查得 $t_{\frac{\alpha}{2}}(n_1+n_2-2)$使

$$P\{|T|\geqslant t_{\frac{\alpha}{2}}(n_1+n_2-2)\}=\alpha,$$

故检验的拒绝域为：

$$W=\left\{\frac{|\bar{x}-\bar{y}|}{\sqrt{(n_1-1)s_{1n_1}^{*2}+(n_2-1)s_{2n_2}^{*2}}}\cdot\sqrt{\frac{n_1n_2(n_1+n_2-2)}{n_1+n_2}}\geqslant t_{\frac{\alpha}{2}}(n_1+n_2-2)\right\}. \tag{4.11}$$

例 4.6 比较两种安眠药 A 与 B 的疗效，对两种药分别抽取 10 个失眠者为实验对象，以 X 表示使用A 后延长的睡眠时间，Y 表示使用 B 后延长的睡眠时间(单位：h)，试验结果如下：

X： 1.9,0.8,1.1,0.1,−0.1,4.4,5.5,1.6,4.6,3.4;

Y： 0.7,−1.6,−0.2,−1.2,−0.1,3.4,3.7,0.8,0,2.0.

假定 X,Y 分别服从正态 $N(\mu_1,\sigma^2)$和 $N(\mu_2,\sigma^2)$分布，试问两种药的疗效有无显著差异($\alpha=0.01$)?

解 1 由试验方案知 X 与 Y 独立，要求检验假设

$$H_0:\mu_1=\mu_2\leftrightarrow H_1:\mu_1\neq\mu_2.$$

现在 $n_1=n_2=10,\bar{x}=2.33\mathrm{h},s_{1n_1}^{*2}=4.132,\bar{y}=0.75\mathrm{h},s_{2n_2}^{*2}=3.201$，代入公式(4.10)得

$$t=\frac{\bar{x}-\bar{y}}{\sqrt{(n_1-1)s_{1n_1}^{*2}+(n_2-1)s_{2n_2}^{*2}}}\sqrt{\frac{n_1n_2(n_1+n_2-2)}{n_1+n_2}}$$

$$=\frac{2.33-0.75}{\sqrt{(4.132+0.75)9}}\sqrt{\frac{10\cdot10\cdot(10+10-2)}{10+10}}$$

$$= \frac{4.9964}{2.2095} = 2.2613.$$

自由度为 $n=n_1+n_2-2=10+10-2=18$，由 $\alpha=0.01$，查附表 2 得 $t_{0.005}(18)=2.8784$，于是 $|t|=2.26213<2.88784=t_{\frac{\alpha}{2}}(18)$，所以接受假设 H_0，即认为两种安眠药的疗效无显著差异.

解 2 如果在本例中，只选了 10 个失眠者为实验对象，先服用安眠药 A，以 X 表示服用 A 后延长的睡眠时间，经过一段时间后，再服用安眠药 B，用 Y 表示延长的睡眠时间. 因为对同一个病人服用两种药后延长的睡眠时间会有联系，如对重患者都延长的少，对轻患者都延长的多，所以，这两个样本不能认为是相互独立的简单随机样本. 因而，我们考虑指标：$Z=X-Y$，且假定 Z 服从正态分布 $N(\mu,\sigma^2)$，欲检验假设 $H_0:\mu=0\leftrightarrow H_1:\mu\neq 0$.

对总体 Z，样本观察值为

$$Z:\ 1.2, 2.4, 1.3, 1.3, 0, 1.0, 1.8, 0.8, 4.6, 1.4.$$

计算得：$\bar{z}=1.580$，$s_n^*=1.230$，由一个正态总体均值的 t 检验得

$$t = \frac{\bar{z}}{s_n^*}\sqrt{n} = \frac{1.580}{1.230}\cdot\sqrt{10} = 4.062.$$

对 $\alpha=0.01$，由附表 2 查得 $t_{\frac{\alpha}{2}}(9)=3.35$，因为 $|t|=4.062>3.35=t_{\frac{\alpha}{2}}(9)$，故拒绝假设 H_0，即认为两种药的疗效有显著差异. 解 2 给出的方法称为配对试验的假设检验方法.

由本例看出，同一批试验数据，看成由不同的试验方法得来，采用不同的数学模型和检验方法，所得的结论截然不同. 因此对同一批试验数据，到底用配对试验的分析方法还是用非配对的分析方法，要根据试验的性质而确定.

4.2.2 χ^2 检验

设 $(X_1,X_2,\cdots,X_n)^{\mathrm{T}}$ 是从正态总体 $N(\mu,\sigma^2)$ 中抽得的一个样本，欲检验假设 $H_0:\sigma^2=\sigma_0^2\leftrightarrow H_1:\sigma^2\neq\sigma_0^2$.

由 4.2 已经看到样本方差 S_n^2 是 σ^2 的最大似然估计，$ES_n^2=\frac{n-1}{n}\sigma^2$，$DS_n^2=\frac{2(n-1)}{n^2}\sigma^4$，它们都与均值 μ 无关. 由此可见当 $H_0(\sigma^2=\sigma_0^2)$ 成立时，S_n^2 集中在 $\frac{n-1}{n}\sigma_0^2$ 的周围波动，否则将偏离 $\frac{n-1}{n}\sigma_0^2$. 因此，样本方差是检验假设 $H_0(\sigma^2=\sigma_0^2)$ 的合适的统计量.

$$\chi^2 = \frac{nS_n^2}{\sigma_0^2} = \frac{\sum_{i=1}^{n}(X_i-\overline{X})^2}{\sigma_0^2}, \tag{4.12}$$

在假设 $H_0(\sigma^2=\sigma_0^2)$成立时，服从自由度为 $n-1$ 的 χ^2 分布.

对给定的检验水平 α，选取 $\lambda_{1\alpha}$和$\lambda_{2\alpha}$使得下面两式成立：

$$\int_{\lambda_{1\alpha}}^{\lambda_{2\alpha}}\chi^2(x;n-1)\mathrm{d}x=1-\alpha, \tag{4.13}$$

$$\int_{\lambda_{1\alpha}}^{\lambda_{2\alpha}}\chi^2(x;n-1)\mathrm{d}x=\frac{1}{n-1}\int_{\lambda_{1\alpha}}^{\lambda_{2\alpha}}x\chi^2(x;n-1)\mathrm{d}x. \tag{4.14}$$

将样本观察值代入式(4.12)，计算出 χ^2 的观察值 $\hat{\chi}^2$. 如果 $\hat{\chi}^2\leqslant\lambda_{1\alpha}$或$\hat{\chi}^2\geqslant\lambda_{2\alpha}$，则拒绝假设 $H_0(\sigma^2=\sigma_0^2)$，如果 $\lambda_{1\alpha}<\hat{\chi}^2<\lambda_{2\alpha}$，则接受假设 H_0. 由于

$$\begin{aligned}&\int_{\lambda_{1\alpha}}^{\lambda_{2\alpha}}[x-(n-1)]\chi^2(n;n-1)\mathrm{d}x\\ &=\frac{1}{\Gamma\left(\frac{n-1}{2}\right)2^{\frac{n-1}{2}}}\int_{\lambda_{1\alpha}}^{\lambda_{2\alpha}}[x-(n-1)]x^{\frac{n-1}{2}-1}\mathrm{e}^{-\frac{x}{2}}\mathrm{d}x\\ &=\frac{1}{2^{\frac{n-1}{2}}\Gamma\left(\frac{n-1}{2}\right)}\left[-2x^{\frac{n-1}{2}}\mathrm{e}^{-\frac{x}{2}}\Big|_{\lambda_{1\alpha}}^{\lambda_{2\alpha}}\right]\\ &=\frac{2}{2^{\frac{n-1}{2}}\Gamma\left(\frac{n-1}{2}\right)}\left[\lambda_{1\alpha}^{\frac{n-1}{2}}\mathrm{e}^{-\frac{\lambda_{1\alpha}}{2}}-\lambda_{2\alpha}^{\frac{n-1}{2}}\mathrm{e}^{-\frac{\lambda_{2\alpha}}{2}}\right].\end{aligned}$$

所以式(4.14)等价地写为

$$\lambda_{1\alpha}^{\frac{n-1}{2}}\mathrm{e}^{-\frac{\lambda_{1\alpha}}{2}}=\lambda_{2\alpha}^{\frac{n-1}{2}}\mathrm{e}^{-\frac{\lambda_{2\alpha}}{2}}. \tag{4.15}$$

假设检验的理论说明，上述构造的检验法在某种意义下是最优的，但是如此选取 $\lambda_{1\alpha}$，$\lambda_{2\alpha}$很麻烦，不便于实际应用. 通常我们选取 $\lambda_{1\alpha}=\chi^2_{1-\frac{\alpha}{2}}(n-1)$，$\lambda_{2\alpha}=\chi^2_{\frac{\alpha}{2}}(n-1)$，使

$$P\{\chi^2\leqslant\chi^2_{1-\frac{\alpha}{2}}(n-1)\}=P\{\chi^2\geqslant\chi^2_{\frac{\alpha}{2}}(n-1)\}=\frac{\alpha}{2}, \tag{4.16}$$

故检验的拒绝域为

$$W=\{\chi^2\leqslant\chi^2_{1-\frac{\alpha}{2}}(n-1)\}\cup\{\chi^2\geqslant\chi^2_{\frac{\alpha}{2}}(n-1)\}. \tag{4.17}$$

例 4.7 美国民政部门对某住宅区住户的消费情况进行的调查报告中，抽出 9 户为样本，其每年开支除去税款和住宅等费用外，依次为：4.9，5.3，6.5，5.2，7.4，5.4，6.8，5.4，6.3(单位：千元). 假定住户消费数据服从正态分布 $N(\mu,\sigma^2)$；给定 α，试问：所有住户消费数据的总体方差 $\sigma^2=0.3$ 是否可信？

解 要检验假设 $H_0:\sigma^2=\sigma_0^2=0.3\leftrightarrow H_1:\sigma^2\neq\sigma_0^2$，计算得

$$\bar{x}=5.91,$$

$$s_n^2=\frac{1}{9}[(4.9-5.91)^2+(5.3-5.91)^2+\cdots+(6.3-5.9)^2]=\frac{6.05}{9},$$

$$\chi^2 = \frac{ns_n^2}{\sigma_0^2} = \frac{6.05}{0.3} = 20.17.$$

对于 $\alpha=0.05$，由附表 3 查得 $\chi^2_{\frac{\alpha}{2}}(8)=17.535$，$\chi^2_{1-\frac{\alpha}{2}}(8)=2.18$，由于 $\chi^2=20.17>17.535=\chi^2_{\frac{\alpha}{2}}(8)$，故拒绝假设 H_0，即认为所有住户的消费数据的总体方差 $\sigma_0^2=0.3$ 不可信.

4.2.3　F 检验

在方差未知情形两个正态总体均值检验中，假定了两个总体的方差相等. 那么怎么知道方差相等呢？除非有大量经验可以预先作出判断，否则就需要根据样本来检验假设 $H_0:\sigma_1^2=\sigma_2^2 \leftrightarrow H_1:\sigma^2\neq\sigma_2^2$ 是否真的成立.

设 $(X_1,X_2,\cdots,X_n)^{\mathrm{T}}$ 是来自总体 $N(\mu_1,\sigma_1^2)$ 的样本，$(Y_1,Y_2,\cdots,Y_{n_2})^{\mathrm{T}}$ 是来自 $N(\mu_2,\sigma_2^2)$ 样本，且相互独立，$\mu_1,\sigma_1^2,\mu_2,\sigma_2^2$ 均为未知参数，检验假设

$$H_0:\sigma_1^2=\sigma_2^2 \leftrightarrow H_1:\sigma_1^2\neq\sigma_2^2.$$

因为 $E(S_{1n_1}^{*2})=\sigma_1^2$，$E(S_{2n_2}^{*2})=\sigma_2^2$，所以当 H_0 成立时，统计量

$$F=\frac{S_{1n_1}^{*2}}{S_{2n_2}^{*2}} \tag{4.18}$$

的值应接近于 1，否则当 $\sigma_1^2>\sigma_2^2$ 时，F 的值应有偏大的趋势，当 $\sigma_1^2<\sigma_2^2$ 时，F 的值应有偏小的趋势，因此 F 的值偏大或偏小，假设 H_0 不大可能成立．当 H_0 成立时，F 服从自由度为 (n_1-1,n_2-1) 的 F 分布. 因此，对给定的显著水平 α，由附表 4 可查得 $F_{1-\frac{\alpha}{2}}(n_1-1,n_2-1)$ 和 $F_{\frac{\alpha}{2}}(n_1-1,n_2-1)$ 的值，使

$$P\{F\geqslant F_{\frac{\alpha}{2}}(n_1-1,n_2-1)\}=P\{F\leqslant F_{1-\frac{\alpha}{2}}(n_1-1,n_2-1)\}=\frac{\alpha}{2}.$$

故检验的拒绝域为

$$W=\{F\geqslant F_{\frac{\alpha}{2}}(n_1-1,n_2-1)\}\cup\{F\leqslant F_{1-\frac{\alpha}{2}}(n_1-1,n_2-1)\}. \tag{4.19}$$

一次抽样后计算出 $S_{1n_1}^{*2}$ 和 $S_{2n_2}^{*2}$ 的值，从而计算出 F 的值，若

$$F\leqslant F_{1-\frac{\alpha}{2}}(n_1-1,n_2-1)\quad 或\quad F\geqslant F_{\frac{\alpha}{2}}(n_1-1,n_2-1),$$

则拒绝接受 H_0，否则接受假设 H_0. 这种利用服从 F 分布的统计量所作的检验常称为 F 检验.

例 4.8　为了考察温度对某物体断裂强力的影响，在 70℃与 80℃下分别重复作了 8 次试验，得断裂强力的数据如下(单位：Pa)：

70℃：　20.5，18.8，19.8，20.9，21.5，19.5，21.0，21.2.

80℃：　17.7，20.3，20.0，18.8，19.0，20.1，20.2，19.1.

假定 70℃下的断裂强力用 X 表示，服从正态分布 $N(\mu_1,\sigma_1^2)$，80℃下的断裂强力用 Y 表示，服从正态分布 $N(\mu_2,\sigma_2^2)$，若取 $\alpha=0.05$，试问 X 与 Y 的方差有无显著

差异？

解 须检验假设 $H_0:\sigma_1^2=\sigma_2^2\leftrightarrow H_1:\sigma_1^2\neq\sigma_2^2$. 由所给数据计算得

$$n_1=8,\quad \bar{x}=20.4,\quad s_{1n_1}^{*2}=\frac{6.20}{7};$$

$$n_2=8,\quad \bar{y}=19.4,\quad s_{2n_2}^{*2}=\frac{5.80}{7}.$$

因而计算得

$$F=\frac{s_{1n_1}^{*2}}{s_{2n_2}^{*2}}=\frac{6.20}{5.80}=1.07.$$

对于 $\alpha=0.05$，由附表 4 查得 $F_{0.025}(7,7)=4.99$，$F_{0.975}(7,7)=\frac{1}{F_{0.025}(7,7)}=\frac{1}{4.99}$，由于 $F_{0.975}(7,7)<F<F_{0.025}(7,7)$，故应接受假设 H_0，即认为 70℃与 80℃下物体的断裂强力的方差无显著差异.

4.2.4 单边检验

前面讨论了原假设 H_0 是简单假设情形的 t 检验，χ^2 检验和 F 检验. 在实际问题中还经常遇到原假设 H_0 为复合假设的检验问题. 如 $\mu\leqslant\mu_0,\mu\geqslant\mu_0;\sigma_1^2\leqslant\sigma_0^2,\mu\leqslant\mu_2,\sigma_1^2\leqslant\sigma_2^2$ 等. 由于这时表示 H_1 的参数区域总在表示 H_0 的参数区域的一侧，如 $\{\mu:\mu\geqslant\mu_0\}$ 在 $\{\mu:\mu<\mu_0\}$ 的右侧，$\{\sigma^2:\sigma^2\leqslant\sigma_0^2\}$ 在 $\{\sigma^2:\sigma^2>\sigma_0^2\}$ 的左侧. 故称由 H_0 与相应的备选假设 H_1 构成的一对检验问题为单边检验问题，我们仅通过两个正态总体在 $\sigma_1^2=\sigma_2^2$ 的条件下检验假设 $H_0:\mu_1\leqslant\mu_2\leftrightarrow H_1:\mu_1>\mu_2$ 的问题，说明单边假设检验的方法，其余情形留给读者作为练习.

设总体 X 服从正态分布 $N(\mu_1,\sigma_1^2)$，总体 Y 服从正态分布 $N(\mu_2,\sigma_2^2)$，σ_1^2,σ_2^2 未知，但 $\sigma_1^2=\sigma_2^2$，$(X_1,\cdots,X_{n_1})^{\mathrm{T}}$ 和 $(Y_1,Y_2,\cdots,Y_{n_2})^{\mathrm{T}}$ 分别是来自 X 和 Y 的独立样本，欲检验假设 $H_0:\mu_1\leqslant\mu_2\leftrightarrow H_1:\mu_1>\mu_2$.

由于随机变量

$$T_1=\frac{\overline{X}-\overline{Y}-(\mu_1-\mu_2)}{\sqrt{(n_1-1)S_{1n_1}^{*2}+(n_2-1)S_{2n_2}^{*2}}}\sqrt{\frac{n_1n_2(n_1+n_2-2)}{n_1+n_2}}$$

服从自由度为 n_1+n_2-2 的 t 分布. 因此给定显著水平 α，由附表 2 可查得 $t_\alpha(n_1+n_2-2)$，使得

$$P\{T_1\geqslant t_\alpha(n_1+n_2-2)\}=\alpha.$$

当假设 H_0 成立时

$$T_1=\frac{\overline{X}-\overline{Y}-(\mu_1-\mu_2)}{\sqrt{(n_1-1)S_{1n_1}^{*2}+(n_2-1)S_{2n_2}^{*2}}}\sqrt{\frac{n_1n_2(n_1+n_2-2)}{n_1+n_2}}$$

$$\geqslant \frac{\overline{X}-\overline{Y}}{\sqrt{(n_1-1)S_{1n_1}^{*2}+(n_2-1)S_{2n_2}^{*2}}}\sqrt{\frac{n_1n_2(n_1+n_2-2)}{n_1+n_2}} \xlongequal{\text{def}} T.$$

因此

$$P\{T \geqslant t_\alpha(n_1+n_2-2)\} \leqslant P\{T_1 \geqslant t_\alpha(n_1+n_2-2)\} = \alpha,$$

即事件$\{T\geqslant t_\alpha(n_1+n_2-2)\}$是一比事件$\{T_1\geqslant t_\alpha(n_1+n_2-2)\}$的概率还要小的"小概率事件",如果事件$\{T\geqslant t_\alpha(n_1+n_2-2)\}$在一次抽样中发生了,应拒绝原假设$H_0$,否则应接受$H_0$,故检验的拒绝域为

$$W = \{T \geqslant t_\alpha(n_1+n_2-2)\}. \tag{4.20}$$

例 4.9　改进某种金属的热处理方法,要检验抗拉强度(单位:Pa)有无显著提高,在改进前取 12 个试样,测量并计算得$\bar{y}=28.2$,$(n_2-1)s_{2n_2}^{*2}=66.64$,在改革后又取 12 个试样,测量并计算得$\bar{x}=31.75$,$(n_1-1)s_{1n_1}^{*2}=112.25$. 假定热处理前与热处理后金属抗拉强度分别服从正态分布,且方差相等. 问热处理后抗拉强度有无显著提高($\alpha=0.05$)?

解　由题意欲检验假设

$$H_0:\mu_1 \leqslant \mu_2 \leftrightarrow H_1:\mu_1 > \mu_2.$$

由样本值计算出 T 的值为

$$t = \frac{31.75-28.2}{\sqrt{112.25+66.64}}\sqrt{\frac{12\cdot 12(12+12-2)}{12+12}} = 2.646,$$

对$\alpha=0.05$,由附表 2 查得$t_{0.05}(22)=1.7171$. 由于$t=2.646>1.7171=t_{0.05}(22)$,故应拒绝假设$H_0$,即认为改进热处理方法后,抗拉强度有显著提高.

最后,将正态总体参数的假设检验总结于表 4.2 中,供读者查阅.

表 4.2

H_0	H_1	适用范围	检验方法	统计量	拒绝域
$\mu=\mu_0$	$\mu\neq\mu_0$	正态总体 $N(\mu,\sigma_0^2)$, σ_0^2 已知	u 检验	$U=\frac{\overline{X}-\mu_0}{\sigma_0}\sqrt{n}$	$\frac{\lvert\bar{x}-\mu_0\rvert}{\sigma_0}\sqrt{n}\geqslant u_{\frac{\alpha}{2}}$
$\mu\leqslant\mu_0$	$\mu>\mu_0$				$\frac{\bar{x}-\mu_0}{\sigma_0}\sqrt{n}\geqslant u_\alpha$
$\mu\geqslant\mu_0$	$\mu<\mu_0$				$\frac{\bar{x}-\mu_0}{\sigma_0}\sqrt{n}\leqslant -u_\alpha$
$\mu=\mu_0$	$\mu\neq\mu_0$	正态总体 $N(\mu,\sigma^2)$, μ,σ^2 未知	t 检验	$T=\frac{\overline{X}-\mu_0}{S_n^*}\sqrt{n}$	$\frac{\lvert\bar{x}-\mu_0\rvert}{s_n^*}\sqrt{n}\geqslant t_{\frac{\alpha}{2}}(n-1)$
$\mu\leqslant\mu_0$	$\mu>\mu_0$				$\frac{\bar{x}-\mu_0}{s_n^*}\sqrt{n}\geqslant t_\alpha(n-1)$
$\mu\geqslant\mu_0$	$\mu<\mu_0$				$\frac{\bar{x}-\mu_0}{s_n^*}\sqrt{n}\leqslant -t_\alpha(n-1)$

续表

H_0	H_1	适用范围	检验方法	统计量	拒绝域
$\mu_1=\mu_2$	$\mu_1\neq\mu_2$	两个正态总体 $N(\mu_1,\sigma_1^2)$ 和 $N(\mu_2,\sigma_2^2)$，σ_1^2,σ_2^2 已知	u 检验	$U=\dfrac{\overline{X}_1-\overline{X}_2}{\sqrt{\dfrac{\sigma_1^2}{n_1}+\dfrac{\sigma_2^2}{n_2}}}$	$\dfrac{\lvert\bar{x}_1-\bar{x}_2\rvert}{\sqrt{\dfrac{\sigma_1^2}{n_1}+\dfrac{\sigma_2^2}{n_2}}}\geqslant u_{\frac{\alpha}{2}}$
$\mu_1\leqslant\mu_2$	$\mu_1>\mu_2$				$\dfrac{\bar{x}_1-\bar{x}_2}{\sqrt{\dfrac{\sigma_1^2}{n_1}+\dfrac{\sigma_2^2}{n_2}}}\geqslant u_\alpha$
$\mu_1\geqslant\mu_2$	$\mu_1<\mu_2$				$\dfrac{\bar{x}_1-\bar{x}_2}{\sqrt{\dfrac{\sigma_1^2}{n_1}+\dfrac{\sigma_2^2}{n_2}}}\leqslant -u_\alpha$
$\mu_1=\mu_2$	$\mu_1\neq\mu_2$	两正态总体 $N(\mu_1,\sigma_1^2)$ 和 $N(\mu_2,\sigma_2^2)$，$\mu_1,\mu_2,\sigma_1^2,\sigma_2^2$ 未知 $\sigma_1^2=\sigma_2^2$	t 检验	$T=\dfrac{\overline{X}-\overline{Y}}{\sqrt{(n_1-1)S_{1n_1}^{*2}+(n_2-1)S_{2n_2}^{*2}}}\cdot\sqrt{\dfrac{n_1n_2(n_1+n_2-2)}{n_1+n_2}}$	$\lvert t\rvert\geqslant t_{\frac{\alpha}{2}}(n_1+n_2-2)$
$\mu_1\leqslant\mu_2$	$\mu_1>\mu_2$				$t>t_\alpha(n_1+n_2-2)$
$\mu_1\geqslant\mu_2$	$\mu_1<\mu_2$				$t<-t_\alpha(n_1+n_2-2)$
$\sigma^2=\sigma_0^2$	$\sigma^2\neq\sigma_0^2$	一个正态总体 $N(\mu,\sigma^2)$，μ，σ^2 未知	χ^2 检验	$\chi^2=\dfrac{(n-1)S_n^{*2}}{\sigma_0^2}$	$\chi^2\geqslant\chi_{\frac{\alpha}{2}}^2(n-1)$ 或 $\chi^2\leqslant\chi_{1-\frac{\alpha}{2}}^2(n-1)$
$\sigma^2\leqslant\sigma_0^2$	$\sigma^2>\sigma_0^2$				$\chi^2\geqslant\chi_\alpha^2(n-1)$
$\sigma^2\geqslant\sigma_0^2$	$\sigma^2<\sigma_0^2$				$\chi^2\leqslant\chi_{1-\alpha}^2(n-1)$
$\sigma_1^2=\sigma_2^2$	$\sigma_1^2\neq\sigma_2^2$	两个正态总体 $N(\mu_1,\sigma_1^2)$ 和 $N(\mu_2,\sigma_2^2)$，$\mu_1,\mu_2,\sigma_1^2,\sigma_2^2$ 未知	F 检验	$F=\dfrac{S_{1n_1}^{*2}}{S_{2n_2}^{*2}}$	$F\geqslant F_{\frac{\alpha}{2}}(n_1-1,n_2-1)$ 或 $F\leqslant F_{1-\frac{\alpha}{2}}(n_1-1,n_2-1)$
$\sigma_1^2\leqslant\sigma_2^2$	$\sigma_1^2>\sigma_2^2$				$F\geqslant F_\alpha(n_1-1,n_2-1)$
$\sigma_1^2\geqslant\sigma_2^2$	$\sigma_1^2<\sigma_2^2$				$F\leqslant F_{1-\alpha}(n_1-1,n_2-1)$
$\mu=\mu_0$	$\mu\neq\mu_0$	非正态总体大样本情形	u 检验	$U=\dfrac{(\overline{X}-\mu_0)\sqrt{n}}{S_n}$	$\lvert u\rvert\geqslant u_{\frac{\alpha}{2}}$
$\mu\leqslant\mu_0$	$\mu>\mu_0$				$u\geqslant u_\alpha$
$\mu\geqslant\mu_0$	$\mu<\mu_0$				$u\leqslant -u_\alpha$
$\mu_1=\mu_2$	$\mu_1\neq\mu_2$	非正态总体大样本情形	u 检验	$U=\dfrac{\overline{X}-\overline{Y}}{\sqrt{\dfrac{S_{1n_1}^2}{n_1}+\dfrac{S_{2n_2}^2}{n_2}}}$	$\lvert u\rvert\geqslant u_{\frac{\alpha}{2}}$
$\mu_1\leqslant\mu_2$	$\mu_1>\mu_2$				$u\geqslant u_\alpha$
$\mu_1\geqslant\mu_2$	$\mu_1<\mu_2$				$u\leqslant -u_\alpha$

4.3 非参数假设检验方法

前面介绍的各种统计假设的检验方法，几乎都假定了总体服从正态分布，然后再由样本对分布参数进行检验. 但在实际问题中，有时不能预知总体服从什么分布，这里就需要根据样本来检验关于总体分布的各种假设，这就是分布的假设检验问题. 在数理统计学中把不依赖于分布的统计方法称为非参数统计方法. 本节讨论的问题就是非参数假设检验问题. 本节主要介绍 χ^2 拟合优度检验，科尔莫戈罗夫-斯米尔诺夫(Kolmogrov-Smirnov)检验和独立性检验.

4.3.1 χ^2 拟合优度检验

1. 多项分布的 χ^2 检验法

设总体是仅取 m 个可能值的离散型随机变量，不失一般性，设 X 的可能值是 $1,2,\cdots,m$，记它取值为 i 的概率为 p_i，即

$$P\{X=i\}=p_i,\quad i=1,2,\cdots,m,\quad 且\sum_{i=1}^{m}p_i=1.$$

设$(X_1,X_2,\cdots,X_n)^{\mathrm{T}}$是从总体 X 中抽得的简单随机样本，$(x_1,x_2,\cdots,x_n)^{\mathrm{T}}$ 是样本观察值. 用 N_i 表示样本$(X_1,X_2,\cdots,X_n)^{\mathrm{T}}$ 中取值为 i 的个数，即样本中出现事件$\{X=i\}$的频数，则 N_i 是样本的函数，所以$(N_1,N_2,\cdots,N_m)^{\mathrm{T}}$ 是随机向量，且有 $\sum\limits_{i=1}^{m}N_i=n$. $(N_1,N_2,\cdots,N_m)^{\mathrm{T}}$ 服从多项分布，其概率分布为

$$P\{N_1=n_1,N_2=n_2,\cdots,N_m=n_m\}=\frac{n!}{n_1!n_2!\cdots n_m!}p_1^{n_1}p_2^{n_2}\cdots p_m^{n_m},\quad(4.21)$$

需要检验假设

$$H_0:p_i=p_{i0}\leftrightarrow H_1:p_i\neq p_{i0}\quad(i=1,2,\cdots,m),$$

其中 p_{i0}是已知数.

我们知道，频率是概率的反映. 如果总体的概率分布的确是$(p_{10},p_{20},\cdots,p_{m0})$，那么，当观察个数 n 越来越大时，频率$\frac{N_i}{n}$与 p_{i0}之间的差异将越来越小，因此频率$\frac{N_i}{n}$和 p_{i0}之间的差异程度可以反映出$(p_{10},p_{20},\cdots,p_{m0})$是不是总体的真分布.

卡尔-皮尔逊首先提出运用统计量

$$\chi_n^2=\sum_{i=1}^{m}\frac{(N_i-np_{i0})^2}{np_{i0}}\qquad(4.22)$$

来衡量$\frac{N_i}{n}$与 p_{i0}之间的差异程度，这个统计量称为皮尔逊统计量.

直观上比较清楚，如果$(p_{10},\cdots,p_{m0})$是总体服从的真实概率分布，统计量χ_n^2要偏小些，否则就有偏大的趋势. 因此χ_n^2可以用来作为多项分布的检验统计量. 但是还需要知道它的分布，下面的定理给出了它的渐近分布.

定理 4.1 当H_0为真时，即$(p_{10},p_{20},\cdots,p_{m0})$是总体的真实概率分布时，由式(4.22)定义的统计量χ_n^2渐近服从自由度为$m-1$的χ^2分布，即

$$\lim_{n\to\infty}P\left\{\sum_{i=1}^{m}\frac{(N_i-np_{i0})^2}{np_{i0}}<x\right\}=\int_0^x\chi^2(y,m-1)\mathrm{d}y,\quad x>0,\qquad(4.23)$$

其中

$$\chi^2(x,m-1)=\begin{cases}\dfrac{1}{2^{\frac{m-1}{2}}\Gamma\left(\dfrac{m-1}{2}\right)}x^{\frac{m-3}{2}}\mathrm{e}^{-\frac{x}{2}}, & x>0,\\ 0, & x\leqslant 0\end{cases}$$

是$\chi^2(m-1)$的分布密度函数.

定理 4.1 的证明从略.

由定理 4.1 知，当n充分大时，可以近似地认为χ_n^2近似服从$\chi^2(m-1)$分布. 对给定的检验水平$0<\alpha<1$，由χ^2分布表求出常数$\chi_\alpha^2(m-1)$，使

$$P\{\chi_n^2\geqslant\chi_\alpha^2(m-1)\}\approx\alpha.$$

给定一组样本值$(x_1,x_2,\cdots,x_n)^{\mathrm{T}}$，对应的$(N_1,N_2,\cdots,N_m)^{\mathrm{T}}$的值为$(n_1,n_2,\cdots,n_m)^{\mathrm{T}}$，由式(4.22)计算出$\chi_n^2$的观察值

$$\hat{\chi}_n^2=\sum_{i=1}^{m}\frac{(n_i-np_{i0})^2}{np_{i0}}.$$

如果$\hat{\chi}_n^2\geqslant\chi_\alpha^2(m-1)$，则拒绝假设$H_0$，即认为总体的分布与假设$H_0$中的分布有显著差异；若$\hat{\chi}_\alpha^2<\hat{\chi}_\alpha^2(m-1)$，则接受$H_0$，即认为总体的分布与假设$H_0$中的分布无显著差异.

例 4.10 将一颗骰子掷了 120 次. 结果如下：

点数： 1,2,3,4,5,6. 频数： 21,28,19,24,16,12.

问这颗骰子是否匀称($\alpha=0.05$)?

解 依题意，欲检验假设

$$H_0:p_i=\frac{1}{6}\leftrightarrow H_1:p_i\neq\frac{1}{6}\quad(i=1,2,\cdots,6),$$

计算得

$$\begin{aligned}\hat{\chi}_n^2=&\frac{\left(21-120\,\frac{1}{6}\right)^2}{120\,\frac{1}{6}}+\frac{\left(28-120\,\frac{1}{6}\right)^2}{120\,\frac{1}{6}}+\frac{\left(19-120\,\frac{1}{6}\right)^2}{120\,\frac{1}{6}}\\&+\frac{\left(24-120\,\frac{1}{6}\right)^2}{120\,\frac{1}{6}}+\frac{\left(16-120\,\frac{1}{6}\right)^2}{120\,\frac{1}{6}}+\frac{\left(12-120\,\frac{1}{6}\right)^2}{120\,\frac{1}{6}}\\=&8.1.\end{aligned}$$

对 $\alpha=0.05$,查附表 3 得 $\chi^2_{0.05}(6-1)=11.07$. 因为 $\hat{\chi}^2_n<\chi^2_{0.05}(5)$,故接受假设 H_0,即可以认为这颗骰子是匀称的.

当总体 X 不具有多项分布,但其分布函数 $F(x)$ 具有明确表达式,设 $(X_1, X_2,\cdots,X_n)^{\mathrm{T}}$ 是来自 $F(x)$ 的样本,欲检验假设 $H_0:F(x)=F_0(x)$ ($F_0(x)$ 是某个已知的分布).

为此,选取 $m-1$ 个实数 $-\infty<a_1<a_2<\cdots<a_{m-1}<+\infty$,它们将实轴分为 m 个区间,$A_1=(-\infty,a_1)$,$A_2=[a_1,a_2)$,$\cdots$,$A_m=[a_{m-1},+\infty)$,记

$$\left.\begin{aligned} p_{10} &= F_0(a_1), \\ p_{i0} &= F_0(a_i)-F_0(a_{i-1}), \quad i=2,3,\cdots,m-1, \\ p_{m0} &= 1-F_0(a_{m-1}), \end{aligned}\right\} \tag{4.24}$$

设 $(x_1,x_2,\cdots,x_n)^{\mathrm{T}}$ 是容量为 n 的样本的一组值,n_i 为样本值落入 A_i 的频数,$\sum_{i=1}^{m} n_i=n$,则 $(N_1,N_2,\cdots,N_m)^{\mathrm{T}}$ 服从多项分布. 当假设 $H_0:F(x)=F_0(x)$ 成立时,由定理 4.1 得到,统计量

$$\chi^2_n=\sum_{i=1}^{m}\frac{(N_i-np_{i0})^2}{np_{i0}} \tag{4.25}$$

的分布渐近于自由度为 $m-1$ 的 χ^2 分布,因此关于分布函数的检验问题又归结为多项分布的 χ^2 检验问题.

例 4.11　在某盒中装有白球和黑球. 现作下面这样的实验:用返回抽取方式从此盒中摸球,直到取到白球为止,记录下抽取的次数,重复如此的试验 100 次,其结果见表 4.3.

表 4.3

抽取次数	1	2	3	4	≥5
频　数	43	31	15	6	5

试问该盒中的白球与黑球个数是否相等($\alpha=0.05$)?

解　记总体 X 表示首次出现白球所需的摸取次数,则 X 服从几何分布

$$P\{X=k\}=(1-p)^{k-1}p, \quad k=1,2,\cdots,$$

其中 p 表示从此盒中任意摸一球为白球的概率.

如果盒中白球与黑球的个数相等,此时 $p=\frac{1}{2}$,代入上式得到

$$P\{X=1\}=\frac{1}{2}, \quad P\{X=2\}=\frac{1}{4}, \quad P\{X=3\}=\frac{1}{8},$$

$$P\{X=4\}=\frac{1}{16}, \quad P\{X\geqslant 5\}=\sum_{k=5}^{\infty}2^{-k}=\frac{1}{16}.$$

欲检验假设

$$H_0:\quad p_1=\frac{1}{2},p_2=\frac{1}{4},p_3=\frac{1}{8},p_4=\frac{1}{16},p_5=\frac{1}{16}.$$

将此及试验的频数代入式(4.25)得到 χ_n^2 统计量的观察值为

$$\hat{\chi}_n^2=\sum_{i=1}^{5}\frac{(n_i-np_{i0})^2}{np_{i0}}=\frac{(43-50)^2}{50}+\frac{(31-25)^2}{25}$$
$$+\frac{(15-12.5)^2}{12.5}+\frac{(6-6.25)^2}{6.25}+\frac{(5-6.25)^2}{6.25}=3.2,$$

对 $\alpha=0.05$，自由度$=5-1=4$，由 χ^2 分布表查得 $\chi_{0.05}^2(4)=9.488$，因$\hat{\chi}_n^2<\chi_{0.05}^2(4)$，因此接受假设 H_0，即认为盒中白球与黑球个数相等.

2. 分布中含有未知参数的 χ^2 检验法

前面讨论了多项分布和分布形式完全确定情形的 χ^2 检验方法. 但在许多场合，假设 H_0 只确定了总体分布的类型，而分布中含有未知参数 $\theta_1,\theta_2,\cdots,\theta_r$. 例如最常见的是要检验假设：总体 X 服从正态分布 $N(\mu,\sigma^2)$. 这里假设给出了一个分布族 $N(\mu,\sigma^2)$，其中包含了两个未知参数 μ 和 σ^2. 对于这类问题，需检验假设：

$$H_0:F(x)=F_0(x;\theta_1,\cdots,\theta_r)\leftrightarrow H_1:F(x)\neq F_0(x;\theta_1,\cdots,\theta_r),\quad(4.26)$$

其中 F_0 形式已知，而 $\theta_1,\cdots,\theta_r$ 未知.

从总体中抽取一个样本，令 $\hat{\theta}_1,\cdots,\hat{\theta}_r$ 是未知参数 $\theta_1,\theta_2,\cdots,\theta_r$ 的最大似然估计，将其代入 F_0 的表达式，那么 $F_0(x;\hat{\theta}_1,\cdots,\hat{\theta}_r)$变成已知函数，将它代入式(4.25)得到

$$\begin{cases}\hat{p}_{10}=F_0(a_1;\hat{\theta}_1,\cdots,\hat{\theta}_r),\\ \hat{p}_{i0}=F_0(a_i;\hat{\theta}_1,\cdots,\hat{\theta}_r),-F_0(a_{i-1};\hat{\theta}_1,\cdots,\hat{\theta}_r),\quad i=2,3,\cdots,m-1,\\ \hat{p}_{m0}=1-F_0(a_{m-1};\hat{\theta}_1,\cdots,\hat{\theta}_r),\end{cases}\quad(4.27)$$

将此代入式(4.25)得统计量

$$\chi_n^2=\sum_{i=1}^{m}\frac{(N_i-n\hat{p}_{i0})^2}{n\hat{p}_{i0}}.\quad(4.28)$$

定理 4.2 (R. A. Fisher 定理) 设假设 H_0 为真，则由式(4.28)给出的统计量渐近于自由度为 $m-r-1$ 的 χ^2 分布.

式(4.28)可以用来检验包含有未知参数的分布假设. 这种检验方法称为 χ^2 拟合优度检验法.

注意，χ^2 拟合优度检验方法使用时，必须注意 n 要足够大，以及 np_i 不太小这两个条件. 一般要求样本容量 n 不小于 50，以及每个 np_i 都不小于 5，而且 np_i 最好在 10 以上，否则应适当地合并区间，使 np_i 满足这个要求.

例 4.12 研究混凝土抗压强度的分布，200 件混凝土制件的抗压强度(单位：Pa)的分组形式见表 4.4. $n=\sum_{i=1}^{6}n_i=200$. 问混凝土制作的抗压强度是否服从正态 $N(\mu,\sigma^2)$分布($\alpha=0.05$)？

表 4.4

区 间	190～200	200～210	210～220	220～230	230～240	240～250
频 数	10	26	56	64	30	14

解 设 X 表示混凝土制作的抗压强度，要检验假设 H_0：总体 X 服从正态 $N(\mu,\sigma^2)$分布. 由于 μ 和 σ^2 未知，因此需求出它们的最大似然估计. 它们的最大似然估计分别是

$$\hat{\mu}=\frac{1}{n}\sum_{i=1}^{n}X_i=\overline{X},$$

$$\hat{\sigma}^2=\frac{1}{n}\sum_{i=1}^{n}(X_i-\overline{X})^2.$$

用 x_i^* 表示第 i 组的组中值，有

$$\hat{\mu}=\bar{x}=\frac{1}{n}\sum_{i=1}^{6}n_ix_i^*=\frac{1}{200}(195\cdot 10+205\cdot 26+215\cdot 56+225\cdot 64+235\cdot 30+245\cdot 14)=221\ \text{Pa},$$

$$\hat{\sigma}^2=s_n^2=\frac{1}{n}\sum_{i=1}^{6}(x_1^*-\bar{x})^2n_i=\frac{1}{200}[(-26)^2\cdot 10+(-16)^2\cdot 26+(-6)^2\cdot 56+4^2\cdot 64+14^2\cdot 30+24^2\cdot 14]=152,$$

$$\hat{\sigma}=12.33\ \text{Pa},$$

原假设 H_0 改写成 X 服从正态分布 $N(221,12.33^2)$，计算每个区间的理论概率值

$$\hat{p}_{10}=P\{X<200\}=P\left\{\frac{X-221}{12.33}<\frac{200-221}{12.33}\right\}=\Phi(-1.70)=0.045,$$

$$\hat{p}_{20}=P\{200\leqslant X\leqslant 210\}=\Phi\left(\frac{210-221}{12.33}\right)-\Phi\left(\frac{200-221}{12.33}\right)=\Phi(-0.89)-\Phi(-1.70)=0.142,$$

$$\hat{p}_{30}=P\{210\leqslant X<220\}=\Phi\left(\frac{220-221}{12.33}\right)-\Phi\left(\frac{210-221}{12.33}\right)=\Phi(-0.08)-\Phi(-0.89)=0.281,$$

$$\hat{p}_{40}=P\{220\leqslant X<230\}=\Phi\left(\frac{230-221}{12.33}\right)-\Phi\left(\frac{220-221}{12.33}\right)$$

$$= \Phi(0.73) - \Phi(-0.08) = 0.299,$$

$$\hat{p}_{50} = P\{230 \leqslant X < 240\} = \Phi\left(\frac{240-221}{12.33}\right) - \Phi\left(\frac{230-221}{12.33}\right)$$

$$= \Phi(1.54) - \Phi(-0.73) = 0.171,$$

$$\hat{p}_{60} = P\{X \geqslant 240\} = 1 - \Phi\left(\frac{240-221}{12.33}\right) = 1 - \Phi(1.54) = 0.062.$$

计算结果见表 4.5，且计算得

$$\hat{\chi}_n^2 = \sum_{i=1}^{6} \frac{(n_i - n\hat{p}_{i0})^2}{n\hat{p}_{i0}} = 1.35.$$

表 4.5

压强区间 X	频数 n_i	标准化区间 $[u_i, u_{i+1}]$	$\hat{p}_{i0}$	$n\hat{p}_{i0}$	$(n_i - n\hat{p}_{i0})$	$(n_i - n\hat{p}_{i0})^2$	$\frac{(n_i - n\hat{p}_{i0})^2}{n\hat{p}_{i0}}$
190～200	10	$(-\infty, -1.70)$	0.045	9	1	1	0.11
200～210	26	$[-1.70, -0.89)$	0.142	28.4	−2.4	5.76	0.20
210～220	56	$[-0.89, -0.08)$	0.281	56.2	−0.2	0.04	0.00
220～230	64	$[-0.08, 0.73)$	0.299	59.8	4.2	17.64	0.29
230～240	30	$[0.73, 1.54)$	0.171	34.2	−4.2	17.64	0.52
240～250	14	$[1.54, +\infty)$	0.062	12.4	1.6	2.56	0.23
$\sum$			1.000	200			1.35

自由度是 6−2−1=3，对 $\alpha=0.05$，由附表 3 查得 $\chi^2_{0.05}(3)=7.815$. 由于 $\hat{\chi}_n^2=1.35<7.815=\chi^2_{0.05}(3)$，故接受原假设，即认为混凝土制件的受压强度的分布是正态分布$N(221,152)$.

4.3.2 科尔莫戈罗夫及斯米尔诺夫检验

χ^2 拟合优度检验是比较样本频率与总体的概率之间的差异，尽管它对于离散型和连续型总体分布都适用，但它依赖于区间的划分. 因为即使原假设 $H_0: F(x)=F_0(x)$不成立，在某一种划分下还是可能有

$$F(a_i) - F(a_{i-1}) = F_0(a_i) - F_0(a_{i-1}) = p_{i0}, \quad i = 1, \cdots, m,$$

从而不影响 χ_n^2 的值，也就是说 χ^2 拟合优度检验有可能把不真的假设 H_0 接受过来. 由此可见，χ^2 检验实际上只是检验了 $F_0(a_i)-F_0(a_{i-1})=p_{i0}(i=1,2,\cdots,m)$是

否为真，而并未真正地检验总体分布 $F(x)$ 是否为 $F_0(x)$. 这里介绍的科尔莫戈罗夫-斯米尔诺夫检验法比 χ^2 拟合优度检验法更为精确，它既可检验经验分布是否服从某种理论分布(称为科尔莫戈罗夫检验)，又可检验两个样本是否来自同一总体(称为斯米尔诺夫检验)，但总体的分布必须假定为连续.

1. 科尔莫戈罗夫检验

设总体 X 的分布函数为 $F(x)$，而且假定 $F(x)$ 是 x 的连续函数. 设 $(X_1, X_2, \cdots, X_n)^{\mathrm{T}}$ 是来自 X 的一个容量为 n 的样本，根据此样本作经验分布函数 $F_n(x)$. 由格列文科定理断定

$$P\{\lim_{n\to\infty} \sup_{-\infty<x<+\infty} |F_n(x)-F(x)|=0\}=1.$$

这个定理表示随机变量 $D_n=\sup\limits_{-\infty<x<+\infty}|F_n(x)-F(x)|$ 以概率 1 是无穷小的($n\to\infty$时). 下面的定理进一步给出了 D_n 的精确分布与极限分布.

定理 4.3　设 F 是连续的分布函数，则

$$P\left\{D_n<y+\frac{1}{2n}\right\}=\begin{cases}0, & \text{当 } y\leqslant 0,\\ \displaystyle\int_{\frac{1}{2n}-y}^{\frac{1}{2n}+y}\int_{\frac{3}{2n}-y}^{\frac{3}{2n}+y}\cdots\int_{\frac{2n-1}{2n}-y}^{\frac{2n-1}{2n}+y} f(x_1,\cdots,x_n)\mathrm{d}x_1\cdots\mathrm{d}x_n, & \text{当 } 0<y<\dfrac{2n-1}{2n},\\ 1, & \text{当 } y\geqslant\dfrac{2n-1}{2n},\end{cases}\tag{4.29}$$

其中

$$f(x_1,\cdots,x_n)=\begin{cases}n!, & \text{当 } 0<x_1<\cdots<x_n<1,\\ 0, & \text{其他}.\end{cases}\tag{4.30}$$

定理 4.4　设 $F(x)$ 是连续的分布函数，则

$$\begin{aligned}&\lim_{n\to\infty}P\{\sqrt{n}\sup_{-\infty<x<+\infty}|F_n(x)-F(x)|<y\}\\ &=K(y)\\ &=\begin{cases}0, & \text{当 } y\leqslant 0,\\ \displaystyle\sum_{k=-\infty}^{\infty}(-1)^k \mathrm{e}^{-2k^2y^2}, & \text{当 } y>0.\end{cases}\end{aligned}\tag{4.31}$$

定理 4.3 和定理 4.4 提供了分布函数拟合检验的重要方法，即所谓科尔莫戈罗夫检验.

设 $(X_1,\cdots,X_n)^{\mathrm{T}}$ 是取自具有连续分布函数 $F(x)$ 的一个样本，欲检验假设

$$H_0: F(x)=F_0(x) \leftrightarrow H_1: F(x)\neq F_0(x),$$

其中不等号至少对某一点成立. 我们采用统计量 $D_n=\sup\limits_{-\infty<x<+\infty}|F_n(x)-F_0(x)|$，当假设

H_0 成立时，定理 4.3 和定理 4.4 分别给出了它的精确分布和极限分布. 而当 H_0 不真时，它有偏大的趋势. 因此，对于给定的水平 α，由附表 6 查得临界值 $D_{n,\alpha}$，使得

$$P\{D_n > D_{n,\alpha}\} = \alpha.$$

对样本观察值 $(x_1, x_2, \cdots, x_n)^{\mathrm{T}}$，计算统计量 D_n 的观察值 $\hat{D}_n$，如果 $\hat{D}_n > D_{n,\alpha}$，则拒绝假设 $H_0(F(x)=F_0(x))$，否则接受 H_0.

当 n 较大时，通常要求 $n>100$，可利用极限分布式(4.31)得到 $D_{n,\alpha}$ 的近似值 $D_{n,\alpha} \approx \dfrac{\lambda_{1-\alpha}}{\sqrt{n}}$，$\lambda_{1-\alpha}$ 由附表 7 查出.

例 4.13 某矿区煤层厚度的 123 个数据的频数分布如表 4.6 所示，试用科尔莫戈罗夫法检验煤层厚度是否服从正态 $N(\mu, \sigma^2)$ 分布.

表 4.6

组号	厚度间隔/m	组中值 x_i	频数 n_i	组号	厚度间隔/m	组中值 x_i	频数 n_i
1	0.20～0.50	0.35	1	6	1.70～2.00	1.85	24
2	0.50～0.80	0.65	6	7	2.00～2.30	2.15	25
3	0.80～1.10	0.95	5	8	2.30～2.60	2.45	19
4	1.10～1.40	1.25	12	9	2.60～2.90	2.85	20
5	1.40～1.70	1.55	19	10	2.90～3.20	3.05	2

解 用 X 表示煤层厚度，欲检验假设

$$H_0: 总体\ X\ 服从正态分布\ N(\mu, \sigma^2).$$

由于 μ, σ^2 未知，用样本均值和方差分别作为 μ 与 σ^2 的估计.

$$\begin{aligned}\hat{\mu} = \bar{x} &= \frac{1}{n}\sum_{i=1}^{10} n_i x_i^* \\ &= \frac{1}{123}(0.35 \cdot 1 + 0.65 \cdot 6 + \cdots + 2.85 \cdot 20 + 3.05 \cdot 2) = 1.884,\end{aligned}$$

$$\begin{aligned}\hat{\sigma}^2 = s_n^2 = \frac{1}{n}\sum_{i=1}^{10} n_i(x_i^* - \bar{x})^2 = \frac{1}{123}[&(0.35 - 1.884)^2 \cdot 1 \\ &+ (0.65 - 1.884)^2 \cdot 6 + \cdots + (2.85 - 1.884)^2 \cdot 20 \\ &+ (3.05 - 1.884)^2 \cdot 2] = 0.576^2.\end{aligned}$$

现在要检验假设 H_0: X 服从正态分布 $N(1.884, 0.576^2)$. 作标准化变换 $U = \dfrac{X - 1.884}{0.576}$，则 $U \sim N(0,1)$. 为要计算 $F(x_i)$ 的值，则只要直接利用标准正态分布表就可获得，事实上，对 $x_6 = 2.00$.

$$F(x_6)=P\{X\leqslant 2.00\}=P\left\{\frac{X-1.884}{0.576}\leqslant\frac{2.00-1.884}{0.576}\right\}$$
$$=\Phi(0.201)=0.5793,$$

将整个计算结果列在表 4.7 中.

表 4.7

组号	厚度间隔/m	频率 n_i/n	组上限 x	$u=\frac{x-1.884}{0.576}$	经验分布函数值 $F_n(x_i)$	理论分布函数值 $F(x_i)$	$\lvert F(x_i)-F_n(x_i)\rvert$
1	0.20～0.50	0.008	0.50	−2.40	0.008	0.008 2	0.000 2
2	0.50～0.80	0.049	0.80	−1.88	0.057	0.030 1	0.026 9
3	0.80～1.10	0.041	1.10	−1.36	0.098	0.086 9	0.011 1
4	1.10～1.40	0.098	1.40	−0.84	0.196	0.200 5	0.004 5
5	1.40～1.70	0.154	1.70	−0.32	0.350	0.374 5	0.024 5
6	1.70～2.00	0.195	2.00	0.20	0.545	0.579 3	0.034 3(D_n)
7	2.00～2.30	0.203	2.30	0.72	0.748	0.764 2	0.016 2
8	2.30～2.60	0.154	2.60	1.24	0.902	0.892 5	0.009 5
9	2.60～2.90	0.081	2.90	1.76	0.983	0.960 8	0.022 2
10	2.90～3.20	0.017	3.20	2.28	1.000	0.988 7	0.011 3

对于 $\alpha=0.05$，由附表 7 查得 $\lambda_{1-\alpha}=1.36$. 因此，$\frac{\lambda_{1-\alpha}}{\sqrt{n}}=\frac{1.36}{\sqrt{123}}=0.123$，而 $\hat{D}_n=\sup\limits_u|\Phi(u)-F_n(u)|=\max\limits_{1\leqslant i\leqslant 10}\{|F_n(x_i)-F(x_i)|\}=0.0343$，因为 $\hat{D}_n=0.0343<0.123=\frac{\lambda_{1-\alpha}}{\sqrt{n}}\approx D_{n,\alpha}$，故接受假设 H_0，即认为煤层厚度服从正态分布.

最后，应当指出，在计算 D_n 的过程中，为了简化起见，采用了分组列表统计的方法，因而得到的是 D_n 的近似值，这个值稍偏小. 因此，当 D_n 与 $D_{n,\alpha}$ 的值很接近时，不接受 H_0 的结论则需慎重考虑.

最后指出，式(4.31)除可用作检验法外，还可用来估计未知分布函数 $F(x)$. 实际上，给定置信度 $1-\alpha$，由附表 7 查得 $\lambda_{1-\alpha}$，当 n 充分大时，$P\left\{D_n<\frac{\lambda_{1-\alpha}}{\sqrt{n}}\right\}\approx 1-\alpha$，亦即对一切 $x\in R$，有

$$F_n(x)-\frac{\lambda_{1-\alpha}}{\sqrt{n}}<F(x)<F_n(x)+\frac{\lambda_{1-\alpha}}{\sqrt{n}}. \tag{4.32}$$

这说明，当 n 充分大时，以概率 $1-\alpha$，$F(x)$ 的图形完全被包含在 $F_n(x)-\frac{\lambda_{1-\alpha}}{\sqrt{n}}$ 与 $F_n(x)+\frac{\lambda_{1-\alpha}}{\sqrt{n}}$ 所围成的区域内，这区域构成 $F(x)$ 的置信区域，置信度约为

$1-\alpha$(见图 4.2).

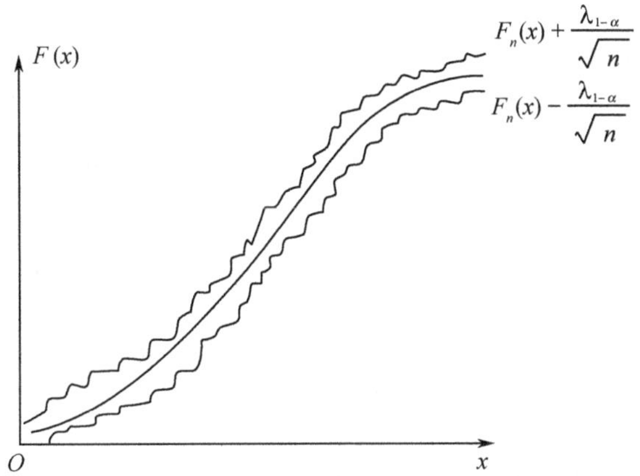

图 4.2 $F(x)$的置信区域

2. 斯米尔诺夫检验

在许多实际问题中,经常要求比较两个总体的真实分布是否相同,对这种两个总体分布函数的比较问题,斯米尔诺夫借助于经验分布函数给出了与科尔莫戈罗夫检验相类似的检验统计量.

设$(X_1,X_2,\cdots,X_{n_1})^{\mathrm{T}}$是来自具有连续分布函数$F(x)$的总体$X$中的样本,$(Y_1,Y_2,\cdots,Y_{n_2})^{\mathrm{T}}$是来自具有连续分布函数$G(x)$的总体$Y$的样本,且假定两个样本相互独立. 欲检验假设:

$$H_0:F(x)=G(x)\leftrightarrow H_1:F(x)\neq G(x),\quad -\infty<x<\infty.$$

设$F_{n_1}(x)$和$G_{n_2}(x)$分别是这两个样本所对应的经验分布函数,作统计量

$$D_{n_1,n_2}=\sup_{-\infty<x<+\infty}|F_{n_1}(x)-G_{n_2}(x)|,\tag{4.33}$$

则有以下定理.

定理 4.5 如果$F(x)=G(x)$,且$F(x)$为连续函数,则有

$$P\{D_{n_1,n_2}\leqslant x\}=\begin{cases}0, & \text{当 } x\leqslant\dfrac{1}{n},\\ \displaystyle\sum_{j=-[\frac{n}{c}]}^{[\frac{n}{c}]}(-1)^j\frac{\mathrm{C}_{2n}^{n-j}}{\mathrm{C}_{2n}^{n}}, & \text{当 }\dfrac{1}{n}<x\leqslant 1,\\ 1, & \text{当 } x>1,\end{cases}\tag{4.34}$$

其中$c=-[-xn]$.

定理 4.6 如果定理 4.5 所述条件成立,则有

$$\lim_{\substack{n_1\to\infty\\ n_2\to\infty}} P\left\{\sqrt{\frac{n_1 n_2}{n_1+n_2}}D_{n_1,n_2}<x\right\}=\begin{cases}K(x), & \text{当 } x>0,\\ 0, & \text{当 } x\leqslant 0,\end{cases}$$

其中 $K(x)$ 由式(4.31)定义.

由定理 4.5 可见,统计量 D_{n_1,n_2} 的精确分布不依赖于总体的真实分布函数 $F(x)$. 定理 4.5 和定理 4.6 提供了比较两个总体的分布函数的方法,即所谓斯米尔诺夫检验.

对于给定显著水平 α,令 $n=\dfrac{n_1 n_2}{n_1+n_2}$,由附表 6 查出 $D_{n,\alpha}$ 或由附表 7 查得 $\lambda_{1-\alpha}$,使 $D_{n,\alpha}\approx\dfrac{\lambda_{1-\alpha}}{\sqrt{n}}$,如果 $\hat{D}_{n_1,n_2}\geqslant D_{n,\alpha}$,则拒绝假设 H_0,若 $\hat{D}_{n_1,n_2}<D_{n,\alpha}$,则接受原假设 H_0.

例 4.14 在自动车床上加工某一种零件. 在工人刚接班时,抽取 $n_1=150$ 只零件作为一个样本,在自动车床工作 2 小时后,再抽取 $n_2=100$ 只零件作为第二个样本,测定每个零件距离标准的偏差 X,其数值列入表 4.8 中.

表 4.8

偏差 X 的测量区间/μm	频数		偏差 X 的测量区间/μm	频数	
	样本 1 n_{1j}	样本 2 n_{2j}		样本 1 n_{1j}	样本 2 n_{2j}
[−15,−10)	10	0	[10,15)	8	15
[−10,−5)	27	7	[15,20)	1	1
[−5,0)	43	17	[20,25)	0	1
[0,5)	38	30	$\sum$	$n_1=150$	$n_2=100$
[5,10)	23	29			

试问此两个样本是否来自同一个总体?

解 欲检验假设

$$H_0:\ F(x)=G(x)\leftrightarrow H_1: F(x)\neq G(x),\quad -\infty<x<\infty,$$

把计算统计量 D_{n_1,n_2} 的步骤列在表 4.9 中.

由表 4.9 看出 $\hat{D}_{n_1,n_2}=\sup\limits_{-\infty<x<\infty}|F_{n_1}(x)-F_{n_2}(x)|=0.293$. 置 $n=\dfrac{n_1 n_2}{n_1+n_2}=\dfrac{150\cdot 100}{150+100}=60$,对 $\alpha=0.05$,由附表 6 查得 $D_{n,\alpha}=0.172\ 31$. 由于 $\hat{D}_{n_1,n_2}>D_{n,\alpha}$,故拒绝假设 H_0. 这就意味着在自动机床上加工零件时,不能忽视时间延续的影响,最好能找出合适的时间间隔作定时调整.

表 4.9

$x/\mu\text{m}$	频　数		累积频数		$F_{n_1}=\frac{n_1(x)}{n_1}$	$G_{n_2}(x)=\frac{n_2(x)}{n_2}$	$\lvert F_{n_1}(x)-G_{n_2}(x)\rvert$
	n_{1j}	n_{2j}	$n_1(x)$	$n_2(x)$			
−10	10	0	10	0	0.067	0.000	0.067
−5	27	7	37	7	0.247	0.070	0.177
0	43	17	80	24	0.533	0.240	0.293
5	38	30	118	54	0.787	0.540	0.247
10	23	29	141	83	0.940	0.830	0.110
15	8	15	149	98	0.993	0.980	0.013
20	1	1	150	99	1.000	0.990	0.010
25	0	1	150	100	1.000	1.000	0.000

4.3.3 独立性检验

在社会调查中，调查人员可能怀疑男人和女人对某种提案将会有不同的反应，他们根据被调查者的性别和对某项提案的态度来进行分类，结果见表 4.10：

表 4.10

态度 性别	赞成	反对	弃权
男　人	1 154	475	243
女　人	1 083	442	362

表 4.10 称为 2×3 的列联表. 每个人根据两个标准分类，一个标准有两类，另一个标准有三类，这六种互不相同的类称为格. 我们要检验零假设 H_0：公民的态度与性别是相互独立的. 再例如医学家可能怀疑某种环境条件助长了某种疾病，那么他们根据以下方式分类：(1)他们是否得过这种病；(2)他们是否具备所研究的环境条件. 工程师也能够利用列联表去发现制造过程中的两种缺陷是由于相同的原因引起，还是由于不同的原因引起. 由此看出，列联表在许多研究领域中都是非常有用的工具.

假定考察一个二元总体，或者考察总体中诸元素的两个指标(X,Y). 将这两个指标的取值范围分别分成 m 个和 k 个互不相交的区间 $A_1,A_2,\cdots,A_m$ 和 B_1，$B_2\cdots,B_k$，设从该总体中抽取一个容量为 n 的样本$(X_1,Y_1),(X_2,Y_2),\cdots,(X_n,Y_n)$，用 n_{ij} 表示样本值中其 X 坐标落于 A_i 而 Y 坐标落于 B_j 中的个数$(i=1,2,\cdots,m,j=1,2,\cdots,k)$；又记

$$n_{i\cdot} = \sum_{j=1}^{k} n_{ij}, \quad n_{\cdot j} = \sum_{i=1}^{m} n_{ij}, \tag{4.35}$$

显见 $n = \sum_{i=1}^{m}\sum_{j=1}^{k} n_{ij}$. 用表 4.11 表示样本元素的这种分类(这种表称为列联表).

表 4.11

X \ Y		B_1	B_2	$\cdots$	B_k	$n_{i\cdot} = \sum_{j=1}^{k} n_{ij}$
X	A_1	n_{11}	n_{12}	$\cdots$	n_{1k}	$n_{1\cdot}$
	A_2	n_{21}	n_{22}	$\cdots$	n_{2k}	$n_{2\cdot}$
	$\vdots$	$\vdots$	$\vdots$		$\vdots$	$\vdots$
	A_m	n_{m1}	n_{m2}	$\cdots$	n_{mk}	$n_{m\cdot}$
$n_{\cdot j} = \sum_{i=1}^{m} n_{ij}$		$n_{\cdot 1}$	$n_{\cdot 2}$	$\cdots$	$n_{\cdot k}$	

需要检验假设:

H_0: 总体的两个指标 X 和 Y 是相互独立的.

如果记

$$p_{ij} = P\{X \in A_i, Y \in B_j\}, \quad i = 1,2,\cdots,m, j = 1,2,\cdots,k,$$
$$p_{i\cdot} = P\{X \in A_i\}, \quad i = 1,2,\cdots,m,$$
$$p_{\cdot j} = P\{Y \in B_j\}, \quad j = 1,2,\cdots,k.$$

显然有

$$p_{i\cdot} = \sum_{j=1}^{k} p_{ij}, \quad p_{\cdot j} = \sum_{i=1}^{m} p_{ij}, \tag{4.36}$$

$$\sum_{i=1}^{m} p_{i\cdot} = \sum_{j=1}^{k} p_{\cdot j} = 1.$$

如果假设 H_0 为真,则有 $p_{ij} = p_{i\cdot} p_{\cdot j}$,因此列联表中的独立性检验就是要检验假设

$$H_0 : p_{ij} = p_{i\cdot} p_{\cdot j}, \quad i = 1,2,\cdots,m, j = 1,2,\cdots,k, \tag{4.37}$$

这个假设中并没有明确指出 $m+k$ 个未知参数 $p_{i\cdot}$ 与 $p_{\cdot j}$ 的值. 因为这些 $p_{i\cdot}$ 和 $p_{\cdot j}$ 满足式(4.36),所以有 $m+k-2$ 个独立参数. 要想用 χ^2 检验来验证假设 H_0,就须先按照最大似然估计法从样本中定出这些未知参数的值. 当假设 H_0 为真时,由式(4.37)得似然函数为

$$L = \prod_{i=1}^{m}\prod_{j=1}^{k} p_{ij}^{n_{ij}} = \prod_{i=1}^{m}\prod_{j=1}^{k} (p_{i\cdot} p_{\cdot j})^{n_{ij}}$$

$$= \prod_{i=1}^{m}\prod_{j=1}^{k} p_{i\cdot}^{n_{ij}} p_{\cdot j}^{n_{ij}} = \prod_{i=1}^{m} p_{i\cdot}^{n_{i\cdot}} \prod_{j=1}^{k} p_{\cdot j}^{n_{\cdot j}}$$

$$= \Big(1-\sum_{i=1}^{m-1} p_{i\cdot}\Big)^{n_{m\cdot}} \Big(1-\sum_{j=1}^{k-1} p_{\cdot j}\Big)^{n_{\cdot k}} \prod_{i=1}^{m-1} p_{i\cdot}^{n_{i\cdot}} \prod_{j=1}^{k-1} p_{\cdot j}^{n_{\cdot j}}.$$

又

$$\lg L = n_{m\cdot}\lg\Big(1-\sum_{i=1}^{m-1} p_{i\cdot}\Big) + n_{\cdot k}\lg\Big(1-\sum_{j=1}^{k-1} p_{\cdot j}\Big) + \sum_{i=1}^{m-1} n_{i\cdot}\lg p_{i\cdot} + \sum_{j=1}^{k-1} n_{\cdot j}\lg p_{\cdot j},$$

便立即得到方程组

$$\frac{\partial \lg L}{\partial p_{i\cdot}} = -\frac{n_{m\cdot}}{1-\sum\limits_{i=1}^{m-1} p_{i\cdot}} + \frac{n_{i\cdot}}{p_{i\cdot}} = \frac{n_{i\cdot}}{p_{i\cdot}} - \frac{n_{m\cdot}}{p_{m\cdot}} = 0, \quad i = 1,2,\cdots,m-1,$$

$$\frac{\partial \lg L}{\partial p_{\cdot j}} = -\frac{n_{\cdot k}}{1-\sum\limits_{j=1}^{k} p_{\cdot j}} + \frac{n_{\cdot j}}{p_{\cdot j}} = \frac{n_{\cdot j}}{p_{\cdot j}} - \frac{n_{\cdot k}}{p_{\cdot k}} = 0, \quad j = 1,2,\cdots,k-1.$$

令

$$A = \frac{n_{m\cdot}}{p_{m\cdot}}, \quad B = \frac{n_{\cdot k}}{p_{\cdot k}},$$

那么得到

$$p_{i\cdot} = \frac{n_{i\cdot}}{A}, \quad i = 1,2,\cdots,m; p_{\cdot j} = \frac{n_{\cdot j}}{B}, \quad j = 1,2,\cdots,k.$$

从等式(4.37)得到

$$\sum_{i=1}^{m} p_{i\cdot} = \frac{\sum\limits_{i=1}^{m} n_{i\cdot}}{A} = \frac{n}{A} = 1,$$

$$\sum_{j=1}^{k} p_{\cdot j} = \frac{\sum\limits_{j=1}^{k} n_{\cdot j}}{B} = \frac{n}{B} = 1,$$

即 $A=B=n$. 最后得到 $p_{i\cdot}, p_{\cdot j}$ 的最大似然估计为

$$\hat{p}_{i\cdot} = \frac{n_{i\cdot}}{n}, \quad i = 1,2,\cdots,m; \hat{p}_{\cdot j} = \frac{n_{\cdot j}}{n}, \quad j = 1,2,\cdots,k. \tag{4.38}$$

构造统计量

$$\chi_n^2 = n\sum_{i=1}^{m}\sum_{j=1}^{k} \frac{\left(n_{ij} - \dfrac{n_{i\cdot} n_{\cdot j}}{n}\right)^2}{n_{i\cdot} n_{\cdot j}}, \tag{4.39}$$

因为从样本中确定出了 $m+k-2$ 个参数,所以由定理 4.2,用公式(4.39)确定的统计量渐近服从自由度为

$$mk-(m+k-2)-1=(m-1)(k-1)$$

的 χ^2 分布. 它就是检验假设 H_0 所需要的统计量.

当 $m=k=2$ 时,列联表 4.11 称为四格表.

例 4.15 调查 339 名 50 岁以上的吸烟习惯者与慢性气管炎病的关系,结果如表 4.12 所示.

表 4.12

	患慢性气管炎者	未患慢性气管炎者	合 计	患病率/%
吸 烟	43	162	205	21.0
不吸烟	13	121	134	9.7
$\sum$	56	283	339	16.5

试问吸烟者与不吸烟者患慢性气管炎疾病是否有所不同($\alpha=0.01$)?

解 设 X 表示是否吸烟,Y 表示是否患慢性气管炎. 它们各取两个值,A_1——吸烟,A_2——不吸烟,B_1——患慢性气管炎,B_2——未患慢性气管炎. 所以 $m=k=2$. 由式(4.38)得

$$\hat{p}_{1\cdot}=\frac{205}{339},\quad \hat{p}_{2\cdot}=\frac{134}{339},\quad \hat{p}_{\cdot 1}=\frac{56}{339},\quad \hat{p}_{\cdot 2}=\frac{283}{339}.$$

代入式(4.39)得

$$\begin{aligned}\hat{\chi}_n^2&=\frac{\left(43-\dfrac{205\cdot 56}{339}\right)^2}{\dfrac{205\cdot 56}{339}}+\frac{\left(162-\dfrac{205\cdot 283}{339}\right)^2}{\dfrac{205\cdot 283}{339}}+\frac{\left(13-\dfrac{134\cdot 56}{339}\right)^2}{\dfrac{134\cdot 56}{339}}\\&\quad+\frac{\left(121-\dfrac{134\cdot 283}{339}\right)^2}{\dfrac{134\cdot 283}{339}}=\frac{(43-33.86)^2}{33.86}+\frac{(162-171.14)^2}{171.74}\\&\quad+\frac{(13-22.14)^2}{22.14}+\frac{(121-111.86)^2}{111.86}=7.48.\end{aligned}$$

对 $\alpha=0.01$,由附表 3 查得 $\chi_\alpha^2((m-1)(k-1))=\chi_\alpha^2(1)=6.635$. 因为 $\hat{\chi}_n^2=7.48>6.635=\chi_\alpha^2(1)$,故拒绝假设 H_0,即认为慢性气管炎的患病率与吸烟有关.

4.4 似然比检验

通过前几节的讨论知道,假设检验的关键问题是如何选择统计量,进而决定拒绝域,特别是求统计量的分布是问题的关键之所在. Neyman-Pearson 在 1928 年提出了利用似然比获得检验统计量的一般方法. 其基本思想与参数估计理论的极大

似然方法类似,至今仍是寻求检验统计量的主要方法.

4.4.1 似然比检验的基本步骤

假设总体 $X \sim F(x;\theta)$,$\theta \in \Theta$,$(X_1,\cdots,X_n)^{\mathrm{T}}$ 是来自总体 X 的一组样本,下面给出似然比检验的一般步骤:

(1)明确零假设和备选假设

$$H_0:\theta \in \Theta_0 \leftrightarrow H_1:\theta \in \Theta_1,$$

其中 $\Theta_0 \cup \Theta_1 = \Theta$,$\Theta_0 \cap \Theta_1 = \varnothing$.

(2)构造似然比

假设 $F(x,\theta)$的密度函数为 $f(x;\theta)$(若 X 为离散型随机变量,$f(x;\theta)$表示分布列),则样本$(X_1,\cdots,X_n)^{\mathrm{T}}$ 的似然函数为

$$L(x_1,\cdots,x_n;\theta) = \prod_{i=1}^{n} f(x_i;\theta),$$

从概率直观上讲,若 H_0 为真应有

$$L_0(x_1,\cdots,x_n) = \sup_{\theta\in\Theta_0} L(x_1,\cdots,x_n;\theta),$$

令

$$L_1(x_1,\cdots,x_n) = \sup_{\theta\in\Theta} L(x_1,\cdots,x_n;\theta),$$

构造似然比

$$\lambda(x_1,\cdots,x_n) = \frac{L_1(x_1,\cdots,x_n)}{L_0(x_1,\cdots,x_n)},$$

显然 $\lambda(x_1,\cdots,x_n) \geqslant 1$,直观上讲,若 H_0 为真,$\lambda(x_1,\cdots,x_n)$应接近于 1,反之,$\lambda(x_1,\cdots,x_n)$的值若足够大就应否定假设 H_0,这就是似然比检验的基本思想.

(3)对于给定的检验的显著性水平 α,选择一常数 λ_α,使对于一切 $\theta \in \Theta_0$,满足条件

$$P\{(x_1,\cdots,x_n):\lambda(x_1,\cdots,x_n) \geqslant \lambda_\alpha\} \leqslant \alpha,$$

则

$$\overline{W}_\alpha = \{(x_1,\cdots,x_n):\lambda(x_1,\cdots,x_n) \geqslant \lambda_\alpha\}$$

就是 H_0 之 α 水平的否定域.

(4)对于$(X_1,\cdots,X_n)^{\mathrm{T}}$ 的一组观测值$(x_1,\cdots,x_n)^{\mathrm{T}}$,若$(x_1,\cdots,x_n)^{\mathrm{T}} \in \overline{W}_\alpha$,则拒绝 H_0,否则只能接受 H_0.

4.4.2 从似然比检验导出正态总体的几个检验

正态总体参数的检验问题已在 4.2 中讨论过,现在用似然比检验讨论.

例 4.16 设 $X \sim N(\mu,\sigma^2)$,$(X_1,\cdots,X_n)^{\mathrm{T}}$ 为 X 的样本,考虑检验 $H_0:\mu=\mu_0$ $(H_1:\mu\neq\mu_0)$,这里 σ^2 已知.

解　根据题意

(1)
$$H_0:\mu=\mu_0\leftrightarrow H_1:\mu\neq\mu_0$$
$$\Theta_0=\{\mu_0\},$$
$$\Theta_1=\Theta-\Theta_0=\{\mu:\mu\in(-\infty,+\infty),\mu\neq\mu_0\},$$

(2)
$$L(x_1,\cdots,x_n;\mu)=\left(\frac{1}{\sqrt{2\pi}\sigma}\right)^n\exp\left\{-\frac{1}{2\sigma^2}\sum_{i=1}^n(x_i-\mu)^2\right\}$$
$$=\left(\frac{1}{\sqrt{2\pi}\sigma}\right)^n\exp\left\{-\frac{1}{2\sigma^2}\left[\sum_{i=1}^n(x_i-\bar{x})^2+n(\bar{x}-\mu)^2\right]\right\},$$

这里 $\bar{x}=\frac{1}{n}\sum_{i=1}^n x_i$，显然

$$L_1(x_1,\cdots,x_n)=\sup_{\mu\in\Theta}L(x_1,\cdots,x_n;\mu)=\left(\frac{1}{\sqrt{2\pi}\sigma}\right)^n\exp\left\{-\frac{1}{2\sigma^2}\sum_{i=1}^n(x_i-\bar{x})^2\right\},$$

则

$$\lambda(x_1,\cdots,x_n)=\exp\left\{\frac{n}{2\sigma^2}(\bar{x}-\mu_0)^2\right\},$$

(3)对于给定的显著性水平 α，否定域为

$$W_\alpha=\{(x_1,\cdots,x_n):\lambda(x_1,\cdots,x_n)>\lambda_\alpha\}=\{(x_1,\cdots,x_n):|\bar{x}-\mu_0|>C_\alpha\},$$

其中 C_α 满足

$$P\{|\bar{X}-\mu_0|>C_\alpha|\mu_0\}=\alpha,$$

当 H_0 成立时，$\frac{\sqrt{n}}{\sigma}|\bar{X}-\mu_0|\sim N(0,1)$. 则 $C_\alpha=\frac{u_{\alpha/2}}{\sqrt{n}}\sigma$，这与 4.2 节得到的拒绝域是一致的.

例 4.17　设 $X\sim N(\mu,\sigma^2)$，$(X,\cdots,X_n)^{\mathrm{T}}$ 是 X 的一组样本. 方差 σ^2 未知，检验

$$H_0:\mu=\mu_0\leftrightarrow H_1:\mu\neq\mu_0.$$

解　依题意

(1)
$$H_0:\mu=\mu_0\leftrightarrow H_1:\mu\neq\mu_0,$$
$$\Theta=\{(\mu,\sigma^2),-\infty<\mu<+\infty,0<\sigma^2<+\infty\},$$
$$\Theta_0=\{(\mu,\sigma^2),\mu=\mu_0,0<\sigma^2<+\infty\}.$$

(2)
$$L(x_1,\cdots,x_n,\mu,\sigma^2)$$
$$=\left(\frac{1}{\sqrt{2\pi}\sigma}\right)^n\exp\left\{-\frac{1}{2\sigma^2}\sum_{i=1}^n(x_i-\mu)^2\right\}$$
$$=\left(\frac{1}{\sqrt{2\pi}\sigma}\right)^n\exp\left\{-\frac{1}{2\sigma^2}\left[\sum_{i=1}^n(x_i-\bar{x})^2+n(\bar{x}-\mu)^2\right]\right\},$$

则令 $\theta=(\mu,\sigma^2)$，有

$$L(x_1,\cdots,x_n)=\sup_{\theta\in\Theta}L(x_1,\cdots,x_n;\theta)=\left[\frac{n}{2\pi\sum_{i=1}^{n}(x_i-\overline{x})^2}\right]^{n/2}\mathrm{e}^{-\frac{n}{2}},$$

$$L_0(x_1,\cdots,x_n)=\sup_{\theta\in\Theta_0}L(x_1,\cdots,x_n;\theta)=\left[\frac{n}{2\pi\sum_{i=1}^{n}(x_i-\mu_0)^2}\right]^{n/2}\mathrm{e}^{-\frac{n}{2}}.$$

于是似然比

$$\lambda(x_1,\cdots,x_n)=\left[\frac{\sum_{i=1}^{n}(x_i-\mu_0)^2}{\sum_{i=1}^{n}(x_i-\overline{x})^2}\right]^{\frac{n}{2}}=\left(1+\frac{T^2}{n-1}\right)^{\frac{n}{2}},$$

这里

$$T=\frac{\sqrt{n(n-1)}(\overline{x}-\mu_0)}{\sqrt{\sum_{i=1}^{n}(x_i-\overline{x})^2}}.$$

(3)对于给定的显著水平 α.

由于 $\lambda(x_1,\cdots,x_n)$ 是 T^2 的严格增函数,因而似然比检验的否定域为

$$\overline{W}_\alpha=\{(x_1,\cdots,x_n)^{\mathrm{T}},|T|>C_\alpha\},$$

其中 C_α 满足

$$P\{|T|>C_\alpha|(\mu_0,\sigma)\}=\alpha.$$

当 $H_0:\mu=\mu_0$ 成立时,$T\sim t(n-1)$ 分布,$C_\alpha=t_{\alpha/2}(n-1)$. 这与 4.2 节得到的结果是一致的.

习　题　4

1. 在正态总体 $N(\mu,1)$ 中取 100 个样品,计算得样本均值 $\overline{x}=5.32$.

   (1)试检验假设 $H_0:\mu=5\leftrightarrow H_1:\mu\neq5$ 是否成立($\alpha=0.05$)?

   (2)计算上述检验在 $H_1:\mu=4.8$ 下犯第Ⅱ类错误的概率;

   (3)试求检验的效用函数.

2. 设总体 X 服从正态 $N(\mu,1)$ 分布,欲检验假设 $H_0:\mu=6\leftrightarrow H_1:\mu=7$,设从该总体中抽取了一个容量为 4 的样本.

   (1)试定义该问题的检验函数;

   (2)若该问题的一个检验函数为 $\delta(x)=\begin{cases}1, & 当\ \overline{x}\geqslant7,\\ 0, & 当\ \overline{x}<7.\end{cases}$

   求犯第Ⅰ类和犯第Ⅱ类错误的概率.

3. 设 $(-0.2,-0.9,-0.6,0.1)^{\mathrm{T}}$ 是来自总体 $X\sim N(\mu,1)$ 的一个样本,试检验假设 $H_0:\mu\leqslant0\leftrightarrow H_1:\mu>0$(若给定检验水平 $\alpha=0.05$).

4. 某车间用一台包装机包装葡萄糖,额定标准为每袋净重 0.5 kg,设包装机称得糖重服从正

态分布，且根据长期的经验知其标准差 $\sigma=0.015$ kg. 某天开工后，为检验包装机工作是否正常，随机抽取它所包装的糖 9 袋，算得 $\bar{x}=0.511$ kg，问这天包装机工作是否正常（$\alpha=0.05$）？

5. 设 $\overline{X}$ 和 $\overline{Y}$ 分别是正态总体 $N(\mu_1,\sigma_1^2)$ 和 $N(\mu_2,\sigma_2^2)$ 的容量为 n 和 m 的独立样本的样本均值，σ_1^2,σ_2^2 已知，根据统计量 $T=\dfrac{\overline{X}-\overline{Y}}{\sigma}$，其中 $\sigma^2=\dfrac{\sigma_1^2}{n}+\dfrac{\sigma_2^2}{m}$.

   (1)试检验假设 $H_0:\Delta=\mu_1-\mu_2=0\leftrightarrow H_1:\Delta>0$；

   (2)试求出该检验的效用函数.

6. 某零件长度服从正态分布，过去的均值为 20.0 cm，现换了新材料，从产品中随机抽了 8 个样品，测得长度为(单位：cm)20.0，20.2，20.1，20.0，20.2，20.3，19.8，20.2，问用新材料做的零件平均长度是否起了变化（$\alpha=0.05$）？

7. 从某种试验物中取出 24 个样品，测量其发热量，计算得 $\bar{x}=11\ 956$ cal，样本标准差 $s_n^*=323$ cal，问以 5% 的显著水平是否可以认为发热量的期望值是 12 100 cal（假定发热量服从正态分布）？

8. 测定某种溶液中的水平，它的 10 个测定值给出 $\bar{x}=0.452\%$，$s_n^*=0.037\%$，设测定值总体为正态分布，μ 为总体均值，σ^2 为总体方差，试在水平 $\alpha=0.05$ 下检验假设：

   (1) $H_0:\mu\geqslant 0.5\%\leftrightarrow H_1:\mu<0.50\%$；

   (2) $H_0:\sigma\geqslant 0.04\%\leftrightarrow H_1:\sigma<0.04\%$.

9. 从某锌矿的东西两支矿脉中，各抽取样本容量分别为 9 与 8 的样本分析后，算得其样本含锌(%)平均值及方差如下：

   东支：$\bar{x}_1=0.230$，$s_{1n_1}^2=0.133\ 7$，$n_1=9$；　西支：$\bar{x}_2=0.269$，$s_{2n_2}^2=0.173\ 6$，$n_2=8$.

   若东西两支矿脉含锌量都服从正态分布且方差相等，在 $\alpha=0.05$ 的条件下问东西两支矿脉含锌量的平均值是否可看作一样？

10. 在 10 块田地上同时试种甲、乙两种品种的作物，根据产量计算得 $\bar{x}=30.97$，$\bar{y}=21.79$，$s_x^*=26.7$，$s_y^*=21.1$. 假定两种品种的产量分别服从正态分布，对 $\alpha=0.01$，试问这两种品种的产量能否认为来自同一正态分布？

11. 9 个运动员在初进学校时，要接受体育训练的检验，接受训练一个星期，再接受检验，检查结果记分如下：

    入学初 X：76，71，57，49，70，69，26，65，59；　训练后 Y：81，85，52，52，70，63，33，83，62.

    假定分数服从正态分布，试在显著水平 0.05 下判断运动员的体育训练有无显著进步？

12. 化学试验中用两种方法对 8 个样品进行了同样方式的分析，得到下面结果（百分含量）

    第一种方法 X：15，20，16，22，24，14，18，20；

    第二种方法 Y：15，22，14，25，29，16，20，24.

    假定百分含量服从正态分布，要求在显著水平 0.05 下判断分析结果的均值是否有显著差异？

13. 从一台车床加工的一批轴料中抽取 15 件测量其椭圆度，计算得 $s_n^*=0.025$，问该批轴料椭圆度的总体方差与规定的 $\sigma^2=0.000\ 4$ 有无显著差别（$\alpha=0.05$，设椭圆度服从正态分布）？

14. 砖瓦厂有两座砖窑，某日从甲窑抽取机制砖 7 块，从乙窑取 6 块，测得抗折强度如下（单位：

kg)：

甲窑：20.51，25.56，20.78，37.27，36.26，25.97，24.62，

乙窑：32.56，26.66，25.64，33.00，34.87，31.03.

设抗折强度服从正态分布，若给定 $\alpha=0.10$，试问两窑砖抗折强度的方差有无显著差异？

15. 测得两批电子器材的样本电阻为

A 批(Ω)：0.140，0.138，0.143，0.142，0.144，0.137，

B 批(Ω)：0.135，0.140，0.142，0.136，0.138，0.140.

设这两批器材的电阻分别服从 $N(\mu_1,\sigma_1^2)$ 与 $N(\mu_2,\sigma_2^2)$，且相互独立，试检验假设：

(1) $H_0:\sigma_1^2=\sigma_2^2 \leftrightarrow H_1:\sigma_1^2\neq\sigma_2^2$；

(2) $H_0:\mu_1=\mu_2 \leftrightarrow H_1:\mu_1\neq\mu_2$ ($\alpha=0.05$).

16. 按照规定，每 100 g 的罐头番茄汁，维生素 C 的含量不得少于 21 mg，现从某厂生产的一批罐头中抽取 17 个，得维生素 C 含量(单位：mg)如下：16，22，21，20，23，21，19，15，13，23，17，20，29，18，22，16，25. 已知维生素 C 含量服从正态分布，试以 0.05 的检验水平检验该批罐头的维生素 C 含量是否合格？

17. 甲、乙两台机床加工同一种零件，依次分别取 6 个和 9 个，测量其长度，并计算得 $s_{甲}^{*2}=0.245$，$s_{乙}^{*2}=0.357$. 假定零件长度服从正态分布，问是否可以认为甲机床加工精度比乙机床高($\alpha=0.05$)？

18. 如果一批产品的废品率不超过 0.02，这批产品即可被接收. 今随机地抽取 480 件产品检查发现有 12 件废品，问这批产品可以被接收吗($\alpha=0.05$)？

19. 在两种工艺条件下纺得细纱，各抽 100 个试样，试验得强力数据，经计算得(单位：g)：

甲工艺：$n_1=100$，$\bar{x}_1=280$，$s_{1n_1}=28$，

乙工艺：$n_7=100$，$\bar{x}_2=286$，$s_{2n_2}=28.5$.

试问两种工艺下细纱强力有无显著差异($\alpha=0.05$)？

20. 设 $(X_1,X_2,\cdots,X_n)$ 为来自正态总体 $N(\mu,\sigma^2)$ 的一个样本，μ,σ^2 均未知.

(1) 推导出检验假设 $H_0:\mu\geqslant\mu_0 \leftrightarrow H_1:\mu<\mu_0$ (μ_0 已知)的拒绝域；

(2) 推导出检验假设 $H_0:\sigma^2=\sigma_0^2 \leftrightarrow H_1:\sigma^2>\sigma_0^2$ (σ_0^2 已知)的拒绝域.

21. 某种配偶的后代按体格的属性分为三类，各类的数目是：10，53，46. 按照某种遗传模型其频率比应为 $p^2:2p(1-p):(1-p)^2$，问数据与模型是否相符($\alpha=0.05$)？

22. 从自动精密机床产品传递带中取出 200 个零件，以 1 μm 以内的测量精度检验零件尺寸，把测量与额定尺寸按每隔 5 μm 进行分组，计算这种偏差落在各组内的频数 n_i，见表 4.13.

表 4.13

组号	1	2	3	4	5	6	7	8	9	10
组限	−20～−15	−15～−10	−10～−5	−5～0	0～5	5～10	10～15	15～20	20～25	25～30
n_i	7	11	15	24	49	41	26	17	7	3

试用 χ^2 检验法检验尺寸偏差是否服从正态分布($\alpha=0.05$).

23. 在某林区中,随机地抽取 340 株树木组成样本,测量其胸径,经整理后所得到的资料如表 4.14 所示,试用科尔莫戈罗夫检验法检验该林区所有树木之胸径是否服从正态分布?

表 4.14

胸径分组/cm	10～14	14～18	18～22	22～26	26～30	30～34	34～38	38～42	42～46
组中值	12	16	20	24	28	32	36	40	44
株　数	4	11	34	76	112	66	22	10	5

24. 研究华沙及罗兹(Lod'z)地方与上西里西亚(Oberschlesi)工业区内工人家庭中一个正常消费者的面包消费量,分别对华沙及罗兹地方 $n_1=65$ 个家庭与上西里西亚工业区 $n_2=57$ 个家庭进行了调查. 以 X 表示每一个正常消费者以 kg 为单位的面包消费量,结果如表 4.15 所示,试用斯米尔诺夫检验法检验假设 H_0:这两个样本是否服从同一分布的两个总体中分别抽得的($\alpha=0.05$).

表 4.15

x_k	1	2	3	4	5	6	7	8	9	10	11	12
n_{k_1}	0	0	3	2	3	5	7	5	9	8	5	5
n_{k_2}	4	2	1	1	2	4	5	6	7	2	3	3
x_k	13	14	15	16	17	18	20	22	23	24	>24	
n_{k_1}	0	1	2	1	6	1	2	0	0	0	0	
n_{k_2}	1	4	0	4	2	0	1	1	3	1	0	

其中 n_{k_1} 表示华沙及罗兹地区消费量 x_k 的家庭数,n_{k_2} 表示上西里西亚工业区消费量为 x_k 的家庭数.

25. 对 10 台设备进行寿命试验,其失效时刻分别为 420,500,920,1380,1510,1650,1760,2100,2320,2350,试用科尔莫戈罗夫检验法检验其服从 $\theta=\frac{1}{1500}$ 的指数分布?

26. 为了了解色盲与性别的联系,调查了 1 000 个人,按性别及是否色盲分类如表 4.16. 在显著水平 0.05 下检验假设"色盲与性别相互独立".

27. 对某项提案进行了社会调查,结果如表 4.17. 在显著水平 $\alpha=0.05$ 下,问公民对这项提案的态度与性别是否相互独立?

表 4.16

是否色盲 \ 性别	男	女
正　常	442	514
色　盲	38	6

表 4.17

性别 \ 态度	赞成	反对	弃权
男　人	1 154	5 475	243
女　人	1 083	442	362

28. 为了了解某种药品对某种疾病的疗效是否与患者的年龄有关，共抽查了 300 名患者，将疗效分成“显著”、“一般”、“较差”三个等级，将年龄分成“儿童”、“中青年”、“老年”三个等级，得到数据如表 4.18 所示，在显著水平 $\alpha=0.05$ 下检验假设“疗效与年龄相互独立”.

表 4.18

疗效＼年龄	儿　童	中青年	老　年	$\sum$
显著	58	38	32	128
一般	28	44	45	117
较差	23	18	14	55
$\sum$	109	100	91	300

29. 设 $X\sim N(\mu,\sigma^2)$，μ 未知，设 $X_1,X_2,\cdots,X_n$ 是来自 X 的样本，试用似然比检验导出下列检验问题

$$H_0:\sigma^2=\sigma_0^2 \leftrightarrow H_1:\sigma^2\neq\sigma_0^2$$

的检验统计量及拒绝域，并验证与 4.2 节的结论是一致的.

30. 设 $X\sim N(\mu_1,\sigma_1^2)$，$Y\sim N(\mu_2,\sigma_2^2)$，$X$ 与 Y 相互独立，μ_1,μ_2 未知，$X_1,X_2,\cdots,X_{n_1},Y_1,Y_2,\cdots,Y_{n_2}$ 分别是来自总体 X 和 Y 的样本，试用似然比检验导出下列检验问题

$$H_0:\sigma_1^2=\sigma_2^2 \leftrightarrow H_1:\sigma_1^2\neq\sigma_2^2$$

的检验统计量和拒绝域，并验证与 4.2 节的结论是一致的.

第 5 章　方差分析与试验设计

在生产实践和科学试验中，经常需要处理试验数据，我们经常发现，试验条件的不同，得到的试验结果不同，有时在相同的试验条件下，也会得到不同的试验结果. 那么，自然要问，试验结果之间的差异到底是由什么原因造成的呢? 是由于试验条件的不同所引起的呢? 还是由于试验误差所引起的呢? 如果是由于试验条件的不同所引起的，那么对试验指标最有利的试验条件即因素的水平应该如何来取? 方差分析与试验设计是处理这类问题的一种数学方法.

本章主要介绍单因素试验的方差分析，两因素的方差分析及试验设计的基本方法.

5.1　单因素方差分析

通常把生产实践与科学实验中的结果，如产品的性能、产量等统称为指标，影响指标的因素用 $A,B,C,\cdots$表示. 因素在试验中所取的不同状态称为水平，因素 A 的不同水平用 $A_1,A_2,\cdots$表示.

在一项试验中，如果让一个因素的水平变化，其他因素水平保持不变，这样的试验叫做单因素试验. 处理单因素试验的统计推断问题称为单因素方差分析或一元方差分析. 类似地可定义多因素方差分析. 本节先介绍单因素方差分析.

例 5.1　有 5 种油菜品种，分别在 4 块试验田上种植，所得亩产量如表 5.1 所示(单位：kg).

表 5.1

品种 \ 田块	1	2	3	4
A_1	256	222	280	298
A_2	244	300	290	275
A_3	250	277	230	322
A_4	288	280	315	259
A_5	206	212	220	212

试问：不同油菜品种对平均亩产影响是否显著.

例 5.2　某种型号化油器的原喉管结构油耗较大，为节约能源，设想了两种改进方案以降低油耗指标——比油耗.现对用各种结构的喉管制造的化油器分别测得如表 5.2 的数据.

表 5.2 原始数据表

水平 \ 指标	比油耗							
A_1:原结构	231.0	232.8	227.6	228.3	224.7	225.5	229.3	230.3
A_2:改进方案Ⅰ	222.8	224.5	218.5	220.2				
A_3:改进方案Ⅱ	224.3	226.1	221.4	223.6				

试问:喉管的结构对比油耗的影响是否显著.

从例 5.1 和例 5.2 可以看出,在因素 A 的不同水平下,试验数据之间存在有差异,即使在因素 A 的同一个水平下,试验数据之间同样存在差异.那么,试验数据之间的差异到底是由于因素的水平变化所引起的呢?还是由于随机误差的干扰所引起的呢?如果是由于因素的水平改变所引起的,那么因素取什么水平,对试验指标最有利?这就是方差分析所要解决的问题.下面给出这个问题的数学模型及统计推断方法.

5.1.1 数学模型

设在一项试验中,因素 A 有 r 个不同水平 $A_1, A_2, \cdots, A_r$,在水平 A_i 下的试验结果 X_i 服从正态分布 $N(\mu_i, \sigma^2)(i=1,2,\cdots,r)$,且 $X_1, \cdots, X_r$ 相互独立.现在水平 A_i 下做了 n_i 次试验,获得了 n_i 个试验结果 $X_{ij}(j=1,2,\cdots,n_i)$,它可以看成是取自总体 $X_i(i=1,2,\cdots,r)$的一个样本(见表 5.3).由于 X_{ij} 服从正态分布 $N(\mu_i, \sigma^2)$,故 X_{ij} 与 μ_i 的差可以看成一个随机误差 ε_{ij},ε_{ij} 服从正态分布($i=1,2,\cdots,r, j=1,2,\cdots,n_i$).于是单因素方差分析的数学模型可以表示为

$$\begin{cases} X_{ij} = \mu_i + \varepsilon_{ij}, \\ \varepsilon_{ij} \sim N(0, \sigma^2), \end{cases} \quad i = 1,2,\cdots,r, j = 1,2,\cdots,n_i, \tag{5.1}$$

其中诸 ε_{ij} 相互独立.我们的任务是检验上述同方差的 r 个正态总体的均值是否相等,即检验假设:$H_0: \mu_1 = \mu_2 = \cdots = \mu_r \leftrightarrow H_1: \mu_1, \mu_2, \cdots, \mu_r$ 中至少有两个不相等.

表 5.3

总体	样本				样本平均
X_1	X_{11}	X_{12}	$\cdots$	X_{1n_1}	$\overline{X}_1$
X_2	X_{21}	X_{22}	$\cdots$	X_{2n_2}	$\overline{X}_2$
$\vdots$	$\vdots$	$\vdots$		$\vdots$	$\vdots$
X_r	X_{r1}	X_{r2}	$\cdots$	X_{rn_r}	$\overline{X}_r$

记 $\mu=\frac{1}{n}\sum_{i=1}^{r}n_i\mu_i\left(n=\sum_{i=1}^{r}n_i\right)$，$\alpha_i=\mu_i-\mu$ 表示因素 A 第 i 水平效应($i=1,2,\cdots$)，则试验数据的数学模型可写为

$$X_{ij}=\mu+\alpha_i+\varepsilon_{ij},\quad i=1,2,\cdots,r,j=1,2,\cdots,n_i. \tag{5.2}$$

单因素方差分析问题即为检验假设

$H_0:\alpha_1=\alpha_2=\cdots=\alpha_r=0\leftrightarrow H_1$：至少有一个 $\alpha_i\neq0(i=1,2,\cdots,r)$是否成立的问题.

5.1.2 离差平方和分解与显著性检验

显然，检验假设 H_0 可以用 t 检验法，只要检验任意一个水平的效应 α_i 等于 0，但这样要做 r 次检验，很繁琐. 为了简化步骤，可采用下面介绍的离差平方和分解的方法.

1. 总离差平方和分解

记

$$\overline{X}_i=\frac{1}{n_i}\sum_{j=1}^{n_i}X_{ij},\quad i=1,2,\cdots,r, \tag{5.3}$$

$$\overline{X}=\frac{1}{n}\sum_{i=1}^{r}\sum_{j=1}^{n_i}X_{ij}, \tag{5.4}$$

其中 $n=\sum_{i=1}^{r}n_i$，$\overline{X}_i$ 是从第 i 个总体中抽得的样本均值，称为组内平均，而 $\overline{X}$ 称为总平均，n 是从 r 个总体中抽得的样本的总容量.

由式(5.3)和式(5.4)可以推得

$$\sum_{i=1}^{r}\sum_{j=1}^{n_i}(X_{ij}-\overline{X}_i)(\overline{X}_i-\overline{X})=0.$$

由此得到，总离差平方和为

$$\begin{aligned}Q_T&=\sum_{i=1}^{r}\sum_{j=1}^{n_i}(X_{ij}-\overline{X})^2=\sum_{i=1}^{r}\sum_{j=1}^{n_j}[(X_{ij}-\overline{X}_i)+(\overline{X}_i-\overline{X})]^2\\&=\sum_{i=1}^{r}\sum_{j=1}^{n_i}(X_{ij}-\overline{X}_i)^2+2\sum_{i=1}^{r}\sum_{j=1}^{n_i}(X_{ij}-\overline{X}_i)(\overline{X}_i-\overline{X})+\sum_{i=1}^{r}\sum_{j=1}^{n_i}(\overline{X}_i-\overline{X})^2\\&=\sum_{i=1}^{r}\sum_{j=1}^{n_i}(X_{ij}-\overline{X}_i)^2+\sum_{i=1}^{r}n_i(\overline{X}_i-\overline{X})^2.\end{aligned}$$

令

$$Q_E=\sum_{i=1}^{r}\sum_{j=1}^{n_i}(X_{ij}-\overline{X}_i)^2, \tag{5.5}$$

$$Q_A = \sum_{i=1}^{r} n_i(\overline{X}_i - \overline{X})^2, \tag{5.6}$$

分别称 Q_E 与 Q_A 为组内离差平方和与组间离差平方和. Q_E 表示 X_{ij} 与其组内平均 $\overline{X}_i$ 的离差平方和,它反映了试验误差引起的数据波动,而第二项 Q_A 是组内平均与总平均的离差平方和,它在一定程度上反映了因素水平的改变引起的数据波动和试验误差引起的数据波动,从而得

$$Q_T = Q_E + Q_A, \tag{5.7}$$

上式称为总离差平方和分解公式.

2. 求 EQ_E 和 EQ_A

令 $\bar{\varepsilon}_i = \dfrac{1}{n_i}\sum_{j=1}^{n_i}\varepsilon_{ij}$, $\bar{\varepsilon} = \dfrac{1}{n}\sum_{i=1}^{r}\sum_{j=1}^{n_i}\varepsilon_{ij}$,并将式(5.2)代入式(5.5)和式(5.6),得

$$Q_E = \sum_{i=1}^{r}\sum_{j=1}^{n_i}(\mu + \alpha_i + \varepsilon_{ij} - \mu - \alpha_i - \bar{\varepsilon}_i)^2 = \sum_{i=1}^{r}\sum_{j=1}^{n_i}(\varepsilon_{ij} - \bar{\varepsilon}_i)^2,$$

$$\begin{aligned} Q_A &= \sum_{i=1}^{r} n_i(\mu + \alpha_i + \bar{\varepsilon}_i - \mu - \bar{\varepsilon})^2 = \sum_{i=1}^{r} n_i(\alpha_i + \bar{\varepsilon}_i - \bar{\varepsilon})^2 \\ &= \sum_{i=1}^{r} n_i\alpha_i^2 + \sum_{i=1}^{r} n_i(\bar{\varepsilon}_i - \bar{\varepsilon})^2 + 2\sum_{i=1}^{r} n_i\alpha_i(\bar{\varepsilon}_i - \bar{\varepsilon}). \end{aligned}$$

由于

$$\varepsilon_{ij} \sim N(0,\sigma^2),\quad \bar{\varepsilon}_i \sim N\left(0,\frac{\sigma^2}{n_i}\right),\quad \bar{\varepsilon} \sim N\left(0,\frac{\sigma^2}{n}\right),$$
$$i=1,2,\cdots,r, j=1,2,\cdots,n_i.$$

从而

$$EQ_E = E\sum_{i=1}^{r}\sum_{j=1}^{n_i}(\varepsilon_{ij} - \bar{\varepsilon}_i)^2 = \sum_{i=1}^{r}(n_i - 1)\sigma^2 = (n-r)\sigma^2,$$

$$EQ_A = \sum_{i=1}^{r} n_i\alpha_i^2 + (r-1)\sigma^2.$$

故有

$$E\left(\frac{Q_E}{n-r}\right) = \sigma^2, \tag{5.8}$$

$$E\left(\frac{Q_A}{r-1}\right) = \sigma^2 + \frac{1}{r-1}\sum_{i=1}^{r} n_i\alpha_i^2. \tag{5.9}$$

3. 构造检验统计量

当 H_0 成立时,即 $\alpha_1 = \alpha_2 = \cdots = \alpha_r = 0$ 时, $E\dfrac{Q_A}{r-1} = E\dfrac{Q_E}{n-r} = \sigma^2$. 否则,

$E\dfrac{Q_A}{r-1} \geqslant E\dfrac{Q_E}{n-r}$,从而当 H_0 不成立时,比值$\dfrac{Q_A/(r-1)}{Q_E/(n-r)} \xlongequal{\text{def}} \dfrac{\overline{Q}_A}{\overline{Q}_E} = F$ 有偏大的趋势,所以 F 可作为检验 H_0 的统计量. 下面我们先求出在 H_0 成立条件下,统计量 F 的概率分布. 当 H_0 成立时,所有的 α_i 都等于零,式(5.2)变成

$$X_{ij} = \mu + \varepsilon_{ij},$$

代入 Q_T,Q_E 和 Q_A 的表达式,式(5.7)可写成

$$Q_T = \sum_{i=1}^{r}\sum_{j=1}^{n_i}(\varepsilon_{ij} - \bar{\varepsilon})^2 = \sum_{i=1}^{r}\sum_{j=1}^{n_i}(\varepsilon_{ij} - \bar{\varepsilon}_i)^2 + \sum_{i=1}^{r}[\sqrt{n_i}(\bar{\varepsilon}_i - \bar{\varepsilon})]^2.$$

又因

$$\sum_{i=1}^{r}\sum_{j=1}^{n_i}\varepsilon_{ij}^2 = \sum_{i=1}^{r}\sum_{j=1}^{n_1}(\varepsilon_{ij} - \bar{\varepsilon})^2 + n\bar{\varepsilon}^2,$$

故

$$\sum_{i=1}^{r}\sum_{j=1}^{n_i}\varepsilon_{ij}^2 = \sum_{i=1}^{r}\sum_{j=1}^{n_i}(\varepsilon_{ij} - \bar{\varepsilon}_i)^2 + \sum_{i=1}^{r}[\sqrt{n_i}(\bar{\varepsilon}_i - \bar{\varepsilon})]^2 + (\sqrt{n}\bar{\varepsilon})^2.$$

上式两边同除以 σ^2,左边 $\dfrac{1}{\sigma^2}\sum_{i=1}^{r}\sum_{j=1}^{n_i}\varepsilon_{ij}^2$ 是自由度为 n 的 χ^2 变量,右边三项分别为:

$\dfrac{1}{\sigma^2}Q_E = \dfrac{1}{\sigma^2}\sum_{i=1}^{r}\sum_{j=1}^{n_i}(\varepsilon_{ij} - \bar{\varepsilon}_i)^2$,有 r 个约束条件 $\sum_{j=1}^{n_i}(\varepsilon_{ij} - \bar{\varepsilon}_i) = 0\ (i = 1, 2, \cdots, r)$,所以二次型$\dfrac{1}{\sigma^2}Q_E$ 的秩为 $n-r$;

$\dfrac{1}{\sigma^2}Q_A = \dfrac{1}{\sigma^2}\sum_{i=1}^{r}[\sqrt{n_i}(\bar{\varepsilon}_i - \bar{\varepsilon})]^2$,有一个约束条件 $\sum_{i=1}^{r}n_i(\bar{\varepsilon}_i - \bar{\varepsilon}) = 0$, 所以$\dfrac{Q_A}{\sigma^2}$的秩为 $r-1$;$\dfrac{1}{\sigma^2}(\sqrt{n}\bar{\varepsilon})^2$ 的自由度是 1,它们的自由度之和为 $(n-r)+(r-1)+1=n$,由柯赫伦定理知,$\dfrac{Q_E}{\sigma^2}$服从自由度为 $n-r$ 的 χ^2 分布,$\dfrac{Q_A}{\sigma^2}$服从自由度为 $r-1$ 的 χ^2 分布,且$\dfrac{Q_E}{\sigma^2}$与$\dfrac{Q_A}{\sigma^2}$相互独立.

由 F 分布的定义知,在 H_0 成立的条件下,

$$F = \frac{Q_A/\sigma^2(r-1)}{Q_E/\sigma^2(n-r)} = \frac{Q_A/(r-1)}{Q_E/(n-r)} = \frac{\overline{Q}_A}{\overline{Q}_E}$$

服从自由度为$(r-1, n-r)$的 F 分布.

4. 确定拒绝域

给定显著性水平 α,如何确定小概率事件呢? 由式(5.8)与式(5.9)可知当 H_0 成立时,$E\left(\dfrac{Q_A}{r-1}\right) = E\left(\dfrac{Q_E}{n-r}\right)$;当 H_0 不成立时,$E\left(\dfrac{Q_A}{r-1}\right) > E\left(\dfrac{Q_E}{n-r}\right)$. 因此,$F$ 的值

有偏大的趋势. 于是可以从 F 分布数值表中查得 $F_\alpha(r-1,n-1)$的值,使

$$P\{F \geqslant F_\alpha(r-1,n-r)\} = \alpha.$$

一次抽样后由样本值计算得 F 的数值,若

$$F \geqslant F_\alpha(r-1,n-r),$$

则拒绝假设 H_0,即可认为在显著性水平 α 下,因素的不同水平对试验结果有显著影响;若

$$F < F_\alpha(r-1,n-r),$$

则接受假设 H_0,即可认为在显著性水平 α 下,因素的不同水平对试验结果无显著影响.

将以上分析列成方差分析表 5.4.

表 5.4

方差来源	离差平方和	自由度	平均离差平方和	F 值	显著性
组　间	$Q_A=\sum_{i=1}^{r} n_i(\overline{X}_i-\overline{X})^2$	$r-1$	$\overline{Q}_A=\frac{Q_A}{r-1}$	$F=\frac{\overline{Q}_A}{\overline{Q}_E}$	
组　内	$Q_E=\sum_{i=1}^{r}\sum_{j=1}^{n_i}(X_{ij}-\overline{X}_i)^2$	$n-r$	$\overline{Q}_E=\frac{Q_E}{n-r}$		
总　和	$Q_T=\sum_{i=1}^{r}\sum_{j=1}^{n_i}(X_{ij}-\overline{X})^2$	$n-1$			

需要指出,表 5.4 中的 Q_T 在计算 F 时并没有用到,它只用以核对 $Q_T=Q_A+Q_E$ 是否成立,起校核作用,其中显著性一栏,当 $\alpha=0.05$ 时,若检验显著,打一个"*"号,当 $\alpha=0.01$ 时,若检验显著,打 2 个"* *"号,表示因素 A 影响高度显著.

为方便起见,计算 F 值时常常采用下面的公式:

$$Q=\sum_{i=1}^{r}\frac{1}{n_i}\Big(\sum_{j=1}^{n_i}X_{ij}\Big)^2,\quad P=\frac{1}{n}\Big(\sum_{i=1}^{r}\sum_{j=1}^{n_i}X_{ij}\Big)^2,\quad R=\sum_{i=1}^{r}\sum_{j=1}^{n_i}X_{ij}^2. \tag{5.10}$$

可以证明

$$Q_A=Q-P,\quad Q_E=R-Q,\quad Q_T=R-P.$$

例 5.3 对上面例 5.2 中提供的试验数据,在显著性水平 $\alpha=0.01$ 条件下进行方差分析. 判断喉管的结构对比油耗的影响是否有显著差异?

解 将所有原始数据减去 220 后进行计算,见表 5.5 的数据($X'_{ij}=X_{ij}-220$).

表 5.5 变换后的数据表

水平	X'_{ij}							
A_1	11.0	12.8	7.6	8.3	4.7	5.5	9.3	10.3
A_2	2.8	4.5	−1.5	0.2				
A_3	4.3	6.1	1.4	3.6				

本例中，$r=3, n_1=8, n_2=4, n_3=4, n=\sum_{i=1}^{3} n_i=16$,

$$P'=\frac{1}{n}\Big(\sum_{i=1}^{3}\sum_{j=1}^{n_i}X'_{ij}\Big)^2=516.43,$$

$$Q'=\sum_{i=1}^{3}\frac{1}{n_i}\Big(\sum_{j=1}^{n_i}X'_{ij}\Big)^2=672.07,$$

$$R'=\sum_{i=1}^{3}\sum_{j=1}^{n_i}X'^2_{ij}=757.41,$$

$Q'_A=Q'-P'=155.64$，　$Q'_T=R'-P'=240.98$，　$Q'_E=R'-Q'=85.34$.
方差分析见表 5.6.

表 5.6　方差分析表

方差来源	离差平方和	自由度	均方离差	F 值	显著性
组　间	155.64	2	77.82	11.86	* *
组　内	85.34	13	6.56		
总　和	240.98	15			

对 $\alpha=0.01$，查 F 分布表得 $F_{0.01}(2,13)=6.70$，由于 $F=11.86>6.70=F_{0.01}(2,13)$，故可认为不同的喉管结构的比油耗有显著差异，从 $\overline{X}_i$ 的大小可以知道，改进方案 1 的比油耗最小，采用这种结构有可能节省油耗.

5.1.3　参数估计

若用 $\hat{\alpha}_i,\hat{\mu}_i,\hat{\mu},\hat{\sigma}^2$ 分别表示 α_i,μ_i,μ 及 σ^2 的估计，则有

$$\begin{cases}\hat{\alpha}_i=\overline{X}_i-\overline{X}, & i=1,2,\cdots,r\\ \hat{\mu}_i=\overline{X}_i, & i=1,2,\cdots,r\\ \hat{\mu}=\overline{X}, & \\ \hat{\sigma}^2=Q_E/(n-r)=\overline{Q}_E, & \end{cases}\tag{5.11}$$

可以证明上述估计都是无偏估计.

在单因素方差分析中，如果检验结果为 H_0 不成立，有时需要对 $\mu_i-\mu_k$ 作区间估计. 为此可用 $\overline{X}_i-\overline{X}_k$ 作为 $\mu_i-\mu_k$ 的点估计. 由式(5.2)

$$\overline{X}_i-\overline{X}_k=\mu_i-\mu_k+(\bar{\varepsilon}_i-\bar{\varepsilon}_k).$$

由于 $\overline{X}_i-\overline{X}_k$ 服从正态分布 $N\left(\mu_i-\mu_k,\left(\frac{1}{n_i}+\frac{1}{n_k}\right)\sigma^2\right)$，故

$$\frac{\overline{X}_i-\overline{X}_k-(\mu_i-\mu_k)}{\sqrt{\frac{1}{n_i}+\frac{1}{n_k}}\,\sigma}$$

服从标准正态分布 $N(0,1)$，又考察随机变量

$$\frac{1}{\sigma^2}Q_E = \frac{1}{\sigma^2}\sum_{i=1}^{r}\sum_{j=1}^{n_i}(\varepsilon_{ij}-\bar{\varepsilon}_i)^2,$$

由 χ^2 变量的可加性,它服从自由度为 $n-r$ 的 χ^2 分布. 不难证明 $\bar{\varepsilon}_i-\bar{\varepsilon}_k$ 与 Q_E 是相互独立的,又 $E\bar{Q}_E=\sigma^2$,所以

$$T = \frac{\overline{X}_i-\overline{X}_k-(\mu_i-\mu_k)}{\sqrt{\left(\frac{1}{n_i}+\frac{1}{n_k}\right)\bar{Q}_E}}$$

服从自由度为 $n-r$ 的 t 分布. 给定显著性水平 α,查 t 分布表可得 $t_{\alpha/2}(n-r)$,使得

$$P\{|T|<t_{\alpha/2}(n-r)\}=1-\alpha,$$

即

$$P\left\{\overline{X}_i-\overline{X}_k-t_{\alpha/2}(n-r)\sqrt{\left(\frac{1}{n_i}+\frac{1}{n_k}\right)\bar{Q}_E}<\mu_i-\mu_k\right.$$
$$\left.<\overline{X}_i-\overline{X}_k+t_{\alpha/2}(n-r)\sqrt{\left(\frac{1}{n_i}+\frac{1}{n_k}\right)\bar{Q}_E}\right\}=1-\alpha,$$

故 $\mu_i-\mu_k$ 的置信概率为 $1-\alpha$ 的置信区间为

$$\left(\overline{X}_i-\overline{X}_k\pm t_{\alpha/2}(n-r)\sqrt{\bar{Q}_E\left(\frac{1}{n_i}+\frac{1}{n_k}\right)}\right). \tag{5.12}$$

例 5.4 (续例 5.1) 对例 5.1 中的数据,试问:

(1)不同品种对亩产量有无显著影响;

(2)求 $\mu_1-\mu_5$ 的置信度为 0.95 的置信区间.

解 (1)令 X_{ij} 表示第 i 个品种在第 j 块试验田的亩产量,$i=1,2,3,4,5$,$n_1=n_2=\cdots=n_5=4$,$n=20$. 由公式(5.10)计算得

$$R=\sum_{i=1}^{5}\sum_{j=1}^{4}x_{ij}^2=1\,395\,472,\quad Q=\frac{1}{4}\sum_{i=1}^{5}\Big(\sum_{j=1}^{4}x_{ij}\Big)^2=1\,383\,980.5,$$

$$P=\frac{1}{20}\Big(\sum_{i=1}^{5}\sum_{j=1}^{4}x_{ij}\Big)^2=\frac{5\,236^2}{20}=1\,370\,784.8,$$

$$Q_T=R-P=1\,395\,472-1\,370\,784.8=24\,687.2,$$

$$Q_A=Q-P=1\,383\,980.5-1\,370\,784.8=13\,195.7,$$

$$Q_E=Q_T-Q_A=24\,687.2-13\,195.7=11\,491.5.$$

根据以上数据列方差分析表如下(表 5.7).

表 5.7 方差分析表

方差来源	离差平方和	自由度	平均平方和	F 值	显著性
组　间	13 195.7	4	3 298.925	4.31	*
组　内	11 491.5	15	766.1		
总　和	24 687.2	19			

对于 $\alpha=0.05$,查 F 表得 $F_{0.05}(4,15)=3.06$,由于 $F=4.31>3.06=F_{0.05}(4,15)$,从而知因素 A 影响显著,即不同品种对平均亩产量有显著影响.

(2) $\bar{x}_1=\frac{1}{4}\cdot(256+222+280+298)=264$,

$\bar{x}_5=\frac{1}{4}\cdot(206+212+220+212)=212.5$,

对 $\alpha=0.05$,$n-r=20-5=15$,查 t 分布表得 $t_{0.025}(15)=2.1315$,故由公式(5.12)得 $\mu_1-\mu_5$ 的置信度为 0.95 的置信区间为

$$\left[\bar{x}_1-\bar{x}_5\pm t_{0.025}(15)\sqrt{\bar{Q}_E\left(\frac{1}{4}+\frac{1}{4}\right)}\right]$$

$$=\left[264-212.5\pm 2.1315\cdot\sqrt{\frac{1}{2}\cdot 766.1}\right]$$

$$=[51.5\pm 2.1315\cdot 19.6,51.5+2.1315\cdot 19.6]=(9.7,93.3).$$

5.2　两因素方差分析

两因素方差分析是讨论两因素试验的统计推断问题.本节分非重复试验和重复试验两种情形进行讨论.

5.2.1　两因素非重复试验的方差分析

设有两个因素 A,B,因素 A 有 r 个不同水平:$A_1,A_2,\cdots,A_r$;因素 B 有 s 个不同水平:$B_1,B_2,\cdots,B_s$,在 A,B 的每一种组合水平 (A_i,B_j) 下作一次试验,试验结果为 $X_{ij}(i=1,\cdots,r,j=1,2,\cdots,s)$,所有 X_{ij} 相互独立,这样共得 rs 个试验结果(表 5.8).

表 5.8

因素 B / 因素 A	B_1	B_2	…	B_s	$X_{i\cdot}$
A_1	X_{11}	X_{12}	…	X_{1s}	$\bar{X}_{1\cdot}$
A_2	X_{21}	X_{22}	…	X_{2s}	$\bar{X}_{2\cdot}$
⋮	⋮	⋮		⋮	⋮
A_r	X_{r1}	X_{r2}	…	X_{rs}	$\bar{X}_{r\cdot}$
$\bar{X}_{\cdot j}$	$\bar{X}_{\cdot 1}$	$\bar{X}_{\cdot 2}$	…	$\bar{X}_{\cdot s}$	$\bar{X}$

这种对每个组合水平 $(A_i,B_j)(i=1,2,\cdots,r,j=1,2,\cdots,s)$ 各作一次试验的情

形称为两因素非重复试验.

假定总体 X_{ij} 服从正态分布 $N(\mu_{ij},\sigma^2)$，其中

$$\mu_{ij}=\mu+\alpha_i+\beta_j,\quad i=1,2,\cdots,r,j=1,2,\cdots,s,\tag{5.13}$$

而

$$\sum_{i=1}^{r}\alpha_i=0,\quad \sum_{j=1}^{s}\beta_j=0.$$

于是 X_{ij} 可表示为

$$\begin{cases}X_{ij}=\mu+\alpha_i+\beta_j+\varepsilon_{ij},\\ \varepsilon_{ij}\sim N(0,\sigma^2),\end{cases}\quad i=1,2,\cdots,r;j=1,2,\cdots,s,\tag{5.14}$$

其中诸 ε_{ij} 相互独立，α_i 称为因素 A 在水平 A_i 引起的效应，它表示水平 A_i 在总体平均数上引起的偏差. 同样，β_j 称为因素 B 在水平 B_j 引起的效应，它表示水平 B_j 在总体平均数上引起的偏差. 所以要推断因素 A 的影响是否显著，就等价于要检验假设

$$H_{01}:\alpha_1=\alpha_2=\cdots=\alpha_r=0\leftrightarrow H_{11}:\text{至少有一个 }\alpha_i\neq 0,i=1,\cdots,r.$$

类似地，要推断因素 B 的影响是否显著，就等价于要检验假设

$$H_{02}:\beta_1=\beta_2=\cdots=\beta_r=0\leftrightarrow H_{12}:\text{至少有一个 }\beta_j\neq 0,j=1,\cdots,s.$$

当 H_{01} 成立时，从式(5.13)可以看出，均值 μ_{ij} 与 α_i 无关，这表明因素 A 对试验结果无显著影响. 同理，当 H_{02} 成立时，从式(5.13)可以看出，均值 μ_{ij} 与 β_j 无关，这表明因素 B 对试验结果无显著影响. 当 H_{01}，H_{02} 都成立时，$\mu_{ij}=\mu$，X_{ij} 的波动主要是由随机因素引起的.

导出检验假设 H_{01} 与 H_{02} 统计量的方法与单因素方差分析相类似，可采用离差平方和分解的方法.

1. 总离差平方和分解

记

$$\bar{X}_{i\cdot}=\frac{1}{s}\sum_{j=1}^{s}X_{ij}\quad (i=1,2,\cdots,r),$$

$$\bar{X}_{\cdot j}=\frac{1}{r}\sum_{i=1}^{r}X_{ij}\quad (j=1,2,\cdots,s),$$

$$\bar{X}=\frac{1}{rs}\sum_{i=1}^{r}\sum_{j=1}^{s}X_{ij}=\frac{1}{r}\sum_{i=1}^{r}\bar{X}_{i\cdot}=\frac{1}{s}\sum_{j=1}^{s}\bar{X}_{\cdot j},$$

于是总离差平方和

$$\begin{aligned}Q_T&=\sum_{i=1}^{r}\sum_{j=1}^{s}(X_{ij}-\bar{X})^2\\&=\sum_{i=1}^{r}\sum_{j=1}^{s}[(X_{ij}-\bar{X}_{i\cdot}-\bar{X}_{\cdot j}+\bar{X})+(\bar{X}_{i\cdot}-\bar{X})+(\bar{X}_{\cdot j}-\bar{X})]^2\end{aligned}$$

$$=\sum_{i=1}^{r}\sum_{j=1}^{s}(X_{ij}-\bar{X}_{i\cdot}-\bar{X}_{\cdot j}+\bar{X})^2+\sum_{i=1}^{r}\sum_{j=1}^{s}(\bar{X}_{i\cdot}-\bar{X})^2+\sum_{i=1}^{r}\sum_{j=1}^{s}(\bar{X}_{\cdot j}-\bar{X})^2$$
$$+2\sum_{i=1}^{r}\sum_{j=1}^{s}(X_{ij}-\bar{X}_{i\cdot}-\bar{X}_{\cdot j}+\bar{X})(\bar{X}_{i\cdot}-\bar{X})$$
$$+2\sum_{i=1}^{r}\sum_{j=1}^{s}(X_{ij}-\bar{X}_{i\cdot}-\bar{X}_{\cdot j}+\bar{X})(\bar{X}_{\cdot j}-\bar{X})$$
$$+2\sum_{i=1}^{r}\sum_{j=1}^{s}(\bar{X}_{i\cdot}-\bar{X})(\bar{X}_{\cdot j}-\bar{X})=s\sum_{i=1}^{r}(\bar{X}_{i\cdot}-\bar{X})^2$$
$$+r\sum_{j=1}^{s}(\bar{X}_{\cdot j}-\bar{X})^2+\sum_{i=1}^{r}\sum_{j=1}^{s}(X_{ij}-\bar{X}_{i\cdot}-\bar{X}_{\cdot j}+\bar{X})^2.$$

令

$$\left.\begin{aligned}Q_A&=s\sum_{i=1}^{r}(\bar{X}_{i\cdot}-\bar{X})^2,\\Q_B&=r\sum_{j=1}^{s}(\bar{X}_{\cdot j}-\bar{X})^2,\\Q_E&=\sum_{i=1}^{r}\sum_{j=1}^{s}(X_{ij}-\bar{X}_{i\cdot}-\bar{X}_{\cdot j}+\bar{X})^2,\end{aligned}\right\}\qquad(5.15)$$

则可得

$$Q_T=Q_A+Q_B+Q_E,$$

上式称为总离差平方和分解式. 其中 Q_A 为因素 A 引起的离差平方和, Q_B 为因素 B 引起的离差平方和, Q_E 称为随机误差平方和.

2. 求 EQ_E, EQ_A, EQ_B

为了更清楚地看出各离差平方和的意义, 与 $\bar{X}_{i\cdot}$, $\bar{X}_{\cdot j}$, $\bar{X}$ 的表达式相类似, 引进 $\bar{\varepsilon}_{i\cdot}$, $\bar{\varepsilon}_{\cdot j}$ 与 $\bar{\varepsilon}$,

$$\bar{\varepsilon}_{i\cdot}=\frac{1}{s}\sum_{j=1}^{s}\varepsilon_{ij},\quad i=1,2,\cdots,r,$$
$$\bar{\varepsilon}_{\cdot j}=\frac{1}{r}\sum_{i=1}^{r}\varepsilon_{ij},\quad j=1,2,\cdots,s,$$
$$\bar{\varepsilon}=\frac{1}{rs}\sum_{i=1}^{r}\sum_{j=1}^{s}\varepsilon_{ij}=\frac{1}{r}\sum_{i=1}^{r}\bar{\varepsilon}_{i\cdot}=\frac{1}{s}\sum_{j=1}^{s}\bar{\varepsilon}_{\cdot j}.$$

应用式(5.14)可把式(5.15)写成

$$\left.\begin{aligned}Q_A &= s\sum_{i=1}^{r}(\alpha_i+\bar{\varepsilon}_{i\cdot}-\bar{\varepsilon})^2,\\Q_B &= r\sum_{j=1}^{s}(\beta_j+\bar{\varepsilon}_{\cdot j}-\bar{\varepsilon})^2,\\Q_E &= \sum_{i=1}^{r}\sum_{j=1}^{s}(\varepsilon_{ij}-\bar{\varepsilon}_{i\cdot}-\bar{\varepsilon}_{\cdot j}+\bar{\varepsilon})^2,\end{aligned}\right\}\tag{5.16}$$

从上式看出 Q_A 主要依赖于因素 A 的效应;Q_B 主要依赖于 B 的效应;Q_E 依赖于随机误差 ε_{ij}. 由于 $\varepsilon_{ij}\sim N(0,\sigma^2)$,$\bar{\varepsilon}_{i\cdot}\sim N\left(0,\frac{\sigma^2}{s}\right)$,$\bar{\varepsilon}_{\cdot j}\sim N\left(0,\frac{\sigma^2}{r}\right)$,$\bar{\varepsilon}\sim N\left(0,\frac{\sigma^2}{rs}\right)$($i=1,2,3,\cdots,r;j=1,2,\cdots,s$),从而

$$\begin{aligned}EQ_A &= sE\left[\sum_{i=1}^{r}(\alpha_i+\bar{\varepsilon}_{i\cdot}-\bar{\varepsilon})^2\right]\\&= s\sum_{i=1}^{r}\alpha_i^2+sE\left[\sum_{i=1}^{r}(\bar{\varepsilon}_{i\cdot}-\bar{\varepsilon})^2+2s\sum_{i=1}^{r}\alpha_iE(\bar{\varepsilon}_{i\cdot}-\bar{\varepsilon})\right]\\&= s\sum_{i=1}^{r}\alpha_i^2+(r-1)\sigma^2.\end{aligned}$$

同理可得

$$\begin{aligned}EQ_B &= r\sum_{j=1}^{s}\beta_j^2+(s-1)\sigma^2,\\EQ_E &= (r-1)(s-1)\sigma^2.\end{aligned}$$

令

$$\bar{Q}_A=\frac{1}{r-1}Q_A,\quad \bar{Q}_B=\frac{1}{s-1}Q_B,\quad \bar{Q}_E=\frac{1}{(r-1)(s-1)}Q_E,$$

则有

$$E\bar{Q}_A=\sigma^2+\frac{s}{r-1}\sum_{i=1}^{r}\alpha_i^2,\quad E\bar{Q}_B=\sigma^2+\frac{r}{s-1}\sum_{j=1}^{s}\beta_j^2,\quad E\bar{Q}_E=\sigma^2.$$

3. 构造检验统计量

当 H_{01} 成立时,$E\bar{Q}_A=E\bar{Q}_E$,否则,$E\bar{Q}_A>E\bar{Q}_E$. 当 H_{02} 成立时,$E\bar{Q}_B=E\bar{Q}_E$,否则,$E\bar{Q}_B>E\bar{Q}_E$,令

$$\begin{aligned}F_A &= \frac{Q_A/(r-1)}{Q_E/(r-1)(s-1)}\overset{\text{def}}{=\!=}\frac{\bar{Q}_A}{\bar{Q}_E},\\F_B &= \frac{Q_B/(s-1)}{Q_E/(r-1)(s-1)}\overset{\text{def}}{=\!=}\frac{\bar{Q}_B}{\bar{Q}_E}.\end{aligned}$$

当 H_{01},H_{02}不成立时,F_A,F_B 有偏大趋势,因此 F_A,F_B 可作为检验假设 H_{01},H_{02}的统计量.

下面导出检验 F_A 与 F_B 的概率分布. 当 H_{01} 及 H_{02} 成立时,$\alpha_i=\beta_j=0$ ($i=1,2,\cdots,r,j=1,2,\cdots,s$),因而 $X_{ij}=\mu+\varepsilon_{ij}$,各离差平方和可改写为

$$Q_A = s\sum_{i=1}^{r}(\bar{\varepsilon}_{i\cdot} - \bar{\varepsilon})^2,$$

$$Q_B = r\sum_{j=1}^{s}(\bar{\varepsilon}_{\cdot j} - \bar{\varepsilon})^2,$$

$$Q_E = \sum_{i=1}^{r}\sum_{j=1}^{s}(\varepsilon_{ij} - \bar{\varepsilon}_{i\cdot} - \bar{\varepsilon}_{\cdot j} + \bar{\varepsilon})^2,$$

$$Q_T = \sum_{i=1}^{r}\sum_{j=1}^{s}(\varepsilon_{ij} - \bar{\varepsilon})^2 = Q_A + Q_B + Q_E.$$

由于 $Q_T = \sum_{i=1}^{r}\sum_{j=1}^{s}\varepsilon_{ij}^2 - rs\bar{\varepsilon}^2$，于是有

$$\sum_{i=1}^{r}\sum_{j=1}^{s}\varepsilon_{ij}^2 = \sum_{i=1}^{r}\sum_{j=1}^{s}(\varepsilon_{ij} - \bar{\varepsilon})^2 + rs\bar{\varepsilon}^2 = Q_A + Q_B + Q_E + rs\bar{\varepsilon}^2.$$

为了利用柯赫伦因子分解定理，上式两边同除以 σ^2. 于是，等式左边 $\frac{1}{\sigma^2}\sum_{i=1}^{r}\sum_{j=1}^{s}\varepsilon_{ij}^2$ 是自由度为 rs 的 χ^2 变量，而等式右边四项及其自由度分别为

$\frac{1}{\sigma^2}Q_A$ 具有约束条件 $\sum_{i=1}^{r}(\bar{\varepsilon}_{i\cdot} - \bar{\varepsilon}) = 0$，它的自由度为 $r-1$；

$\frac{1}{\sigma^2}Q_B$ 具有约束条件 $\sum_{j=1}^{s}(\bar{\varepsilon}_{\cdot j} - \bar{\varepsilon}) = 0$，它的自由度为 $s-1$；

$\frac{1}{\sigma^2}Q_E$ 具有约束条件 $\sum_{i=1}^{r}(\varepsilon_{ij} - \bar{\varepsilon}_{i\cdot} - \bar{\varepsilon}_{\cdot j} + \bar{\varepsilon}) = 0\ (j = 1,2,\cdots,s)$ 以及

$$\sum_{j=1}^{s}(\varepsilon_{ij} - \bar{\varepsilon}_{i\cdot} - \bar{\varepsilon}_{\cdot j} + \bar{\varepsilon}) = 0, \quad i = 1,2,\cdots,r,$$

其中最后一个等式可由前面的 $r+s-1$ 个获得，独立的约束条件有 $r+s-1$ 个，故自由度为 $rs-r-s+1=(r-1)(s-1)$，$\frac{1}{\sigma^2}rs\bar{\varepsilon}^{-2}$的自由度为 1.

由于右边各项自由度之和等于 rs. 因此，由柯赫伦因子分解定理知，$\frac{1}{\sigma^2}Q_A$服从自由度为 $r-1$ 的 χ^2 分布，$\frac{1}{\sigma^2}Q_B$ 服从自由度为 $s-1$ 的 χ^2 分布，$\frac{1}{\sigma^2}Q_E$服从自由度为$(r-1)(s-1)$的 χ^2 分布，且 Q_A，Q_B 和 Q_E 相互独立.

由 F 分布的定义可以证明

$$F_A = \frac{Q_A/\sigma^2(r-1)}{Q_E/\sigma^2(r-1)(s-1)} = \frac{\bar{Q}_A}{\bar{Q}_E},$$

$$F_B = \frac{Q_B/\sigma^2(s-1)}{Q_E/\sigma^2(r-1)(s-1)} = \frac{\bar{Q}_B}{\bar{Q}_E}.$$

当 H_{01} 成立时，$F_A \sim F(r-1,(r-1)(s-1))$；当 H_{02} 成立

时，$F_B \sim F(s-1,(r-1)(s-1))$.

4. 确定拒绝域

为了检验假设 H_{01}，给定显著性水平 α，查 F 分布表可得 $F_\alpha(r-1,(r-1)(s-1))$ 的值，使得

$$P\{F_A \geqslant F_\alpha(r-1,(r-1)(s-1))\} = \alpha.$$

根据一次抽样后的样本值算得 F_A，若

$$F_A \geqslant F_\alpha(r-1,(r-1)(s-1)),$$

则拒绝 H_{01}，即认为因素 A 对试验结果有显著影响. 若

$$F_A < F_\alpha(r-1,(r-1)(s-1)),$$

则接受 H_{01}，即认为因素 A 对试验结果无显著影响.

同样，为了检验假设 H_{02}，给定显著性水平 α，查 F 分布表可得 $F_\alpha(s-1,(r-1)(s-1))$ 的值，使得

$$P\{F_B \geqslant F_\alpha(s-1,(r-1)(s-1))\} = \alpha,$$

根据一次抽样后所得的样本值计算 F_B 的值，若

$$F_B \geqslant F_\alpha(s-1,(r-1)(s-1)),$$

则拒绝 H_{02}，即认为因素 B 对试验结果有显著影响；若

$$F_B < F_\alpha(s-1,(r-1)(s-1)),$$

则接受 H_{02}，即认为因素 B 对试验结果无显著影响.

将整个分析过程列为两因素方差分析表(见表 5.9)，表中 Q_T 项在计算 F_A 和 F_B 值时并没有用到，它仅起校核公式 $Q_T=Q_A+Q_B+Q_E$ 的作用.

表 5.9

方差来源	离差平方和	自由度	均方误差	F 值	显著性
因素 A	$Q_A = s\sum_{i=1}^{r}(\overline{X}_i - \overline{X})^2$	$r-1$	$\overline{Q}_A = \dfrac{Q_A}{r-1}$	$F_A = \dfrac{\overline{Q}_A}{\overline{Q}_E}$	
因素 B	$Q_B = r\sum_{j=1}^{s}(\overline{X}_{\cdot j} - \overline{X})^2$	$s-1$	$\overline{Q}_B = \dfrac{Q_B}{s-1}$	$F_B = \dfrac{\overline{Q}_B}{\overline{Q}_E}$	
误差	$Q_E = \sum_{i=1}^{r}\sum_{j=1}^{s}(\overline{X}_{ij} - \overline{X}_{i\cdot} - \overline{X}_{\cdot j} + \overline{X})^2$	$(r-1)(s-1)$	$\overline{Q}_E = \dfrac{Q_E}{(r-1)(s-1)}$		
总和	$Q_T = \sum_{i=1}^{r}\sum_{j=1}^{s}(X_{ij} - \overline{X})^2$	$rs-1$			

方差分析表中的离差平方和也可用下面一组公式来计算. 令

$$T=\sum_{i=1}^{r}\sum_{j=1}^{s}X_{ij},\quad P=\frac{1}{rs}T^2,$$

$$Q_{\mathrm{I}}=\frac{1}{s}\sum_{i=1}^{r}\Big(\sum_{j=1}^{s}X_{ij}\Big)^2,\quad Q_{\mathrm{II}}=\frac{1}{r}\sum_{j=1}^{s}\Big(\sum_{i=1}^{r}X_{ij}\Big)^2,\quad R=\sum_{i=1}^{r}\sum_{j=1}^{s}X_{ij}^2,$$

从而

$$\begin{cases}Q_A=Q_{\mathrm{I}}-P,\\ Q_B=Q_{\mathrm{II}}-P,\\ Q_E=R-Q_{\mathrm{I}}-Q_{\mathrm{II}}+P,\\ Q_T=R-P.\end{cases}\tag{5.17}$$

例 5.5　为提高某种合金钢的强度，需要同时考察碳(C)及钛(Ti)的含量对强度的影响，以便选取合理的成分组合使强度达到最大. 在试验中分别取因素 A(C 含量%)3 个水平，因素 B(Ti 含量%)4 个水平，在组合水平(A_i,B_j)，$(i=1,2,3,j=1,2,3,4)$条件下各炼一炉钢，测得其强度数据见表 5.10.

表 5.10

B 水平 / A 水平	B_1 (3.3)	B_2 (3.4)	B_3 (3.5)	B_4 (3.6)
A_1(0.03)	63.1	63.9	65.6	66.8
A_2(0.04)	65.1	66.4	67.8	69.0
A_3(0.05)	67.2	71.0	71.9	73.5

试问：碳与钛的含量对合金钢的强度是否有显著影响($\alpha=0.01$).

解　本例中 $r=3,s=4,rs=12$，令 X_{ij} 为 A 与 B 的组合水平(A_i,B_j)下的试验结果.

$$Q_T=\sum_{i=1}^{3}\sum_{j=1}^{4}(X_{ij}-\overline{X})^2=113.29,\quad Q_A=4\sum_{i=1}^{3}(\overline{X}_{i\cdot}-\overline{X})^2=74.91,$$

$$Q_B=3\sum_{j=1}^{4}(\overline{X}_{\cdot j}-\overline{X})^2=35.7,\qquad Q_E=Q_T-Q_A-Q_B=3.21.$$

方差分析表见表 5.11.

表 5.11　方差分析表

方差来源	离差平方和	自由度	均方误差	F 值	显著性
因素 A	74.91	2	37.46	70.02	* *
因素 B	35.17	3	11.72	21.91	* *
误　差	3.21	6	0.535		
总　和	113.29	11			

查 F 分布表得：$F_{0.01}(2,6)=10.9$，$F_{0.01}(3,6)=9.78$.

由于 $F_A=70.02>F_{0.01}(2,6)=10.9$，$F_B=21.91>F_{0.01}(3,6)=9.78$，从而知碳的不同含量，钛的不同含量均对合金钢强度有显著影响.

5.2.2 两因素等重复试验的方差分析

在上面的讨论中，由于只对 A,B 两个因素的每一种组合水平进行了一次试验，所以不能分析 A,B 两因素间是否存在交互作用的影响. 下面讨论在每一种组合水平 (A_i,B_j) 下等重复试验情形的方差分析问题.

设有两个因素 A 和 B，因素 A 有 r 个不同水平 $A_1,A_2,\cdots,A_r$，因素 B 有 s 个不同水平 $B_1,B_2,\cdots,B_s$，在每一种组合水平 (A_i,B_j) 下重复试验 t 次，测得试验数据为 $X_{ijk}(i=1,2,\cdots,r,j=1,2,\cdots,s,k=1,2,\cdots,t)$. 将它们列成表(表 5.12).

表 5.12

因素 A \ 因素 B	B_1	B_2	$\cdots$	B_s
A_1	$X_{111},X_{112},\cdots,X_{11t}$	$X_{121},X_{122},\cdots,X_{12t}$	$\cdots$	$X_{1s1},X_{1s2},\cdots,X_{1st}$
A_2	$X_{211},X_{212},\cdots,X_{21t}$	$X_{221},X_{222},\cdots,X_{22t}$	$\cdots$	$X_{2s1},X_{2s2},\cdots,X_{2st}$
$\vdots$	$\vdots$	$\vdots$		$\vdots$
A_r	$X_{r11},X_{r12},\cdots,X_{r1t}$	$X_{r21},X_{r22},\cdots,X_{r2t}$	$\cdots$	$X_{rs1},X_{rs2},\cdots,X_{rst}$

假定 X_{ijk} 服从正态分布 $N(\mu_{ij},\sigma^2)(i=1,2,\cdots,r,j=1,2,\cdots,s,k=1,2,\cdots,t)$，且所有 X_{ijk} 相互独立，μ_{ij} 可以表示为

$$\mu_{ij}=\mu+\alpha_i+\beta_j+\delta_{ij},\quad i=1,2,\cdots,r,j=1,2,\cdots,s,$$

其中

$$\mu=\frac{1}{rs}\sum_{i=1}^{r}\sum_{j=1}^{s}\mu_{ij},\quad \alpha_i=\frac{1}{s}\sum_{j=1}^{s}(\mu_{ij}-\mu),$$

$$\beta_j=\frac{1}{r}\sum_{i=1}^{r}(\mu_{ij}-\mu),\quad \delta_{ij}=(\mu_{ij}-\mu-\alpha_i-\beta_j).$$

容易证明下列各式成立

$$\sum_{i=1}^{r}\alpha_i=0,\quad \sum_{j=1}^{s}\beta_j=0,\quad \sum_{i=1}^{r}\delta_{ij}=0,\quad \sum_{j=1}^{s}\delta_{ij}=0,$$
$$i=1,2,\cdots,r,j=1,2,\cdots,s.$$

从而得两因素等重复试验方差分析的数学模型为

$$X_{ijk}=\mu+\alpha_i+\beta_j+\delta_{ij}+\varepsilon_{ijk},\quad \varepsilon_{ijk}\sim N(0,\sigma^2),\tag{5.18}$$
$$i=1,2,\cdots,r,j=1,2,\cdots,s,k=1,2,\cdots,t,$$

其中诸 ε_{ijk} 相互独立，α_i 称为因素 A 在水平 A_i 的效应，β_j 称为因素 B 在水平 B_j 的效应，δ_{ij} 称为因素 A,B 在组合水平 (A_i,B_j) 的交互作用效应.

因此,要判断因素 A,B 以及 A 与 B 交互作用 $A\times B$ 的影响是否显著,分别等价于检验假设

$H_{01}:\alpha_1=\alpha_2=\cdots=\alpha_r=0\leftrightarrow H_{11}:\alpha_1,\cdots,\alpha_r$ 中至少有一个不为 0.

$H_{02}:\beta_1=\beta_2=\cdots=\beta_s=0\leftrightarrow H_{12}:\beta_1,\cdots,\beta_s$ 中至少有一个不为 0.

$H_{03}:\delta_{ij}=0,i=1,2,\cdots,r,j=1,2,\cdots,s.\leftrightarrow H_{13}:\delta_{11},\cdots,\delta_{rs}$ 中至少有一个不为 0 的问题.

为了导出上述三个假设检验的统计量,仍采取离差平方和分解的办法.

1. *总离差平方和分解*

令

$$\overline{X}=\frac{1}{rst}\sum_{i=1}^{r}\sum_{j=1}^{s}\sum_{k=1}^{t}X_{ijk},\quad \overline{X}_{ij\cdot}=\frac{1}{t}\sum_{k=1}^{t}X_{ijk},$$

$$\overline{X}_{i\cdot\cdot}=\frac{1}{st}\sum_{j=1}^{s}\sum_{k=1}^{t}X_{ijk},\quad \overline{X}_{\cdot j\cdot}=\frac{1}{rt}\sum_{i=1}^{r}\sum_{k=1}^{t}X_{ijk}.$$

于是有

$$\begin{aligned}Q_T&=\sum_{i=1}^{r}\sum_{j=1}^{s}\sum_{k=1}^{t}(X_{ijk}-\overline{X})^2\\&=\sum_{i=1}^{r}\sum_{j=1}^{s}\sum_{k=1}^{t}[(\overline{X}_{i\cdot\cdot}-\overline{X})+\overline{X}_{\cdot j\cdot}-\overline{X})\\&\quad+(\overline{X}_{ij\cdot}-\overline{X}_{i\cdot\cdot}-\overline{X}_{\cdot j\cdot}+\overline{X})+(X_{ijk}-\overline{X}_{ij\cdot})]^2\\&=\sum_{i=1}^{r}\sum_{j=1}^{s}\sum_{k=1}^{t}(\overline{X}_{i\cdot\cdot}-\overline{X})^2+\sum_{i=1}^{r}\sum_{j=1}^{s}\sum_{k=1}^{t}(\overline{X}_{\cdot j\cdot}-\overline{X})^2\\&\quad+\sum_{i=1}^{r}\sum_{j=1}^{s}\sum_{k=1}^{t}(\overline{X}_{ij\cdot}-\overline{X}_{i\cdot\cdot}-\overline{X}_{\cdot j\cdot}+\overline{X})^2+\sum_{i=1}^{r}\sum_{j=1}^{s}\sum_{k=1}^{t}(X_{ijk}-\overline{X}_{ij\cdot})^2\\&=Q_A+Q_B+Q_{A\times B}+Q_E,\end{aligned}\tag{5.19}$$

其中

$$\left\{\begin{aligned}Q_A&=\sum_{i=1}^{r}\sum_{j=1}^{s}\sum_{k=1}^{t}(\overline{X}_{i\cdot\cdot}-\overline{X})^2=st\sum_{i=1}^{r}(\overline{X}_{i\cdot\cdot}-\overline{X})^2,\\Q_B&=\sum_{i=1}^{r}\sum_{j=1}^{s}\sum_{k=1}^{t}(\overline{X}_{\cdot j\cdot}-\overline{X})^2=rt\sum_{j=1}^{s}(\overline{X}_{\cdot j\cdot}-\overline{X})^2,\\Q_{A\times B}&=\sum_{i=1}^{r}\sum_{j=1}^{s}\sum_{k=1}^{t}(\overline{X}_{ij\cdot}-\overline{X}_{i\cdot\cdot}-\overline{X}_{\cdot j\cdot}+\overline{X})^2\\&=t\sum_{i=1}^{r}\sum_{j=1}^{s}(\overline{X}_{ij\cdot}-\overline{X}_{i\cdot\cdot}-\overline{X}_{\cdot j\cdot}+\overline{X})^2,\\Q_E&=\sum_{i=1}^{r}\sum_{j=1}^{s}\sum_{k=1}^{t}(X_{ijk}-\overline{X}_{ij\cdot})^2,\end{aligned}\right.\tag{5.20}$$

称 Q_A 为因素 A 引起的离差平方和，Q_B 为因素 B 引起的离差平方和，$Q_{A\times B}$ 为因素 A 与 B 的交互作用 $A\times B$ 引起的离差平方和，Q_E 为误差平方和.

2. 求 EQ_A，EQ_B，$EQ_{A\times B}$，EQ_E

令

$$\bar{\varepsilon}=\frac{1}{rst}\sum_{i=1}^{r}\sum_{j=1}^{s}\sum_{k=1}^{t}\varepsilon_{ijk},\quad \bar{\varepsilon}_{ij\cdot}=\frac{1}{t}\sum_{k=1}^{t}\varepsilon_{ijk},$$

$$\bar{\varepsilon}_{i\cdot\cdot}=\frac{1}{s}\sum_{j=1}^{s}\bar{\varepsilon}_{ij\cdot},\quad \bar{\varepsilon}_{\cdot j\cdot}=\frac{1}{r}\sum_{i=1}^{r}\bar{\varepsilon}_{ij\cdot}.$$

则可得

$$\left.\begin{aligned}
Q_A&=st\sum_{i=1}^{r}(\alpha_i+\bar{\varepsilon}_{i\cdot\cdot}-\bar{\varepsilon})^2,\\
Q_B&=rt\sum_{j=1}^{s}(\beta_j+\bar{\varepsilon}_{\cdot j\cdot}-\bar{\varepsilon})^2,\\
Q_{A\times B}&=t\sum_{i=1}^{r}\sum_{j=1}^{s}(\delta_{ij}+\bar{\varepsilon}_{ij\cdot}-\bar{\varepsilon}_{i\cdot\cdot}-\bar{\varepsilon}_{\cdot j\cdot}+\bar{\varepsilon})^2,\\
Q_E&=\sum_{i=1}^{r}\sum_{j=1}^{s}\sum_{k=1}^{t}(\varepsilon_{ijk}-\bar{\varepsilon}_{ij\cdot})^2.
\end{aligned}\right\}\tag{5.21}$$

可算得它们的期望值分别为

$$\left.\begin{aligned}
EQ_A&=(r-1)\sigma^2+st\sum_{i=1}^{r}\alpha_i^2,\\
EQ_B&=(s-1)\sigma^2+rt\sum_{j=1}^{s}\beta_j^2,\\
EQ_{A\times B}&=(r-1)(s-1)\sigma^2+t\sum_{i=1}^{r}\sum_{j=1}^{s}\delta_{ij}^2,\\
EQ_E&=rs(t-1)\sigma^2.
\end{aligned}\right\}\tag{5.22}$$

令

$\bar{Q}_A=\dfrac{Q_A}{r-1}$，$\bar{Q}_A$ 称为因素 A 引起的平均离差平方和，

$\bar{Q}_B=\dfrac{Q_B}{s-1}$，$\bar{Q}_B$ 称为因素 B 引起的平均离差平方和，

$\bar{Q}_{A\times B}=\dfrac{Q_{A\times B}}{(r-1)(s-1)}$，$\bar{Q}_{A\times B}$ 称为因素 A 与 B 的交互作用引起的平均离差平

方和，

$$\overline{Q}_E=\frac{Q_E}{rs(t-1)},\overline{Q}_E\text{ 称为平均离差平方和.}$$

于是

$$E\overline{Q}_A=\sigma^2+\frac{st}{r-1}\sum_{i=1}^{r}\alpha_i^2,$$

$$E\overline{Q}_B=\sigma^2+\frac{rt}{s-1}\sum_{j=1}^{s}\beta_j^2,$$

$$E\overline{Q}_{A\times B}=\sigma^2+\frac{t}{(r-1)(s-1)}\sum_{i=1}^{r}\sum_{j=1}^{s}\delta_{ij}^2,$$

$$E\overline{Q}_E=\sigma^2.$$

3. 构造检验统计量

当 H_{01} 成立时，$E\overline{Q}_A=E\overline{Q}_E$，否则，$E\overline{Q}_A>E\overline{Q}_E$；当 H_{02} 成立时，$E\overline{Q}_B=E\overline{Q}_E$，否则 $E\overline{Q}_B>E\overline{Q}_E$；当 H_{03} 成立时，$E\overline{Q}_{A\times B}=E\overline{Q}_E$，否则有 $E\overline{Q}_{A\times B}>E\overline{Q}_E$，令

$$F_A=\frac{\overline{Q}_A}{\overline{Q}_E},\quad F_B=\frac{\overline{Q}_B}{\overline{Q}_E},\quad F_{A\times B}=\frac{\overline{Q}_{A\times B}}{\overline{Q}_E},$$

则当 H_{01},H_{02},H_{03} 不成立时，$F_A,F_B,F_{A\times B}$ 都有偏大的趋势，因此 $F_A,F_B,F_{A\times B}$ 可分别作为检验假设 H_{01},H_{02},H_{03} 的统计量，下面导出 F_A,F_B 及 $F_{A\times B}$ 的概率分布.

在 H_{01},H_{02} 和 H_{03} 都成立的条件下，由离差平方和分解公式(5.20)得

$$\begin{aligned}Q_T&=\sum_{i=1}^{r}\sum_{j=1}^{s}\sum_{k=1}^{t}(X_{ijk}-\overline{X})^2=\sum_{i=1}^{r}\sum_{j=1}^{s}\sum_{k=1}^{t}(\varepsilon_{ijk}-\bar{\varepsilon})^2\\&=st\sum_{i=1}^{r}(\bar{\varepsilon}_{i\cdot\cdot}-\bar{\varepsilon})^2+rt\sum_{j=1}^{s}(\bar{\varepsilon}_{\cdot j\cdot}-\bar{\varepsilon})^2\\&\quad+t\sum_{i=1}^{r}\sum_{j=1}^{s}(\bar{\varepsilon}_{ij\cdot}-\bar{\varepsilon}_{i\cdot\cdot}-\bar{\varepsilon}_{\cdot j\cdot}+\bar{\varepsilon})^2+\sum_{i=1}^{r}\sum_{j=1}^{s}\sum_{k=1}^{t}(\varepsilon_{ijk}-\bar{\varepsilon}_{ij\cdot})^2,\end{aligned}$$

上式两边同除以 σ^2 后，左边 $\frac{1}{\sigma^2}Q_T$ 是自由度为 $rst-1$ 的 χ^2 变量，而右边各项的自由度分别是：$\frac{1}{\sigma^2}Q_A$ 的自由度为 $r-1$；$\frac{1}{\sigma^2}Q_B$ 的自由度为 $s-1$；$\frac{1}{\sigma^2}Q_{A\times B}$ 的自由度为 $(r-1)(s-1)$；$\frac{1}{\sigma^2}Q_E$ 的自由度为 $rs(t-1)$.

由于右边各项自由度之和等于左边 χ^2 变量的自由度，故由柯赫伦因子分解定理知，$\frac{1}{\sigma^2}Q_A\sim\chi^2(r-1)$，$\frac{1}{\sigma^2}Q_B\sim\chi^2(s-1)$，$\frac{1}{\sigma^2}Q_{A\times B}\sim\chi^2(r-1)(s-1)$，$\frac{1}{\sigma^2}Q_E\sim\chi^2(rs(t-1))$，且它们相互独立. 从而由 F 分布的定义知当 H_{01},H_{02} 和 H_{03}

成立时，

$F_A=\dfrac{\bar{Q}_A}{\bar{Q}_E}$服从自由度为$(r-1,rs(t-1))$的 F 分布；

$F_B=\dfrac{\bar{Q}_B}{\bar{Q}_E}$服从自由度为$(s-1,rs(t-1))$的 F 分布；

$F_{A\times B}=\dfrac{\bar{Q}_{A\times B}}{\bar{Q}_E}$服从自由度为$((r-1)(s-1),rs(t-1))$的 F 分布.

4. 确定拒绝域

给定的显著性水平 α，查 F 分布表可得 $F_\alpha[r-1,rs(t-1)]$，$F_\alpha[s-1,rs(t-1)]$和 $F_\alpha[(r-1)(s-1),rs(t-1)]$的值，由一次抽样后所得的样本值算得 F_A，F_B 和 $F_{A\times B}$的值. 若

$$F_A\geqslant F_\alpha[r-1,rs(t-1)],$$

则拒绝 H_{01}，即认为因素 A 对试验结果有显著影响，否则，接受 H_{01}，即认为因素 A 对试验结果无显著影响. 若

$$F_B\geqslant F_\alpha[s-1,rs(t-1)],$$

则拒绝 H_{02}，即认为因素 B 对试验结果有显著影响，否则，接受 H_{02}，即认为因素 B 对试验结果无显著影响. 若

$$F_{A\times B}\geqslant F_\alpha[(r-1)(s-1),rs(t-1)],$$

则拒绝 H_{03}，即认为因素 A 与 B 的交互作用对试验结果有显著影响. 否则，接受 H_{03}，即认为因素 A 与 B 的交互作用对试验结果无显著影响.

将整个分析过程列成双因素方差分析表如表 5.13 所示.

表 5.13

方差来源	离差平方和	自由度	平均离差平方和	F 值	显著性
因素 A	Q_A	$r-1$	$\bar{Q}_A=\dfrac{Q_A}{r-1}$	$F_A=\dfrac{\bar{Q}_A}{\bar{Q}_E}$	
因素 B	Q_B	$s-1$	$\bar{Q}_B=\dfrac{Q_B}{s-1}$	$F_B=\dfrac{\bar{Q}_B}{\bar{Q}_E}$	
交互作用 $A\times B$	$Q_{A\times B}$	$(r-1)(s-1)$	$\bar{Q}_{A\times B}=\dfrac{Q_{A\times B}}{(r-1)(s-1)}$	$F_{A\times B}=\dfrac{\bar{Q}_{A\times B}}{\bar{Q}_E}$	
误　差	Q_E	$rs(t-1)$	$\bar{Q}_E=\dfrac{Q_E}{rs(t-1)}$		
总　和	Q_T	$rst-1$			

表中离差平方和 Q_A，Q_B，$Q_{A\times B}$，Q_E，Q_T 也可用如下公式计算. 令

$$T=\sum_{i=1}^{r}\sum_{j=1}^{s}\sum_{k=1}^{t}X_{ijk},\quad P=\frac{1}{rst}T^2,$$

$$U=\frac{1}{st}\sum_{i=1}^{r}\Big(\sum_{j=1}^{s}\sum_{k=1}^{t}X_{ijk}\Big)^2,\quad V=\frac{1}{rt}\sum_{j=1}^{s}\Big(\sum_{i=1}^{r}\sum_{k=1}^{t}X_{ijk}\Big)^2,$$

$$R=\frac{1}{t}\sum_{i=1}^{r}\sum_{j=1}^{s}\Big(\sum_{k=1}^{t}X_{ijk}\Big)^2,\quad W=\sum_{i=1}^{r}\sum_{j=1}^{s}\sum_{k=1}^{t}X_{ijk}^2,$$

则可得

$$\begin{aligned}&Q_A=U-P,\quad Q_B=V-P,\quad Q_{A\times B}=R-U-V+P,\\&Q_E=W-R,\quad Q_T=W-P.\end{aligned}\qquad(5.23)$$

例 5.6　考察合成纤维中对纤维弹性有影响的两个因素，收缩率 A 和总拉伸倍数 B. A 和 B 各取 4 种水平，每种组合水平重复试验两次，得数据见表 5.14.

表 5.14

因素 B \ 因素 A	460(B_1)	520(B_2)	580(B_3)	640(B_4)
0(A_1)	71,73	72,73	75,73	77,75
4(A_2)	73,75	76,74	78,77	74,74
8(A_3)	76,73	79,77	74,75	74,73
12(A_4)	75,73	73,72	70,71	69,69

试问收缩率和总拉伸倍数分别对纤维弹性有无显著影响？收缩率与总拉伸倍数之间的交互作用是否影响显著($\alpha=0.05$)？

解　依题意有 $r=s=4,t=2$. F_A,F_B 和 $F_{A\times B}$值的计算按如下双因素方差分析表进行(表 5.15).

由 $\alpha=0.05$，查 F 分布表 $F_{0.05}(3,16)=3.24$，$F_{0.05}(9,16)=2.54$，比较知 $F_A=17.5>3.24=F_{0.05}(3,16)$，$F_B=2.1<3.24=F_{0.05}(3,16)$，$F_{A\times B}=6.6>2.54=F_{0.05}(9,16)$，故合成纤维收缩率对弹性有显著影响，总拉伸倍数对弹性无显著影响，而收缩率和总拉伸倍数的交互作用对弹性有显著影响 .

表 5.15

方差来源	离差平方和	自由度	均方误差	F 值	显著性
收缩率 A	70.594	3	$S_A^2=23.531$	$F_A=17.5$	*
总拉伸倍数 B	8.594	3	$S_B^2=2.865$	$F_B=2.1$	
交互作用 $A\times B$	79.531	9	$S_{A\times B}^2=8.837$	$F_{A\times B}=6.6$	*
误　差	21.500	16	$S_E^2=1.344$		
总　和	180.219	31			

5.3 正交试验设计

在方差分析中我们获得试验数据的方法是全面试验法,即在各因素的不同水平搭配的条件下各作一次或多次试验. 但是,当考察的因素个数增加,因素的水平数也增加时,试验次数成倍增加,有时要将全部试验做完是很难实现的. 试验设计(experiment design)是以概率论与数理统计为理论基础,经济地、科学地制定试验方案以便对试验数据进行有效的统计分析的数学理论与方法. 试验设计的基本思想是英国统计学家费希尔(R. A. Fisher)在进行田间试验时提出的. 他发现在田间试验中,环境因素难于严格控制,随机因素不可忽视,提出对试验方案必须作合理的安排,使试验数据有合适的数学模型,以减轻随机误差的影响,从而提高试验结果的精度与可靠度,这就是试验设计的基本思想,它与试验数据的统计分析有着密切的联系. 本节主要介绍工程实际与工、农业生产中常用的正交试验设计.

5.3.1 正交表介绍

所谓正交试验设计就是利用一种规格化的表——正交表来合理地安排试验,利用数理统计原理科学地分析试验结果、处理多因素试验的科学方法. 这种方法的优点是能够通过代表性很强的少数次试验,摸清各个因素对试验指标的影响情况,确定出因素的主次顺序,找出较好的生产条件或最优参数组合. 经验证明,正交试验设计是一种解决多因素试验问题的卓有成效的方法. 正交表是正交设计的基本工具,它是根据均衡分散的思想,运用组合数学理论在拉丁方和正交拉丁方的基础上构造的一种表格. 为了了解正交表,先介绍两张常用的正交表 $L_8(2^7)$ 和 $L_9(3^4)$ (见表 5.16 和表 5.17).

表 5.16 正交表 $L_8(2^7)$

试验号 \ 列号	1	2	3	4	5	6	7
1	1	1	1	1	1	1	1
2	1	1	1	2	2	2	2
3	1	2	2	1	1	2	2
4	1	2	2	2	2	1	1
5	2	1	2	1	2	1	2
6	2	1	2	2	1	2	1
7	2	2	1	1	2	2	1
8	2	2	1	2	1	1	2

表 5.17 正交表 $L_9(3^4)$

试验号 \ 列号	1	2	3	4
1	1	1	1	1
2	1	2	2	2
3	1	3	3	3
4	2	1	2	3
5	2	2	3	1
6	2	3	1	2
7	3	1	3	2
8	3	2	1	3
9	3	3	2	1

为什么称它们是正交表呢？因为它们都具有下面的两条性质：

(1)表中各列出现的数字个数相同，$L_8(2^7)$的任一列只出现两个数字“1”和“2”，“1”的个数是 4，“2”的个数也是 4；$L_9(3^4)$的任一列只出现三个数字“1”，“2”和“3”，即每一列数字的个数都是 3；

(2)表中任意两列并在一起形成若干数字对，不同的数字对的个数相同. $L_8(2^7)$两列并在一起形成 8 个数字对，分别为(1,1)，(1,2)，(2,1)，(2,2)共四种，每种的个数都是 2；$L_9(3^4)$任两列并在一起形成 9 个数字对：(1,1)，(1,2)，(1,3)，(2,1)，(2,2)，(2,3)，(3,1)，(3,2)，(3,3)，每对出现 1 次.

附表 8 给出了常用的各种正交表，其形式尽管不同，但是不难验证，它们都具有上面的两条性质. 这两条性质称为正交性. 正交性刻划了正交表的特点，在进行一般性讨论时，可作为正交表的定义. 对附表 8 中的一些正交表，还有另一个性质；

(3)有些正交表，还有一个附表——两列间的交互作用列表. $L_8(2^7)$的交互作用列表见表 5.18，$L_9(3^4)$两列间的交互作用列表因为特别简单，所以不必列成表的形式，而用一句话来表达：“任意两列间的交互作用为另外两列”.

表 5.18

列号 \ 列号	1	2	3	4	5	6	7
1	(1)	3	2	5	4	7	6
2		(2)	1	6	7	4	5
3			(3)	7	6	5	4
4				(4)	1	2	3
5					(5)	3	2
6						(6)	1
7							(7)

交互作用列表用于确定任两列的交互作用应占的列号. 例如要确定$L_8(2^7)$中第(2)，(5)两列的交互作用列可查上表，先在对角线上查出列号(2)及(5)，然后从(2)向右横看与从(5)向上竖看交叉处是数字“7”，就是说，第(2)，(5)两列的交互作用为第 7 列. 特别指出的是对 2 水平正交表，两列间的交互作用列只有一列，对 3 水平正交表，两列间的交互作用占两列，一般 m 水平正交表($m\geqslant 2$)，两列间的交互作用列占 $m-1$ 列. 正交表记号所表示的意思，如图 5.1 所示，

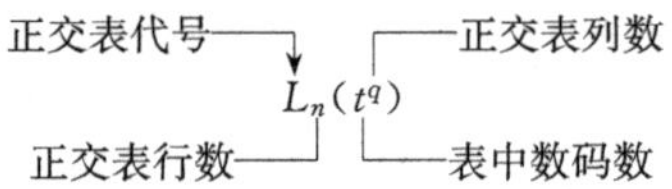

图 5.1

即用正交表 $L_n(t^q)$安排试验，数码数 t 表示因素的水平为 t，q 表示最多能安排 q 个因素，行数 n 表示要做 n 次试验.

常用的正交表，主要有下列四种类型：

(1) $L_{t^n}(t^q)$型正交表. 属于这一类正交表的有 $L_4(2^3)$，$L_8(2^7)$，$L_{16}(2^{15})$，$L_{32}(2^{31})$，$L_9(3^4)$，$L_{27}(3^{13})$，$L_{16}(4^5)$，$L_{64}(4^{21})$，$L_{25}(5^6)$，$L_{125}(5^{31})$，…. 这类正交表的

特点是 $q=\dfrac{t^n-1}{t-1}$，是饱和型正交表，就是说它的列数达到最大值；

(2)$L_{4k}(2^{4k-1})$型正交表. 属于这类正交表的有 $L_{12}(2^{11})$，$L_{20}(2^{19})$，$L_{24}(2^{23})$，$L_{28}(2^{27})$等，它也是饱和型正交表；

(3)$L_{\lambda p^2}(p^{2p+1})$型正交表. 属于这类正交表的有 $L_{18}(3^7)$，$L_{32}(4^9)$，$L_{50}(5^{11})$等，它是非饱和正交表；

(4)混合型正交表：属于这类正交表的有 $L_8(4\times2^4)$，$L_{12}(3\times2^4)$，$L_{12}(6\times2^2)$，$L_{16}(4\times2^{12})$，$L_{32}(2\times4^9)$等.

关于正交表的构造问题，要用到较多的数学知识，有兴趣的读者可参阅杨子胥编著的《正交表的构造》(山东人民出版社，1978)一书.

5.3.2　正交试验设计的直观分析方法

以下通过一个实例来介绍如何用正交表安排试验和分析试验结果.

例 5.7　人造再生木材提高抗弯强度试验.

分以下几个步骤进行：

1. 明确试验目的，确定试验指标，挑因素，选水平

本例的试验目的是提高“人造再生木材”的抗弯强度，故可确定再生木材的抗弯强度 Y 为指标，且指标值越大越好. 根据专业知识和经验知道原料配比(高压聚乙烯：木屑)，加温温度，保温时间可能对抗弯强度有影响，决定选取它们作为要考察的因素，每个因素选取三个不同状态，称为因素的水平，进行比较，列成如下的因素水平表 5.19.

表 5.19

水平＼因素	配比 A	加温温度 B	保温时间 C/min
1	$A_1=1:1$	$B_1=150$	$C_1=30$
2	$A_2=2:3$	$B_2=165$	$C_2=35$
3	$A_3=3:7$	$B_3=180$	$C_3=40$

2. 用正交表安排试验

(1) 选用合适正交表. 选用正交表，首先根据因素的水平数，来确定选用几个水平的正交表. 本例中，三个因素都是三水平因素，因此选用三水平正交表. 然后再根据因素的个数，来决定选择多大的表. 一般来说，要选用其列数大于或等于因素个数，而试验次数又较少的正交表. 本例中，选用 $L_9(3^4)$，$L_{18}(3^7)$，$L_{27}(3^{13})$都可以把试验安排下来，用 $L_9(3^4)$只需做 9 次试验，用$L_{18}(3^7)$要做 18 次试验，用 $L_{27}(3^{13})$要做 27 次试验，我们要求试验次数尽可能少，因此选用 $L_9(3^4)$比较合适.

(2) 表头设计. 选好正交表后，将因素分别排在正交表的适当的列号上方，这称之为表头设计. 本例中，将 A,B,C 三个因素分别排在 $L_9(3^4)$ 的第 1,2,3 上. 哪一个因素排在哪一列上，有时是可以任意的，但当考虑交互作用时，因素在表头上的排列是遵照一定规则，我们将在后面介绍.

(3) 水平翻译. 排好表头后，把排有因素的各列中的数码换成相应的实际水平就叫做水平翻译. 例如本例中，原料配比 A 被排在正交表 $L_9(3^4)$ 的第 1 列，就把第 1 列中"1"换成原料配比的 1 水平 $A_1=1:1$，"2"换成原料配比的 2 水平 $A_2=2:3$，"3"换成原料配比的 3 水平 $A_3=3:7$ 等等.

(4) 列出试验方案表. 经表头设计和水平翻译后，再划去未排因素的列，便得到一张试验方案表. 本例的试验方案如表 5.20 所示，从这张试验方案表可以知道各号试验的试验条件. 例如第 4 号试验条件是 $A_2B_1C_2$，即原料配比为 2∶3，加温温度为 150℃，保温时间为 35 分钟.

3. 按试验方案进行试验

试验安排好后，就要严格按各号试验的条件进行试验，并认真测定试验结果和记录下所得数据及有关情况. 关于试验的顺序，可不拘泥于试验号的先后，最好打乱顺序进行，也可挑选最有希望的试验先做. 对于没有列入正交表的因素，让其保持在固定状态.

表 5.20

因素 试验号	原料配比 A 1	加温温度 B/ ℃ 2	保温时间 C/min 3	指标 y_i
1	1(1∶1)	1(150)	1(30)	35
2	1(1∶1)	2(165)	2(35)	30
3	1(1∶1)	3(180)	3(40)	29
4	2(2∶3)	1(150)	2(35)	26.4
5	2(2∶3)	2(165)	3(40)	26
6	2(2∶3)	3(180)	1(30)	15
7	3(3∶7)	1(150)	3(40)	20
8	3(3∶7)	2(165)	1(30)	20
9	3(3∶7)	3(180)	2(35)	23
Ⅰ	94	81.4	70	$T=224.4$
Ⅱ	67.4	76	79.4	
Ⅲ	63	67	75	
R	31	14.4	9.4	

4. 试验结果的直观分析

(1)试验数据的数学模型及参数估计.

本例考察的指标为抗弯强度，把 9 个试验结果的数据列于表 5.20 的右侧的指标栏内. 根据表 5.20 写出试验数据的数学模型为

$$\left.\begin{aligned}
Y_1 &= \mu + a_1 + b_1 + c_1 + \varepsilon_1, \\
Y_2 &= \mu + a_1 + b_2 + c_2 + \varepsilon_2, \\
Y_3 &= \mu + a_1 + b_3 + c_3 + \varepsilon_3, \\
Y_4 &= \mu + a_2 + b_1 + c_2 + \varepsilon_4, \\
Y_5 &= \mu + a_2 + b_2 + c_3 + \varepsilon_5, \\
Y_6 &= \mu + a_2 + b_3 + c_1 + \varepsilon_6, \\
Y_7 &= \mu + a_3 + b_1 + c_3 + \varepsilon_7, \\
Y_8 &= \mu + a_3 + b_2 + c_1 + \varepsilon_8, \\
Y_9 &= \mu + a_3 + b_3 + c_2 + \varepsilon_9,
\end{aligned}\right\} \tag{5.24}$$

其中 $\varepsilon_i(i=1,\cdots,9)$ 是一组相互独立同服从 $N(0,\sigma^2)$ 的随机变量，a_i, b_i, c_i $(i=1,2,3)$ 分别为因素 A,B 和 C 各水平的效应，满足关系式

$$\sum_{i=1}^{3} a_i = \sum_{i=1}^{3} b_i = \sum_{i=1}^{3} c_i = 0. \tag{5.25}$$

将式(5.24)中所有等式相加，并利用式(5.25)得

$$\sum_{i=1}^{9} Y_i = 9\mu + \sum_{i=1}^{9} \varepsilon_i,$$

两边除以 9 得

$$\bar{Y} = \mu + \frac{1}{9}\sum_{i=1}^{9} \varepsilon_i.$$

显然，$E\bar{Y}=\mu$ 成立，因此确定出 μ 的无偏估计量为

$$\hat{\mu} = \bar{Y}.$$

将式(5.24)的前三式求和，再除以 3，并利用式(5.25)得

$$\frac{1}{3}(Y_1 + Y_2 + Y_3) = \mu + a_1 + \frac{1}{3}(\varepsilon_1 + \varepsilon_2 + \varepsilon_3).$$

显然，$E\left[\frac{1}{3}(Y_1+Y_2+Y_3)\right]=\mu+a_1$，由此，确定出 a_1 的无偏估计

$$\hat{a}_1 = \frac{1}{3}(Y_1 + Y_2 + Y_3) - \bar{Y}.$$

将式(5.24)中的第 4～6 式和第 7～9 式分别求和并分别除以 3 及利用式(5.25)，可确定出 a_2, a_3 的无偏估计量为

$$\hat{a}_2 = \frac{1}{3}(Y_4 + Y_5 + Y_6) - \bar{Y}, \quad \hat{a}_3 = \frac{1}{3}(Y_7 + Y_8 + Y_9) - \bar{Y}.$$

同理可确定出式(5.24)中其他各参数的无偏估计. 总之利用 $L_9(3^4)$ 的正交性可得所有参数的无偏估计量为

$$\left.\begin{aligned}
\hat{\mu} &= \overline{Y},\\
\hat{a}_1 &= \frac{1}{3}(Y_1+Y_2+Y_3)-\overline{Y},\\
\hat{a}_2 &= \frac{1}{3}(Y_4+Y_5+Y_6)-\overline{Y},\\
\hat{a}_3 &= \frac{1}{3}(Y_7+Y_8+Y_9)-\overline{Y},\\
\hat{b}_1 &= \frac{1}{3}(Y_1+Y_4+Y_7)-\overline{Y},\\
\hat{b}_2 &= \frac{1}{3}(Y_2+Y_5+Y_8)-\overline{Y},\\
\hat{b}_3 &= \frac{1}{3}(Y_3+Y_6+Y_9)-\overline{Y},\\
\hat{c}_1 &= \frac{1}{3}(Y_1+Y_6+Y_8)-\overline{Y},\\
\hat{c}_2 &= \frac{1}{3}(Y_2+Y_4+Y_9)-\overline{Y},\\
\hat{c}_3 &= \frac{1}{3}(Y_3+Y_5+Y_7)-\overline{Y},
\end{aligned}\right\} \tag{5.26}$$

不难验证

$$\sum_{i=1}^{3}\hat{a}_i = \sum_{i=1}^{3}\hat{b}_i = \sum_{i=1}^{3}\hat{c}_i = 0. \tag{5.27}$$

记

$$\begin{aligned}
&\text{Ⅰ}_i=\text{第 } i \text{ 列中数码“1”对应的指标值之和；}\\
&\text{Ⅱ}_i=\text{第 } i \text{ 列中数码“2”对应的指标值之和；}\\
&\text{Ⅲ}_i=\text{第 } i \text{ 列中数码“3”对应的指标值之和；}\\
&T=\text{全部试验数据之和.}
\end{aligned} \tag{5.28}$$

则式(5.26)即为

$$\begin{aligned}
&\hat{a}_1 = \frac{\text{Ⅰ}_A}{3}-\overline{Y},\quad \hat{a}_2 = \frac{\text{Ⅱ}_A}{3}-\overline{Y},\quad \hat{a}_3 = \frac{\text{Ⅲ}_A}{3}-\overline{Y},\\
&\hat{b}_1 = \frac{\text{Ⅰ}_B}{3}-\overline{Y},\quad \hat{b}_2 = \frac{\text{Ⅱ}_B}{3}-\overline{Y},\quad \hat{b}_3 = \frac{\text{Ⅲ}_B}{3}-\overline{Y},\\
&\hat{c}_1 = \frac{\text{Ⅰ}_C}{3}-\overline{Y},\quad \hat{c}_2 = \frac{\text{Ⅱ}_C}{3}-\overline{Y},\quad \hat{c}_3 = \frac{\text{Ⅲ}_C}{3}-\overline{Y},
\end{aligned} \tag{5.29}$$

将式(5.28)的计算结果填入表 5.20 中相应栏内.

(2) 计算因素的极差 R,确定因素的主次顺序.

把 $R_i=\max(\text{Ⅰ}_i,\text{Ⅱ}_i,\text{Ⅲ}_i)-\min(\text{Ⅰ}_i,\text{Ⅱ}_i,\text{Ⅲ}_i)$称为第 i 列因素的极差,则易得

$$R_A = R_1 = 94-63 = 31,\quad R_B = 81.4-67 = 14.4,$$

$$R_C = 79.4 - 70 = 9.4,$$

极差 R 的大小反映相应因素作用的大小. 极差大的因素，意味着其不同水平给指标所造成的影响较大，通常是主要因素. 极差小的因素，意味着其不同水平给指标所造成的影响比较小，一般是次要因素. 本例中，按极差大小，因素的主次顺序可排列如下：

$$\text{主} \longrightarrow \text{次}$$
$$A \quad B \quad C$$

需要注意，因素的主次顺序与其选取的水平有关. 如果因素水平选取改变了，因素的主次顺序也可能改变. 这是因为我们是根据各个因素在所选取的范围内改变时，其对指标的影响来确定因素主次顺序的.

(3) 选取较优生产条件.

直接比较 9 个试验结果的抗弯强度，容易看出：第 i 号试验的抗弯强度为 35 最高，其次是第 2 号试验，为 30. 这些好结果是直接通过试验得到的，称之为“看一看”的好条件. 对于正交试验设计，根据以上计算，还可能展望出更好的条件. 各因素取什么水平为最好呢？这可根据对指标的要求，依照各因素的水平效应值的大小来决定. 如果要求指标越大越好，则应取效应值比较大的那个水平，如果要求指标越小越好，则应取效应值小的那个水平. 这样得到的好条件，称为“算一算”的好条件. 本例指标抗弯强度越高越好，故选取各因素效应值比较大的那个水平. 即 $A_1B_1C_2$，作为“算一算”的好条件，它与“看一看”的好条件 $A_1B_1C_1$ 不完全相同. 由于“看一看”的好条件是从已做的 9 个试验中得到的，虽然这 9 个试验代表性强，直接看的结果也相当不错，但这 9 个试验毕竟只是三因素三水平全面试验的 $3^3=27$ 个条件的三分之一. 因此，“看一看”的好条件并不一定是全面试验中最好的条件. “算一算”的目的，就是寻找全面试验中最好的条件. 当然在选取最优生产条件时，还应考虑到因素的主次. 因为主要因素水平的变化对指标的影响较大，所以对于主要因素，一定要按有利于指标的要求来选取该因素的水平. 对于次要因素，因素水平的变化对指标影响较小，故可以选取有利于指标要求的水平，也可以按照优质、高产、低消耗和便于操作等原则来选取水平. 这样可以得到更切合生产实际要求的较好生产条件. 对本例，C 是次要因素，从提高生产效率角度考虑，也可取保温时间为 30 分钟. 因此，$A_1B_1C_1$ 也可能是较好的生产条件.

(4) 估计较优生产条件的指标值.

$$\begin{aligned}
\hat{Y}_{\text{优}} &= \bar{y} + \hat{a}_1 + \hat{b}_1 + \hat{c}_2 \\
&= \bar{y} + \left(\frac{\text{I}_A}{3} - \bar{y}\right) + \left(\frac{\text{II}_B}{3} - \bar{y}\right) + \left(\frac{\text{III}_C}{3} - \bar{y}\right) \\
&= \frac{\text{I}_A}{3} + \frac{\text{I}_B}{3} + \frac{\text{II}_C}{3} - 2\bar{y}
\end{aligned}$$

$$= \frac{94}{3} + \frac{81.4}{3} + \frac{79.4}{3} - 2 \cdot \frac{224.4}{9} = 35.06.$$

5. 验证试验

验证试验的目的，在于考察较优生产条件的再现性. 在安排验证试验时，一般应将通过试验分析所得到的较优生产条件与已作试验中的最好方案即“看一看”的好条件同时验证，以确定其优劣. 为了进一步获得好结果，在验证试验的基础上，还可以根据趋势图安排第二轮试验以便找到更好的生产条件. 通过验证试验，找出比较稳定的较优生产条件，进行小批试生产的试验，直到最后纳入技术文件，才算完成了一项正交试验的全过程.

6. 正交试验设计的优点

为什么用正交表安排的试验会具有较好的代表性？为什么用正交表分析试验结果时可以单独比较每个因素各水平的效应呢，并把它们之间的差异看成是由于该因素的水平不同所引起的呢？这是因为正交试验设计具有以下优点：

(1) 试验点均衡分散. 对例 5.7 按 $L_9(3^4)$正交表所做的 9 个试验点，反应在图上，就是图 5.2(a)所示的长方体内的 9 个点. 全面试验的 27 个点的分布情况如图 5.2(b)所示.

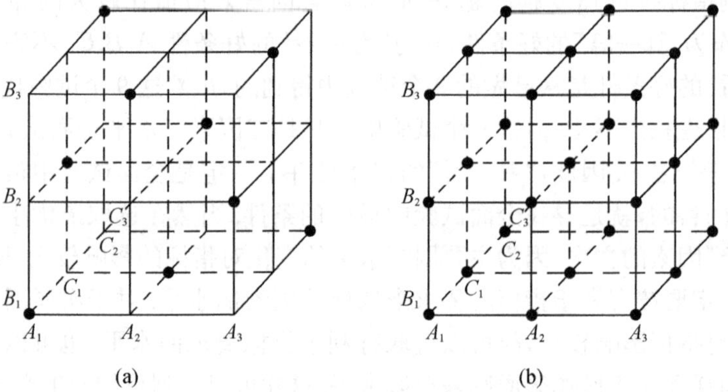

图 5.2

比较图 5.2(a)和图 5.2(b)可以看出：正交试验设计的 9 个试验点在长方体的每个面上都恰有三个试验点，而且长方体的每条棱线上都恰有一个点. 9 个试验点均匀地分布于整个长方体内，每个试验点都有很强的代表性，能够比较全面地反映试验域内的大致情况. 因此，试验中的好点，即使不是全面试验中的最好点，也往往是相当好的点. 通过对试验结果的分析得到的较优生产条件自然应是全面试验中的较优的生产条件.

(2) 试验数据综合可比. 从式(5.24)看出正交试验设计分析试验数据是在两个因素水平变动的情况下比较第三个因素的水平. 例如当比较因素 A 的三个水平时,让因素 B,C 有规律地变化,在 A 取 1 水平的三个试验(第 1,2,3 号试验)中,B 和 C 三个水平都取到了,同样在包含 A_2 的三个试验(第 4,5,6 号试验)和包含 A_3 的三个试验(第 7,8,9 号试验)中,B 和 C 的三个水平仍然都取到了. 因此,比较因素 A 的三个水平的效应时,B 和 C 的影响大致相同,它们的差别主要是由于 A 的三个水平不同所引起的. 对于 B,C 情况也是如此. 这样就使得我们可以通过直接比较各因素的极差来确定因素的主次,根据每个因素各水平的效应值来确定因素各水平的优劣. 这说明正交试验设计具有综合可比性.

5.3.3 正交试验设计的方差分析

前面介绍了正交试验设计的直观分析方法,这种方法简单直观,只要对试验结果作少量计算,通过综合分析比较,便能知道因素主次,得出较好的生产条件. 但直观分析不能估计试验中必然存在的误差的大小. 也就是说,不能区分因素各水平所对应的试验结果间的差异究竟是由于因素水平不同所引起的,还是由于试验误差所造成的,因而不能知道分析的精度. 为了弥补直观分析法的这些不足,可采用方差分析方法,现在通过一实例说明.

例 5.8 乙酰胺苯磺化反应试验. 乙酰胺苯是一种药品的原料,希望提高它的收率,需要考察下列 4 个二水平因素对收率的影响:

A (反应温度):$A_1=50℃$, $A_2=70℃$,

B (反应时间):$B_1=1\text{h}$, $B_2=2\text{h}$,

C (硫酸浓度):$C_1=17\%$, $C_2=27\%$,

D (操作方法):$D_1=$搅拌, $D_2=$不搅拌.

由过去的经验知道,反应温度与反应时间之间的交互作用 $A\times B$ 是需要考察的,其他的交互作用可以忽略.

1. 设计试验方案

这是一个四因素二水平的试验,再加上交互作用 $A\times B$,共有 5 个因素,所有这些因素的自由度之和是$(2-1)+(2-1)+(2-1)+(2-1)+(2-1)=5$,如果选用 $L_8(2^7)$作 8 次试验,那么由方差分析的知识可知,仍能得到 $f_e=8-1-5=2$个误差自由度,因而进行方差分析的可能性确实是存在的. 下面具体说明怎样用 $L_8(2^7)$来安排这个试验.

把因素 A 和 B 分别排在 $L_8(2^7)$的第一、二列上,然后查 $L_8(2^7)$的交互作用表 5.18,可知第一、二列的交互作用列是第三列,所以第三列上排交互作用 $A\times B$,最后把因素 C 和 D 排在尚未排因素的第四、五、六、七 4 列的任何两列上,例如 C

排在第四列，D 排在第七列，这样就得到了如下的表头设计(见表 5.21).

表 5.21

因素	A	B	$A\times B$	C			D
列号	1	2	3	4	5	6	7

按照这个表头设计，把正交表 $L_8(2^7)$ 中排有因素 A,B,C,D 的 1,2,4,7 列取出，即得试验方案，严格按这个方案作试验，试验结果及计算如表 5.22 所示.

表 5.22

水平 \ 列号 \ 试验号	$\frac{A}{1}$	$\frac{B}{2}$	$\frac{A\times B}{3}$	$\frac{C}{4}$	5	6	$\frac{D}{7}$	y_i-70
1	1	1	1	1	1	1	1	−5
2	1	1	1	2	2	2	2	4
3	1	2	2	1	1	2	2	1
4	1	2	2	2	2	1	1	3
5	2	1	2	1	2	1	2	0
6	2	1	2	2	1	2	1	3
7	2	2	1	1	2	2	1	−8
8	2	2	1	2	1	1	2	−3
Ⅰ	3	2	−12	−12	−4	−5	−7	$T=-5$
Ⅱ	−8	−7	7	7	−1	0	2	
Ⅰ−Ⅱ	11	9	−19	−19	−3	−5	−9	
$(\text{Ⅰ}-\text{Ⅱ})^2$	121	81	361	361	9	25	81	
$\hat{\omega}$	$\frac{11}{8}$	$\frac{9}{8}$	$-\frac{19}{8}$	$-\frac{19}{8}$	$-\frac{3}{8}$	$-\frac{5}{8}$	$-\frac{9}{8}$	
s_i^2	$\frac{121}{8}$	$\frac{81}{8}$	$\frac{361}{8}$	$\frac{361}{8}$	$\frac{9}{8}$	$\frac{25}{8}$	$\frac{81}{8}$	

2. 试验结果的统计分析

把按表 5.22 所作的 8 次试验结果依次记为(单位：%)：$y_1=65,y_2=74,y_3=71,y_4=73,y_5=70,y_6=73,y_7=62,y_8=67$. 其数学模型为

$$\left.\begin{aligned}
Y_1 &= \mu+a_1+b_1+c_1+d_1+(ab)_{11}+\varepsilon_1,\\
Y_2 &= \mu+a_1+b_1+c_2+d_2+(ab)_{11}+\varepsilon_2,\\
Y_3 &= \mu+a_1+b_2+c_1+d_2+(ab)_{12}+\varepsilon_3,\\
Y_4 &= \mu+a_1+b_2+c_2+d_1+(ab)_{12}+\varepsilon_4,
\end{aligned}\right\}$$

$$\left.\begin{aligned}Y_5 &= \mu + a_2 + b_1 + c_1 + d_2 + (ab)_{21} + \varepsilon_5,\\ Y_6 &= \mu + a_2 + b_1 + c_2 + d_1 + (ab)_{21} + \varepsilon_6,\\ Y_7 &= \mu + a_2 + b_2 + c_1 + d_1 + (ab)_{22} + \varepsilon_7,\\ Y_8 &= \mu + a_2 + b_2 + c_2 + d_2 + (ab)_{22} + \varepsilon_8,\end{aligned}\right\} \tag{5.30}$$

其中 $\varepsilon_i(i=1,\cdots,8)$是一组相互独立近似服从 $N(0,\sigma^2)$分布的随机变量,因素各水平的效应满足关系式

$$\left.\begin{aligned}a_1 + a_2 = b_1 + b_2 = c_1 + c_2 = d_1 + d_2 = 0,\\ (ab)_{11} + (ab)_{12} = (ab)_{21} + (ab)_{22} = (ab)_{11} + (ab)_{21}\\ = (ab)_{12} + (ab)_{22} = 0.\end{aligned}\right\} \tag{5.31}$$

记 I_i=第 i 列数码“1”对应的试验数据之和,II_i=第 i 列数码“2”对应的试验数据之和,则易得各参数的无偏估计量为

$$\left.\begin{aligned}&\hat{\mu} = \bar{Y},\\ &\hat{a}_1 = \frac{\mathrm{I}_1}{4} - \bar{Y}, \quad \hat{a}_2 = \frac{\mathrm{II}_1}{4} - \bar{Y},\\ &\hat{b}_1 = \frac{\mathrm{I}_2}{4} - \bar{Y}, \quad \hat{b}_2 = \frac{\mathrm{II}_2}{4} - \bar{Y},\\ &\hat{c}_1 = \frac{\mathrm{I}_4}{4} - \bar{Y}, \quad \hat{c}_2 = \frac{\mathrm{II}_4}{4} - \bar{Y},\\ &\hat{d}_1 = \frac{\mathrm{I}_7}{4} - \bar{Y}, \quad \hat{d}_2 = \frac{\mathrm{II}_7}{4} - \bar{Y},\\ &(\widehat{ab})_{11} = (\widehat{ab})_{22} = \frac{\mathrm{I}_3}{4} - \bar{Y}, \quad (\widehat{ab})_{12} = (\widehat{ab})_{21} = \frac{\mathrm{II}_3}{4} - \bar{Y}.\end{aligned}\right\} \tag{5.32}$$

不难验证,它们满足与式(5.31)类似的关系式

$$\left.\begin{aligned}\hat{a}_1 + \hat{a}_2 = \hat{b}_1 + \hat{b}_2 = \hat{c}_1 + \hat{c}_2 = \hat{d}_1 + \hat{d}_2 = 0,\\ (\widehat{ab})_{11} + (\widehat{ab})_{12} = (\widehat{ab})_{21} + (\widehat{ab})_{22} = (\widehat{ab})_{11} + (\widehat{ab})_{21}\\ = (\widehat{ab})_{12} + (\widehat{ab})_{22} = 0.\end{aligned}\right\} \tag{5.33}$$

这样就得如下的数据分解式

$$\left.\begin{aligned}Y_1 &= \hat{\mu} + \hat{a}_1 + \hat{b}_1 + \hat{c}_1 + \hat{d}_1 + (\widehat{ab})_{11} + e_1,\\ Y_2 &= \hat{\mu} + \hat{a}_1 + \hat{b}_1 + \hat{c}_2 + \hat{d}_2 + (\widehat{ab})_{11} + e_2,\\ Y_3 &= \hat{\mu} + \hat{a}_1 + \hat{b}_2 + \hat{c}_1 + \hat{d}_2 + (\widehat{ab})_{12} + e_3,\\ Y_4 &= \hat{\mu} + \hat{a}_1 + \hat{b}_2 + \hat{c}_2 + \hat{d}_1 + (\widehat{ab})_{12} + e_4,\\ Y_5 &= \hat{\mu} + \hat{a}_2 + \hat{b}_1 + \hat{c}_1 + \hat{d}_2 + (\widehat{ab})_{21} + e_5,\\ Y_6 &= \hat{\mu} + \hat{a}_2 + \hat{b}_1 + \hat{c}_2 + \hat{d}_1 + (\widehat{ab})_{21} + e_6,\\ Y_7 &= \hat{\mu} + \hat{a}_2 + \hat{b}_2 + \hat{c}_1 + \hat{d}_1 + (\widehat{ab})_{22} + e_7,\\ Y_8 &= \hat{\mu} + \hat{a}_2 + \hat{b}_2 + \hat{c}_2 + \hat{d}_2 + (\widehat{ab})_{22} + e_8,\end{aligned}\right\} \tag{5.34}$$

其中 $e_i(i=1,2,\cdots,8)$的值为

$$\left.\begin{aligned}
e_1 = e_8 &= \left[\frac{1}{4}(Y_1+Y_3+Y_6+Y_8)-\overline{Y}\right] \\
&\quad+\left[\frac{1}{4}(Y_1+Y_4+Y_5+Y_8)-\overline{Y}\right]=\hat{\omega}_{51}+\hat{\omega}_{61}, \\
e_2 = e_7 &= \left[\frac{1}{4}(Y_2+Y_4+Y_5+Y_7)-\overline{Y}\right] \\
&\quad+\left[\frac{1}{4}(Y_2+Y_3+Y_6+Y_7)-\overline{Y}\right]=\hat{\omega}_{52}+\hat{\omega}_{62}, \\
e_3 = e_6 &= \left[\frac{1}{4}(Y_1+Y_3+Y_6+Y_8)-\overline{Y}\right] \\
&\quad+\left[\frac{1}{4}(Y_2+Y_3+Y_6+Y_7)-\overline{Y}\right]=\hat{\omega}_{51}+\hat{\omega}_{62}, \\
e_4 = e_5 &= \left[\frac{1}{4}(Y_2+Y_4+Y_5+Y_7)-\overline{Y}\right] \\
&\quad+\left[\frac{1}{4}(Y_1+Y_4+Y_5+Y_8)-\overline{Y}\right]=\hat{\omega}_{52}+\hat{\omega}_{61},
\end{aligned}\right\} \tag{5.35}$$

这里

$$\hat{\omega}_{i1}=\frac{\mathrm{I}_i}{4}-\overline{Y},\quad \hat{\omega}_{i2}=\frac{\mathrm{II}_i}{4}-\overline{Y}, \tag{5.36}$$

并称 $\hat{\omega}_{i1}$ 为第 i 列第一水平效应值，$\hat{\omega}_{i2}$ 为第 2 水平效应值.

把式(5.34)各式平方后再求和，并利用式(5.33)和式(5.34)化简后，便得到平方和分解公式

$$S_T^2=S_A^2+S_B^2+S_C^2+S_D^2+S_{A\times B}^2+S_e^2, \tag{5.37}$$

其中

$$\left.\begin{aligned}
S_T^2 &= \sum_{i=1}^{8}Y_i^2-\frac{1}{8}\Big(\sum_{i=1}^{n}Y_i\Big)^2, \\
S_A^2 &= 4(\hat{a}_1^2+\hat{a}_2^2)=\frac{\mathrm{I}_1^2+\mathrm{II}_1^2}{4}-\frac{1}{8}\Big(\sum_{i=1}^{n}Y_i\Big)^2, \\
S_B^2 &= 4(\hat{b}_1^2+\hat{b}_2^2)=\frac{\mathrm{I}_2^2+\mathrm{II}_2^2}{4}-\frac{1}{8}\Big(\sum_{i=1}^{n}Y_i\Big)^2, \\
S_C^2 &= 4(\hat{c}_1^2+\hat{c}_2^2)=\frac{\mathrm{I}_4^2+\mathrm{II}_4^2}{4}-\frac{1}{8}\Big(\sum_{i=1}^{n}Y_i\Big)^2, \\
S_D^2 &= 4(\hat{d}_1^2+\hat{d}_2^2)=\frac{\mathrm{I}_7^2+\mathrm{II}_7^2}{4}-\frac{1}{8}\Big(\sum_{i=1}^{n}Y_i\Big)^2, \\
S_{A\times B}^2 &= 2(\widehat{ab})_{11}^2+(\widehat{ab})_{12}^2+(\widehat{ab})_{21}^2+(\widehat{ab})_{22}^2=\frac{\mathrm{I}_3^2+\mathrm{II}_3^2}{4}-\frac{1}{8}\Big(\sum_{i=1}^{n}Y_i\Big)^2, \\
S_e^2 &= \sum_{i=1}^{8}e_i^2=\frac{\mathrm{I}_5^2+\mathrm{II}_5^2}{4}-\frac{1}{8}\Big(\sum_{i=1}^{8}Y_i\Big)^2+\frac{\mathrm{I}_6^2+\mathrm{II}_6^2}{4}-\frac{1}{8}\Big(\sum_{i=1}^{8}Y_i\Big)^2.
\end{aligned}\right\} \tag{5.38}$$

不难证明，式(5.38)右端各项相互独立，自由度分别为

$$f_T = 8-1 = 7,\quad f_A = f_B = f_C = f_D = f_{A\times B} = 1,\quad f_e = 2.$$

再引入记号

$$T = \text{Ⅰ}_i + \text{Ⅱ}_i = \text{数据总和},$$
$$S_i^2 = \frac{\text{Ⅰ}_i^2 + \text{Ⅱ}_i^2}{4} - \frac{T^2}{8} = \frac{(\text{Ⅰ}_i - \text{Ⅱ}_i)^2}{8},\quad i = 1,2,\cdots,8, \tag{5.39}$$

S_i^2 为第 i 列的列变动平方和($i=1,2,\cdots,8$). 比较式(5.38)和(5.39)可知

$$\left.\begin{aligned} &S_A^2 = S_1^2, S_B^2 = S_2^2, S_C^2 = S_4^2, S_D^2 = S_7^2, S_{A\times B}^2 = S_3^2,\\ &S_e^2 = S_5^2 + S_6^2. \end{aligned}\right\} \tag{5.40}$$

也就是说,排有因素的列的列效应及变动平方和就是该因素的效应及变动平方和;没有排因素的列效应是由误差引起的,这些列的变动平方和之和就是误差的变动平方和. 这个规律不仅对例 5.8 中所作的表头设计是对的,且对在 $L_8(2^7)$上所作的其他表头设计也是对的;不仅对 $L_8(2^7)$是对的,而且对其他正交表所作的设计也是对的.

对一般类型正交表,分别用Ⅰ$_i$,Ⅱ$_i$,Ⅲ$_i$,…来表示第 i 列对应于数字 1,2,3,…的数据之和,T 表示全部数据之和,$\hat{\omega}_{ij}$ 表示第 i 列第 j 水平的效应估计值,S_i^2 表示第 i 列的变动平方和,f_i 表示第 i 列的自由度,则

$$\left.\begin{aligned} \hat{\omega}_{i1} &= \frac{\text{Ⅰ}_i}{\text{第 } i \text{ 列水平重复次数}} - \frac{T}{\text{数据总个数}},\\ \hat{\omega}_{i2} &= \frac{\text{Ⅱ}_i}{\text{第 } i \text{ 列水平重复次数}} - \frac{T}{\text{数据总个数}},\\ \hat{\omega}_{i3} &= \frac{\text{Ⅲ}_i}{\text{第 } i \text{ 列水平重复次数}} - \frac{T}{\text{数据总个数}},\\ S_i^2 &= \frac{\text{Ⅰ}_i^2 + \text{Ⅱ}_i^2 + \text{Ⅲ}_i^2 + \cdots}{\text{第 } i \text{ 列水平重复次数}} - \frac{T^2}{\text{数据总个数}},\\ f_i &= \text{第 } i \text{ 列水平数} - 1. \end{aligned}\right\} \tag{5.41}$$

对例 5.8,将按式(5.32),(5.36),(5.39)的计算结果填入表 5.22 的下栏中,并利用这些结果进行显著性检验,得方差分析表 5.23. 根据这张方差分析表,又可选择好的生产条件:A,B 均不显著,$A\times B$ 显著,应根据 $A\times B$ 的效应来选择这两个因素的水平组合. 因$(\widehat{ab})_{12}=(\widehat{ab})_{21}>(\widehat{ab})_{11}=(\widehat{ab})_{22}$,知 A_1B_2 或 A_2B_1 较好,为使生产周期短些,应取 A_2B_1;C 显著,$\hat{c}_2>\hat{c}_1$,C 选 2 水平;D 不显著,可随便选,但 D_2 操作方便,选 D 的水平为 D_2. 这样得到较优生产条件为 $A_2B_1C_2D_2$.

这个最好条件下工程平均的预测值是

$$\hat{Y}_{\text{优}} = \frac{555}{8} + \frac{19}{8} + \frac{19}{8} = 74.13.$$

表 5.23

因素	变动平方和	自由度	平均平方和	F 值	显著性
A	121/8	1	121/8	7.1	
B	81/8	1	81/8	4.8	
C	361/8	1	361/8	21.2	*
D	81/8	1	81/8	4.8	
$A\times B$	361/8	1	361/8	21.2	*
e	34/8	2	17/8		

由此可见，按条件 $A_2B_1C_2D_2$ 生产，乙酰胺苯的平均收率大致在 74.13%.

记

$$\left.\begin{aligned}\widetilde{S}_e^2 &= S_e^2 + \text{不显著因素的变动平方和},\\ \widetilde{f}_e &= f_e + \text{不显著因素的自由度之和},\\ n_e &= \text{试验总次数}/(1+\text{显著因素的自由度之和}),\end{aligned}\right\} \tag{5.42}$$

可以证明

$$\frac{n_e(\hat{\mu}_{优}-\mu_{优})^2}{\widetilde{S}_e^2/\widetilde{f}_e} \sim F(1,\widetilde{f}_e).$$

因此，对给定的 α，$Y_{优}$ 的置信度为 $1-\alpha$ 的置信区间为 $(\hat{Y}_{优}-\delta, \hat{Y}_{优}+\delta)$，这里

$$\delta = \sqrt{\frac{F_\alpha(1,\widetilde{f}_e)\widetilde{S}_e^2}{n_e\widetilde{f}_e}}. \tag{5.43}$$

由式(5.42)得

$$\widetilde{S}_e^2 = \frac{121}{8}+\frac{81}{8}+\frac{81}{8}+\frac{34}{8} = \frac{317}{8},$$

$$\widetilde{f}_e = 2+1+1+1 = 5,$$

$$n_e = \frac{8}{1+2} = \frac{8}{3},$$

$$F_{0.05}(1,5) = 6.61,$$

代入式(5.43)，知 $Y_{优}$ 的区间估计半径为

$$\delta = \sqrt{\frac{6.61\cdot 317/8}{5\cdot 8/3}} = 4.43.$$

于是，可以预计，按条件 $A_2B_1C_2D_2$ 生产，平均收率大致应在 69.70%与 78.56%之间.

通过这个例子着重指出两点：

(1) 直接比较 8 次试验结果，立即发现第二号试验条件下收率最高，为 74%，此试验的条件称为“看一看”的好条件，它的工程平均估计值为

$$\hat{Y}_{A_2B_1C_2}=\frac{555}{8}-\frac{19}{8}+\frac{19}{8}=69.4.$$

按这个条件生产，收率竟比所选出的最好条件差 5%左右. 这说明，由于试验中客观存在试验误差，不作统计分析往往会得出错误的结论.

(2) 经过统计分析选出的最好条件不仅是已做过试验的 8 个条件中最好的，而且是全面试验的 16 个条件中最好的. 事实上，例 5.8 中选出的条件是 $A_2B_1C_2D_2$，这个条件我们并未作过试验. 这说明用正交表作部分实施能达到全面试验一样的效果.

习 题 5

1. 抽查某地区三所小学五年级男学生的身高，得数据见表 5.24.

表 5.24

小　学	身　高　数　据/cm					
第一小学	128.1	134.1	133.1	138.9	140.8	127.4
第二小学	150.3	147.9	136.8	126.0	150.7	155.8
第三小学	140.6	143.1	144.5	143.7	148.7	146.4

试问该地区三所小学五年级男学生的平均身高是否有显著差异($\alpha=0.05$)?

2. 用 4 种不同型号的仪器对某种机器零件的七级光洁表面进行检查，每种仪器分别在同一表面上反复测量 4 次，得数据见表 5.25.

表 5.25

仪器型号	数　　据			
1	−0.21	−0.06	−0.17	−0.14
2	0.16	0.08	0.03	0.11
3	0.10	−0.07	0.15	−0.02
4	0.12	−0.14	−0.02	0.11

试从这些数据推断 4 种仪器的平均测量结果有无显著差异($\alpha=0.05$)?

3. 表 5.26 给出了小白鼠在接种 3 种不同菌型伤寒杆菌后的存活日数.

表 5.26

菌型	存　活　日　数										
Ⅰ	2	4	3	2	4	7	7	2	5	4	
Ⅱ	5	6	8	5	10	7	12	6	6		
Ⅲ	7	11	6	6	7	9	5	10	6	3	10

试问 3 种菌型的平均存活日数有无显著差异($\alpha=0.05$)?

4. 车间里有 5 名工人，有 3 台不同型号的车床生产同一品种的产品，现在让每个工人轮流在 3 台车床上操作，记录其日产量结果见表 5.27.

表 5.27

车床型号	工人				
	1	2	3	4	5
1	64	73	63	81	78
2	75	66	61	73	80
3	78	67	80	69	71

试问这 5 位工人技术之间和不同车床型号之间对产量有无显著影响($\alpha=0.05$)?

5. 某实验室里有一批伏特计，它们经常被轮流用来测量电压. 现在从中任取 4 只，每只伏特计用来测量电压为 100V 的恒定电动势各 5 次，测得结果见表 5.28.

表 5.28

伏特计	测定值/V				
A	100.9	101.1	100.8	100.9	100.4
B	100.2	100.9	101.0	100.6	100.3
C	100.8	100.7	100.7	100.4	100.0
D	100.4	100.1	100.3	100.2	100.0

试问这几只伏特计之间有无显著差异($\alpha=0.05$)?

6. 在 B_1,B_2,B_3,B_4 四台不同的纺织机器中，用三种不同的加压水平 A_1,A_2,A_3，在每种加压水平和每台机器中各取一个试样测量，得纱支强度见表 5.29.

表 5.29

加压	机器			
	B_1	B_2	B_3	B_4
A_1	1 577	1 690	1 800	1 642
A_2	1 535	1 640	1 783	1 621
A_3	1 592	1 652	1 810	1 663

试问不同加压水平和不同机器之间纱支强度有无显著差异($\alpha=0.05$)?

7. 表 5.30 记录了 3 位操作工分别在 4 台不同机器上操作 3 天的日产量.

表 5.30

机器	操作工								
	甲			乙			丙		
A_1	15	15	17	19	19	16	16	18	21
A_2	17	17	17	15	15	15	19	22	22
A_3	15	17	16	18	17	16	18	18	18
A_4	18	20	22	15	16	17	17	17	17

试在显著性水平 $\alpha=0.05$ 下检验操作工人之间的差异是否显著？机器之间差异是否显著？交互作用的影响是否显著？

8. 考察温度对某一化工厂产品的得率的影响，选取了5种不同的温度，同一温度作了3次试验，测得结果见表5.31.

表 5.31

温度/℃	60	65	70	75	80
得率/%	90	97	96	84	84
	92	93	96	83	86
	88	92	93	88	82
平均得率/%	90	94	95	85	94

(1) 试问温度的变化对得率有无显著影响($\alpha=0.05$)；

(2) 求70℃时平均得率的区间估计($\alpha=0.05$).

9. 试验6种农药，考察它们在杀虫率方面有无明显差异，试验结果见表5.32.

表 5.32

农药	Ⅰ	Ⅱ	Ⅲ	Ⅳ	Ⅴ	Ⅵ
杀虫率/%	87.4	90.5	56.2	55.5	92.0	75.2
	85.0	88.5	62.4	48.2	99.2	72.3
	80.2	87.3			95.3	81.3
		94.3			91.5	

试问农药的不同对杀虫率的影响是否显著($\alpha=0.05$).

10. 设有四个因素 A,B,C,D 均为二水平，需考察交互作用 $A\times B$ 和 $C\times D$，问选用正交表 $L_8(2^7)$ 行不行？请选用合适正交表并排出试验方案.

11. "920"是一种植物生长调节剂，某微生物厂生产的"920"存在着产品效价低，成本高等问题，选取以下因素及水平：

A (微元总量%)：$A_1=0.6, A_2=0.35$，

B (玉米粉%)：$B_1=13, B_2=17$，

C (白糖%)：$C_1=3, C_2=4$，

D (时间(天))：$D_1=20, D_2=25$.

试验需考察交互作用 $A\times B, A\times C, B\times C$. 安排试验时把 A,B,C,D 分别排在 $L_8(2^7)$ 表的第1,2,4,7列上所得试验结果(效价)依次为：2.05，2.24，2.44，1.10，1.50，1.35，1.26，2.00. 试分析试验结果：(1)用直观分析法；(2)用方差分析法.

12. 利用木素做橡胶补强剂试验，选择了6个因素来考察对胶料物理性能的影响，这6个因素分别是：A(补强剂种类)，B(促进剂种类)，C(促进剂用量)，D(补强剂用量)，E(软化剂)，F(防老剂)，它们均取三水平，试验还需考察交互作用 $A\times B, B\times C$，指标为冲击弹性(%)，试验选用 $L_{27}(3^{13})$ 正交表进行试验，表头设计为

表 5.33

因素	A	B	$A\times B$		C				$B\times C$				
									D	E		F	
列号	1	2	3	4	5	6	7	8	9	10	11	12	13

试验结果依次为：63,58,57,55,56,59,54,59,61,45,42,58,45,50,45,51,49,40,33,50,37,44,40,36,49,38,45.

(1) 试对试验结果进行方差分析；

(2) 试对最优工艺条件下的指标值进行点估计和区间估计.

第 6 章　回 归 分 析

在许多实际问题中，经常要寻找存在于两个(或多个)变量之间的关系，并希望利用观测数据拟合系统的数学模型，其中最简单的模型是线性模型. 本章先从一元线性回归模型分析开始，介绍线性回归分析的主要内容和方法，然后讨论多元线性回归分析.

6.1　一元线性回归分析

6.1.1　一元线性回归模型

例 6.1　在农业生产中，小麦的亩产量 Y 与所施肥料量 x 有一定关系，在一定范围内，若施肥量大，则小麦的亩产也较大，一般希望知道 Y 是怎样依赖于 x 变化的. 按照数理统计处理问题的方法，先作一些试验，分别给 x 以 n 个不同的值 $(x_1,\cdots,x_n)^{\mathrm{T}}$，假设其他条件不变，则相应地得到 n 个 Y 的观测值 $(y_1,y_2,\cdots,y_n)^{\mathrm{T}}$，一般 Y 可假设为随机变量，在此基础上寻求它们之间的关系

$$Y=f(x,\varepsilon),$$

这里一般假设施肥量为非随机变量，ε 为随机变量(通常表示误差)，Y 为随机变量，f 为未知函数，当 f 为线性函数且 $\varepsilon\sim N(0,\sigma^2)$ 时，考虑如下数学模型

$$Y=\alpha+\beta x+\varepsilon,$$

我们希望利用试验得到的数据，确定上式中的未知参数，进行假设的检验及亩产量的 Y 的预测.

现把例 6.1 中的模型做一般性的描述，给出一元线性回归模型的定义. 设随机变量 Y 和可控制变量 x 服从线性关系

$$Y=\alpha+\beta x+\varepsilon, \tag{6.1}$$

$(Y_i,x_i)(i=1,2,\cdots,n)$ 是 (Y,x) 的 n 个观测，则它们满足关系

$$Y_i=\alpha+\beta x_i+\varepsilon_i,\quad i=1,\cdots,n. \tag{6.2}$$

假设 ε_i 相互独立且

$$\varepsilon_i\sim N(0,\sigma^2),\quad i=1,\cdots,n, \tag{6.3}$$

则称 Y 与 x 服从一元线性回归模型，或一元线性正态回归模型.

关于定义中的假设这里有几点须注意：

(1) 由于假设 ε_i 相互独立且服从 $N(0,\sigma^2)$，则 Y_i 亦相互独立服从 $N(\alpha+\beta x_i,\sigma^2)$，即相互独立服从正态分布，但均值不等. 一般将 (Y_i,x_i) 称为回归观测值(或回

归样本)，它与一般简单样本是不同的($i=1,2,\cdots,n$)；

(2)关于 Y 与 x 的线性假设是为了数学上处理的方便，对于非线性模型要难处理得多；

(3)由假设 $EY_i=\alpha+\beta x_i$，则 $Y_i=EY_i+\varepsilon_i$，这表明我们假设关于 Y 的随机效应以这样一种加的方式加到"确定性"效应 $\alpha+\beta x_i$($i=1,2,\cdots,n$)上，对于其他方式我们不做讨论.

对于由式(6.2)，(6.3)定义的一元线性回归模型，通常所考虑的统计推断问题是：在已知观测值(Y_i,x_i)($i=1,2,\cdots,n$)的基础上，对未知参数 α,β 和 σ^2 进行估计，对 α,β 的某种假设进行检验，对 Y 进行预报等.

6.1.2　未知参数的估计

1. (α,β)的最小二乘估计

对一组回归观测值(Y_i,x_i)($i=1,2,\cdots,n$)，它满足：

$$Y_i=\alpha+\beta x_i+\varepsilon_i.$$

最小二乘法是寻找未知参数(α,β)的估计量$(\hat{\alpha},\hat{\beta})$，使得

$$\sum_{i=1}^{n}(Y_i-\hat{\alpha}-\hat{\beta}x_i)^2=\min_{\alpha,\beta}\sum_{i=1}^{n}(Y_i-\alpha-\beta x_i)^2. \tag{6.4}$$

满足式(6.4)的估计量 $\hat{\alpha},\hat{\beta}$ 称为(α,β)的最小二乘估计. 一般采用微分法求解. 记

$$Q(\alpha,\beta)=\sum_{i=1}^{n}(Y_i-\alpha-\beta x_i)^2,$$

令

$$\left.\frac{\partial Q}{\partial \alpha}\right|_{(\alpha,\beta)=(\hat{\alpha},\hat{\beta})}=0,\quad \left.\frac{\partial Q}{\partial \beta}\right|_{(\alpha,\beta)=(\hat{\alpha},\hat{\beta})}=0, \tag{6.5}$$

则式(6.5)可写为

$$\left.\begin{aligned} &n\hat{\alpha}+n\overline{x}\hat{\beta}=n\overline{Y},\\ &n\overline{x}\hat{\alpha}+\sum_{i=1}^{n}x_i^2\hat{\beta}=\sum_{i=1}^{n}x_iY_i, \end{aligned}\right\} \tag{6.6}$$

这里，$\overline{x}=\frac{1}{n}\sum_{i=1}^{n}x_i,\overline{Y}=\frac{1}{n}\sum_{i=1}^{n}Y_i$. 由于假设 x_i 互不相同，式(6.6)的系数行列式

$$\begin{vmatrix} n & n\overline{x}\\ n\overline{x} & \sum_{i=1}^{n}x_i^2 \end{vmatrix}=n\left[\sum_{i=1}^{n}x_i^2-n\overline{x}^2\right]=n\sum_{i=1}^{n}(x_i-\overline{x})^2$$

不等于零，故方程组(6.6)有唯一解，其解为

$$\begin{cases}\hat{\alpha}=\overline{Y}-\hat{\beta}\overline{x},\\ \hat{\beta}=\dfrac{\sum\limits_{i=1}^{n}x_iY_i-n\overline{x}\,\overline{Y}}{\sum\limits_{i=1}^{n}x_i^2-n\overline{x}^2}=\dfrac{\sum\limits_{i=1}^{n}(x_i-\overline{x})(Y_i-\overline{y})}{\sum\limits_{i=1}^{n}(x_i-\overline{x})^2}.\end{cases}$$

上述推导是对一组回归观测值$(y_i,x_i)(i=1,2,\cdots,n)$做出的，当换为$(Y_i,x_i)$时便得$(\alpha,\beta)$的最小二乘估计量

$$\left.\begin{aligned}\hat{\alpha}&=\overline{Y}-\hat{\beta}\overline{x},\\ \hat{\beta}&=\frac{\sum\limits_{i=1}^{n}(x_i-\overline{x})(Y_i-\overline{Y})}{\sum\limits_{i=1}^{n}(x_i-\overline{x})^2}.\end{aligned}\right\}\tag{6.7}$$

2. (α,β)的最大似然估计

由于$Y_i(i=1,2,\cdots,n)$相互独立且$Y_i\sim N(\alpha+\beta x_i,\sigma^2)$，则$(Y_1,\cdots,Y_n)^{\mathrm{T}}$的联合概率密度为

$$\begin{aligned}L&=\prod_{i=1}^{n}\frac{1}{\sigma\sqrt{2\pi}}\exp\left[-\frac{1}{2\sigma^2}(y_i-\alpha-\beta x_i)^2\right]\\&=\left(\frac{1}{\sigma\sqrt{2\pi}}\right)^n\exp\left[-\frac{1}{2\sigma^2}\sum_{i=1}^{n}(y_i-\alpha-\beta x_i)^2\right].\end{aligned}$$

要求$(\hat{\alpha},\hat{\beta})$使似然函数$L$取得最大值，只要

$$Q(\alpha,\beta)=\sum_{i=1}^{n}(y_i-\alpha-\beta x_i)^2$$

取得最小值即可.这回到了最小二乘估计的情形，也即对一元正态线性回归模型，最小二乘估计与最大似然估计是等价的.

将$\hat{\alpha},\hat{\beta}$代入$EY=\alpha+\beta x$，得

$$\hat{Y}=\hat{\alpha}+\hat{\beta}x,\tag{6.8}$$

一般将式(6.8)称为Y关于x的线性回归方程.

3. σ^2的估计

由于$\sigma^2=D\varepsilon=E\varepsilon^2$，故可以用$\frac{1}{n}\sum\limits_{i=1}^{n}\varepsilon_i^2$对$\sigma^2$进行矩估计，而$\varepsilon_i=Y_i-\alpha-\beta x_i$是未知的，以$\alpha,\beta$的相应估计量代入，可得

$$\hat{\sigma}^2=\frac{1}{n}\sum_{i=1}^{n}(Y_i-\hat{\alpha}-\hat{\beta}x_i)^2,\tag{6.9}$$

式(6.9)可看作近似矩估计.为计算方便起见，将$\hat{\sigma}^2$变形，可写为

$$\sum_{i=1}^{n}(Y_i-\hat{\alpha}-\hat{\beta}x_i)^2=\sum_{i=1}^{n}(Y_i-\overline{Y}+\hat{\beta}\overline{x}-\hat{\beta}x_i)^2$$
$$=\sum_{i=1}^{n}(Y_i-\overline{Y})^2-2\hat{\beta}\sum_{i=1}^{n}(x_i-\overline{x})(Y_i-\overline{Y})$$
$$+\hat{\beta}^2\sum_{i=1}^{n}(x_i-\overline{x})^2$$
$$=\sum_{i=1}^{n}(Y_i-\overline{Y})^2-\hat{\beta}^2\sum_{i=1}^{n}(x_i-\overline{x})^2,$$

即

$$\hat{\sigma}^2=\frac{1}{n}\sum_{i=1}^{n}(Y_i-\overline{Y})^2-\hat{\beta}^2\left(\frac{1}{n}\sum_{i=1}^{n}(x_i-\overline{x})^2\right).$$

例 6.2　表 6.1 给出了 12 个父亲和他们长子的身高分别为$(x_i,y_i)(i=1,2,\cdots,12)$这样一组观测值:(1)作$(x_i,y_i)$的散点图;(2)求 Y 关于 x 的线性回归方程.

表 6.1　(单位:in)

父亲的身高 x	65	63	67	64	68	62	70	66	68	67	69	71
儿子的身高 Y	68	66	68	65	69	66	68	65	71	67	68	70

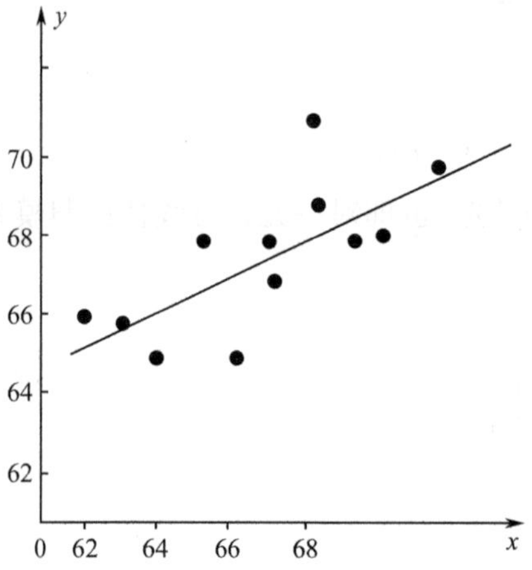

图 6.1

解　(1)图 6.1 给出表 6.1 的散点图

(2)将表 6.1 的数据代入式(6.6)中,有

$$\begin{cases}12\hat{\alpha}+800\hat{\beta}=811,\\800\hat{\alpha}+53\,418\hat{\beta}=54\,107,\end{cases}$$

进而可求得

$$\hat{\alpha}=35.82,\quad \hat{\beta}=0.476.$$

因此,得到 Y 关于 x 的线性回归方程:

$$\hat{Y}=35.82+0.476x.$$

这个例子表明虽然高个子的父代会有高个子的后代,但后代的增高并不与父代的增高等量.例如,若父亲身高超过祖父身高 6in,则儿子身高超过父亲身高大约为 3in,称这一现象为向平常高度的回归(regression).回归一词即来源于此,它最早由高登(Galton)提出,作为一统计术语一直沿用至今,不过当时高登-皮尔逊和 A. Lee 是研究了 1 078 个家庭,得到的线性回归方程为

$$\hat{Y}=0.516x+33.73.$$

在例 6.2 中对数据进行了简化后只列出 12 个家庭,当然方程也有所不同. 一般称 $\hat{\sigma}=\sqrt{\hat{\sigma}^2}$ 为估计的标准差.

6.1.3 参数估计量的分布

为了对参数估计量进行检验,先讨论它们的分布.

1. $\hat{\beta}$ 的分布

$$\hat{\beta}=\frac{\sum_{i=1}^{n}(x_i-\overline{x})(Y_i-\overline{Y})}{\sum_{i=1}^{n}(x_i-\overline{x})^2}=\frac{\sum_{i=1}^{n}(x_i-\overline{x})Y_i}{\sum_{j=1}^{n}(x_i-\overline{x})^2}=\sum_{i=1}^{n}a_iY_i,$$

这里 $a_i=\dfrac{(x_i-\overline{x})}{\sum_{j=1}^{n}(x_j-\overline{x})^2}$,由于 $(Y_1,\cdots,Y_n)^{\mathrm{T}}$ 相互独立且 $Y_i\sim N(\alpha+\beta x_i,\sigma^2)$ 分布,则 $\hat{\beta}$ 服从正态分布,均值为

$$E\hat{\beta}=\sum_{i=1}^{n}a_iEY_i=\sum_{i=1}^{n}a_i(\alpha+\beta x_i)=\beta\frac{\sum_{i=1}^{n}(x_i-\overline{x})x_i}{\sum_{i=1}^{n}(x_i-\overline{x})^2}=\beta,$$

说明 $\hat{\beta}$ 是 β 的无偏估计. 方差为

$$D\hat{\beta}=\sum_{i=1}^{n}a_i^2DY_i=\frac{\sum_{i=1}^{n}(x_i-\overline{x})^2\sigma^2}{\left[\sum_{i=1}^{n}(x_i-\overline{x})^2\right]^2}=\frac{\sigma^2}{\sum_{i=1}^{n}(x_i-\overline{x})^2},$$

故

$$\hat{\beta}\sim N\left(\beta,\sigma^2\Big/\sum_{i=1}^{n}(x_i-\overline{x})^2\right).$$

2. $\hat{\alpha}$ 的分布

由 $\hat{\alpha}=\overline{Y}-\hat{\beta}\overline{x}=\sum_{i=1}^{n}\left[\dfrac{1}{n}-\dfrac{(x_i-\overline{x})\overline{x}}{\sum_{j=1}^{n}(x_j-\overline{x})^2}\right]Y_i$,知 $\hat{\alpha}$ 亦服从正态分布,均值

$$E\hat{\alpha}=E\overline{Y}-E\hat{\beta}\overline{x}=\frac{1}{n}\sum_{i=1}^{n}(\alpha+\beta x_i)-\beta\overline{x}=\alpha,$$

即 $\hat{\alpha}$ 亦是 α 的无偏估计. 方差为

$$D\hat{\alpha}=\sum_{i=1}^{n}\left[\frac{1}{n}-\frac{(x_i-\overline{x})\overline{x}}{\sum_{j=1}^{n}(x_j-\overline{x})^2}\right]^2 DY_i=\left[\frac{1}{n}+\frac{\sum_{i=1}^{n}(x_i-\overline{x})^2(\overline{x})^2}{\left(\sum_{i=1}^{n}(x_i-\overline{x})^2\right)^2}\right]\sigma^2$$

$$=\left[\frac{1}{n}+\frac{(\overline{x})^2}{\sum_{i=1}^{n}(x_i-\overline{x})^2}\right]\sigma^2,$$

故

$$\hat{\alpha}\sim N\left(\alpha,\left[\frac{1}{n}+\frac{(\overline{x})^2}{\sum_{i=1}^{n}(x_i-\overline{x})^2}\right]\sigma^2\right).$$

3. 对 $x=x_0$,回归方程 $\hat{Y}_0=\hat{\alpha}+\hat{\beta}x_0$ 的分布

由 $\hat{Y}_0=\hat{\alpha}+\hat{\beta}x_0=\sum_{i=1}^{n}\left[\frac{1}{n}+\frac{(x_i-\overline{x})(x_0-\overline{x})}{\sum_{j=1}^{n}(x_j-\overline{x})^2}\right]Y_i$,知 $\hat{Y}_0$ 为 $(Y_1,\cdots,Y_n)^{\mathrm{T}}$ 的线性组合,$\hat{Y}_0$ 服从正态分布,从而

$$E\hat{Y}_0=E(\hat{\alpha}+\hat{\beta}x_0)=\alpha+\beta x_0,$$

$$D\hat{Y}_0=\sum_{i=1}^{n}\left[\frac{1}{n}+\frac{(x_i-\overline{x})(x_0-\overline{x})}{\sum_{j=1}^{n}(x_j-\overline{x})^2}\right]^2 DY_i=\left[\frac{1}{n}+\frac{(x_0-\overline{x})^2}{\sum_{j=1}^{n}(x_j-\overline{x})^2}\right]\sigma^2,$$

所以

$$\hat{Y}_0\sim N\left(\alpha+\beta x_0,\left[\frac{1}{n}+\frac{(x_0-\overline{x})^2}{\sum_{j=1}^{n}(x_j-\overline{x})^2}\right]\sigma^2\right).$$

4. $\hat{\sigma}^2$ 的分布

$$\begin{aligned}E\left[\sum_{i=1}^{n}(Y_i-\overline{Y})^2\right]&=\sum_{i=1}^{n}EY_i^2-nE(\overline{Y}^2)\\&=\sum_{i=1}^{n}[DY_i+(EY_i)^2]-n[D\overline{Y}+(E\overline{Y})^2]\\&=\sum_{i=1}^{n}[\sigma^2+(\alpha+\beta x_i)^2]-n\left[\frac{\sigma^2}{n}+(\alpha+\beta\overline{x})^2\right]\\&=(n-1)\sigma^2+\beta^2\left(\sum_{i=1}^{n}x_i^2-n\overline{x}^2\right)\end{aligned}$$

$$= (n-1)\sigma^2 + \beta^2 \sum_{i=1}^{n} (x_i - \overline{x})^2,$$

$$E\left[\hat{\beta}^2 \sum_{i=1}^{n} (x_i - \overline{x})^2\right] = \sum_{i=1}^{n} (x_i - \overline{x})^2 E(\hat{\beta}^2)$$

$$= [D\hat{\beta} + [E(\hat{\beta})]^2] \sum_{i=1}^{n} (x_i - \overline{x})^2$$

$$= \left[\frac{\sigma^2}{\sum_{i=1}^{n} (x_i - \overline{x})^2} + \beta^2\right] \sum_{i=1}^{n} (x_i - \overline{x})^2$$

$$= \sigma^2 + \beta^2 \sum_{i=1}^{n} (x_i - \overline{x})^2.$$

进而有

$$E\left[\sum_{i=1}^{n} (Y_i - \overline{Y})^2 - \hat{\beta}^2 \sum_{i=1}^{n} (x_i - \overline{x})^2\right] = (n-2)\sigma^2,$$

所以

$$E\hat{\sigma}^2 = \frac{n-2}{n}\sigma^2,$$

说明 $\hat{\sigma}^2$ 不是 σ^2 的无偏估计,若记

$$\hat{\sigma}^{*2} = \frac{1}{n-2} \sum_{i=1}^{n} (Y_i - \hat{\alpha} - \hat{\beta} x_i)^2,$$

则有

$$E\hat{\sigma}^{*2} = \sigma^2,$$

即 $\hat{\sigma}^{*2}$ 是 σ^2 的无偏估计,一般称 $\hat{\sigma}^{*2}$ 为 σ^2 的修正估计,$\hat{\sigma}^*$ 为估计的修正标准差.

定理 6.1 假设(Y_i, x_i)满足式(6.2)和式(6.3),则

$$\frac{(n-2)}{\sigma^2}\hat{\sigma}^{*2} \sim \chi^2(n-2), \tag{6.10}$$

且 $\hat{\sigma}^{*2}$ 分别与 $\hat{\alpha}$,$\hat{\beta}$ 独立.

在下节将给出一般多元情形的证明,这里关于一元的证明略去.

6.1.4 回归方程的显著性检验

对于给定的一组回归观测值,当它们之间存在线性关系时,可按参数估计的讨论,得到一元线性回归方程. 但要注意,当两者不具备这种关系,也能按参数估计公式求出一个直线方程,所以,严格来讲需对有关假设进行检验.

检验一元线性正态回归模型是否成立,一般需检验:

(1)在给定 x 的情况下,Y 服从正态分布且方差相同;

(2)对于给定的范围,EY 是 x 的线性函数;

(3) $Y_1,\cdots,Y_n$ 相互独立.

本节主要对 EY 是否是 x 的线性函数进行检验，这可以转化为检验：$H_0:\beta=0 \leftrightarrow H_1:\beta\neq 0$ 是否成立. 当 H_0 成立时，认为 Y 与 x 的线性回归是不显著的，所求的回归直线无意义；若 H_0 不成立，则可认为所求回归直线有意义. 但应注意到，当 H_0 成立时，Y 与 x 可能有以下几种情况：

(1)影响 Y 的除了 x 之外，可能还有其他变量；

(2)Y 与 x 有关系，但不是线性的；

(3)Y 与 x 无关.

根据关于参数估计分布的讨论，构造统计量

$$T=\frac{\hat{\beta}}{\hat{\sigma}^*}\sqrt{\sum_{i=1}^{n}(x_i-\overline{x})^2}, \tag{6.11}$$

当 H_0 成立时，根据定理 6.1 及 $\hat{\beta}$ 的分布知

$$T\sim t(n-2).$$

有了 T 的分布，根据假设检验方法，对于给定的显著水平 α，可构造检验步骤如下：

(1)$H_0:\beta=0$；

(2)构造统计量 $T=\hat{\beta}\sqrt{\sum_{i=1}^{n}(x_i-\overline{x})^2}\Big/\hat{\sigma}^*$；

(3)对于给定的 α，查分位数 $t_{\alpha/2}(n-2)$；

(4)对给定的一组回归观测值，代入式(6.11)计算得 t，若 $|t|\geqslant t_{\alpha/2}(n-2)$，则拒绝 H_0，否则接受 H_0.

例 6.3 对例 6.2 中的参数估计 $\hat{\beta}$ 进行检验，取 $\alpha=0.05$.

解 对 $\alpha=0.05$，$n-2=10$，查表得

$$t_{0.025}(10)=2.2281,\quad t=3.128,$$

$$|t|=3.128>2.2281=t_{0.025}(10),$$

拒绝 H_0，说明 Y 与 x 的线性回归是显著的.

6.1.5 预测

下面讨论回归分析中的预测问题，对 $x=x_0$，要求 x_0 与 $x_1,x_2,\cdots,x_n$ 都是不相同，在这里 $\varepsilon_0\sim N(0,\sigma^2)$，$\varepsilon_0$ 与 $\varepsilon_1,\cdots,\varepsilon_n$ 相互独立，则 Y_0 与 $Y_1,\cdots,Y_n$ 相互独立，考虑

$$Y_0-\hat{Y}_0=Y_0-(\hat{\alpha}+\hat{\beta}x_0),$$

由于 $Y_0,\hat{Y}_0$ 相互独立，且都服从正态分布，则 $Y_0-\hat{Y}_0$ 服从正态分布，由

$$E(Y_0-\hat{Y}_0)=EY_0-(\alpha+\beta x_0)=0,$$

$$D(Y_0-\hat{Y}_0)=D(Y_0)+D(\hat{Y}_0)=\left[1+\frac{1}{n}+\frac{(x_0-\overline{x})^2}{\sum_{i=1}^{n}(x_i-\overline{x})^2}\right]\sigma^2,$$

可知

$$Y_0-\hat{Y}_0\sim N\left(0,\left(1+\frac{1}{n}+\frac{(x_0-\overline{x})^2}{\sum\limits_{i=1}^{n}(x_i-\overline{x})^2}\right)\sigma^2\right).$$

根据 $Y_0-\hat{Y}$ 与 $\hat{\sigma}^{*2}$ 相互独立，$\frac{(n-2)\hat{\sigma}^{*2}}{\sigma^2}\sim\chi^2(n-2)$，则

$$T=\frac{Y_0-\hat{\alpha}-\hat{\beta}x_0}{\hat{\sigma}^*\sqrt{1+\frac{1}{n}+\frac{(x_0-\overline{x})^2}{\sum\limits_{i=1}^{n}(x_i-\overline{x})^2}}}\sim t(n-2).$$

对于给定的置信度 $1-\alpha$，有

$$P\{|T|\leqslant t_{\alpha/2}(n-2)\}=1-\alpha,$$

可得 Y_0 的置信区间

$$\left(\hat{\alpha}+\hat{\beta}x_0-t_{\alpha/2}(n-2)\hat{\sigma}^*\sqrt{1+\frac{1}{n}+\frac{(x_0-\overline{x})^2}{\sum\limits_{i=1}^{n}(x_i-\overline{x})^2}},\right.$$

$$\left.\hat{\alpha}+\hat{\beta}x_0+t_{\alpha/2}(n-2)\hat{\sigma}^*\sqrt{1+\frac{1}{n}+\frac{(x_0-\overline{x})^2}{\sum\limits_{i=1}^{n}(x_i-\overline{x})^2}}\right). \tag{6.12}$$

令

$$\delta(x_0)=t_{\alpha/2}(n-2)\hat{\sigma}^*\sqrt{1+\frac{1}{n}+\frac{(x_0-\overline{x})^2}{\sum\limits_{i=1}^{n}(x_i-\overline{x})^2}},$$

于是在 $x=x_0$ 处，Y_0 的置信下限为

$$y_1(x_0)=\hat{\alpha}+\hat{\beta}x_0-\delta(x_0)=\hat{Y}_0-\delta(x_0),$$

置信上限为

$$y_2(x_0)=\hat{\alpha}+\hat{\beta}x_0+\delta(x_0)=\hat{Y}_0+\delta(x_0).$$

当 x_0 变动时，可得曲线

$$y_1(x)=\hat{Y}-\delta(x),\quad y_2(x)=\hat{Y}+\delta(x). \tag{6.13}$$

这两条曲线形成一个包含回归直线的带形域(如图 6.2 所示).

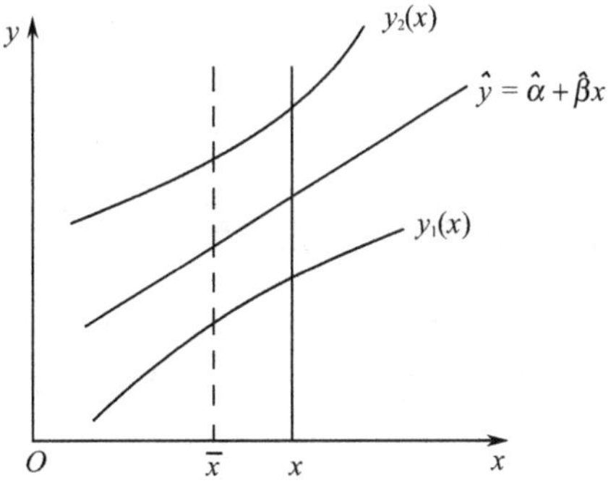

图 6.2

例 6.4 对例 6.2，设(1) $x_0=65.5$，$1-\alpha=0.95$；(2) $x_0=70.3$，$1-\alpha=0.95$，分别给出置信上下限.

解 $n-2=10$，$t_{0.025}(10)=2.2281$.

(1) $\hat{y}_0 = 35.82 + 0.476x_0 = 35.82 + 0.476 \cdot 65.5 = 66.998$,

$$\delta(x_0) = \delta(65.5) \approx 2.2281 \cdot 1.40 \cdot \sqrt{1 + \frac{1}{12} + \frac{(65.5 - 800/12)^2}{2.66^2}}$$

$$\approx 2.2281 \cdot 1.40 \cdot 1.129 = 3.522,$$

于是得 Y_0 的置信度为 0.95 的预测区间为

$$(\hat{y}_0 - \delta(65.5), \hat{y}_0 + \delta(65.5)) = (66.998 - 3.522, 66.998 + 3.522)$$
$$= (63.476, 70.52).$$

(2) $\hat{y}_0 = 35.82 + 0.476x_0 = 35.82 + 0.476 \cdot 70.5 = 69.378$,

$$\delta(x_0) = \delta(70.5) \approx 2.2281 \cdot 1.40 \cdot \sqrt{1 + \frac{1}{12} + \frac{(70.5 - 800/12)^2}{2.66^2}}$$

$$\approx 2.2281 \cdot 1.40 \cdot 1.778 \approx 5.546,$$

于是预测区间为

$$(\hat{y}_0 - \delta(70.5), \hat{y}_0 + \delta(70.5)) = (69.378 - 5.546, 69.378 + 5.546)$$
$$= (63.832, 74.924).$$

也就是说，有大约 95%的把握断言：(1)儿子们的身高界于 63.476in 到 70.52in；(2)儿子们的身高介于 63.832in 和 74.924in 之间.

由式(6.12)可以看出，对于给定的样本值及置信水平 α 和样本容量 n，x_0 越靠近 $\overline{x}$，置信区间的长度越短，预测就越精确. 在上例中 $\overline{x} = 66.667$，(1) $x_0 = 65.5$；(2) $x_0 = 70.5$，对于(1) $x_0 = 65.5$ 较(2) $x_0 = 70.5$ 更靠近 $\overline{x} = 66.667$，(1) $x_0 = 65.5$ 的置信区间长度为 7.044，(2) $x_0 = 70.5$ 的置信区间长度为 11.092，增长了许多，预测的精度要差一些.

当 n 很大且 x 离 $\overline{x}$ 不太远时，有近似式

$$\delta(x) \approx u_{\alpha/2}\hat{\sigma}^*.$$

这时式(6.13)可用两条直线近似表示，即

$$\begin{aligned} y_1(x) &\approx \hat{\alpha} + \hat{\beta}x - u_{\alpha/2}\hat{\sigma}^*, \\ y_2(x) &\approx \hat{\alpha} + \hat{\beta}x + u_{\alpha/2}\hat{\sigma}^*. \end{aligned} \tag{6.14}$$

6.2 多元线性回归分析

6.2.1 多元线性回归模型

上节讨论了一元线性回归模型，在实际问题中，遇到更多的是讨论随机变量 Y 与非随机变量 $x_1, x_2, \cdots, x_m$ 之间的关系，本节假设它们具有线性关系

$$Y = \beta_0 + \beta_1 x_1 + \cdots + \beta_m x_m + \varepsilon, \tag{6.15}$$

这里 $\varepsilon \sim N(0, \sigma^2)$，$\beta_0, \beta_1, \cdots, \beta_m, \sigma^2$ 都是未知参数，$m > 1$. 一般称由式(6.15)定义的模型为多元线性回归模型. 一般称 $x_1, \cdots, x_m$ 为回归变量，$\beta_0, \cdots, \beta_m$ 为回归系数，

设$(x_{i1},x_{i2},\cdots,x_{im},Y_i)^{\mathrm{T}}(i=1,2,\cdots,n)$是$(x_1,\cdots,x_m,Y)^{\mathrm{T}}$的$n$个观测,则它们满足关系

$$Y_i=\beta_0+\beta_1x_{i1}+\beta_2x_{i2}+\cdots+\beta_mx_{im}+\varepsilon_i,\quad i=1,\cdots,n,\tag{6.16}$$

假设ε_i相互独立且$\varepsilon_i\sim N(0,\sigma^2)(i=1,\cdots,n)$.

由于假设ε_i相互独立,由式(6.16)知Y_i亦相互独立,且

$$EY_i=\beta_0+\beta_1x_{i1}+\cdots+\beta_mx_{im},$$
$$DY_i=\sigma^2,$$

则有

$$Y_i\sim N(\beta_0+\beta_1x_{i1}+\cdots+\beta_mx_{im},\sigma^2)\quad(i=1,\cdots,n).$$

对式(6.15)求数学期望

$$EY=\beta_0+\beta_1x_1+\beta_2x_2+\cdots+\beta_mx_m.$$

一般称

$$\hat{Y}=\beta_0+\beta_1x_1+\cdots+\beta_mx_m$$

为Y关于$(x_1,x_2,\cdots,x_m)^{\mathrm{T}}$的线性回归方程.

为了今后讨论方便,引入向量、矩阵记号,则式(6.16)可写成矩阵形式.令

$$\boldsymbol{Y}=(Y_1,Y_2,\cdots,Y_n)^{\mathrm{T}},\quad \boldsymbol{\beta}=(\beta_0,\beta_1,\cdots,\beta_m)^{\mathrm{T}},$$
$$\boldsymbol{\varepsilon}=(\varepsilon_1,\varepsilon_2,\cdots,\varepsilon_n)^{\mathrm{T}},$$
$$\boldsymbol{X}=\begin{bmatrix}1&x_{11}&x_{12}&\cdots&x_{1m}\\1&x_{21}&x_{22}&\cdots&x_{2m}\\\vdots&\vdots&\vdots&&\vdots\\1&x_{n1}&x_{n2}&\cdots&x_{nm}\end{bmatrix},$$

式(6.16)的矩阵表达式为

$$\boldsymbol{Y}=\boldsymbol{X\beta}+\boldsymbol{\varepsilon},\tag{6.16$'$}$$
$$E\boldsymbol{Y}=\boldsymbol{X\beta},$$
$$\mathrm{Cov}(\boldsymbol{Y},\boldsymbol{Y})=E(\boldsymbol{Y}-E\boldsymbol{Y})(\boldsymbol{Y}-E\boldsymbol{Y})^{\mathrm{T}}=\sigma^2\boldsymbol{I}_n,$$

这里$\boldsymbol{I}_n$表n阶单位阵.对式(6.15)给出的m元线性回归模型,通常所考虑的问题是,对未知参数$\boldsymbol{\beta}$和σ^2进行估计,对$\boldsymbol{\beta}$的某种假设进行检验,对Y进行预报等,在下述讨论中,一般总假定$n>m$和矩阵$\boldsymbol{X}$的秩等于$m+1$.

6.2.2 参数估计

对式(6.16)$'$,常常采用最小二乘法寻求$\boldsymbol{\beta}$的估计量$\hat{\boldsymbol{\beta}}$,即寻找$\boldsymbol{\beta}$的估计$\hat{\boldsymbol{\beta}}$满足下面的条件

$$\sum_{i=1}^{n}\Big(Y_i-\sum_{j=0}^{m}x_{ij}\hat{\beta}_j\Big)^2=\min\sum_{i=1}^{n}\Big(Y_i-\sum_{j=0}^{m}x_{ij}\beta_j\Big)^2,\tag{6.17}$$

这里$x_{i0}=1(i=1,2,\cdots,n)$,或写成矩阵形式

$$\|\boldsymbol{Y}-\boldsymbol{X}\hat{\boldsymbol{\beta}}\|^2=\min\|\boldsymbol{Y}-\boldsymbol{X}\boldsymbol{\beta}\|^2. \tag{6.17$'$}$$

一般可用微分法求式(6.17)的解 $\hat{\boldsymbol{\beta}}$.

$$\sum_{i=1}^{n}(Y_i-\sum_{j=0}^{m}x_{ij}\hat{\beta}_j)x_{ik}=0,\quad k=0,1,\cdots,m,$$

将上式变形可写为

$$\sum_{i=1}^{n}Y_ix_{ik}=\sum_{i=1}^{n}\sum_{j=0}^{m}x_{ij}x_{ik}\hat{\beta}_j=\sum_{j=0}^{m}(\sum_{i=1}^{n}x_{ij}x_{ik})\hat{\beta}_j,\quad k=0,1,\cdots,m,$$

用矩阵表示,上述方程组可写为

$$\boldsymbol{X}^{\mathrm{T}}\boldsymbol{Y}=(\boldsymbol{X}^{\mathrm{T}}\boldsymbol{X})\hat{\boldsymbol{\beta}}, \tag{6.18}$$

式(6.18)一般称为正规方程,由于假设了 $\boldsymbol{X}$ 的秩为 $m+1$,所以 $\boldsymbol{X}^{\mathrm{T}}\boldsymbol{X}$ 是正定矩阵,因而存在逆阵 $(\boldsymbol{X}^{\mathrm{T}}\boldsymbol{X})^{-1}$,由式(6.18)可得

$$\hat{\boldsymbol{\beta}}=(\boldsymbol{X}^{\mathrm{T}}\boldsymbol{X})^{-1}\boldsymbol{X}^{\mathrm{T}}\boldsymbol{Y}, \tag{6.19}$$

将 $\hat{\boldsymbol{\beta}}$ 代入线性回归方程,可得

$$\hat{Y}=\hat{\beta}_0+\hat{\beta}_1x_1+\cdots+\hat{\beta}_mx_m. \tag{6.20}$$

以后将式(6.20)亦简称为线性回归方程,由此出发,可对 Y 进行预测.

类似上节对一元线性回归模型对 σ^2 的讨论,可用统计量

$$\hat{\sigma}^{*2}=\frac{1}{n-m-1}\sum_{i=1}^{n}(Y_i-\sum_{j=0}^{m}x_{ij}\hat{\beta}_j)^2, \tag{6.21}$$

作为 σ^2 的估计,式(6.21)也可用矩阵形式表示为

$$\begin{aligned}\hat{\sigma}^{*2}&=\frac{1}{n-m-1}(\boldsymbol{Y}-\boldsymbol{X}\hat{\boldsymbol{\beta}})^{\mathrm{T}}(\boldsymbol{Y}-\boldsymbol{X}\hat{\boldsymbol{\beta}})\\&=\frac{1}{n-m-1}\boldsymbol{Y}^{\mathrm{T}}[\boldsymbol{I}_n-\boldsymbol{X}(\boldsymbol{X}^{\mathrm{T}}\boldsymbol{X})^{-1}\boldsymbol{X}^{\mathrm{T}}]\boldsymbol{Y}\\&=\frac{1}{n-m-1}[\boldsymbol{Y}^{\mathrm{T}}\boldsymbol{Y}-\hat{\boldsymbol{\beta}}^{\mathrm{T}}(\boldsymbol{X}^{\mathrm{T}}\boldsymbol{Y})].\end{aligned}$$

例 6.5　某种水泥在凝固时放出的热量 Y(单位:cal)与水泥中下列 4 种化学成分有关:

(1)x_1:$3CaO\cdot Al_2O_3$;

(2)x_2:$3CaO\cdot SiO_2$;

(3)x_3:$4CaO\cdot Al_2O_3\cdot Fe_2O_3$;

(4)x_4:$2CaO\cdot SiO_2$.

通过试验得到数据列于表 6.2 中,求 Y 对 $(x_1,x_2,x_3,x_4)^{\mathrm{T}}$ 的线性回归方程.

表 6.2

序　号	x_1/%	x_2/%	x_3/%	x_4/%	Y
1	7	26	6	60	78.5
2	1	29	15	52	74.3

续表

序　号	$x_1/\%$	$x_2/\%$	$x_3/\%$	$x_4/\%$	Y
3	11	56	8	20	104.3
4	11	31	8	47	87.6
5	7	52	6	33	95.9
6	11	55	9	22	109.2
7	3	71	17	6	102.7
8	1	31	22	44	72.5
9	2	54	18	22	93.1
10	21	47	4	26	115.9
11	1	40	23	34	83.8
12	11	66	9	12	113.3
13	10	68	8	12	109.4

将数据代入式(6.9),经计算可得

$$(\hat{\beta}_0,\hat{\beta}_1,\hat{\beta}_2,\hat{\beta}_3,\hat{\beta}_4)^{\mathrm{T}}=(62.450\,2,1.551\,1,0.510\,1,0.101\,9,-0.144\,1)^{\mathrm{T}}.$$

则所求的线性回归方程为

$$\hat{Y}=62.450\,2+1.551\,1x_1+0.510\,1x_2+0.101\,9x_3-0.144\,1x_4.$$

表 6.3 给出了 $Y_i-\hat{Y}_i$ 数据表.

表 6.3

序　号	Y_i	$\hat{Y}_i$	$Y_i-\hat{Y}_i$
1	78.5	78.50	0.00
2	74.3	72.79	1.51
3	104.3	105.97	−1.67
4	87.6	89.33	−1.73
5	95.9	95.65	0.25
6	109.2	105.27	3.93
7	102.7	104.15	−1.45
8	72.5	75.67	−3.18
9	93.1	91.72	1.38
10	115.9	115.62	0.28
11	83.8	81.81	1.99
12	113.3	112.33	0.97
13	109.4	111.69	−2.29

6.2.3 估计量的分布及性质

一般来说,给定一组观测数据,代入式(6.19)中,便可得到线性回归方程,即使 Y 与回归变量$(x_1,\cdots,x_m)^{\mathrm{T}}$ 不具有线性关系,形式上也能得到线性回归方程,因此，须对回归系数做类似一元情形的假设检验. 为此，先讨论估计量的分布. 由式(6.19)可知，$\hat{\boldsymbol{\beta}}$ 的任一分量均是独立正态随机变量$(Y_1,\cdots,Y_n)^{\mathrm{T}}$ 的线性组合，由多元分布理论，随机向量 $\hat{\boldsymbol{\beta}}$ 服从 $m+1$ 维正态分布

$$E\hat{\boldsymbol{\beta}} = E[(\boldsymbol{X}^{\mathrm{T}}\boldsymbol{X})^{-1}\boldsymbol{X}^{\mathrm{T}}\boldsymbol{Y}] = (\boldsymbol{X}^{\mathrm{T}}\boldsymbol{X})^{-1}\boldsymbol{X}^{\mathrm{T}}E\boldsymbol{Y} = (\boldsymbol{X}^{\mathrm{T}}\boldsymbol{X})^{-1}\boldsymbol{X}^{\mathrm{T}}\boldsymbol{X}\boldsymbol{\beta} = \boldsymbol{\beta}.$$

所以，$\hat{\boldsymbol{\beta}}$ 是 $\boldsymbol{\beta}$ 的无偏估计.

$$\begin{aligned}\mathrm{Cov}(\hat{\boldsymbol{\beta}},\hat{\boldsymbol{\beta}}) &= (\boldsymbol{X}^{\mathrm{T}}\boldsymbol{X})^{-1}\boldsymbol{X}^{\mathrm{T}}\mathrm{Cov}(\boldsymbol{Y},\boldsymbol{Y})\boldsymbol{X}(\boldsymbol{X}^{\mathrm{T}}\boldsymbol{X})^{-1}\\ &= (\boldsymbol{X}^{\mathrm{T}}\boldsymbol{X})^{-1}\boldsymbol{X}^{\mathrm{T}}(\sigma^2\boldsymbol{I}_n)\boldsymbol{X}(\boldsymbol{X}^{\mathrm{T}}\boldsymbol{X})^{-1} = \sigma^2(\boldsymbol{X}^{\mathrm{T}}\boldsymbol{X})^{-1}.\end{aligned}$$

令 $\boldsymbol{C}=\sigma^2(\boldsymbol{X}^{\mathrm{T}}\boldsymbol{X})^{-1}$，则 $\hat{\boldsymbol{\beta}}$ 服从 $m+1$ 维正态分布，密度函数可写为

$$f(x) = (2\pi)^{-\frac{m+1}{2}}\,|\boldsymbol{C}|^{-\frac{1}{2}}\exp\left\{-\frac{1}{2}(\boldsymbol{x}-\boldsymbol{\beta})^{\mathrm{T}}\boldsymbol{C}^{-1}(\boldsymbol{x}-\boldsymbol{\beta})\right\},\quad \boldsymbol{x}\in\mathrm{R}^{m+1}.$$

性质 1　$\hat{\boldsymbol{\beta}}$ 是 Y 的线性函数，服从 $m+1$ 维正态分布，均值 $E\hat{\boldsymbol{\beta}}=\boldsymbol{\beta}$，协方差阵为 $\sigma^2(\boldsymbol{X}^{\mathrm{T}}\boldsymbol{X})^{-1}$.

如果估计量是 Y 的线性函数，则称这一估计量为线性估计，由性质 1 知 $\hat{\boldsymbol{\beta}}$ 是 $\boldsymbol{\beta}$ 的线性无偏估计. 若 $\boldsymbol{T}$ 是 $\boldsymbol{\beta}$ 的另一估计，且 $\mathrm{Cov}(\boldsymbol{T},\boldsymbol{T})-\mathrm{Cov}(\hat{\boldsymbol{\beta}},\hat{\boldsymbol{\beta}})$ 为非负定矩阵，则称 $\hat{\boldsymbol{\beta}}$ 的方差不大于 $\boldsymbol{T}$ 的方差.

性质 2　$\hat{\boldsymbol{\beta}}$ 是 $\boldsymbol{\beta}$ 的最小方差线性无偏估计.

证明　设 $\boldsymbol{T}$ 是 $\boldsymbol{\beta}$ 的任一线性无偏估计，则 $\boldsymbol{T}$ 必可表示为：$\boldsymbol{T}=\boldsymbol{A}\boldsymbol{Y}$ 且 $E\boldsymbol{T}=\boldsymbol{A}E\boldsymbol{Y}=\boldsymbol{A}\boldsymbol{X}\boldsymbol{\beta}=\boldsymbol{\beta}$. 由于 $\boldsymbol{\beta}$ 的任意性，则必有：$\boldsymbol{A}\boldsymbol{X}=\boldsymbol{I}_{m+1}$，由

$$\mathrm{Cov}(\boldsymbol{T},\boldsymbol{T}) = \boldsymbol{A}\mathrm{Cov}(\boldsymbol{Y},\boldsymbol{Y})\boldsymbol{A}^{\mathrm{T}} = \sigma^2(\boldsymbol{A}\boldsymbol{A}^{\mathrm{T}}),$$

并考虑到

$$\begin{aligned}&[\boldsymbol{A}-(\boldsymbol{X}^{\mathrm{T}}\boldsymbol{X})^{-1}\boldsymbol{X}^{\mathrm{T}}][\boldsymbol{A}-(\boldsymbol{X}^{\mathrm{T}}\boldsymbol{X})^{-1}\boldsymbol{X}^{\mathrm{T}}]^{\mathrm{T}}\\ =&(\boldsymbol{A}\boldsymbol{A}^{\mathrm{T}})+(\boldsymbol{X}^{\mathrm{T}}\boldsymbol{X})^{-1}-(\boldsymbol{X}^{\mathrm{T}}\boldsymbol{X})^{-1}\boldsymbol{X}^{\mathrm{T}}\boldsymbol{A}^{\mathrm{T}}-\boldsymbol{A}\boldsymbol{X}(\boldsymbol{X}^{\mathrm{T}}\boldsymbol{X})^{-1}\\ =&(\boldsymbol{A}\boldsymbol{A}^{\mathrm{T}})+(\boldsymbol{X}^{\mathrm{T}}\boldsymbol{X})^{-1}-(\boldsymbol{X}^{\mathrm{T}}\boldsymbol{X})^{-1}-(\boldsymbol{X}^{\mathrm{T}}\boldsymbol{X})^{-1}\\ =&(\boldsymbol{A}\boldsymbol{A}^{\mathrm{T}})-(\boldsymbol{X}^{\mathrm{T}}\boldsymbol{X})^{-1},\end{aligned}$$

则$(\boldsymbol{A}\boldsymbol{A}^{\mathrm{T}})-(\boldsymbol{X}^{\mathrm{T}}\boldsymbol{X})^{-1}$为非负定矩阵.

由于 $\boldsymbol{T}$ 的任意性，所以 $\hat{\boldsymbol{\beta}}$ 是 $\boldsymbol{\beta}$ 的最小方差线性无偏估计.

令 $\widetilde{\boldsymbol{Y}}=\boldsymbol{Y}-\boldsymbol{X}\hat{\boldsymbol{\beta}}$，则有 $\widetilde{\boldsymbol{Y}}=[\boldsymbol{I}_n-\boldsymbol{X}(\boldsymbol{X}^{\mathrm{T}}\boldsymbol{X})^{-1}\boldsymbol{X}^{\mathrm{T}}]\boldsymbol{Y}$，$\widetilde{\boldsymbol{Y}}$ 称为残差向量.

性质 3　$\widetilde{\boldsymbol{Y}}$ 和 $\hat{\boldsymbol{\beta}}$ 互不相关.

由

$$\begin{aligned}\mathrm{Cov}(\widetilde{\boldsymbol{Y}},\hat{\boldsymbol{\beta}}) &= (\boldsymbol{I}_n-\boldsymbol{X}(\boldsymbol{X}^{\mathrm{T}}\boldsymbol{X})^{-1}\boldsymbol{X}^{\mathrm{T}})\mathrm{Cov}(\boldsymbol{Y},\boldsymbol{Y})[(\boldsymbol{X}^{\mathrm{T}}\boldsymbol{X})^{-1}\boldsymbol{X}^{\mathrm{T}}]^{\mathrm{T}}\\ &= \sigma^2[\boldsymbol{I}_n-\boldsymbol{X}(\boldsymbol{X}^{\mathrm{T}}\boldsymbol{X})^{-1}\boldsymbol{X}^{\mathrm{T}}][(\boldsymbol{X}^{\mathrm{T}}\boldsymbol{X})^{-1}\boldsymbol{X}^{\mathrm{T}}]^{\mathrm{T}} = 0,\end{aligned}$$

故性质 3 成立.

性质 4

$$E\widetilde{\boldsymbol{Y}} = \boldsymbol{0},$$

$$\mathrm{Cov}(\widetilde{\boldsymbol{Y}},\widetilde{\boldsymbol{Y}}) = \sigma^2[\boldsymbol{I}_n-\boldsymbol{X}(\boldsymbol{X}^{\mathrm{T}}\boldsymbol{X})^{-1}\boldsymbol{X}^{\mathrm{T}}],$$

事实上，$E\widetilde{\boldsymbol{Y}}=E(\boldsymbol{Y}-\boldsymbol{X}\hat{\boldsymbol{\beta}})=\boldsymbol{X\beta}-\boldsymbol{X\beta}=\mathbf{0}$，

$$\begin{aligned}\mathrm{Cov}(\widetilde{\boldsymbol{Y}},\widetilde{\boldsymbol{Y}})&=[\boldsymbol{I}_n-\boldsymbol{X}(\boldsymbol{X}^{\mathrm{T}}\boldsymbol{X})^{-1}\boldsymbol{X}^{\mathrm{T}}]\mathrm{Cov}(\boldsymbol{Y},\boldsymbol{Y})[\boldsymbol{I}_n-\boldsymbol{X}(\boldsymbol{X}^{\mathrm{T}}\boldsymbol{X})^{-1}\boldsymbol{X}^{\mathrm{T}}]^{\mathrm{T}}\\&=\sigma^2[\boldsymbol{I}_n-\boldsymbol{X}(\boldsymbol{X}^{\mathrm{T}}\boldsymbol{X})^{-1}\boldsymbol{X}^{\mathrm{T}}],\end{aligned}$$

令 $Q=\widetilde{\boldsymbol{Y}}^{\mathrm{T}}\widetilde{\boldsymbol{Y}}=\|\widetilde{\boldsymbol{Y}}\|^2$，称 Q 为残差平方和，则

$$\begin{aligned}E(Q)&=E(\widetilde{\boldsymbol{Y}}^{\mathrm{T}}\widetilde{\boldsymbol{Y}})=\sum_{i=1}^{n}E\widetilde{\boldsymbol{Y}}_i^2=\sum_{i=1}^{n}D\widetilde{\boldsymbol{Y}}_i\\&=\mathrm{tr}\{\mathrm{Cov}(\widetilde{\boldsymbol{Y}},\widetilde{\boldsymbol{Y}})\}=\sigma^2\mathrm{tr}\{\boldsymbol{I}_n-\boldsymbol{X}(\boldsymbol{X}^{\mathrm{T}}\boldsymbol{X})^{-1}\boldsymbol{X}^{\mathrm{T}}\}\\&=\sigma^2(n-\mathrm{tr}\boldsymbol{I}_{m+1})=\sigma^2(n-m-1),\end{aligned}$$

这里 $\mathrm{tr}\boldsymbol{A}=\sum_{i=1}^{n}a_{ii}$ 称为 $n\times n$ 矩阵 $\boldsymbol{A}$ 的迹. 由 $\hat{\sigma}^{*2}$ 的定义知

$$E\hat{\sigma}^{*2}=\frac{1}{n-m-1}EQ=\sigma^2.$$

定理 6.2 若 $(x_{i1},\cdots,x_{im},Y_i)^{\mathrm{T}}(i=1,2,\cdots,n)$ 满足式(6.16)，则：

(1) $\hat{\boldsymbol{\beta}}$ 和 $\widetilde{\boldsymbol{Y}}$ 相互独立，且服从于正态分布；

(2) $\hat{\boldsymbol{\beta}}$ 和 $\hat{\sigma}^{*2}$ 相互独立；

(3) $(n-m-1)\hat{\sigma}^{*2}/\sigma^2$ 服从 $\chi^2(n-m-1)$ 分布.

证明 (1)由于 $(\hat{\boldsymbol{\beta}},\widetilde{\boldsymbol{Y}})$ 为 $\boldsymbol{Y}$ 的线性函数，$Y_1,\cdots,Y_n$ 相互独立且服从正态分布，故 $(\hat{\boldsymbol{\beta}},\widetilde{\boldsymbol{Y}})$ 服从正态分布，由性质 3，$\widetilde{\boldsymbol{Y}}$ 和 $\hat{\boldsymbol{\beta}}$ 互不相关，从而 $\hat{\boldsymbol{\beta}}$ 和 $\widetilde{\boldsymbol{Y}}$ 相互独立.

(2)由 $\hat{\sigma}^{*2}$ 的定义和(1)知，$\hat{\boldsymbol{\beta}}$ 和 $\hat{\sigma}^{*2}$ 相互独立.

(3)记 $\boldsymbol{B}=\boldsymbol{X}(\boldsymbol{X}^{\mathrm{T}}\boldsymbol{X})^{-1}\boldsymbol{X}^{\mathrm{T}}$，由于 $\boldsymbol{B}$ 是 $n\times n$ 非负定阵，秩为 $m+1$，则存在 n 阶正交阵 $\boldsymbol{D}$，使得

$$\boldsymbol{DBD}^{\mathrm{T}}=\begin{bmatrix}\lambda_1 & & & & & 0\\ & \ddots & & & & \\ & & \lambda_{m+1} & & & \\ & & & 0 & & \\ & & & & \ddots & \\ 0 & & & & & 0\end{bmatrix},$$

这里

$$\boldsymbol{D}^{\mathrm{T}}\boldsymbol{D}=\boldsymbol{I}_n,\quad \lambda_i>0,\quad i=1,\cdots,m+1.$$

由

$$\boldsymbol{B}^2=\boldsymbol{BB}^{\mathrm{T}}=\boldsymbol{X}(\boldsymbol{X}^{\mathrm{T}}\boldsymbol{X})^{-1}\boldsymbol{X}^{\mathrm{T}}[\boldsymbol{X}(\boldsymbol{X}^{\mathrm{T}}\boldsymbol{X})^{-1}\boldsymbol{X}^{\mathrm{T}}]=\boldsymbol{B},$$

则

$$\boldsymbol{DB}^2\boldsymbol{D}^{\mathrm{T}}=\boldsymbol{DBD}^{\mathrm{T}}.$$

所以有 $\lambda_i=\lambda_i^2$，即 $\lambda_i=1$，$i=1,2,\cdots,m+1$.

则

$$\boldsymbol{DBD}^{\mathrm{T}}=\begin{bmatrix}\boldsymbol{I}_{m+1} & \boldsymbol{0}\\ \boldsymbol{0} & \boldsymbol{0}\end{bmatrix}.$$

作变量变换

$$\boldsymbol{Z}=(Z_1,\cdots,Z_n)^{\mathrm{T}}=\boldsymbol{D}(\boldsymbol{Y}-\boldsymbol{X\beta}),$$

则

$$\boldsymbol{EZ}=\boldsymbol{DE}(\boldsymbol{Y}-\boldsymbol{X\beta})=\boldsymbol{0},$$
$$\mathrm{Cov}(\boldsymbol{Z},\boldsymbol{Z})=\boldsymbol{D}\sigma^2\boldsymbol{I}_n\boldsymbol{D}^{\mathrm{T}}=\sigma^2\boldsymbol{I}_n.$$

由于$\boldsymbol{Z}$为正态随机向量,上式表明$Z_1,\cdots,Z_n$相互独立,同服从于$N(0,\sigma^2)$分布.由

$$\begin{aligned}\boldsymbol{X}\hat{\boldsymbol{\beta}}-\boldsymbol{X\beta}&=\boldsymbol{X}(\boldsymbol{X}^{\mathrm{T}}\boldsymbol{X})^{-1}\boldsymbol{X}^{\mathrm{T}}\boldsymbol{Y}-\boldsymbol{X\beta}\\&=\boldsymbol{X}(\boldsymbol{X}^{\mathrm{T}}\boldsymbol{X})^{-1}\boldsymbol{X}^{\mathrm{T}}(\boldsymbol{Y}-\boldsymbol{X\beta})=\boldsymbol{X}(\boldsymbol{X}^{\mathrm{T}}\boldsymbol{X})^{-1}\boldsymbol{X}^{\mathrm{T}}\boldsymbol{D}^{\mathrm{T}}\boldsymbol{Z},\end{aligned}$$

则

$$\begin{aligned}\|\boldsymbol{X}\hat{\boldsymbol{\beta}}-\boldsymbol{X\beta}\|^2&=(\boldsymbol{X}\hat{\boldsymbol{\beta}}-\boldsymbol{X\beta})^{\mathrm{T}}(\boldsymbol{X}\hat{\boldsymbol{\beta}}-\boldsymbol{X\beta})=\boldsymbol{Z}^{\mathrm{T}}\boldsymbol{DX}(\boldsymbol{X}^{\mathrm{T}}\boldsymbol{X})^{-1}\boldsymbol{X}^{\mathrm{T}}\boldsymbol{D}^{\mathrm{T}}\boldsymbol{Z}\\&=\boldsymbol{Z}^{\mathrm{T}}\begin{bmatrix}\boldsymbol{I}_{m+1} & \boldsymbol{0}\\ \boldsymbol{0} & \boldsymbol{0}\end{bmatrix}\boldsymbol{Z}=Z_1^2+\cdots+Z_{m+1}^2.\end{aligned}$$

由

$$\begin{aligned}Q&=\boldsymbol{Y}^{\mathrm{T}}[\boldsymbol{I}_n-\boldsymbol{X}(\boldsymbol{X}^{\mathrm{T}}\boldsymbol{X})^{-1}\boldsymbol{X}^{\mathrm{T}}]\boldsymbol{Y}\\&=(\boldsymbol{Y}-\boldsymbol{X\beta})^{\mathrm{T}}[\boldsymbol{I}_n-\boldsymbol{X}(\boldsymbol{X}^{\mathrm{T}}\boldsymbol{X})^{-1}\boldsymbol{X}^{\mathrm{T}}](\boldsymbol{Y}-\boldsymbol{X\beta})\\&=\boldsymbol{Z}^{\mathrm{T}}\boldsymbol{D}[\boldsymbol{I}_n-\boldsymbol{X}(\boldsymbol{X}^{\mathrm{T}}\boldsymbol{X})^{-1}\boldsymbol{X}^{\mathrm{T}}]\boldsymbol{D}^{\mathrm{T}}\boldsymbol{Z}\\&=(Z_1^2+\cdots+Z_n^2)-(Z_1^2+\cdots+Z_{m+1}^2)\\&=Z_{m+2}^2+\cdots+Z_n^2,\end{aligned}$$

$$\|\boldsymbol{Y}-\boldsymbol{X\beta}\|^2=\sum_{i=1}^{n}Z_i^2=Q+\|\boldsymbol{X}\hat{\boldsymbol{\beta}}-\boldsymbol{X\beta}\|^2,$$

故Q/σ^2服从$\chi^2(n-m-1)$分布,即

$$(n-m-1)\hat{\sigma}^{*2}/\sigma^2\sim\chi^2(n-m-1).$$

亦可得到

$$E(Q/\sigma^2)=n-m-1,$$

则

$$E(\hat{\sigma}^{*2})=E\left(\frac{Q}{n-m-1}\right)=\sigma^2.$$

从证明过程中还得到如下结论.

推论1　Q/σ^2与$\|\boldsymbol{X}\hat{\boldsymbol{\beta}}-\boldsymbol{X\beta}\|^2/\sigma^2$相互独立,且$\|\boldsymbol{X}\hat{\boldsymbol{\beta}}-\boldsymbol{X\beta}\|^2/\sigma^2\sim\chi^2(m+1)$.

6.2.4　回归系数及回归方程的显著性检验

1. 回归系数的显著性检验

所谓回归系数的显著性检验,就是检验假设$H_0:\beta_j=0\leftrightarrow H_1:\beta_j\neq0(j=1,$

$2,\cdots,m$)是否成立.

若某一系数(如 β_j)等于零,则变量 x_j 对 $\boldsymbol{Y}$ 就无显著的线性关系,一般在拟合回归方程中可暂时将它去掉. 由于 $\hat{\beta}_j$ 是 β_j 的无偏估计量,$D\hat{\beta}_j=C_{jj}\sigma^2$,这里 C_{jj} 是 $\boldsymbol{C}=(\boldsymbol{X}^{\mathrm{T}}\boldsymbol{X})^{-1}$ 的主对角线上的第 $j+1$ 个元素. $\hat{\beta}_j\sim N(\beta_j,C_{jj}\sigma^2)$,注意这里是从 C_{00} 算起,C_{00} 表示 $\boldsymbol{C}$ 的主对角线上的第 1 个元素. 则

$$\frac{\hat{\beta}_j-\beta_j}{\sqrt{C_{jj}\sigma^2}}\sim N(0,1).$$

而$\frac{1}{\sigma^2}Q\sim\chi^2(n-m-1)$,且 Q 与 $\hat{\beta}_j$ 独立,则在 H_0 成立的条件下,有

$$T_j=\frac{\hat{\beta}_j}{\sqrt{C_{jj}Q/(n-m-1)}}\sim t(n-m-1).$$

对给定的显著水平 α,查表可得 $t_{\alpha/2}(n-m-1)$,由样本值算得 T 的数值 t,若

$$|t_j|\geqslant t_{\alpha/2}(n-m-1),$$

则拒绝 H_0,即认为 β_j 显著不为零. 反之,若

$$|t_j|<t_{\alpha/2}(n-m-1),$$

则接受 H_0,即认为 β_j 显著地等于零. 根据 $\hat{\sigma}^*$ 的定义,T_j 亦可写为

$$T_j=\frac{\hat{\beta}_j}{\sqrt{C_{jj}\,\hat{\sigma}^*}}.$$

2. 回归方程的显著性检验

就是关于 $H_0:\beta_1=\beta_2=\cdots=\beta_m=0\leftrightarrow H_1$:至少有一个 $\beta_j\neq0(j=1,2,\cdots,m)$的检验问题.

令 $\overline{Y}=\frac{1}{n}\sum\limits_{i=1}^{n}Y_i$,考虑如下离差平方和

$$\begin{aligned}Q_T&=\sum_{i=1}^{n}(Y_i-\overline{Y})^2=\sum_{i=1}^{n}[(Y_i-\hat{Y}_i)+(\hat{Y}_i-\overline{Y})]^2\\&=\sum_{i=1}^{n}(Y_i-\hat{Y}_i)^2+\sum_{i=1}^{n}(\hat{Y}_i-\overline{Y})^2\overset{\text{def}}{=\!=}Q_A+Q_B,\end{aligned}$$

其中

$$Q_A=\sum_{i=1}^{n}(Y_i-\hat{Y}_i)^2,\quad Q_B=\sum_{i=1}^{n}(\hat{Y}_i-\overline{Y})^2.$$

在 H_0 成立的条件下,可以证明

$$Q_A/\sigma^2\sim\chi^2(n-m-1),\quad Q_B/\sigma^2\sim\chi^2(m),$$

且 Q_A 与 Q_B 相互独立,则此时有

$$F=\frac{Q_B/(\sigma^2m)}{Q_A/(\sigma^2(n-m-1))}=\frac{Q_B(n-m-1)}{Q_Am}\sim F(m,n-m-1).$$

对给定的显著水平 α，可查表得 $F_\alpha(m,n-m-1)$，对给出回归观测值可算得 F 的数值 f，若

$$f \geqslant F_\alpha(m,n-m-1),$$

则拒绝 H_0，即认为各系数不全为零，线性回归方程是显著的，否则接受 H_0，即认为线性回归方程不显著.

例 6.6 检验例 6.5 中线性回归方程的显著性，取 $\alpha=0.05$. 由例 6.5 给出的数据可算得

$$Q_T = \sum_{i=1}^{13}(y_i-\overline{y})^2 = 2\,715.763\,5,$$

$$Q_A = \sum_{i=1}^{13}(y_i-\hat{y}_i)^2 = 47.863\,5,$$

$$Q_B = 2\,715.763\,5 - 47.863\,5 = 2\,667.9,$$

$$F = \frac{2\,667.9\cdot 8}{47.863\,5\cdot 4} = 111.479\,5.$$

因 $F_{0.05}(4,8)=3.84$，$f=111.479\,5>F_{0.05}(4,8)$，故拒绝 H_0，认为例 6.5 的线性回归方程是显著的.

例 6.7 检验例 6.5 中各回归系数是否分别显著为零($\alpha=0.05$，$\alpha=0.1$).

解 由例 6.5 知

$$\hat{\beta}_1 = 1.551\,1,\quad \hat{\beta}_2 = 0.510\,1,$$
$$\hat{\beta}_3 = 0.101\,9,\quad \hat{\beta}_4 = -0.144\,1.$$

由例 6.2 知 $Q_A=47.863\,5$，则

$$\hat{\sigma}^* = \sqrt{\frac{47.863\,5}{13-4-1}} = 2.446\,0,$$

于是有

$$t_1 = \frac{\hat{\beta}_1}{\sqrt{C_{11}}\hat{\sigma}^*} = 2.081\,7,$$

$$t_2 = \frac{\hat{\beta}_2}{\sqrt{C_{22}}\hat{\sigma}^*} = 0.704\,6,$$

$$t_3 = \frac{\hat{\beta}_3}{\sqrt{C_{33}}\hat{\sigma}^*} = 0.135\,0,$$

$$t_4 = \frac{\hat{\beta}_4}{\sqrt{C_{44}}\hat{\sigma}^*} = -0.203\,2,$$

查表可得：$t_{\alpha/2}(8)$，当 $\alpha=0.05$ 时，$t_{0.025}(8)=2.306$，$\alpha=0.1$，$t_{0.05}(8)=1.860$. 在水平 $\alpha=0.05$ 时，四个回归系数均显著为零；在水平 $\alpha=0.1$ 时，只有 $\hat{\beta}_1$ 显著地不为零. 但从例 6.2 得知，总的线性回归又是显著的，产生这种现象的原因主要是由于回归变量之间具有较强的线性相关，这时不能简单地采用例 6.5 给出的线性回归

方程,还需进一步讨论.

6.2.5 多元线性回归模型的预测

为了利用回归方程进行预测,在给出 $x_1,x_2,\cdots,x_m$ 的一组观察值 $x_{01},x_{02},\cdots,x_{0m}$时,若记 $x_0=(1,x_{01},x_{02},\cdots,x_{0m})^{\mathrm{T}}$,可得

$$y_0=x_0^{\mathrm{T}}\beta+\varepsilon_0,E(\varepsilon_0)=0,D(\varepsilon_0)=\sigma^2$$

以及 y_0 的预测值 $\hat{y}_0=\hat{\beta}_0+\hat{\beta}_1x_{01}+\hat{\beta}_2x_{02}+\cdots+\hat{\beta}_mx_{0m}=x_0^{\mathrm{T}}\hat{\beta}$.

$\hat{y}_0$ 具有如下性质:

(1) $\hat{y}_0$ 是 y_0 的无偏预测,即 $E(\hat{y}_0)=E(y_0)$;

(2) 在 y_0 的一切线性无偏预测中,$\hat{y}_0$ 的方差最小;

(3) 如果 $\varepsilon_0\sim N(0,\sigma^2I_n)$,则 $\hat{y}_0-y_0\sim N(0,\sigma^2(1+x_0^{\mathrm{T}}(X^TX)^{-1}x_0))$,且 $\hat{y}_0-y_0$与 $\hat{\sigma}^2$ 相互独立,其中,$\hat{\sigma}^2=Q/(n-m-1)$,Q 为残差平方和.

(4) 如果 $\varepsilon_0\sim N(0,\sigma^2I_n)$,则

$$\frac{\hat{y}_0-y_0}{\hat{\sigma}\sqrt{1+x_0^{\mathrm{T}}(X^{\mathrm{T}}X)^{-1}x_0}}\sim t(n-m-1).$$

(5) 如果 $\varepsilon_0\sim N(0,\sigma^2I_n)$,则 y_0 的置信度为 $1-\alpha$ 的预测区间为

$$\left(\hat{y}_0-t_{1-\alpha/2}(n-m-1)\hat{\sigma}\sqrt{1+x_0^{\mathrm{T}}(X^{\mathrm{T}}X)^{-1}x_0},\right.$$
$$\left.\hat{y}_0+t_{1-\alpha/2}(n-m-1)\hat{\sigma}\sqrt{1+x_0^{\mathrm{T}}(X^{\mathrm{T}}X)^{-1}x_0}\right)$$

例 6.8 某商店将其连续 18 个月的库存占用资金情况、广告投入的费用、员工薪酬以及销售额等方面的数据作了一个汇总,见表 6.4. 该商店的管理人员试图根据这些数据找到销售额与其他三个变量之间的关系,以便进行销售额预测并为未来的预算人员提供参考. 试根据这些数据建立回归模型. 如果未来某月库存资金额为 150 万元,广告投入预算为 45 万元,员工薪酬总额为 27 万元,试根据建立的回归模型预测该月的销售额.

表 6.4 库存占用金额、广告投入费用、员工薪酬和销售额数据

月份	库存资金额 x_1(万元)	广告投入 x_2(万元)	员工薪酬总额 x_3(万元)	销售额 y(万元)
1	75.2	30.6	21.1	1090.4
2	77.6	31.3	21.4	1133
3	80.7	33.9	22.9	1242.1
4	76	29.6	21.4	1003.2
5	79.5	32.5	21.5	1283.2
6	81.8	27.9	21.7	1012.2

续表

月份	库存资金额 x_1(万元)	广告投入 x_2(万元)	员工薪酬总额 x_3(万元)	销售额 y(万元)
7	98.3	24.8	21.5	1098.8
8	67.7	23.6	21	826.3
9	74	33.9	22.4	1003.3
10	151	27.7	24.7	1554.6
11	90.8	45.5	23.2	1199
12	102.3	42.6	24.3	1483.1
13	115.6	40	23.1	1407.1
14	125	45.8	29.1	1551.3
15	137.8	51.7	24.6	1601.2
16	175.6	67.2	27.5	2311.7
17	155.2	65	26.5	2126.7
18	174.3	65.4	26.8	2256.5

解　建立 y(销售额)关于 x_1(库存资金额)、x_2(广告投入)和 x_3(员工薪酬总额)的多元线性回归方程,运用参数估计公式,我们可以求出参数估计．经计算,参数估计为$\hat{\beta}_0=162.0632$,$\hat{\beta}_1=7.2739$,$\hat{\beta}_2=13.9575$,$\hat{\beta}_3=-4.3996$. 于是可以得到相应的回归方程

$$y=162.0632+7.2739x_1+13.9575x_2-4.3996x_3.$$

进一步对回归方程作显著性检验．计算数据见表 6.5.

表 6.5　方差分析表

方差来源	平方和	自由度	均方	F 值	显著性
回归	3177186	3	1059062		$\alpha=0.01$
剩余	141091.8	14	10077.99	105.0867	
总和	3318277	17			

查表得 $F_{0.01}(3,14)=5.56$. 由于 F 值 $105.0867>F_{0.01}(3,14)=5.56$,这说明在$\alpha=0.01$ 的水平下,以上回归方程是显著的．

如果未来某月库存资金额为 150 万元,广告投入预算为 45 万元,员工薪酬总额为 27 万元,可以计算得出

$$y=162.0632+7.2739\times150+13.9575\times45-4.3996\times27=1762.4465(\text{万元})$$

也就是说,这时利用回归模型预测该月的销售额为 1762.4465 万元．

6.2.6 逐步回归

逐步回归的基本思想是，将变量一个一个引入，引入变量的条件是其偏回归平方和经检验是显著的，同时每引入一个新变量后，对已选入的变量要进行逐个检验，将不显著变量剔除，这样保证最后所得的变量子集中的所有变量都是显著的，这样经若干步便得到"最优"变量子集.

1. 逐步回归的数学建模

逐步回归的数学模型与多元线性回归的数学模型一样，即为

$$y=X\beta+\varepsilon \tag{6.22}$$

其中 y,β,ε 的意义与以前讲过的一样，设有 k 个自变量 $x_1,x_2,\cdots,x_k$，且有 n 组观察数据 $(y_i,x_{i1},x_{i2},\cdots,x_{ik})$，$i=1,2,\cdots,n$，则有

$$X=\begin{pmatrix} 1 & x_{11} & \cdots & x_{1k} \\ 1 & x_{21} & \cdots & x_{2k} \\ \vdots & \vdots & \ddots & \vdots \\ 1 & x_{n1} & \cdots & x_{nk} \end{pmatrix}.$$

如果再增加一个自变量 u，相应的资料向量为 $u_{n\times 1}$，于是模型(6.22)就变为

$$y=(X,u)\begin{pmatrix}\beta \\ b_u\end{pmatrix}+\varepsilon. \tag{6.23}$$

模型(6.22)与模型(6.23)的差别仅在于自变量的个数不同，而因变量的个数以及观察资料都没有改变. 我们用 $\hat{\beta}$ 和 Q 分别表示模型(6.22)相应的最小二乘估计及残差平方和，用 $\hat{\beta}(u)$ 与 $\hat{b}_u$ 表示模型 (6.23)中相应于 β 与 b_u 的最小二乘估计，用 $Q(u)$ 表示相应的残差平方和，用前面已有结果得

$$\hat{b}_u=(u^{\mathrm{T}}Ru)^{-1}u^{\mathrm{T}}Ry, \tag{6.24}$$

$$\hat{\beta}(u)=\hat{\beta}-(X^{\mathrm{T}}X)^{-1}X^{\mathrm{T}}u\hat{b}_u, \tag{6.25}$$

$$Q(u)=Q-\hat{b}_u(u^{\mathrm{T}}Ru). \tag{6.26}$$

其中，$R=I-X(X^{\mathrm{T}}X)^{-1}X^{\mathrm{T}}$.

要确定变量 u 是否进入变量子集，需检验假设

$$H_0: b_u=0,$$

检验统计量为

$$F=\frac{\hat{b}_u^2(n-k-2)}{Q(u)(u^{\mathrm{T}}Ru)^{-1}} \tag{6.27}$$

或

$$t=\frac{\hat{b}_u\sqrt{(n-k-2)}}{\sqrt{Q(u)(u^{\mathrm{T}}Ru)^{-1}}}. \tag{6.28}$$

如果经检验假设 $H_0: b_u=0$ 被接受，则变量 u 不能入选；若 H_0 被拒绝，则变量 u 应入选．根据这个想法，我们可以得出选入变量与剔除变量的一般方法．

假定在某一步，已入选的自变量为 $x_1, x_2, \cdots, x_r$，而待考察的自变量为 $x_{r+1}, x_{r+2}, \cdots, x_s$，相应的资料矩阵记作

$$X=\begin{pmatrix} 1 & x_{11} & \cdots & x_{1r} \\ 1 & x_{21} & \cdots & x_{2r} \\ \vdots & \vdots & \ddots & \vdots \\ 1 & x_{n1} & \cdots & x_{nr} \end{pmatrix}, X_{r+1}=\begin{pmatrix} x_{1r+1} \\ x_{2r+1} \\ \vdots \\ x_{nr+1} \end{pmatrix}, \cdots, X_s=\begin{pmatrix} x_{1s} \\ x_{2s} \\ \vdots \\ x_{ns} \end{pmatrix}.$$

如果只考虑 $x_1, x_2, \cdots, x_r$，对 y 的回归，就有

$$y=X\beta+\varepsilon. \tag{6.29}$$

逐个考虑添加 $x_{r+1}, x_{r+2}, \cdots, x_s$，就相当于把 $x_{r+1}, x_{r+2}, \cdots, x_s$ 的资料逐个添加在上式中．例如考察 x_{r+1}，添入后的模型为

$$y=(X, X_{r+1})\begin{pmatrix} \beta \\ b_{r+1} \end{pmatrix}+\varepsilon. \tag{6.30}$$

模型 (6.29)和模型(6.30)相当于模型 (6.22)和模型(6.23)．显然要确定 x_{r+1} 是否能入选，也就是检验假设

$$H_0: b_{r+1}=0,$$

检验统计量为

$$F=(n-r-2)\frac{\hat{b}_{r+1}^2(X_{r+1}^{\mathrm{T}}RX_{r+1})}{Q(r+1)}=\frac{(n-r-2)\hat{b}_{r+1}^2(X_{r+1}^{\mathrm{T}}RX_{r+1})}{Q-\hat{b}_{r+1}^2(X_{r+1}^{\mathrm{T}}RX_{r+1})}, \tag{6.31}$$

其中，$Q(r+1)=Q(x_{r+1})$．

因为(6.31)式是用来检验变量 x_{r+1} 是否可以入选的统计量，所以，我们记 F 为 F_{r+1}．类似地，对 $x_{r+1}, x_{r+2}, \cdots, x_s$ 中某一个变量 x_j 是否能入选的检验统计量

$$F_{r+1}=(n-r-2)\frac{\hat{b}_j^2(X_j^{\mathrm{T}}Rx_j)}{Q-\hat{b}_j^2(X_j^{\mathrm{T}}Rx_j)}=(n-r-2)\frac{\hat{b}_j^2(X_j^{\mathrm{T}}Rx_j)}{Q(j)}, \tag{6.32}$$

其中，$x_j=(x_{1j}, x_{2j}, \cdots, x_{nj})^{\mathrm{T}}, Q(j)=Q(x_j), j=r+1, r+2, \cdots, s$.

比较 $F_{r+1}, F_{r+2}, \cdots, F_s$，不妨设 F_{r+1} 为其中最大者，记显著水平为 α 的临界值为 $F_\alpha(1, n-r-2)$，如果

$$F_{r+1}\leqslant F_\alpha(1, n-r-2),$$

则 $F_{r+1}, F_{r+2}, \cdots, F_s$ 都不能选入，选择变量的过程可以结束．

如果

$$F_{r+1}>F_\alpha(1, n-r-2)$$

则将 x_{r+1} 选入．这时，将(6.29)式中 X 增加一列 x_{r+1}，即用(X, x_{r+1})替代 X. 然后再逐个考察 $F_{r+2}, \cdots, F_s$，直至没有变量需要选入时为止．

逐步回归的每一步骤，不但要选入变量，而且要对已入选变量进行检验，看一

看每个变量的重要性有没有发生变化．对不重要的变量要将其剔除出去,这就要给出剔除变量的准则和方法．

设已入选变量就是前 $k+1$ 个变量 $x_1,x_2,\cdots,x_{k+1}$,要考察其中是否有变量要剔除．不妨设考察 x_{k+1}是否要剔除．记

$$X=\begin{pmatrix} 1 & x_{11} & \cdots & x_{1k} \\ 1 & x_{21} & \cdots & x_{2k} \\ \vdots & \vdots & \ddots & \vdots \\ 1 & x_{n1} & \cdots & x_{nk} \end{pmatrix},$$

则要考察的模型为

$$y=(X,X_{k+1})\begin{pmatrix} \beta \\ b_{k+1} \end{pmatrix}+\varepsilon, \tag{6.33}$$

其中,$x_{k+1}=(x_{1k+1},x_{2k+1},\cdots,x_{nk+1})^{\mathrm{T}}$.

检验假设为

$$H_0:b_{k+1}=0,$$

检验统计量为

$$F=(n-k-2)\frac{\hat{b}_{k+1}^2(x_{k+1}^{\mathrm{T}}Rx_{k+1})}{Q}. \tag{6.34}$$

其中,$\hat{b}_{k+1}$与 Q 是相应于模型(6.33)中 x_{k+1}的回归系数的最小二乘估计与总的残差平方和,$R=I-X(X^{\mathrm{T}}X)^{-1}X^{\mathrm{T}}$.

因为(6.34)式是用来检验 x_{k+1}是否能剔除的统计量,所以记 F 为 F_{k+1}. 同样用 F_j 表示变量 $x_j(j=1,2,\cdots,k+1)$是否能剔除的统计量．用 $\hat{\beta}_j,Q(j),R(j)$,$(j=1,2,\cdots,k+1)$分别表示相应的 x_j 的回归系数的最小二乘估计,残差平方和与矩阵 R,则有

$$F_j=(n-k-2)\frac{\hat{b}_j^2(x_j^{\mathrm{T}}R(j)x_j)}{Q(j)},j=1,2,\cdots,k+1. \tag{6.35}$$

比较 $F_1,F_2,\cdots,F_{k+1}$,取其中较小者,不妨设为 F_{k+1}. 设显著水平为 α 时的临界值为 $F_\alpha(1,n-k-2)$,如果

$$F_{k+1}\leqslant F_\alpha(1,n-k-2),$$

则表明 x_{k+1}不重要,可以剔除．对剩下的变量 $x_1,x_2,\cdots,x_k$ 再进行考察,直到没有需要剔除的变量时,再转入考察是否有变量可以入选．如果

$$F_{k+1}>F_\alpha(1,n-k-2),$$

则表明 $x_1,x_2,\cdots,x_{k+1}$ 中没有需要剔除的变量,这时转入考察是否有应入选的变量.

按上述方法选入变量与剔除变量,经过若干步骤,直到没有应选入的变量也没有需剔除的变量为止,这就结束了选择变量的过程．接下来要计算回归系数,给出

估计值等,这就是通常的回归计算了.

2. *逐步回归的计算方法*

现在我们介绍逐步回归的计算方法和计算公式. 设有 p 个自变量,n 组数据资料,线性回归模型为

$$y_i=\beta_0+\beta_1x_{i1}+\beta_2x_{i2}+\cdots+\beta_px_{ip}+\varepsilon_i, i=1,2,\cdots,n. \tag{6.36}$$

为了对自变量进行选择并求出回归系数的最小二乘估计,用以下步骤进行逐步回归:

(1) 对数据标准化. 记

$$Z_{ij}=\frac{x_{ij}-\bar{x}_j}{\sigma_j}, y_i^{\mathrm{T}}=\frac{y_i-\bar{y}}{\sigma_y}, i=1,2,\cdots,n,\quad j=1,2,\cdots,p,$$

其中 $\bar{x}_j=\frac{1}{n}\sum_{i=1}^{n}x_{ij}, \bar{y}=\frac{1}{n}\sum_{i=1}^{n}y_i, \sigma_j=\sqrt{\sum_{i=1}^{n}(x_{ij}-\bar{x})^2}, \sigma_y=\sqrt{\sum_{i=1}^{n}(y_i-\bar{y})^2}, i=1,2,\cdots,p$, 则模型(6.36)经以上变换后变为

$$y_i^{\mathrm{T}}=\beta_0^{\mathrm{T}}+\beta_1^{\mathrm{T}}Z_{i1}+\beta_2^{\mathrm{T}}Z_{i2}+\cdots+\beta_p^{\mathrm{T}}Z_{ip}+\varepsilon, i=1,2,\cdots,n. \tag{6.37}$$

(2) 比较模型(6.36)与模型(6.37),对模型 (6.37)的各种平方和进行计算.

(3) 选入变量.

(4) 剔除变量.

(5) 整理结果.

6.2.7 稳健(Robust)回归

前几节讨论了用最小二乘法拟合线性回归模型,假定了 $\varepsilon_1,\varepsilon_2,\cdots,\varepsilon_n$ 是独立同分布的正态随机变量,在这些假定下讨论了参数估计的优良性质. 但在客观实际中,这些假设往往是很难完全满足的. 例如,$\varepsilon_1,\varepsilon_2,\cdots,\varepsilon_n$ 往往是对称非正态的;或是近似正态;或 $\varepsilon_1,\varepsilon_2,\cdots,\varepsilon_n$ 虽是正态但数据中含有“异常”(outlier)点;或 $\varepsilon_1,\varepsilon_2,\cdots,\varepsilon_n$ 是异方差的等. 由于上述问题的存在,往往使最小二乘法得到的拟合结果与实际模型相差很大,这样就很自然地提出:能否构造一种参数估计方法,当实际模型与理论模型差别较小时,其性能变化也较小,对假设条件不很敏感,这类方法人们称之为稳健方法. 本节简单介绍稳健估计方法中的 M 估计方法(更深入的内容请参阅 Huber,Hample 等人的有关著作).

M 估计是最大似然型估计(Maximum Likelihood Type Estimators)的简称. 假设 $\varepsilon_1,\cdots,\varepsilon_n$ 独立同分布,则线性回归模型

$$\boldsymbol{Y}=\boldsymbol{X\beta}+\boldsymbol{\varepsilon}$$

的参数 $\boldsymbol{\beta}$ 的 M 估计 $\hat{\boldsymbol{\beta}}_M$ 由下式给出

$$\sum_{i=1}^{n}\rho(y_i-\sum_{j=0}^{m}x_{ij}\hat{\beta}_j)=\min\sum_{i=0}^{n}\rho(y_i-\sum_{j=0}^{m}x_{ij}\beta_j), \tag{6.38}$$

或

$$\sum_{i=1}^{n}\psi(y_i-\sum_{j=0}^{n}x_{ij}\hat{\beta}_j)x_{ik}=0,\quad k=0,1,\cdots,m. \tag{6.39}$$

这里 ρ 和 ψ 是适当选取的实函数,一般 ρ 是对称的凸函数,或者是正半轴上非降的偶函数;而 ψ 是有界的奇函数,如果 ρ 是可导的凸函数,取 $\psi=\rho'$,则上述两种定义是等价的. 方程(6.38)或(6.39)一般只能用迭代法求解.

下面用一个例子来加深对 M 估计的稳健性的了解,同时也说明稳健回归方法相对于最小二乘回归的优越性.

例 6.9 在把氨氧化成硝酸的生产中收集了连续 21 组的数据,以探讨氨的损失率与生产工艺之间的关系. 这里回归变量是,x_1:空气流速;x_2:冷却水的湿度;x_3:吸收液中的硝酸浓度;Y:氨的损失率. 数据列于表 6.6.

假定 Y 和 x_1,x_2,x_3 具有线性关系

$$Y=\beta_0+\beta_1x_1+\beta_2x_2+\beta_3x_3+\varepsilon.$$

表 6.6

序　号	x_1	x_2	x_3	Y
1	80	27	89	42
2	80	27	88	37
3	75	25	90	37
4	62	24	87	28
5	62	22	87	18
6	62	23	87	18
7	62	24	93	19
8	62	24	93	20
9	58	23	87	15
10	58	18	80	14
11	58	18	89	14
12	58	17	88	13
13	58	18	82	11
14	58	19	93	12
15	50	18	89	8
16	50	18	86	7
17	50	19	72	8
18	50	19	79	8
19	50	20	80	9
20	56	20	82	15
21	76	20	91	15

Danial 和 Wood 在他们的书中对这个问题是这样处理的. 先将 21 组数据作最小二乘回归,得到回归方程

$$L_1: \hat{Y} = -39.92 + 0.761x_1 + 1.30x_2 - 0.152x_3.$$

然后算这 21 个样本点的残差 $Y_i - \hat{Y}_i$,残差的标准差为 3.24. L_1 的残差列在表 6.7 中,这些残差中第 21 个观测值的残差最大,它超过了残差标准差的两倍. 如果把这 21 个残差点在正态概率纸上,这个残差点也明显地偏低. 于是,把这个数据去掉,用其余的 20 个数据重新做最小二乘拟合,得到回归方程

$$L_2: \hat{Y} = -43.70 + 0.889x_1 + 0.817x_2 - 0.1071x_3.$$

然后算出 20 个样本点的残差,L_2 的残差列在表 6.7 中,残差的标准差为 2.56,把残差点放在正态概率纸上可以看出:第 1,2,3 和 4 这 4 组数据,可能是非正常数据. Danial 和 Wood 进一步分析了生产过程后认为第 1,3,4 这三组数据是过渡状态,因此综合两方面,应剔除 1,3,4 组数据,他们用其余 17 组数据再作最小二乘回归,得到

$$L_3: \hat{Y} = -37.6 + 0.80x_1 + 0.58x_2 - 0.07x_3,$$

经分析剔除,最后得到方程 L_3. 需要用多次最小二乘回归,还要结合生产实际作分析才能确定.

Andrews 用 M 估计方法处理这个线性回归问题,所使用的 ψ 函数为

$$\psi(x) = \begin{cases} \sin(x/c), & |x| \leqslant c\pi, \\ 0, & |x| > c\pi \end{cases} \quad (c > 0 \text{ 为常数}),$$

取 $c=1.5$. 他分别使用 21 组数据和去掉第 1,3,4 和 21 组数据以后的 17 组数据,结果得到完全相同的稳健估计,回归方程都是

$$L_R: \hat{Y} = -37.2 + 0.82x_1 + 0.52x_2 - 0.07x_3.$$

这一方程与 L_3 非常接近,从表 6.7 的残差看,L_3 和 L_R 的残差也相差较小. 从上可以看出,用 21 组数据和 17 组数据作回归的 M 估计所得的结果完全一样,这表明稳健回归不受那四组非正常数据的影响,同最小二乘回归相比,稳健回归可自动地发现那四组反常数据并清除它们的影响. 不足之处是估计参数需用迭代法求解.

表 6.7　$Y_i - \hat{Y}_i$

序　号	L_1	L_2	L_3	L_R
1	3.24	2.06	6.08	6.11
2	−1.92	−3.05	1.15	1.04
3	4.56	3.25	6.44	6.31
4	5.70	6.30	8.18	8.24
5	−1.71	−2.70	−0.67	−1.24

续表

序号	L_1	L_2	L_3	L_R
6	−3.01	−2.88	−1.25	−0.71
7	−2.39	−2.06	−0.42	−0.33
8	−1.39	−1.06	−0.58	0.67
9	−3.14	−2.33	−1.06	−0.97
10	1.27	0.01	0.35	−0.97
11	2.64	0.97	0.96	0.14
12	2.78	0.68	0.47	0.24
13	−1.43	−2.78	−2.52	−2.71
14	−0.05	−1.42	−1.34	−1.44
15	2.36	2.09	1.34	1.33
16	0.91	0.76	0.14	0.11
17	−1.52	−0.55	−0.37	−0.42
18	−0.46	0.20	0.10	0.08
19	−0.60	0.49	0.59	0.63
20	1.41	1.37	1.97	1.87
21	−7.24	−10.12	−8.63	−8.91

6.3 几类一元非线性回归

在许多实际问题中，有时变量之间不是简单的线性相关关系，而是某种非线性相关关系. 一般而言，这类问题的求解比较困难，必须作非线性回归. 不过对一些特殊问题，可以通过变换方法化为线性回归问题来解决. 下面介绍几种一定情形的例子.

一般地，在考虑随机变量 y 和变量 x 的关系时，可考虑下述模型：

$$h(y)=\alpha_0+\beta g(x)+\varepsilon,$$

其中 $\varepsilon\sim N(0,\sigma^2)$. 此时，$y$ 对 x 的回归问题可以通过变换 $y^*=h(y)$，$x^*=g(x)$. 化为 y^* 对 x^* 的一元线性回归问题

$$y^*=\alpha+\beta x^*+\varepsilon.$$

如何选择 h,g 有时不是件容易的事情，主要需靠专业知识和经验来确定，也可通过图形曲线的形状初步确定. 下面列举几种：

(1) 双曲线 $\frac{1}{y}=a+\frac{b}{x}$ 型（如图 6.3 所示）

令 $u=\frac{1}{y}$，$v=\frac{1}{x}$，则 $u=a+bv$.

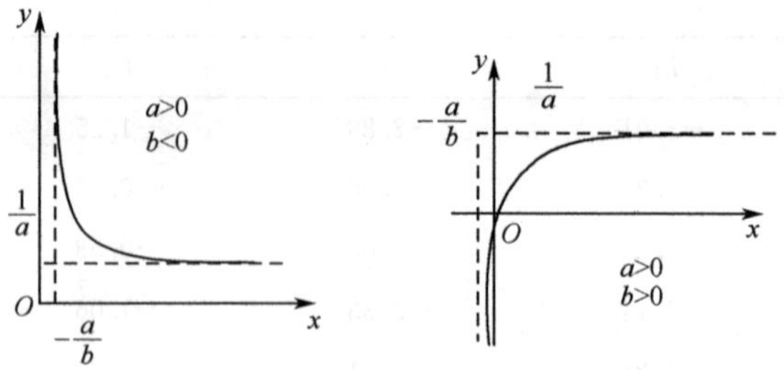

图 6.3

(2)指数曲线 $y=ce^{bx}$ 型(如图 6.4 所示)

令 $u=\ln y, v=x, a=\ln c$,则 $u=a+bv$.

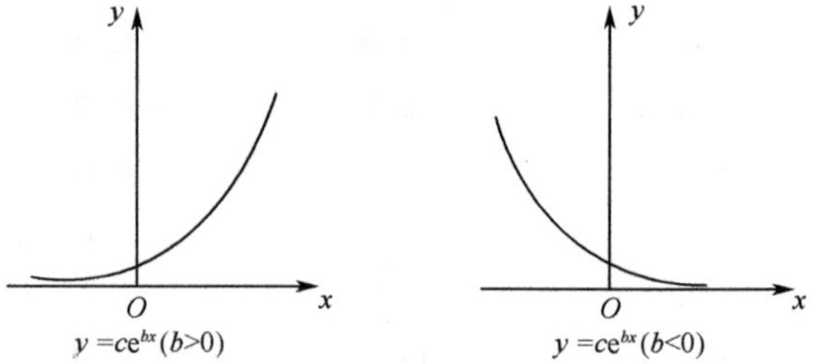

图 6.4

(3) 指数曲线 $y=ce^{b/x}$ 型(如图 6.5 所示)

令 $u=\ln y, v=1/x, a=\ln c$,则 $u=a+bv$.

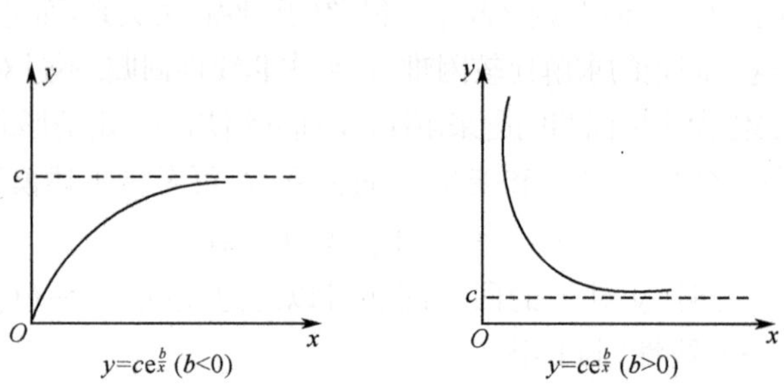

图 6.5

(4) 幂函数 $y=cx^b$(如图 6.6 所示)

令 $u=\ln y, v=\ln x, a=\ln c$,得 $u=a+bv$.

(5) 对数曲线 $y=a+b\ln x$ 型(如图 6.7 所示)

令 $u=y, v=\ln x$,得 $u=a+bv$.

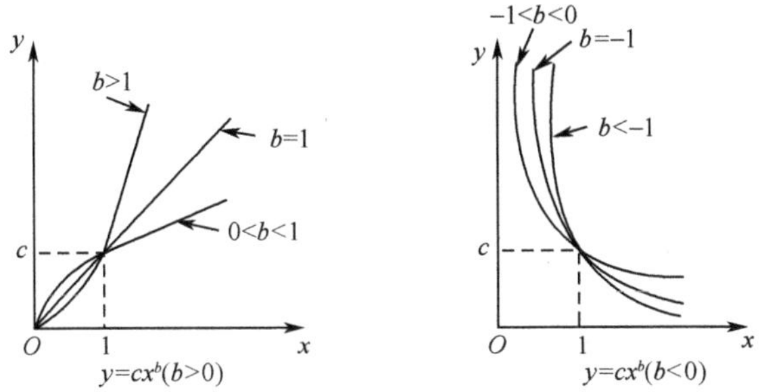

图 6.6

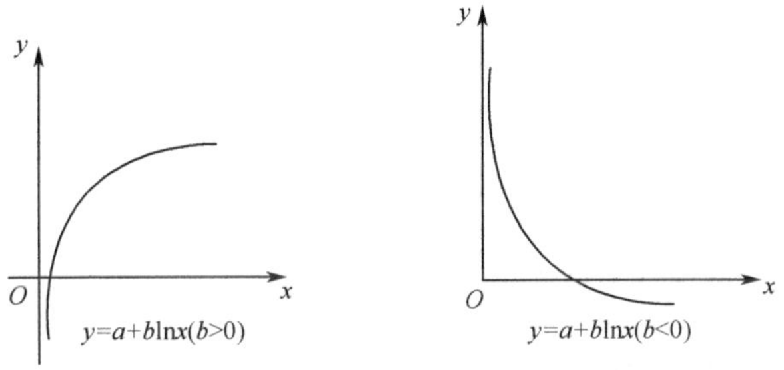

图 6.7

6.4　多项式回归

研究一个因变量与一个或多个自变量间多项式的回归分析方法，称为多项式回归(Polynomial Regression)．如果自变量只有一个时，称为一元多项式回归；如果自变量有多个时，称为多元多项式回归．由微积分知识可知，任一个连续可导函数都可以分段用多项式来逼近它．因此在实际问题中，不论因变量与其他自变量的相关关系如何复杂，我们总可以用多项式回归来进行分析．多项式回归可以处理相当一类非线性问题，它在回归分析中占有重要的地位．

6.4.1　一元多项式回归

在一元回归分析中，如果因变量 Y 与自变量 x 间的关系为非线性的，但是又找不到适当的函数曲线来拟合，则可以采用一元多项式回归．

一元 m 次多项式回归模型为

$$Y=b_0+b_1x+b_2x^2+\cdots+b_mx^m+\varepsilon,\tag{6.40}$$

其中 ε 为随机误差，$\varepsilon\sim N(0,\sigma^2)$．令 $x_1=x,x_2=x^2,\cdots,x_m=x^m$，模型(6.40)就转化为 m 元线性回归模型

$$y=b_0+b_1x_1+b_2x_2+\cdots+b_mx_m+\varepsilon.$$

因此用多元线性回归的方法就可解决多项式回归问题．需要指出的是，在多项式回归分析中，检验回归系数 b_i 是否显著，实质上就是判断自变量 x 的 i 次方项 x^i 对因变量 Y 的影响是否显著．

6.4.2 多元多项式回归

假设因变量 Y 与两个自变量 x_1,x_2 间有如下关系：

$$Y=b_0+b_1x_1+b_2x_2+b_3x_1^2+b_4x_1x_2+b_5x_2^2+b_6x_1^3+\cdots+\varepsilon. \tag{6.41}$$

其中 ε 为随机误差，$\varepsilon\sim N(0,\sigma^2)$．令 $z_1=x_1,z_2=x_2,z_3=x_1^2,z_4=x_1x_2,z_5=x_2^2,\cdots$ 则模型(6.41)可化为多元线性回归模型

$$Y=b_0+b_1z_1+b_2z_2+b_3z_3+b_4z_4+b_5z_5+\cdots+\varepsilon.$$

一般地，若非线性回归模型为

$$Y=b_0+b_1f_1(x_1,x_2,\cdots,x_k)+b_2f_2(x_1,x_2,\cdots,x_k)+\cdots+b_nf_n(x_1,x_2,\cdots,x_k)+\varepsilon, \tag{6.42}$$

其中 ε 为随机误差，$\varepsilon\sim N(0,\sigma^2)$．令

$$z_1=f_1(x_1,x_2,\cdots,x_k),z_2=f_2(x_1,x_2,\cdots,x_k),\cdots,z_n=f_n(x_1,x_2,\cdots,x_k),$$

则模型(6.42)就化为一般的多元线性回归模型

$$Y=b_0+b_1z_1+b_2z_2+\cdots+b_nz_n+\varepsilon.$$

这样就可以用多元线性回归方法来分析它．

多项式回归的最大优点就是可以通过增加 x 的高次项对实测点进行逼近，直至满意为止．但随着自变量个数的增加，多元多项式回归分析的计算量急剧增加．多元多项式回归属于多元非线性回归问题，在这里不作详细介绍．

在多项式回归中较为常用的是一元二次多项式回归和一元三次多项式回归，下面结合一实例对一元二次多项式回归作详细介绍．

例 6.10 给动物口服某种药物 1000mg，每间隔 1 小时测定血药浓度(g/ml)，得到表 6.8 的数据(血药浓度为 5 头供试动物的平均值)．试建立血药浓度(因变量 y)对服药时间(自变量 x)的回归方程．

表 6.8 血药浓度与服药时间测定结果表

服药时间 x(小时)	1	2	3	4	5	6	7	8	9
血药浓度 y(g/ml)	21.89	47.13	61.86	70.78	72.81	66.36	50.34	25.31	3.17
$\hat{y}$	22.7182	46.2563	62.2684	70.7545	71.7146	65.1487	51.0568	29.4389	0.2950
$y-\hat{y}$	−0.8282	0.8737	−0.4084	0.0255	1.0954	1.2113	−0.7168	−4.1298	2.8750

分析 由表中的数据可以看出：血药浓度最大值出现在服药后 5 小时，在 5 小

时之前血药浓度随时间的增加而增加，在 5 小时之后随着时间的增加而减少．因此我们可以选用一元二次多项式来描述血药浓度与服药时间的关系．

解　(1) 考虑一元二次多项式回归模型

$$y=b_0+b_1x+b_2x^2+\varepsilon.$$

令 $x_1=x, x_2=x^2$，则模型转化为

$$y=b_0+b_1x_1+b_2x_2+\varepsilon.$$

下面进行二元线性回归分析（详细计算过程省略）．由参数估计公式得到参数估计值：

$$\hat{b}_0=-8.3459, \hat{b}_1=34.8217, \hat{b}_2=-3.7630,$$

于是得到二元线性回归方程为

$$\hat{y}=-8.3459+34.8271x_1-3.7630x_2.$$

(2) 对二元线性回归方程进行显著性检验，取 $\alpha=0.01$.

由所给数据计算得到

$$Q_T=\sum_{i=1}^{9}(y_i-\bar{y})^2=4859.2364,\quad Q_B=\sum_{i=1}^{9}(\hat{y}_i-\bar{y})^2=4830.9162.$$

$$Q_A=\sum_{i=1}^{9}(y_i-\hat{y})^2=Q_T-Q_B=28.3202.$$

$$F=\frac{Q_B/6}{Q_A/2}=511.750.$$

查 F 表得 $F_{0.01}(2,6)=10.92$. 因为 $F>F_{0.01}(2,6)=10.92$，表明二元线性回归方程是高度显著的．

(3) 对回归系数进行显著性检验．回归系数的显著性检验可以应用 T 检验法也可以应用 F 检验法（由于 t 分布与 F 分布之间有密切关系），我们应用 F 检验法.

由所给数据计算得 $c_{11}=0.341349, c_{22}=0.003247$，于是有 $F_{b_1}=\dfrac{3553.3337}{4.7200}=752.825, F_{b_2}=\dfrac{4361.0006}{4.7200}=923.941$，查 F 值表得 $F_{0.01}(1,6)=13.47$，因为 $F_{b_1}>F_{0.01}(1,6), F_{b_2}>F_{0.01}(1,6)$，表明偏回归系数 b_1 和 b_2 都是高度显著的．

(4) 建立一元二次多项式回归方程．将 x_1 还原为 x，x_2 还原为 x^2，即得 y 对 x 的一元二次多项式回归方程为

$$\hat{y}=-8.3459+34.8271x-3.7630x^2.$$

(5) 计算相关指数 R^2（曲线回归用 R^2 作为回归效果好坏的指标）

$$R^2=1-\frac{\sum(y-\hat{y})^2}{\sum(y-\bar{y})^2}=0.9932.$$

表明 y 对 x 的一元二次多项式回归方程的拟合度是比较高的，或者说该回归方程估测的可靠程度是比较高的.

习 题 6

1. 通过原点的一元线性回归模型为

$$Y_i=\beta x_i+\varepsilon_i,\quad i=1,2,\cdots,n.$$

这里 ε_i 相互独立且 $\varepsilon_i\sim N(0,\sigma^2)$，试由观测值 $(y_i,x_i)(i=1,2,\cdots,n)$，采用最小二乘法估计 β.

2. 已知 (Y_i,x_i) 具有线性关系

$$Y_i=\alpha+\beta x_i+\varepsilon_i,$$

ε_i 相互独立且 $\varepsilon_i\sim N(0,\sigma^2)$. 今有一组观测值：

x	150	160	170	180	190	200	210	220	230	240	250	260
y_i	56.9	58.3	61.6	64.6	68.1	71.3	74.1	77.4	80.2	82.6	86.4	89.7

试求 $\hat{\alpha}$, $\hat{\beta}$ 及 $\hat{\sigma}^*$.

3. 测得弹簧形变 l 与相应外力 F 的数据如下：

F/kg	1	1.2	1.4	1.6	1.8	2.0	2.2	2.4	2.8	3.0
l/cm	3.08	3.76	4.31	5.02	5.51	6.25	6.74	7.4	8.54	9.24

由胡克定理知 $F=kl$，试估计 k 值，并预测 $l=2.5$cm 时 F 的值，给出 $\alpha=0.05$ 时的预测区间.

4. 测得 12 个男孩的体重(磅)y，身高 x_1 和年龄 x_2 数据如下：

y	64	71	53	67	55	58	77	57	56	51	76	68
x_1	57	59	49	62	51	50	55	48	52	42	61	57
x_2	8	10	6	11	8	7	10	9	10	6	12	9

求 Y 关于 x_1 和 x_2 的回归方程，估计一个身高为 54 的 9 岁男孩的体重.

5. 证明 $\sum_{i=1}^{n}(y_i-\overline{y})^2=\sum_{i=1}^{n}(y_i-\hat{y}_i)^2+\sum_{i=1}^{n}(\hat{y}_i-\overline{y})^2$.

6. 一般称 $r=\pm\left\{\sum_{i=1}^{n}(\hat{y}_i-\overline{y})^2\Big/\sum_{i=1}^{n}(y_i-\overline{y})^2\right\}^{1/2}$ 为回归的相关系数，$|r|\leqslant 1$，当 $|r|=1$ 时，称为完全线性回归，对一元线性回归模型，试证明相关系数有等价表达式

$$r=\frac{\sum_{i=1}^{n}(x_i-\overline{x})(y_i-\overline{y})}{\left[\sum_{i=1}^{n}(x_i-\overline{x})^2\sum_{i=1}^{n}(y_i-\overline{y})^2\right]^{1/2}}.$$

7. 计算习题 2 的相关系数 r.

8. 试用 $r^2=\sum_{i=1}^{n}(\hat{y}_i-\overline{y})^2\Big/\sum_{i=1}^{n}(y_i-\overline{y})^2$ 计算习题 4 的相关系数 r.

9. 研究同一地区土壤所含植物可给态磷的情况，回归变量为：x_1 为土壤内所含无机磷浓度；x_2 为土壤内溶于 K_2CO_3 溶液并受溴化物水解的有机磷浓度；x_3 为土壤内溶于 K_2CO_3 溶液但不受溴化物水解的有机磷浓度；Y 为 20℃土壤内的玉米的可给态磷. 18 组数据如下：

表 6.9 数据表

序 号	x_1	x_2	x_3	Y
1	0.4	53	158	64
2	0.4	23	163	60
3	3.1	19	37	71
4	0.6	34	157	61
5	4.7	24	59	54
6	1.7	65	123	77
7	9.4	44	46	81
8	10.1	31	117	93
9	11.6	29	173	93
10	12.6	58	112	51
11	10.9	37	111	76
12	23.1	46	114	96
13	23.1	50	134	77
14	21.6	44	73	93
15	23.1	56	168	95
16	1.9	36	143	54
17	26.8	58	202	168
18	29.9	51	124	99

试求 Y 关于 x_1,x_2,x_3 的线性回归方程，并用 F 检验法检验该回归方程是否显著($\alpha=0.05$).

10. 设有线性模型

$$\begin{cases}Y_1=a+\varepsilon_1,\\ Y_2=2a-b+\varepsilon_2,\\ Y_3=a+2b+\varepsilon_3.\end{cases}$$

其中 $\varepsilon_i(i=1,2,3)$ 相互独立，且 $\varepsilon_i\sim N(0,\sigma^2)$. (1) 试求 a 和 b 的最小二乘估计；(2)试构造检验假设 $H_0:a=b,H_1:a\neq b$ 的统计量.

11. 设 $Y_i=\beta_0+\beta_1x_i+\beta_2(3x_i^2-2)+\varepsilon_i$，其中 $\varepsilon_i\sim N(0,\sigma^2)$，且所有 ε_i 相互独立($i=1,2,3$)，又 $x_1=-1,x_2=0,x_3=1$，试写出矩阵 $\boldsymbol{X}$，并求 β_0,β_1,β_2 的最小二乘估计. 且证明当 $\beta_2=0$ 时，β_0 与 β_1 的最小二乘估计不变.

12. 设 $\boldsymbol{Y}=(Y_1,\cdots,Y_n)^{\mathrm{T}}$ 服从模型 $\boldsymbol{Y}=\boldsymbol{X\beta}+\boldsymbol{\varepsilon}$，其中 $\boldsymbol{X}$ 是 $n\times m(n>m)$ 满列秩阵，$\boldsymbol{\beta}$ 是 $m\times 1$ 维向量，$\boldsymbol{Y}$ 服从 $N(\boldsymbol{X\beta},\sigma^2\boldsymbol{I}_n)$ 分布，试求参数 $\boldsymbol{\beta}$ 和 σ^2 的最大似然估计，并与最小二乘估计比较.

13. 设$Y_i=\beta_0+\beta_1x_i+\varepsilon_i$，其中$\varepsilon_i\sim N(0,\sigma^2)$，且所有$\varepsilon_i$相互独立，$i=1,2,\cdots,n$，试求$\beta_0$和$\beta_1$的最小二乘估计和$\sigma^2$的无偏估计；并证明$\hat{\beta}_0$与$\hat{\beta}_1$不相关的充要条件是$\overline{x}=0$.

14. 设$Y_i=\beta_0+\beta_2x_i+\varepsilon_i$，$i=1,2,\cdots,n$，其中$\varepsilon_i\sim N(0,\sigma^2)$，且各$\varepsilon_i$相互独立. 试在显著性水平$\alpha$下分别导出检验$H_0:\beta_0=0$及检验$H_0:\beta_0=\beta_1$的统计量.

15. 设有线性模型

$$\begin{cases}Y_1=a+b+\varepsilon_1,\\Y_2=2a-b+\varepsilon_2,\\Y_3=a-b+\varepsilon_3,\\Y_4=a+2b+\varepsilon_4.\end{cases}$$

其中$\varepsilon_1,\varepsilon_2,\varepsilon_3,\varepsilon_4$相互独立且同服从正态分布$N(0,\sigma^2)$.

(1) 试求a,b的最小二乘估计$\hat{a},\hat{b}$.

(2) 在显著性水平α下，推导出检验假设$H_0:a=2b\leftrightarrow H_1:a\neq 2b$的统计量和拒绝域.

16. 设有线性模型

$$\begin{cases}Y_1=a+\varepsilon_1\\Y_2=a+b+\varepsilon_2\\Y_3=a-b+\varepsilon_3\\Y_4=a+2b+\varepsilon_4\\Y_5=a-2b+\varepsilon_5\\Y_6=a+3b+\varepsilon_6\\Y_7=a-3b+\varepsilon_7\end{cases}$$

其中$\varepsilon_1,\varepsilon_2,\varepsilon_3,\varepsilon_4,\varepsilon_5,\varepsilon_6,\varepsilon_7$相互独立且同服从正态分布$N(0,\sigma^2)$，

(1) 试求a,b的最小二乘估计$\hat{a},\hat{b}$和σ^2的无偏估计$\hat{\sigma}^2$；

(2) 试求$\hat{Y}=\hat{a}-4\hat{b}$的概率分布.

17. 已知某种半成品在生产过程中的废品率Y与它的某种化学成分x有关. 下表6.10中给出了Y与x的相应实测值. 试求废品率Y关于化学成分x的回归方程.

表6.10　废品率Y与其化学成分的数据

Y(%)	$x_1=x$(0.01%)	$x_2=x^2$	Y(%)	$x_1=x$(0.01%)	$x_2=x^2$
1.30	34	1156	0.44	40	1600
1.00	36	1296	0.56	41	1681
0.73	37	1369	0.30	42	1764
0.90	38	1444	0.42	43	1849
0.81	39	1521	0.35	43	1849
0.70	39	1521	0.40	45	2025
0.60	39	1521	0.41	47	2209
0.50	40	1600	0.60	48	2304

第7章　多元分析初步

多元分析(或多元统计分析)是研究多指标问题的理论和方法,它是一元统计分析的推广和发展.

在研究各种随机现象和它们的统计问题时,常常需要同时考察若干个指标,并且在所考察的多个指标之间还存在着统计联系.例如对肝炎病患者的诊断,就有"转氨酶"、"澳抗"、"三 T",…,等多个指标.一般来说,单项指标偏高还不能立即确诊为肝炎病,而要由多个指标综合评定.多个具有统计规律性的指标在数学上看就是多维随机变量,所以要讨论多个随机变化的指标的统计规律性,就需要对多维随机变量的统计规律性进行讨论.多元分析就是统计学中讨论多维随机变量的统计方法的总称,它既包含单变量的常用统计方法在多变量情况下的推广,也有多变量本身的一些特殊问题,例如对多个指标能否用较少的综合指标去近似地描写它,以及如何对多个指标样品进行分类等等.目前,多元分析在地质、生物、医学、气象、计算机模式识别等方面有广泛的应用.本章仅对多元分析的某些内容作一个初步介绍.

7.1　多元正态分布的定义及性质

在多元统计分析中,多元正态分布占有相当重要的地位.这是因为,许多随机向量服从正态分布,或近似服从正态分布,而且目前对于多元正态分布已有一整套统计推断方法,并且得到了许多满意的结果.下面介绍多元正态总体的一些结果.

7.1.1　多元正态分布的定义

定义 7.1　若 p 维随机变量 $\boldsymbol{X}=(X_1,X_2,\cdots,X_p)^{\mathrm{T}}$ 的概率密度为

$$f(x_1,x_2,\cdots,x_p)=\frac{1}{(2\pi)^{p/2}\,|\boldsymbol{\Sigma}|^{\frac{1}{2}}}\exp\left\{-\frac{1}{2}(\boldsymbol{x}-\boldsymbol{\mu})^{\mathrm{T}}\boldsymbol{\Sigma}^{-1}(\boldsymbol{x}-\boldsymbol{\mu})\right\},\quad(7.1)$$

则称 $\boldsymbol{X}$ 服从 p 维正态分布,也称 $\boldsymbol{X}$ 为 p 维正态变量,记为 $\boldsymbol{X}\sim N_p(\boldsymbol{\mu},\boldsymbol{\Sigma})$,其中 $\boldsymbol{\mu}$ 为 $\boldsymbol{X}$ 的均值向量,$\boldsymbol{\Sigma}$ 为 $\boldsymbol{X}$ 的协方差矩阵(简称为协差阵),$\boldsymbol{\Sigma}$ 为正定矩阵,记为 $\boldsymbol{\Sigma}>0$.

为了验证(7.1)式定义的 $f(x_1,x_2,\cdots,x_p)$ 确为概率密度函数,我们需要证明

$$\int_{-\infty}^{+\infty}\cdots\int_{-\infty}^{+\infty}f(x_1,\cdots,x_p)\mathrm{d}x_1\mathrm{d}x_2\cdots\mathrm{d}x_p=1,$$

事实上,因 $\boldsymbol{\Sigma}>0$,故存在 $\boldsymbol{Q}$,使得 $\boldsymbol{\Sigma}^{-1}=\boldsymbol{Q}^{\mathrm{T}}\boldsymbol{Q}$.作变换 $\boldsymbol{y}=\boldsymbol{Q}(\boldsymbol{x}-\boldsymbol{\mu})$,则$(\boldsymbol{x}-\boldsymbol{\mu})^{\mathrm{T}}\boldsymbol{\Sigma}^{-1}$

$\cdot(\boldsymbol{x}-\boldsymbol{\mu})=(\boldsymbol{x}-\boldsymbol{\mu})^{\mathrm{T}}\boldsymbol{Q}^{\mathrm{T}}\boldsymbol{Q}(\boldsymbol{x}-\boldsymbol{\mu})=\boldsymbol{y}^{\mathrm{T}}\boldsymbol{y}$. 这个变换的雅可比行列式为 $|\boldsymbol{Q}|^{-1}$，因 $|\boldsymbol{\Sigma}|^{-\frac{1}{2}}=|\boldsymbol{\Sigma}^{-1}|^{\frac{1}{2}}=\pm|\boldsymbol{Q}|$，此处当 $|\boldsymbol{Q}|>0$ 时取正号，否则取负号. 于是

$$\begin{aligned}
&\int_{-\infty}^{+\infty}\cdots\int_{-\infty}^{+\infty}f(x_1,\cdots,x_p)\mathrm{d}x_1\cdots\mathrm{d}x_p\\
&=(2\pi)^{-p/2}|\boldsymbol{\Sigma}|^{-\frac{1}{2}}\int_{-\infty}^{+\infty}\cdots\int_{-\infty}^{+\infty}\mathrm{e}^{-\frac{1}{2}(\boldsymbol{x}-\boldsymbol{\mu})^{\mathrm{T}}\boldsymbol{\Sigma}^{-1}(\boldsymbol{x}-\boldsymbol{\mu})}\mathrm{d}x_1\cdots\mathrm{d}x_p\\
&=(2\pi)^{-p/2}\int_{-\infty}^{-\infty}\cdots\int_{-\infty}^{+\infty}\mathrm{e}^{-\frac{1}{2}\boldsymbol{y}^{\mathrm{T}}\boldsymbol{y}}\mathrm{d}y_1\mathrm{d}y_2\cdots\mathrm{d}y_p\\
&=(2\pi)^{-p/2}\prod_{i=1}^{p}\int_{-\infty}^{+\infty}\mathrm{e}^{-\frac{1}{2}y_i^2}\mathrm{d}y_i=1,
\end{aligned}$$

上式成立利用了 $\dfrac{1}{\sqrt{2\pi}}\displaystyle\int_{-\infty}^{+\infty}\mathrm{e}^{-\frac{t^2}{2}}\mathrm{d}t=1$. 从而知由(7.1) 式定义的 $f(x_1,\cdots,x_p)$ 确为概率密度函数.

若随机向量 $\boldsymbol{X}$ 的分量 X_i 的均值为 $E(X_i)=\mu_i,i=1,2,\cdots,p$，则定义 $\boldsymbol{X}$ 的均值为

$$E(\boldsymbol{X})=(EX_1,EX_2,\cdots,EX_p)^{\mathrm{T}}=(\mu_1,\mu_2,\cdots,\mu_p)^{\mathrm{T}}=\boldsymbol{\mu},\tag{7.2}$$

其中 $\boldsymbol{\mu}$ 是一个 p 维列向量，称为均值向量.

而定义随机向量 $\boldsymbol{X}$ 的方差为

$$D(\boldsymbol{X})=E[(\boldsymbol{X}-E\boldsymbol{X})(\boldsymbol{X}-E\boldsymbol{X})^{\mathrm{T}}]=\begin{bmatrix}\sigma_{11}&\sigma_{12}&\cdots&\sigma_{1p}\\\sigma_{21}&\sigma_{22}&\cdots&\sigma_{2p}\\\vdots&\vdots&&\vdots\\\sigma_{p1}&\sigma_{p2}&\cdots&\sigma_{pp}\end{bmatrix}\xlongequal{\text{def}}\boldsymbol{\Sigma}.\tag{7.3}$$

其中 $\sigma_{ij}=E[(X_i-EX_i)(X_j-EX_j)],i,j=1,2,\cdots,p$. (7.3)式给出的 $\boldsymbol{X}$ 的方差实际上是协方差阵，由协方差阵的定义可知，任何随机向量 $\boldsymbol{X}$ 的协方差阵皆为对称阵，且总是非负定的，大多数情况下是正定的. 将"$\boldsymbol{\Sigma}$ 是正定阵"简记为 $\boldsymbol{\Sigma}>0$，而将"$\boldsymbol{\Sigma}$ 是非负定阵"简记为 $\boldsymbol{\Sigma}\geqslant 0$.

由线性代数知识可知，若协方差 $\boldsymbol{\Sigma}>0$，则 $\boldsymbol{\Sigma}$ 的特征根均为正数，$\boldsymbol{\Sigma}$ 的行列式 $|\boldsymbol{\Sigma}|>0$，且 $\boldsymbol{\Sigma}$ 能分解成 $\boldsymbol{\Sigma}=\boldsymbol{A}\boldsymbol{A}^{\mathrm{T}}$，其中 $\boldsymbol{A}$ 为非奇异对称阵. 若记 $\boldsymbol{A}=\boldsymbol{\Sigma}^{\frac{1}{2}}$，则有 $\boldsymbol{\Sigma}=\boldsymbol{\Sigma}^{\frac{1}{2}}\boldsymbol{\Sigma}^{\frac{1}{2}}$.

7.1.2　多元正态分布的性质

性质 1　若 $\boldsymbol{X}$ 服从 p 维正态分布 $N_p(\boldsymbol{\mu},\boldsymbol{\Sigma})$，则 $E(\boldsymbol{X})=\boldsymbol{\mu},D(\boldsymbol{X})=\boldsymbol{\Sigma}$. 即 p 维正态分布由其均值向量和协方差阵唯一确定.

性质 2　对于任一 p 维向量 $\boldsymbol{\mu}$ 及 $p\times p$ 非负定对称矩阵 $\boldsymbol{\Sigma}$，必有 p 维正态变量

$\boldsymbol{X}$ 服从 $N_p(\boldsymbol{\mu},\boldsymbol{\Sigma})$ 分布.

性质 3 若 $\boldsymbol{C}$ 为 $m\times p$ 矩阵, $\boldsymbol{b}$ 为 $m\times 1$ 向量, $\boldsymbol{Y}=\boldsymbol{C}\boldsymbol{X}+\boldsymbol{b}$, 且 $\boldsymbol{X}$ 服从 $N_p(\boldsymbol{\mu},\boldsymbol{\Sigma})$ 分布, 则 $\boldsymbol{Y}$ 服从 m 维正态分布, 且 $E(\boldsymbol{Y})=\boldsymbol{C}\boldsymbol{\mu}+\boldsymbol{b}$, $\mathrm{Cov}(\boldsymbol{Y},\boldsymbol{Y})=\boldsymbol{C}\boldsymbol{\Sigma}\boldsymbol{C}^{\mathrm{T}}$, 即 $\boldsymbol{Y}$ 服从 $N_m(\boldsymbol{C}\boldsymbol{\mu}+\boldsymbol{b},\boldsymbol{C}\boldsymbol{\Sigma}\boldsymbol{C}^{\mathrm{T}})$ 分布.

性质 3 说明, 多维正态分布在线性变换下仍为多维正态分布. 特别地, 多维正态分布的低维边际分布也是正态分布.

性质 4 $\boldsymbol{X}$ 为 p 维正态变量的充要条件是对任一 p 维向量 $\boldsymbol{C}$, $\boldsymbol{Y}=\boldsymbol{C}^{\mathrm{T}}\boldsymbol{X}$ 是一维正态变量.

性质 5 $\boldsymbol{X}=\begin{bmatrix}\boldsymbol{X}_1\\ \boldsymbol{X}_2\end{bmatrix}$ 为多维正态变量 ($\boldsymbol{X}_1$, $\boldsymbol{X}_2$ 亦是多维的), 则 $\boldsymbol{X}_1$, $\boldsymbol{X}_2$ 互不相关 (指 $\boldsymbol{X}_1$ 的任一分量与 $\boldsymbol{X}_2$ 的任一分量均不相关) 的充要条件是 $\boldsymbol{X}_1$ 与 $\boldsymbol{X}_2$ 独立.

性质 6 $\boldsymbol{X}$ 服从 p 维正态分布 $N_p(\boldsymbol{\mu},\boldsymbol{\Sigma})$, 且 $\boldsymbol{\Sigma}$ 的秩为 m 的充要条件是 $\boldsymbol{X}$ 可表示为

$$\boldsymbol{X}=\boldsymbol{\mu}+\boldsymbol{B}\boldsymbol{Y}\qquad(\boldsymbol{B}\boldsymbol{B}^{\mathrm{T}}=\boldsymbol{\Sigma}),$$

其中 $\boldsymbol{B}$ 为 $p\times m$ 矩阵, $\boldsymbol{Y}$ 为 m 维 $N_m(\boldsymbol{0},\boldsymbol{I})$ 变量, $m\leqslant p$. 即 $\boldsymbol{X}$ 可表示为 m 个相互独立的 $N(0,1)$ 分布变量与常数的线性组合.

证明 必要性. 因为 $\boldsymbol{\Sigma}$ 是秩为 m 的对称非负定阵, 所以必有正交阵 $\boldsymbol{U}$, 使

$$\boldsymbol{U}^{\mathrm{T}}\boldsymbol{\Sigma}\boldsymbol{U}=\begin{bmatrix}\lambda_1 & & & & & \\ & \ddots & & \boldsymbol{0} & & \\ & & \lambda_m & & & \\ & & & 0 & & \\ & \boldsymbol{0} & & & \ddots & \\ & & & & & 0\end{bmatrix}\xlongequal{\text{def}}\begin{bmatrix}\boldsymbol{\Lambda} & \boldsymbol{0}\\ \boldsymbol{0} & \boldsymbol{0}\end{bmatrix},\quad \lambda_i>0,1\leqslant i\leqslant m,$$

其中 $\boldsymbol{\Lambda}$ 为 $m\times m$ 对角阵, 则

$$\begin{bmatrix}\boldsymbol{\Lambda}^{-\frac{1}{2}} & \boldsymbol{0}\\ \boldsymbol{0} & \boldsymbol{I}\end{bmatrix}\boldsymbol{U}^{\mathrm{T}}\boldsymbol{\Sigma}\boldsymbol{U}\begin{bmatrix}\boldsymbol{\Lambda}^{-\frac{1}{2}} & \boldsymbol{0}\\ \boldsymbol{0} & \boldsymbol{I}\end{bmatrix}=\begin{bmatrix}\boldsymbol{I}_m & \boldsymbol{0}\\ \boldsymbol{0} & \boldsymbol{0}\end{bmatrix}\xlongequal{\text{def}}\boldsymbol{D},\tag{7.4}$$

其中 $\boldsymbol{I}_m$ 为 m 阶单位阵, $\boldsymbol{\Lambda}^{-\frac{1}{2}}=\mathrm{diag}(\lambda_1^{-\frac{1}{2}},\lambda_2^{-\frac{1}{2}},\cdots,\lambda_m^{-\frac{1}{2}})$, 记

$$\boldsymbol{Z}\xlongequal{\text{def}}\begin{bmatrix}\boldsymbol{Y}\\ \boldsymbol{W}\end{bmatrix}\xlongequal{\text{def}}\begin{bmatrix}\boldsymbol{\Lambda}^{-\frac{1}{2}} & \boldsymbol{0}\\ \boldsymbol{0} & \boldsymbol{I}\end{bmatrix}\boldsymbol{U}^{\mathrm{T}}(\boldsymbol{X}-\boldsymbol{\mu}).$$

则由性质 3 及式(7.4)知 $\boldsymbol{Z}$ 服从 $N(\boldsymbol{0},\boldsymbol{D})$ 分布, 特别地由 $\boldsymbol{Z}$ 的前 m 个分量构成的 m 维向量 $\boldsymbol{Y}$ 服从 $N_m(\boldsymbol{0},\boldsymbol{I}_m)$ 分布, 而 $\boldsymbol{W}$ 以概率 1 为零向量. 另一方面, 由上式不难推出

$$(\boldsymbol{Z}-\boldsymbol{\mu})=\boldsymbol{U}\begin{bmatrix}\boldsymbol{\Lambda}^{-\frac{1}{2}} & \boldsymbol{0}\\ \boldsymbol{0} & \boldsymbol{I}\end{bmatrix}\boldsymbol{Z}=\boldsymbol{U}\begin{bmatrix}\boldsymbol{\Lambda}^{-\frac{1}{2}}\\ \boldsymbol{0}\end{bmatrix}\boldsymbol{Y},$$

若记 $\boldsymbol{B}=\boldsymbol{U}\begin{bmatrix}\boldsymbol{\Lambda}^{\frac{1}{2}}\\ \boldsymbol{0}\end{bmatrix}$，它是 $p\times m$ 矩阵，即有 $\boldsymbol{X}=\boldsymbol{BY}+\boldsymbol{\mu}$.

充分性. 设 $\boldsymbol{X}=\boldsymbol{\mu}+\boldsymbol{BY},\boldsymbol{BB}^{\mathrm{T}}=\boldsymbol{\Sigma},\boldsymbol{Y}\sim N_m(\boldsymbol{0},\boldsymbol{I})$，则对任意常数向量 $\boldsymbol{l}$，有 $\boldsymbol{l}^{\mathrm{T}}(\boldsymbol{\mu}+\boldsymbol{BY})\sim N(\boldsymbol{l}^{\mathrm{T}}\boldsymbol{\mu},\boldsymbol{l}^{\mathrm{T}}\boldsymbol{BB}^{\mathrm{T}}\boldsymbol{l})=N(\boldsymbol{l}^{\mathrm{T}}\boldsymbol{\mu},\boldsymbol{l}^{\mathrm{T}}\boldsymbol{\Sigma}\boldsymbol{l})$ 即 $\boldsymbol{l}^{\mathrm{T}}\boldsymbol{X}\sim N(\boldsymbol{l}^{\mathrm{T}}\boldsymbol{\mu},\boldsymbol{l}^{\mathrm{T}}\boldsymbol{\Sigma}\boldsymbol{l})$，这说明 $\boldsymbol{l}^{\mathrm{T}}\boldsymbol{X}$ 是一维正态变量，由性质 4 知，$\boldsymbol{X}\sim N_p(\boldsymbol{\mu},\boldsymbol{\Sigma})$.

性质 7　若 $\boldsymbol{X}=\begin{bmatrix}\boldsymbol{X}_1\\ \boldsymbol{X}_2\end{bmatrix}$，$\boldsymbol{X}\sim N_p(\boldsymbol{\mu},\boldsymbol{\Sigma})$，$\boldsymbol{X}_1,\boldsymbol{X}_2$ 分别是 m 维和 $p-m$ 维向量，且 $|\boldsymbol{\Sigma}|\neq 0$，$\boldsymbol{\mu}$ 和 $\boldsymbol{\Sigma}$ 也有相应的分块表示

$$\boldsymbol{\mu}\xlongequal{\text{def}}\begin{bmatrix}\boldsymbol{\mu}_1\\ \boldsymbol{\mu}_2\end{bmatrix},\quad \boldsymbol{\Sigma}\xlongequal{\text{def}}\begin{bmatrix}\Sigma_{11} & \Sigma_{12}\\ \Sigma_{21} & \Sigma_{22}\end{bmatrix},$$

则 $\boldsymbol{X}_1$ 关于 $\boldsymbol{X}_2=\boldsymbol{x}_2$ 的条件分布为 $N_m(\boldsymbol{\mu}_{1,2},\boldsymbol{\Sigma}_{11,2})$，其中条件分布的均值 $\boldsymbol{\mu}_{1,2}$ 和方差 $\boldsymbol{\Sigma}_{11,2}$ 分别是

$$\boldsymbol{\mu}_{1,2}\xlongequal{\text{def}}\boldsymbol{\mu}_1+\boldsymbol{\Sigma}_{12}\boldsymbol{\Sigma}_{22}^{-1}(\boldsymbol{x}_2-\boldsymbol{\mu}_2),$$

$$\boldsymbol{\Sigma}_{11,2}\xlongequal{\text{def}}\boldsymbol{\Sigma}_{11}-\boldsymbol{\Sigma}_{12}\boldsymbol{\Sigma}_{22}^{-1}\boldsymbol{\Sigma}_{21}.$$

从性质 7 可以看出，条件均值是 $\boldsymbol{x}_2$ 的线性函数，条件方差与 $\boldsymbol{x}_2$ 无关.

例 7.1　二元正态分布

解　设 $\boldsymbol{\mu}^{\mathrm{T}}=[\mu_1,\mu_2]$，$\boldsymbol{\Sigma}=\begin{bmatrix}\sigma_1^2 & \rho\sigma_1\sigma_2\\ \rho\sigma_1\sigma_2 & \sigma_2^2\end{bmatrix}$，其中 $\sigma_1^2>0,\sigma_2^2>0,-1<\rho<1$，因 $|\boldsymbol{\Sigma}|=\sigma_1^2\sigma_2^2(1-\rho^2)>0$，故 $\boldsymbol{\Sigma}^{-1}$ 存在，且

$$\boldsymbol{\Sigma}^{-1}=\frac{1}{1-\rho^2}\begin{bmatrix}\dfrac{1}{\sigma_1^2} & -\dfrac{\rho}{\sigma_1\sigma_2}\\ -\dfrac{\rho}{\sigma_1\sigma_2} & -\dfrac{1}{\sigma_2^2}\end{bmatrix}.$$

设 $\boldsymbol{X}^{\mathrm{T}}=[X_1,X_2]\sim N_2(\boldsymbol{\mu},\boldsymbol{\Sigma})$，由于

$$(\boldsymbol{x}-\boldsymbol{\mu})^{\mathrm{T}}\boldsymbol{\Sigma}^{-1}(\boldsymbol{x}-\boldsymbol{\mu})=\frac{1}{1-\rho^2}\left[\left(\frac{x_1-\mu_1}{\sigma_1}\right)^2+\left(\frac{x_2-\mu_2}{\sigma_2}\right)^2-2\rho\left(\frac{x_1-\mu_1}{\sigma_1}\right)\left(\frac{x_2-\mu_2}{\sigma_2}\right)\right],$$

于是 $\boldsymbol{X}$ 的概率密度函数为

$$f(x_1,x_2)=[2\pi\sigma_1\sigma_2(1-\rho_2)^{\frac{1}{2}}]^{-1}\exp\left\{-\frac{1}{2(1-\rho^2)}\left[\left(\frac{x_1-\mu_1}{\sigma_2}\right)^2+\left(\frac{x_2-\mu_2}{\sigma_2}\right)^2\right.\right.$$

$$\left.\left.-2\rho\left(\frac{x_1-\mu_1}{\sigma_1}\right)\left(\frac{x_2-\mu_2}{\sigma_2}\right)\right]\right\}.$$

容易验证，ρ 是 X_1 和 X_2 的相关系数. 当 $\rho=0$ 时 $\boldsymbol{\Sigma}$ 为对角阵，此时 X_1 与 X_2 相互独立.

由性质 3 知，X_i 的边缘分布为 $N(\mu_i,\sigma_i^2)$，$i=1,2$. 由性质 7 知，给定 $X_2=x_2$，X_1 的条件分布为 $N_1(\mu_{1,2},\Sigma_{11,2})$，其中

$$\mu_{1,2}=\mu_1+\rho\left(\frac{\sigma_2}{\sigma_1}\right)(x_2-\mu_2),\quad \Sigma_{11,2}=\sigma_1^2(1-\rho^2),$$

同理可得，在给定 $X_1=x_1$ 时 X_2 的条件分布为 $N(\mu_{2,1},\Sigma_{22,1})$，其中

$$\mu_{2,1}=\mu_2+\rho\left(\frac{\sigma_1}{\sigma_2}\right)(x_1-\mu_1),\quad \Sigma_{22,1}=\sigma_2^2(1-\rho^2).$$

性质 8 若 $\boldsymbol{X}$ 服从 p 维 $N_p(\boldsymbol{\mu},\boldsymbol{\Sigma})$ 分布，且 $|\boldsymbol{\Sigma}|\neq 0$，则

$$\eta\overset{\text{def}}{=\!=\!=}(\boldsymbol{X}-\boldsymbol{\mu})^{\mathrm{T}}\boldsymbol{\Sigma}^{-1}(\boldsymbol{X}-\boldsymbol{\mu})\sim\chi^2(p),$$

其中 $\chi^2(p)$ 表示自由度为 p 的 χ^2 分布.

证明 若令 $\boldsymbol{Y}\overset{\text{def}}{=\!=\!=}\boldsymbol{\Sigma}^{-\frac{1}{2}}(\boldsymbol{X}-\boldsymbol{\mu})$，则由性质 3，$\boldsymbol{Y}=(Y_1,Y_2,\cdots,Y_p)^{\mathrm{T}}$ 服从 p 维 $N_p(\boldsymbol{0},\boldsymbol{I})$ 分布，因此

$$\boldsymbol{Y}^{\mathrm{T}}\boldsymbol{Y}=\sum_{j=1}^{p}Y_j^2$$

为 p 个相互独立 $N(0,1)$ 分布随机变量的平方和，所以 $\boldsymbol{Y}^{\mathrm{T}}\boldsymbol{Y}$ 服从 $\chi^2(p)$ 分布，另一方面

$$\boldsymbol{Y}^{\mathrm{T}}\boldsymbol{Y}=(\boldsymbol{X}-\boldsymbol{\mu})^{\mathrm{T}}\boldsymbol{\Sigma}^{-\frac{1}{2}}\boldsymbol{\Sigma}^{-\frac{1}{2}}(\boldsymbol{X}-\boldsymbol{\mu})=(\boldsymbol{X}-\boldsymbol{\mu})^{\mathrm{T}}\boldsymbol{\Sigma}^{-1}(\boldsymbol{X}-\boldsymbol{\mu})=\eta,$$

所以 $\eta\sim\chi^2(p)$ 分布.

有了上面的预备知识，就可以讨论多元正态分布的参数 $\boldsymbol{\mu},\boldsymbol{\Sigma}$ 的估计和检验问题了.

7.2 多元正态分布参数的估计与假设检验

7.2.1 参数 $\boldsymbol{\mu}$ 和 $\boldsymbol{\Sigma}$ 的估计

在工程实际中，多元正态分布的参数 $\boldsymbol{\mu}$ 和 $\boldsymbol{\Sigma}$ 常常是未知的，需要由样本来作相应的估计.

设 $\boldsymbol{X}$ 服从 p 维正态分布 $N_p(\boldsymbol{\mu},\boldsymbol{\Sigma})$，$(\boldsymbol{X}_1,\boldsymbol{X}_2,\cdots,\boldsymbol{X}_n)^{\mathrm{T}}$ 为来自总体 $N_p(\boldsymbol{\mu},\boldsymbol{\Sigma})$ 的容量为 n 的样本 $(n>p)$，在此每个 $\boldsymbol{X}_i$ 都为 p 维向量 $(i=1,2,\cdots,n)$. 为简单计，仅考虑 $|\boldsymbol{\Sigma}|\neq 0$ 的情形，即非退化情形.

令

$$\bar{\boldsymbol{X}}=\frac{1}{n}\sum_{i=1}^{n}\boldsymbol{X}_i, \tag{7.5}$$

$$\boldsymbol{S}=\sum_{k=1}^{n}(\boldsymbol{X}_k-\bar{\boldsymbol{X}})(\boldsymbol{X}_k-\bar{\boldsymbol{X}})^{\mathrm{T}}, \tag{7.6}$$

称 $\bar{\boldsymbol{X}}$ 为样本均值向量，称 $\boldsymbol{S}$ 为样本离差阵. 可以证明：

定理 7.1　若$(\boldsymbol{X}_1,\boldsymbol{X}_2,\cdots,\boldsymbol{X}_n)^{\mathrm{T}}$为取自非退化 p 维正态总体 $N_p(\boldsymbol{\mu},\boldsymbol{\Sigma})$的容量为 n 的样本，$f(\boldsymbol{x}_i;\boldsymbol{\mu},\boldsymbol{\Sigma})$为 $\boldsymbol{X}_i$ 的分布密度，则样本均值 $\bar{\boldsymbol{X}}$ 是均值向量 $\boldsymbol{\mu}$ 的最大似然估计，而 $\boldsymbol{S}/n$ 是 $\boldsymbol{\Sigma}$ 的最大似然估计，且

$$\begin{aligned}\max_{\mu,\Sigma}\Big(\prod_{i=1}^{n}f(\boldsymbol{x}_i;\boldsymbol{\mu},\boldsymbol{\Sigma})\Big)&=\prod_{i=1}^{n}f\left(\boldsymbol{X}_i;\bar{\boldsymbol{X}},\frac{\boldsymbol{S}}{n}\right)\\&=\exp\left\{-\frac{np}{2}\lg(2\pi)-\frac{np}{2}-\frac{n}{2}\lg\left|\frac{\boldsymbol{S}}{n}\right|\right\}.\end{aligned}$$

定理 7.2　若$(\boldsymbol{X}_1,\boldsymbol{X}_2,\cdots,\boldsymbol{X}_n)^{\mathrm{T}}$为来自 p 维正态总体 $N_p(\boldsymbol{\mu},\boldsymbol{\Sigma})$的样本，则 $\bar{\boldsymbol{X}}$ 是 $\boldsymbol{\mu}$ 的最小方差无偏估计，而 $\boldsymbol{S}/(n-1)$是 $\boldsymbol{\Sigma}$ 的最小方差无偏估计.

定理 7.3　若$(\boldsymbol{X}_1,\boldsymbol{X}_2,\cdots,\boldsymbol{X}_n)^{\mathrm{T}}$为取自 p 维正态总体 $N_p(\boldsymbol{\mu},\boldsymbol{\Sigma})$的样本，$\bar{\boldsymbol{X}},\boldsymbol{S}$ 分别由式(7.5)和式(7.6)规定，则

(1) $\bar{\boldsymbol{X}}$ 服从正态分布 $N\left(\boldsymbol{\mu},\frac{1}{n}\boldsymbol{\Sigma}\right)$；

(2) 存在相互独立的 p 维 $N(\boldsymbol{0},\boldsymbol{\Sigma})$分布变量 $\boldsymbol{Y}_1,\cdots,\boldsymbol{Y}_{n-1}$，使 $\boldsymbol{S}$ 可表为

$$\boldsymbol{S}=\sum_{i=1}^{n-1}\boldsymbol{Y}_i\boldsymbol{Y}_i^{\mathrm{T}};\tag{7.7}$$

(3) $\bar{\boldsymbol{X}}$ 与 $\boldsymbol{S}$ 相互独立.

证明　(1) 因 $\bar{\boldsymbol{X}}=\frac{1}{n}\sum_{i=1}^{n}X_i$ 可看为 $n\times p$ 维正态变量$(\boldsymbol{X}_1,\cdots,\boldsymbol{X}_n)^{\mathrm{T}}$的线性变换，由性质 3 知，$\bar{\boldsymbol{X}}$ 服从正态分布，又因为

$$E\bar{\boldsymbol{X}}=\frac{1}{n}\sum_{i=1}^{n}E(\boldsymbol{X}_i)=\boldsymbol{\mu},$$

$$\begin{aligned}D\bar{\boldsymbol{X}}&=E\left\{\left(\frac{1}{n}\sum_{i=1}^{n}\boldsymbol{X}_i-\boldsymbol{\mu}\right)\left(\frac{1}{n}\sum_{i=1}^{n}\boldsymbol{X}_i-\boldsymbol{\mu}\right)^{\mathrm{T}}\right\}\\&=\frac{1}{n^2}\sum_{i,j=1}^{n}E\{(\boldsymbol{X}_i-\boldsymbol{\mu})(\boldsymbol{X}_j-\boldsymbol{\mu})^{\mathrm{T}}\}=\frac{1}{n}\boldsymbol{\Sigma},\end{aligned}$$

从而知 $\bar{\boldsymbol{X}}$ 服从正态分布 $N\left(\boldsymbol{\mu},\frac{1}{n}\boldsymbol{\Sigma}\right)$.

(2),(3) 若记 $p\times n$ 矩阵为

$$\boldsymbol{X}^*=(\boldsymbol{X}_1-\boldsymbol{\mu},\cdots,\boldsymbol{X}_n-\boldsymbol{\mu})^{\mathrm{T}},$$

取 $n\times n$ 正交阵 $\boldsymbol{U}$，其第 n 列元素都是$\frac{1}{\sqrt{n}}$，又令

$$\eta=(Y_1,Y_2,\cdots,Y_n)^{\mathrm{T}}=\boldsymbol{X}^*\boldsymbol{U},$$

这时，$\boldsymbol{Y}_1,\boldsymbol{Y}_2,\cdots,\boldsymbol{Y}_n$ 是由 $\boldsymbol{X}_1,\boldsymbol{X}_2,\cdots,\boldsymbol{X}_n$ 分量的线性变换构成的，所以 $\boldsymbol{Y}_1,\cdots,\boldsymbol{Y}_n$ 服从 p 维正态分布. 为了求出 $\boldsymbol{Y}_j$ 的均值和方差，用 $\boldsymbol{U}$ 的元素来表示 $\boldsymbol{Y}_j$ 与 $\boldsymbol{X}_i$ 的关系.

若 $\boldsymbol{U}=(u_{ij})$，则

$$u_{in}=\frac{1}{\sqrt{n}},\boldsymbol{Y}_j=\sum_{i=1}^{n}u_{ij}(\boldsymbol{X}_i-\boldsymbol{\mu}),\quad i,j=1,2,\cdots,n,$$

特别地

$$\boldsymbol{Y}_n=\frac{1}{\sqrt{n}}\sum_{i=1}^{n}(\boldsymbol{X}_i-\boldsymbol{\mu})=\sqrt{n}(\overline{\boldsymbol{X}}-\boldsymbol{\mu}),$$

并且

$$E(\boldsymbol{Y}_j)=E\Big[\sum_{i=1}^{n}u_{ij}(\boldsymbol{X}_i-\boldsymbol{\mu})\Big]=\boldsymbol{0},$$

而对于 $\boldsymbol{Y}_j,\boldsymbol{Y}_k$ 的协方差有

$$\begin{aligned}\mathrm{Cov}(\boldsymbol{Y}_j,\boldsymbol{Y}_k)&=\mathrm{Cov}\Big(\sum_{i=1}^{n}u_{ij}\boldsymbol{X}_i,\sum_{l=1}^{n}u_{lk}\boldsymbol{X}_l\Big)\\&=\sum_{i=1}^{n}u_{ij}u_{ik}\mathrm{Cov}(\boldsymbol{X}_i,\boldsymbol{X}_i)=\Big(\sum_{i=1}^{n}u_{ij}u_{ik}\Big)\boldsymbol{\Sigma}=\delta_{jk}\boldsymbol{\Sigma},\end{aligned}$$

其中 $\delta_{jk}=\begin{cases}1,j=k,\\0,j\neq k,\end{cases}$ 所以 $\boldsymbol{Y}_1,\boldsymbol{Y}_2,\cdots,\boldsymbol{Y}_n$ 相互独立，且同服从于正态分布 $N(\boldsymbol{0},\boldsymbol{\Sigma})$，而

$$\begin{aligned}\sum_{i=1}^{n}(\boldsymbol{X}_i-\boldsymbol{\mu})(\boldsymbol{X}_i-\boldsymbol{\mu})^{\mathrm{T}}&=\boldsymbol{X}^*(\boldsymbol{X}^*)^{\mathrm{T}}=(\boldsymbol{\eta}\boldsymbol{U}^{-1})(\boldsymbol{\eta}\boldsymbol{U}^{-1})^{\mathrm{T}}\\&=\boldsymbol{\eta}\boldsymbol{U}^{-1}\boldsymbol{U}\boldsymbol{\eta}^{\mathrm{T}}=\boldsymbol{\eta}\boldsymbol{\eta}^{\mathrm{T}}=\sum_{i=1}^{n}\boldsymbol{Y}_i\boldsymbol{Y}_i^{\mathrm{T}}.\end{aligned}$$

由式(7.6)

$$\begin{aligned}\boldsymbol{S}&=\sum_{i=1}^{n}(\boldsymbol{X}_i-\boldsymbol{\mu})(\boldsymbol{X}_i-\boldsymbol{\mu})^{\mathrm{T}}-n(\overline{\boldsymbol{X}}-\boldsymbol{\mu})(\overline{\boldsymbol{X}}-\boldsymbol{\mu})^{\mathrm{T}}\\&=\sum_{i=1}^{n}\boldsymbol{Y}_i\boldsymbol{Y}_i^{\mathrm{T}}-\boldsymbol{Y}_n\boldsymbol{Y}_n^{\mathrm{T}}=\sum_{i=1}^{n-1}\boldsymbol{Y}_i\boldsymbol{Y}_i^{\mathrm{T}},\end{aligned}$$

所以式(7.3)成立，且 $\boldsymbol{S}=\sum_{i=1}^{n-1}\boldsymbol{Y}_i\boldsymbol{Y}_i^{\mathrm{T}}$ 与 $\boldsymbol{Y}_n$ 独立，即 $\boldsymbol{S}$ 与 $\overline{\boldsymbol{X}}$ 独立.

例 7.2 已知 $\boldsymbol{X}=(X_1,X_2)^{\mathrm{T}}$ 服从正态分布 $N_2(\boldsymbol{\mu},\boldsymbol{\Sigma})$，今从中抽取容量为 20 的一个样本，得样本值(见表 7.1).

表 7.1 样本值表

序号	1	2	3	4	5	6	7	8	9	10
x_1	63	63	70	6	65	9	10	12	20	30
x_2	971	892	1 125	82	931	112	162	321	315	375
序号	11	12	13	14	15	16	17	18	19	20
x_1	33	27	21	5	14	27	17	53	62	65
x_2	462	352	305	34	229	332	185	703	872	740

试求 $\boldsymbol{\mu}$ 和 $\boldsymbol{\Sigma}$ 的最小方差无偏估计值.

解　由定理 7.2 知 $\boldsymbol{\mu}$ 的最小方差无偏估计值 $\hat{\boldsymbol{\mu}}$ 为

$$\hat{\boldsymbol{\mu}}=\overline{\boldsymbol{X}}=\frac{1}{20}\begin{bmatrix}68+63+\cdots+65\\971+892+\cdots+740\end{bmatrix}=\begin{bmatrix}33.85\\477.50\end{bmatrix}=\begin{bmatrix}\overline{x}_1\\\overline{x}_2\end{bmatrix}.$$

由于样本离差阵

$$\begin{aligned}\boldsymbol{S}&=\sum_{k=1}^{20}(\boldsymbol{X}_k-\overline{\boldsymbol{X}})(\boldsymbol{X}_k-\overline{\boldsymbol{X}})^{\mathrm{T}}\\&=\sum_{k=1}^{20}\left[\begin{bmatrix}x_{k_1}\\x_{k_2}\end{bmatrix}-\begin{bmatrix}\overline{x}_1\\\overline{x}_2\end{bmatrix}\right]\left[\begin{bmatrix}x_{k_1}\\x_{k_2}\end{bmatrix}-\begin{bmatrix}\overline{x}_1\\\overline{x}_2\end{bmatrix}\right]^{\mathrm{T}}\\&=\begin{bmatrix}\sum\limits_{k=1}^{20}(x_{k_1}-\overline{x}_1)^2 & \sum\limits_{k=1}^{20}(x_{k_1}-\overline{x}_1)(x_{k_2}-\overline{x}_2)\\\sum\limits_{k=1}^{20}(x_{k_2}-\overline{x}_2)(x_{k_1}-\overline{x}_1) & \sum\limits_{k=1}^{20}(x_{k_2}-\overline{x}_2)^2\end{bmatrix}\\&=\begin{bmatrix}10\,838.55 & 149\,056.50\\149\,056.50 & 2\,135\,681.00\end{bmatrix},\end{aligned}$$

所以 $\boldsymbol{\Sigma}$ 的最小方差无偏估计值 $\hat{\boldsymbol{\Sigma}}$ 为

$$\hat{\boldsymbol{\Sigma}}=\frac{1}{20-1}\boldsymbol{S}=\begin{bmatrix}570.45 & 7\,845.08\\7\,845.08 & 112\,404.26\end{bmatrix}.$$

7.2.2　正态总体均值向量的假设检验

在第 5 章中，我们曾讨论了单个正态总体与两个正态总体均值的有关检验，现在讨论单个和两个 p 维正态总体均值向量的有关检验. 类似于一维情形，在此分别对协差阵已知与未知两种情况进行讨论.

1. 协差阵 $\boldsymbol{\Sigma}$ 已知时，均值向量 $\boldsymbol{\mu}$ 的检验

设 $(X_1,X_2,\cdots,X_n)^{\mathrm{T}}$ 为取自正态总体 $N_p(\boldsymbol{\mu},\boldsymbol{\Sigma})$ 的样本，其中 $\boldsymbol{\Sigma}$ 已知，且 $\boldsymbol{\Sigma}>0$. 要检验假设

$$H_0:\boldsymbol{\mu}=\boldsymbol{\mu}_0\leftrightarrow H_1:\boldsymbol{\mu}\neq\boldsymbol{\mu}_0,$$

其中 $\boldsymbol{\mu}_0$ 为已知的 p 维列向量. 为了检验假设 H_0，引入统计量，

$$\eta=n(\overline{\boldsymbol{X}}-\boldsymbol{\mu}_0)^{\mathrm{T}}\boldsymbol{\Sigma}^{-1}(\overline{\boldsymbol{X}}-\boldsymbol{\mu}_0),$$

由定理 7.3 知 $\overline{\boldsymbol{X}}$ 服从正态分布 $N\left(\boldsymbol{\mu},\frac{1}{n}\boldsymbol{\Sigma}\right)$，所以当 H_0 成立时，即 $\boldsymbol{\mu}=\boldsymbol{\mu}_0$ 时，η 服从自由度为 p 的 χ^2 分布. 而当 H_0 不成立时，即 $\boldsymbol{\mu}\neq\boldsymbol{\mu}_0$ 时，η 有偏大的趋势. 因此，对于给定的检验水平 α，查 χ^2 分布表，可得 $\chi^2_\alpha(p)$ 的值使

$$P\{\eta \geqslant \chi_{\alpha}^{2}(p)\} = \alpha.$$

根据样本值可计算出 η 的值 η^*，若 $\eta^* \geqslant \chi_{\alpha}^{2}(p)$，则拒绝 H_0，即认为总体均值向量与 $\boldsymbol{\mu}_0$ 有显著差异，若 $\eta^* < \chi_{\alpha}^{2}(p)$，则接受 H_0，即认为总体均值向量与 $\boldsymbol{\mu}_0$ 无显著差异.

在实际计算 η 时，不需要直接求出 $\boldsymbol{\Sigma}^{-1}$，而是由样本值先求出样本均值向量 $\overline{\boldsymbol{X}}$，再计算出 $\overline{\boldsymbol{X}}-\boldsymbol{\mu}_0$，又令

$$\boldsymbol{b} = \boldsymbol{\Sigma}^{-1}(\overline{\boldsymbol{X}} - \boldsymbol{\mu}_0), \tag{7.8}$$

其中 $\boldsymbol{b}$ 为待求向量. 用 $\boldsymbol{\Sigma}$ 左乘式(7.8)两端得

$$\boldsymbol{\Sigma b} = \overline{\boldsymbol{X}} - \boldsymbol{\mu}_0, \tag{7.9}$$

式(7.9)是 $\boldsymbol{b}$ 满足的线性方程组，由于 $\boldsymbol{\Sigma}$ 已知，从而解方程组(7.9)可求出 $\boldsymbol{b}$，于是就可求得 $\eta=n(\overline{\boldsymbol{X}}-\boldsymbol{\mu}_0)^{\mathrm{T}}\boldsymbol{b}$ 的值. 这种方法避免了求逆阵 $\boldsymbol{\Sigma}^{-1}$ 的繁琐计算.

2. 当协差阵 $\boldsymbol{\Sigma}$ 未知时，均值向量 $\boldsymbol{\mu}$ 的检验

设$(\boldsymbol{X}_1,\boldsymbol{X}_2,\cdots,\boldsymbol{X}_n)^{\mathrm{T}}$ 为取自正态总体 $N_p(\boldsymbol{\mu},\boldsymbol{\Sigma})$的样本，协差阵 $\boldsymbol{\Sigma}$ 未知，要检验假设

$$H_0: \boldsymbol{\mu} = \boldsymbol{\mu}_0 \leftrightarrow H_1: \boldsymbol{\mu} \neq \boldsymbol{\mu}_0,$$

其中 $\boldsymbol{\mu}_0$ 为已知的 p 维列向量. 由于 $\boldsymbol{\Sigma}$ 未知，从而不能使用统计量 η，但由定理 7.2 知 $\boldsymbol{S}/(n-1)$是 $\boldsymbol{\Sigma}$ 的最小方差无偏估计，从而可用$(n-1)\boldsymbol{S}^{-1}$代替 $\boldsymbol{\Sigma}^{-1}$，这里 $\boldsymbol{S}^{-1}$ 为样本离差阵 $\boldsymbol{S}$ 的逆矩阵，$\boldsymbol{\Sigma}^{-1}$ 为 $\boldsymbol{\Sigma}$ 的逆矩阵. 引入统计量

$$F = \frac{(n-p)}{(n-1)p}T^2,$$

其中 $T^2=n(n-1)(\overline{\boldsymbol{X}}-\boldsymbol{\mu}_0)^{\mathrm{T}}\boldsymbol{S}^{-1}(\overline{\boldsymbol{X}}-\boldsymbol{\mu}_0)$，称 T^2 为霍太林统计量，可以证明，当 H_0 成立时，即 $\boldsymbol{\mu}=\boldsymbol{\mu}_0$ 时，$F \sim F(p,n-p)$.

而当 H_1 成立时，统计量 F 有偏大的趋势. 因此 F 可作为检验假设 H_0 的统计量. 当给定检验水平 α 时，查 F 分布表可求出 $F_{\alpha}(p,n-p)$的值，使

$$P\{F \geqslant F_{\alpha}(p,n-p)\} = \alpha.$$

根据样本值求出 F 的值 F^*，当 $F^* \geqslant F_{\alpha}(p,n-p)$时，则拒绝 H_0，即认为总体均值向量与 $\boldsymbol{\mu}_0$ 有显著差异，当 $F^* < F_{\alpha}(p,n-p)$时，则接受 H_0，即认为总体均值向量与 $\boldsymbol{\mu}_0$ 无显著差异.

3. 两个正态总体均值向量是否相等的检验

设$(\boldsymbol{X}_1,\boldsymbol{X}_2,\cdots,\boldsymbol{X}_m)^{\mathrm{T}}$ 是取自正态总体 $N_p(\boldsymbol{\mu}_1,\boldsymbol{\Sigma})$的样本，$(\boldsymbol{Y}_1,\boldsymbol{Y}_2,\cdots,\boldsymbol{Y}_n)^{\mathrm{T}}$ 是取自正态总体 $N_p(\boldsymbol{\mu}_2,\boldsymbol{\Sigma})$的样本，$m>p$，$n>p$ 且两个样本相互独立，$\boldsymbol{\Sigma}$ 是两个正态总体共同的协方差阵$(\boldsymbol{\Sigma}>0)$. 要检验假设

$$H_0: \boldsymbol{\mu}_1 = \boldsymbol{\mu}_2 \leftrightarrow H_1: \boldsymbol{\mu}_1 \neq \boldsymbol{\mu}_2.$$

当 $\boldsymbol{\Sigma}$ 已知时，引入统计量

$$\chi_{mn}^2 = \frac{mn}{m+n}(\overline{\boldsymbol{X}}-\overline{\boldsymbol{Y}})^{\mathrm{T}}\boldsymbol{\Sigma}^{-1}(\overline{\boldsymbol{X}}-\overline{\boldsymbol{Y}}),$$

其中 $\overline{\boldsymbol{X}},\overline{\boldsymbol{Y}}$ 分别是两个正态总体 $N_p(\boldsymbol{\mu}_1,\boldsymbol{\Sigma})$ 与 $N_p(\boldsymbol{\mu}_2,\boldsymbol{\Sigma})$ 的样本均值. 利用定理 7.3 及 χ^2 分布的性质可以证明，当 H_0 成立时，χ_{mn}^2 服从自由度为 p 的 χ^2 分布；当 H_1 成立时($\boldsymbol{\mu}_1 \neq \boldsymbol{\mu}_2$)，$\chi_{mn}^2$ 的值有偏大的趋势，因此 χ_{mn}^2 可作为检验假设 H_0 的统计量.

对于给定的检验水平 α，查 χ^2 分布表可得 $\chi_\alpha^2(p)$ 的值，使

$$P\{\chi_{mn}^2 \geqslant \chi_\alpha^2(p)\} = \alpha.$$

由样本值计算 χ_{mn}^2 的值 $\hat{\chi}_{mn}^2$，当 $\hat{\chi}_{mn}^2 \geqslant \chi_\alpha^2(p)$ 时，拒绝 H_0，即认为两正态总体的均值向量有显著差异；当 $\hat{\chi}_{mn}^2 < \chi_\alpha^2(p)$ 时，接受 H_0，即认为两正态总体的均值向量无显著差异.

当 $\boldsymbol{\Sigma}$ 未知时，检验的统计量为

$$F = \frac{mn(m+n-p-1)}{p(m+n)(m+n-2)}(\overline{\boldsymbol{X}}-\overline{\boldsymbol{Y}})^{\mathrm{T}}\boldsymbol{S}^{-1}(\overline{\boldsymbol{X}}-\overline{\boldsymbol{Y}}),$$

其中

$$\overline{\boldsymbol{X}} = \frac{1}{m}\sum_{i=1}^{m}\boldsymbol{X}_i,\quad \overline{\boldsymbol{Y}} = \frac{1}{n}\sum_{i=1}^{n}\boldsymbol{Y}_i,$$

$$\boldsymbol{S}^{-1} = (m+n-2)(\boldsymbol{S}_1+\boldsymbol{S}_2)^{-1},$$

$$\boldsymbol{S}_1 = \sum_{k=1}^{m}(\boldsymbol{X}_k-\overline{\boldsymbol{X}})(\boldsymbol{X}_k-\overline{\boldsymbol{X}})^{\mathrm{T}},$$

$$\boldsymbol{S}_2 = \sum_{k=1}^{n}(\boldsymbol{Y}_k-\overline{\boldsymbol{Y}})(\boldsymbol{Y}_k-\overline{\boldsymbol{Y}})^{\mathrm{T}},$$

这里 $\boldsymbol{S}$ 是协差阵 $\boldsymbol{\Sigma}$ 的估计量，$\boldsymbol{S}_1,\boldsymbol{S}_2$ 分别是两个总体 $N_p(\boldsymbol{\mu}_1,\boldsymbol{\Sigma})$ 与 $N_p(\boldsymbol{\mu}_2,\boldsymbol{\Sigma})$ 的样本离差阵. 可以证明，当 $H_0: \boldsymbol{\mu}_1=\boldsymbol{\mu}_2$ 成立时

$$F \sim F(p,m+n-p-1).$$

而当 H_1 成立时，F 有偏大的趋势，因此，对给定的检验水平 α，查 F 分布表，可得 $F_\alpha(p,m+n-p-1)$ 的值，再由样本值求出统计量的观察值 F^*，若 $F^* \geqslant F_\alpha(p,m+n-p-1)$，就拒绝 H_0，即认为两正态总体的均值向量有显著差异，若 $F^* < F_\alpha(p,m+n-p-1)$ 则接受 H_0，即认为两个正态总体的均值向量无显著差异.

例 7.3　设 X,Y 为两个正态总体，$X \sim N_2(\boldsymbol{\mu}_1,\boldsymbol{\Sigma})$，$Y \sim N_2(\boldsymbol{\mu}_2,\boldsymbol{\Sigma})$，$\boldsymbol{\Sigma}$ 未知 ($\boldsymbol{\Sigma}>0$)，今从两个总体中随机抽取两个相互独立的样本(每个总体抽取一个，样本容量为 4)，得样本值如下(见表 7.2(1)～(2)). 试在检验水平 $\alpha=0.01$ 下检验假设 $H_0: \boldsymbol{\mu}_1=\boldsymbol{\mu}_2 \leftrightarrow H_1: \boldsymbol{\mu}_1 \neq \boldsymbol{\mu}_2$.

解　本例中 $m=n=4,p=2$. 经计算知

$$\overline{\boldsymbol{X}} = \begin{bmatrix}\overline{x}_1\\ \overline{x}_2\end{bmatrix} = \begin{bmatrix}141.875\\ 21.75\end{bmatrix},\quad \overline{\boldsymbol{Y}} = \begin{bmatrix}\overline{y}_1\\ \overline{y}_2\end{bmatrix} = \begin{bmatrix}65.125\\ 63.375\end{bmatrix},$$

$$S=\frac{1}{m+n-2}(S_1+S_2)=\frac{1}{6}(S_1+S_2)=\begin{bmatrix}309.90 & 86.36\\ 86.36 & 124.99\end{bmatrix},$$

$$T^2 \xlongequal{\text{def}} \frac{mn}{m+n}(\overline{X}-\overline{Y})^{\mathrm{T}}S^{-1}(\overline{X}-\overline{Y})=116.7,$$

$$F=\frac{m+n-p-1}{(m+n-2)p}T^2=\frac{5}{6\cdot 2}116.7=48.625.$$

表 7.2(1)

分量＼样本	X_1	X_2	X_3	X_4
x_{k_1}	131.5	145	141	150
x_{k_2}	9	12	30	36

表 7.2(2)

分量＼样本	Y_1	Y_2	Y_3	Y_4
y_{k_1}	40.5	80	50	90
y_{k_2}	54	74.5	64.5	60.5

查 F 分布表得 $F_{0.01}(2,5)=13.27$，因为 $48.625>F_{0.01}(2,5)$，从而拒绝 H_0，可认为两个正态总体均值向量的差异高度显著.

7.3 判别分析

在许多自然科学和社会科学的研究中，经常会遇到需要判别的问题. 例如一个病人肺部有阴影，大夫要判断他是肺结核、肺部良性肿瘤还是肺癌. 这里，肺结核病人、肺部良性肿瘤病人以及肺癌病人组成三个总体，病人来源于这三个总体之一，判别分析的目的是通过病人的指标(阴影大小、阴影部位、边缘是否光滑等)来判断他应该属于哪个总体(即判断他生的是什么病). 又如根据已有的气象资料(气温、气压等)来判断明天是晴天还是阴天，是有雨还是无雨. 在考古学、古生物学和一些社会现象的调查中，都有类似的问题，所以判别分析是应用性很强的一种多元分析方法.

判别分析的模型可以这样来描述：有 R 个总体 $G_1,\cdots,G_R$，它们的分布函数分别是 $F_1(x),\cdots,F_R(x)$，均为 p 维分布函数，对给定的一个新样品，需要判断它来自哪个总体. 解决这个问题可以有多种方法，本节介绍几种常用的判别分析方法.

7.3.1 距离判别方法

距离判别法是定义一个样品到某个总体的"距离"，然后根据样品到各个总体的"距离"的远近来判断样品的归属. 为此先介绍马氏距离的概念.

1. 马氏距离的概念

马氏距离是印度统计学家马哈拉诺比斯于 1936 年提出的一种距离概念，其定义如下：

定义 7.2 设 $\boldsymbol{X},\boldsymbol{Y}$ 是从总体 G 中抽取的样品，G 服从 p 维正态分布 $N_p(\boldsymbol{\mu},\boldsymbol{\Sigma})$，$\boldsymbol{\Sigma}>0$，定义 $\boldsymbol{X},\boldsymbol{Y}$ 两点之间的马氏距离为 $D(\boldsymbol{X},\boldsymbol{Y})$，这里

$$D^2(\boldsymbol{X},\boldsymbol{Y})=(\boldsymbol{X}-\boldsymbol{Y})^{\mathrm{T}}\boldsymbol{\Sigma}^{-1}(\boldsymbol{X}-\boldsymbol{Y}),$$

定义 $\boldsymbol{X}$ 至总体 G 的马氏距离为 $D(\boldsymbol{X},G)$，这里

$$D^2(\boldsymbol{X},G)=(\boldsymbol{X}-\boldsymbol{\mu})^{\mathrm{T}}\boldsymbol{\Sigma}^{-1}(\boldsymbol{X}-\boldsymbol{\mu}),$$

即 $\boldsymbol{X}$ 与总体 G 的均值向量 $\boldsymbol{\mu}$ 的距离.

可以证明，马氏距离符合通常距离的定义即具有非负性、自反性且满足三角不等式. 事实上，

$$\begin{aligned}D(\boldsymbol{X},\boldsymbol{Y})&=\sqrt{D^2(\boldsymbol{X},\boldsymbol{Y})}=\sqrt{(\boldsymbol{X}-\boldsymbol{Y})^{\mathrm{T}}\boldsymbol{\Sigma}^{-1}(\boldsymbol{X}-\boldsymbol{Y})}\\&=\sqrt{(\boldsymbol{X}-\boldsymbol{Y})^{\mathrm{T}}\boldsymbol{\Sigma}^{-\frac{1}{2}}\boldsymbol{\Sigma}^{-\frac{1}{2}}(\boldsymbol{X}-\boldsymbol{Y})}\\&=\sqrt{(\boldsymbol{\Sigma}^{-\frac{1}{2}}(\boldsymbol{X}-\boldsymbol{Y}))^{\mathrm{T}}(\boldsymbol{\Sigma}^{-\frac{1}{2}}(\boldsymbol{X}-\boldsymbol{Y}))}\geqslant 0\end{aligned}$$

仅当 $\boldsymbol{X}=\boldsymbol{Y}$ 时，$D(\boldsymbol{X},\boldsymbol{Y})=0$.

而自反性. $D(\boldsymbol{X},\boldsymbol{Y})=D(\boldsymbol{Y},\boldsymbol{X})$ 是很明显的.

下证满足三角不等式，设 $\boldsymbol{X},\boldsymbol{Y},\boldsymbol{Z}$ 为总体 G 的样品，为证明

$$D(\boldsymbol{X},\boldsymbol{Z})\leqslant D(\boldsymbol{X},\boldsymbol{Y})+D(\boldsymbol{Y},\boldsymbol{Z}),$$

令

$$\begin{aligned}\boldsymbol{W}&=\boldsymbol{\Sigma}^{-\frac{1}{2}}(\boldsymbol{X}-\boldsymbol{Z})=\boldsymbol{\Sigma}^{-\frac{1}{2}}(\boldsymbol{X}-\boldsymbol{Y}+\boldsymbol{Y}-\boldsymbol{Z})\\&=\boldsymbol{\Sigma}^{-\frac{1}{2}}(\boldsymbol{X}-\boldsymbol{Y})+\boldsymbol{\Sigma}^{-\frac{1}{2}}(\boldsymbol{Y}-\boldsymbol{Z})\xlongequal{\text{def}}\boldsymbol{U}+\boldsymbol{V}.\end{aligned}$$

由 Minkowski 不等式得

$$D(\boldsymbol{X},\boldsymbol{Z})=\sqrt{\boldsymbol{W}^{\mathrm{T}}\boldsymbol{W}}\leqslant\sqrt{\boldsymbol{U}^{\mathrm{T}}\boldsymbol{U}}+\sqrt{\boldsymbol{V}^{\mathrm{T}}\boldsymbol{V}}=D(\boldsymbol{X},\boldsymbol{Y})+D(\boldsymbol{Y},\boldsymbol{Z}),$$

当 $\boldsymbol{\Sigma}$ 为单位矩阵时，马氏距离就化为通常的欧氏距离.

有了马氏距离的概念，就可以用“距离”这个尺度来判别样品的归属了.

2. 两个总体的判别

设有两个总体 G_1 和 G_2，G_1 服从正态分布 $N_p(\boldsymbol{\mu}_1,\boldsymbol{\Sigma}_1)$，$G_2$ 服从正态分布 $N_p(\boldsymbol{\mu}_2,\boldsymbol{\Sigma}_2)$，$\boldsymbol{\Sigma}_1\neq\boldsymbol{\Sigma}_2$，对于给定的一个样品 $\boldsymbol{X}$（p 维），要判断它来自哪个总体. 一个最直观的想法是计算新样品 $\boldsymbol{X}$ 到两个总体的距离. 若 $\boldsymbol{X}$ 到 G_1 和 G_2 的马氏距离分别为 $D(\boldsymbol{X},G_1)$ 和 $D(\boldsymbol{X},G_2)$，则可用如下规则进行判别

$$\begin{cases}\boldsymbol{X}\in G_1, & \text{当 } D(\boldsymbol{X},G_1)<D(\boldsymbol{X},G_2),\\ \boldsymbol{X}\in G_2, & \text{当 } D(\boldsymbol{X},G_1)>D(\boldsymbol{X},G_2),\\ \boldsymbol{X}\in G_1 \text{ 或 } G_2, & \text{当 } D(\boldsymbol{X},G_1)=D(\boldsymbol{X},G_2).\end{cases}\tag{7.10}$$

而

$$D^2(\boldsymbol{X},G_1)=(\boldsymbol{X}-\boldsymbol{\mu}_1)^{\mathrm{T}}\boldsymbol{\Sigma}_1^{-1}(\boldsymbol{X}-\boldsymbol{\mu}_1),$$
$$D^2(\boldsymbol{X},G_2)=(\boldsymbol{X}-\boldsymbol{\mu}_2)^{\mathrm{T}}\boldsymbol{\Sigma}_2^{-1}(\boldsymbol{X}-\boldsymbol{\mu}_2).$$

为了便于实际应用，人们通常考察样品 $\boldsymbol{X}$ 到 G_2 的距离与到 G_1 的距离之差 $D^2(\boldsymbol{X},G_2)-D^2(\boldsymbol{X},G_1)$，进一步求出了线性判别函数.

若 $\boldsymbol{\Sigma}_1=\boldsymbol{\Sigma}_2=\boldsymbol{\Sigma}$，这时

$$\begin{aligned}
&D^2(\boldsymbol{X},G_2)-D^2(\boldsymbol{X},G_1)\\
=&(\boldsymbol{X}-\mu_2)^{\mathrm{T}}\boldsymbol{\Sigma}^{-1}(\boldsymbol{X}-\boldsymbol{\mu}_2)-(\boldsymbol{X}-\boldsymbol{\mu}_1)^{\mathrm{T}}\boldsymbol{\Sigma}^{-1}(\boldsymbol{X}-\boldsymbol{\mu}_1)\\
=&\boldsymbol{X}^{\mathrm{T}}\boldsymbol{\Sigma}^{-1}\boldsymbol{X}-2\boldsymbol{X}^{\mathrm{T}}\boldsymbol{\Sigma}^{-1}\boldsymbol{\mu}_2+\boldsymbol{\mu}_2^{\mathrm{T}}\boldsymbol{\Sigma}^{-1}\boldsymbol{\mu}_2-\boldsymbol{X}^{\mathrm{T}}\boldsymbol{\Sigma}^{-1}\boldsymbol{X}+2\boldsymbol{X}^{\mathrm{T}}\boldsymbol{\Sigma}^{-1}\boldsymbol{\mu}_1-\boldsymbol{\mu}_1^{\mathrm{T}}\boldsymbol{\Sigma}^{-1}\boldsymbol{\mu}_1\\
=&2\boldsymbol{X}^{\mathrm{T}}\boldsymbol{\Sigma}^{-1}(\boldsymbol{\mu}_1-\boldsymbol{\mu}_2)+\boldsymbol{\mu}_2^{\mathrm{T}}\boldsymbol{\Sigma}^{-1}\boldsymbol{\mu}_2-\boldsymbol{\mu}_1^{\mathrm{T}}\boldsymbol{\Sigma}^{-1}\boldsymbol{\mu}_1\\
=&2\boldsymbol{X}^{\mathrm{T}}\boldsymbol{\Sigma}^{-1}(\boldsymbol{\mu}_1-\boldsymbol{\mu}_2)+(\boldsymbol{\mu}_1+\boldsymbol{\mu}_2)^{\mathrm{T}}\boldsymbol{\Sigma}^{-1}(\boldsymbol{\mu}_2-\boldsymbol{\mu}_1)\\
=&2\left(\boldsymbol{X}-\frac{\boldsymbol{\mu}_1+\boldsymbol{\mu}_2}{2}\right)^{\mathrm{T}}\boldsymbol{\Sigma}^{-1}(\boldsymbol{\mu}_1-\boldsymbol{\mu}_2).
\end{aligned}$$

当 $\boldsymbol{\mu}_1,\boldsymbol{\mu}_2,\boldsymbol{\Sigma}$ 已知时，令

$$\bar{\boldsymbol{\mu}}=\frac{1}{2}(\boldsymbol{\mu}_1+\boldsymbol{\mu}_2),\quad a=\boldsymbol{\Sigma}^{-1}(\boldsymbol{\mu}_1-\boldsymbol{\mu}_2),$$
$$W(\boldsymbol{X})=(\boldsymbol{X}-\bar{\boldsymbol{\mu}})^{\mathrm{T}}\boldsymbol{\Sigma}^{-1}(\boldsymbol{\mu}_1-\boldsymbol{\mu}_2)=(\boldsymbol{X}-\bar{\boldsymbol{\mu}})^{\mathrm{T}}a,$$

则 $D^2(\boldsymbol{X},G_2)-D^2(\boldsymbol{X},G_1)=2W(\boldsymbol{X})$，当 $W(\boldsymbol{X})>0$ 时，$D^2(\boldsymbol{X},G_2)>D^2(\boldsymbol{X},G_1)$，此时应判断 $\boldsymbol{X}\in G_1$，当 $W(\boldsymbol{X})<0$ 时应判断 $\boldsymbol{X}\in G_2$. 于是判别规则(7.10)可表示为

$$\begin{cases}\boldsymbol{X}\in G_1, & W(\boldsymbol{X})>0,\\ \boldsymbol{X}\in G_2, & W(\boldsymbol{X})<0,\\ \boldsymbol{X}\in G_1 \text{ 或 } \boldsymbol{X}\in G_2, & W(\boldsymbol{X})=0.\end{cases}$$

这个规则取决于 $W(\boldsymbol{X})$ 的值，通常称 $W(\boldsymbol{X})$ 为判别函数，由于它是 $\boldsymbol{X}$ 的线性函数，故又称为线性判别函数，$\boldsymbol{a}$ 称为判别系数. 线性判别函数使用起来很方便，在实际中有着广泛的应用.

当 $\boldsymbol{\mu}_1,\boldsymbol{\mu}_2,\boldsymbol{\Sigma}$ 未知时，可通过样本来估计. 设 $\boldsymbol{X}_1,\boldsymbol{X}_2,\cdots,\boldsymbol{X}_m$ 为取自总体 G_1 的容量为 m 的样本，$\boldsymbol{Y}_1,\boldsymbol{Y}_2,\cdots,\boldsymbol{Y}_n$ 为取自总体 G_2 的容量为 n 的样本，且两个样本相互独立. 若记

$$\bar{\boldsymbol{X}}=\frac{1}{m}\sum_{i=1}^{m}\boldsymbol{X}_i,\quad \bar{\boldsymbol{Y}}=\frac{1}{n}\sum_{i=1}^{n}\boldsymbol{Y}_i,$$
$$\boldsymbol{S}_1=\sum_{k=1}^{m}(\boldsymbol{X}_k-\bar{\boldsymbol{X}})(\boldsymbol{X}_k-\bar{\boldsymbol{X}})^{\mathrm{T}},\quad \boldsymbol{S}_2=\sum_{k=1}^{n}(\boldsymbol{Y}_k-\bar{\boldsymbol{Y}})(\boldsymbol{Y}_k-\bar{\boldsymbol{Y}})^{\mathrm{T}},$$
$$\hat{\boldsymbol{\Sigma}}=\frac{1}{m+n-2}(\boldsymbol{S}_1+\boldsymbol{S}_2),\quad \bar{\boldsymbol{\mu}}=\frac{1}{2}(\bar{\boldsymbol{X}}+\bar{\boldsymbol{Y}}),$$

则判别函数 $W(\boldsymbol{X})$ 与判别系数 $\boldsymbol{a}$ 分别为

$$W(\boldsymbol{X})=(\boldsymbol{X}-\bar{\boldsymbol{\mu}})^{\mathrm{T}}\hat{\boldsymbol{\Sigma}}^{-1}(\bar{\boldsymbol{X}}-\bar{\boldsymbol{Y}}),$$

$$\boldsymbol{a}=\hat{\boldsymbol{\Sigma}}^{-1}(\overline{\boldsymbol{X}}-\overline{\boldsymbol{Y}}).$$

应用判别规则(7.10)对一个给定的样品 $\boldsymbol{X}_0$ 进行判断时，也会发生错判的情形，即 $\boldsymbol{X}_0$ 本应属于 G_1，错判为 $\boldsymbol{X}_0\in G_2$，或者 $\boldsymbol{X}_0$ 应属于 G_2，错判为 $\boldsymbol{X}_0\in G_1$. 这种错判也称为误判，发生误判的可能性大小用概率来衡量，称为误判概率. 关于误判概率将在后面介绍.

3. 多个总体的判别

设有 k 个正态总体 $G_1,G_2,\cdots,G_k$，它们的均值向量和协差阵分别为 $\boldsymbol{\mu}_1$，$\boldsymbol{\mu}_2,\cdots,\boldsymbol{\mu}_k,\boldsymbol{\Sigma}_1,\boldsymbol{\Sigma}_2,\cdots,\boldsymbol{\Sigma}_k$ 且协差阵 $\boldsymbol{\Sigma}_i>0(i=1,2,\cdots,k)$，对给定的样品 $\boldsymbol{X}$，要判别它属于哪个总体. 下面分不同情况进行讨论.

(1)协方差阵相同时的判别

当 $\boldsymbol{\Sigma}_1=\boldsymbol{\Sigma}_2=\cdots=\boldsymbol{\Sigma}_k=\boldsymbol{\Sigma}$，且 $\boldsymbol{\mu}_1,\boldsymbol{\mu}_2,\cdots,\boldsymbol{\mu}_k,\boldsymbol{\Sigma}$ 均已知时，类似于两个总体的讨论，判别函数为

$$W_{ij}(\boldsymbol{X})=[\boldsymbol{X}-(\boldsymbol{\mu}_i+\boldsymbol{\mu}_j)/2]^{\mathrm{T}}\boldsymbol{\Sigma}^{-1}(\boldsymbol{\mu}_i-\boldsymbol{\mu}_j),\quad i,j=1,2,\cdots,k, \tag{7.11}$$

相应的判别规则是

$$\begin{cases}\boldsymbol{X}\in G_i, & W_{ij}(\boldsymbol{X})>0,\text{对一切 } j\neq i,\\ \boldsymbol{X}\in G_i \text{ 或 } \boldsymbol{X}\in G_j, & \text{某个 } W_{ij}(\boldsymbol{X})=0.\end{cases} \tag{7.12}$$

当 $\boldsymbol{\mu}_1,\cdots,\boldsymbol{\mu}_k,\boldsymbol{\Sigma}$ 均未知时，可用样本来估计. 设从 G_α 中抽取的样本为 $\boldsymbol{X}_1^{(\alpha)}$，$\boldsymbol{X}_2^{(\alpha)},\cdots,\boldsymbol{X}_{n_\alpha}^{(\alpha)}(\alpha=1,2,\cdots,k)$，则它们的估计为

$$\hat{\boldsymbol{\mu}}_\alpha=\overline{\boldsymbol{X}}^{(\alpha)}=\frac{1}{n}\sum_{j=1}^{n_\alpha}\boldsymbol{X}_j^{(\alpha)},\quad \alpha=1,2,\cdots,k, \tag{7.13}$$

$$\hat{\boldsymbol{\Sigma}}=\frac{1}{n-k}\sum_{\alpha=1}^{k}\boldsymbol{S}_\alpha,$$

式中 $n=\sum\limits_{i=1}^{k}n_i,\boldsymbol{S}_\alpha=\sum\limits_{j=1}^{n_\alpha}(\boldsymbol{X}_j^{(\alpha)}-\overline{\boldsymbol{X}}^{(\alpha)})(\boldsymbol{X}_j^{(\alpha)}-\overline{\boldsymbol{X}}^{(\alpha)})^{\mathrm{T}}$，相应的判别规则由式(7.12)给出. 其中 $\boldsymbol{W}_{ij}(\boldsymbol{X})=[\boldsymbol{X}-(\hat{\mu}_i+\hat{\boldsymbol{\mu}}_j)/2]^{\mathrm{T}}\hat{\boldsymbol{\Sigma}}^{-1}(\hat{\boldsymbol{\mu}}_i-\hat{\boldsymbol{\mu}}_j)$.

(2)协方差阵不相同时的判别

当协差阵 $\boldsymbol{\Sigma}_1,\boldsymbol{\Sigma}_2,\cdots,\boldsymbol{\Sigma}_k$ 不同，且 $\boldsymbol{\mu}_1,\boldsymbol{\mu}_2,\cdots,\boldsymbol{\mu}_k,\boldsymbol{\Sigma}_1,\boldsymbol{\Sigma}_2,\cdots,\boldsymbol{\Sigma}_k$ 均已知时，判别函数为

$$W_{ij}(\boldsymbol{X})=(\boldsymbol{X}-\boldsymbol{\mu}_i)^{\mathrm{T}}\boldsymbol{\Sigma}_i^{-1}(\boldsymbol{X}-\boldsymbol{\mu}_i)-(\boldsymbol{X}-\boldsymbol{\mu}_j)^{\mathrm{T}}\boldsymbol{\Sigma}_j^{-1}(\boldsymbol{X}-\boldsymbol{\mu}_j),$$
$$i,j=1,2,\cdots,k,$$

相应的判别规则为

$$\begin{cases}\boldsymbol{X}\in G_i, & W_{ij}(\boldsymbol{X})<0,\quad \text{对一切 } i\neq j,\\ \boldsymbol{X}\in G_i \text{ 或 } \boldsymbol{X}\in G_j, & \text{某个 } W_{ij}(\boldsymbol{X})=0.\end{cases} \tag{7.14}$$

当 $\boldsymbol{\mu}_1,\boldsymbol{\mu}_2,\cdots,\boldsymbol{\mu}_k,\boldsymbol{\Sigma}_1,\cdots,\boldsymbol{\Sigma}_k$ 未知时，$\hat{\boldsymbol{\mu}}_\alpha$ 的估计与式(8.9)相同，而

$$\hat{\boldsymbol{\Sigma}}_\alpha = \frac{1}{n_\alpha - 1}\boldsymbol{S}_\alpha, \quad \alpha = 1,2,\cdots,k,$$

式中 $\boldsymbol{S}_\alpha = \sum_{j=1}^{n_\alpha}(\boldsymbol{X}_j^{(\alpha)} - \overline{\boldsymbol{X}}^{(\alpha)})(\boldsymbol{X}_j^{(\alpha)} - \overline{\boldsymbol{X}}^{(\alpha)})^{\mathrm{T}}$，相应的判别规则由式(7.14)给出. 其中

$$W_{ij}(X) = (\boldsymbol{X} - \hat{\mu}_i)^{\mathrm{T}}\hat{\boldsymbol{\Sigma}}_i^{-1}(\boldsymbol{X} - \hat{\boldsymbol{\mu}}_i) - (\boldsymbol{X} - \hat{\boldsymbol{\mu}}_j)^{\mathrm{T}}\hat{\boldsymbol{\Sigma}}_j^{-1}(\boldsymbol{X} - \hat{\boldsymbol{\mu}}_j).$$

在判别分析中，线性判别函数容易计算，二次判别函数的计算比较复杂，为此需要一些计算方法. 因 $\boldsymbol{\Sigma}_i > 0$，故存在唯一的下三角阵 $\boldsymbol{V}_i$，其对角线元素均为正，使得 $\boldsymbol{\Sigma}_i = \boldsymbol{V}_i\boldsymbol{V}_i^{\mathrm{T}}$，从而 $\boldsymbol{\Sigma}_i^{-1} = (\boldsymbol{V}_i^{\mathrm{T}})^{-1}\boldsymbol{V}_i^{-1} \xlongequal{\text{def}} \boldsymbol{L}_i^{\mathrm{T}}\boldsymbol{L}_i$，$\boldsymbol{L}_i$ 仍为下三角阵. 可事先求出 $\boldsymbol{L}_1$，$\boldsymbol{L}_2,\cdots,\boldsymbol{L}_k$，令 $\boldsymbol{Z}_i = \boldsymbol{L}_i(\boldsymbol{X} - \boldsymbol{\mu}_i)$，则

$$D^2(\boldsymbol{X}, G_i) = (\boldsymbol{X} - \boldsymbol{\mu}_i)^{\mathrm{T}}\boldsymbol{L}_i^{\mathrm{T}}\boldsymbol{L}_i(\boldsymbol{X} - \boldsymbol{\mu}_i) = \boldsymbol{Z}_i^{\mathrm{T}}\boldsymbol{Z}_i.$$

用这样的方法来计算就比较方便.

例 7.4 在研究地震预报中，遇到砂基液化的问题，选择了有关的七个因素：

x_1:震级； x_2:震中距离(km)；

x_3:水深(m)； x_4:土深(m)；

x_5:贯入值； x_6:最大地面加速度(g)；

x_7:地震持续时间(s).

今从已液化和未液化的地层中分别抽取了 12 与 23 个样品，其数据见表 7.3，其中Ⅰ组是已液化的，Ⅱ组是未液化的. 经计算 $\overline{\boldsymbol{X}}^{(1)}$ 与 $\overline{\boldsymbol{X}}^{(2)}$ 的值分别列于各组的末行.

表 7.3

编号 样品 X_j	组别 G_1	x_1	x_2	x_3	x_4	x_5	x_6	x_7
1	Ⅰ	6.6	39	1.0	6.0	6	0.12	20
2	Ⅰ	6.6	39	1.0	6.0	12	0.12	20
3	Ⅰ	6.1	47	1.0	6.0	6	0.08	12
4	Ⅰ	6.1	47	1.0	6.0	12	0.08	12
5	Ⅰ	8.4	32	2.0	7.5	19	0.35	75
6	Ⅰ	7.2	6	1.0	7.0	28	0.30	30
7	Ⅰ	8.4	113	3.5	6.0	18	0.15	75
8	Ⅰ	7.5	52	1.0	6.0	12	0.16	40
9	Ⅰ	7.5	52	3.5	7.5	6	0.16	40
10	Ⅰ	8.3	113	0.0	7.5	35	0.12	180
11	Ⅰ	7.8	172	1.0	3.5	14	0.21	45
12	Ⅰ	7.8	172	1.5	3.0	15	0.21	45

续表

编号 样品 X_j	组别 G_1	x_1	x_2	x_3	x_4	x_5	x_6	x_7
	$\overline{\boldsymbol{X}}^{(1)}$	7.358	73.667	1.458	6.000	15.250	0.172	49.500
13	Ⅱ	8.4	32	1.0	5.0	4	0.35	75
14	Ⅱ	8.4	32	2.0	9.0	10	0.35	75
15	Ⅱ	8.4	32	2.5	4.0	10	0.35	75
16	Ⅱ	6.3	11	4.5	7.5	3	0.20	15
17	Ⅱ	7.0	8	4.5	4.5	9	0.25	30
18	Ⅱ	7.0	8	6.0	7.5	4	0.25	30
19	Ⅱ	7.0	8	1.5	6.0	1	0.25	30
20	Ⅱ	8.3	161	1.5	4.0	4	0.08	70
21	Ⅱ	8.3	161	0.5	2.5	1	0.08	70
22	Ⅱ	7.2	6	3.5	4.0	12	0.30	30
23	Ⅱ	7.2	6	1.0	3.0	3	0.30	30
24	Ⅱ	7.2	6	1.0	6.0	5	0.30	30
25	Ⅱ	5.5	6	2.5	3.0	7	0.18	18
26	Ⅱ	8.4	113	3.5	4.5	6	0.15	75
27	Ⅱ	8.4	113	3.5	4.5	8	0.15	75
28	Ⅱ	7.5	52	1.0	6.0	6	0.16	40
29	Ⅱ	7.5	52	1.0	7.5	8	0.16	40
30	Ⅱ	8.3	97	0.0	6.0	5	0.15	180
31	Ⅱ	8.3	97	2.5	6.0	5	0.15	180
32	Ⅱ	8.3	89	0.0	6.0	10	0.16	180
33	Ⅱ	8.3	56	1.5	6.0	13	0.25	180
34	Ⅱ	7.8	172	1.0	3.5	6	0.21	45
35	Ⅱ	7.8	283	1.0	4.5	6	0.18	45
	$\overline{\boldsymbol{X}}^{(2)}$	7.687	69.609	2.043	5.239	6.348	0.216	70.348

由计算知 $\hat{\boldsymbol{\Sigma}}_1$ 及 $\hat{\boldsymbol{\Sigma}}_2$ 的逆阵分别为$\left(注:\hat{\boldsymbol{\Sigma}}_1=\dfrac{\boldsymbol{S}_1}{11},\hat{\boldsymbol{\Sigma}}_2=\dfrac{\boldsymbol{S}_2}{22}\right)$

$$\hat{\boldsymbol{\Sigma}}_1^{-1}=\begin{bmatrix} 38.775 & & & & & & \\ 0.2824 & 0.01437 & & & & & \\ -15.102 & -0.2638 & 9.1355 & & & & \\ 16.8119 & 0.5785 & -12.4452 & 24.7396 & & & \\ 0.4783 & 0.0076 & -0.0992 & 0.3309 & 0.06132 & & \\ -164.44 & -0.5283 & 48.2485 & -45.5067 & -3.8509 & 961.2119 & \\ -0.8771 & -0.0172 & 0.4629 & -0.7810 & -0.02129 & 3.3604 & 0.03067 \end{bmatrix},$$

$$\hat{\boldsymbol{\Sigma}}_2^{-1}=\begin{bmatrix}4.3102 & & & & & & \\ -0.0268 & 0.0005 & & & & & \\ 0.0224 & 0.0037 & 0.5714 & & & & \\ -0.0730 & 0.0032 & -0.0820 & 0.4401 & & & \\ 0.0369 & -0.0007 & -0.0640 & 0.0093 & 0.1302 & & \\ -15.6200 & 0.2591 & 2.2899 & -0.5793 & -2.2714 & 328.6400 & \\ -0.0370 & 0.0002 & 0.0069 & -0.0037 & -0.0039 & 0.2405 & 0.0008\end{bmatrix}.$$

它们的分解是

$$\boldsymbol{L}_1=\begin{bmatrix}6.2270 & & & & & & \\ 0.0454 & 0.1110 & & & & & \\ -2.4253 & -1.3861 & 1.1542 & & & & \\ 2.6999 & 4.1099 & -0.1737 & 0.7271 & & & \\ 0.0768 & 0.0367 & 0.1195 & -0.0089 & 0.1993 & & \\ -26.4078 & 6.0318 & -6.4426 & -0.1635 & -6.3995 & 12.0404 & \\ -0.1409 & -0.0970 & -0.01139 & -0.0056 & -0.0281 & -0.0027 & 0.0216\end{bmatrix},$$

$$\boldsymbol{L}_2=\begin{bmatrix}2.0761 & & & & & & \\ -0.0129 & 0.0188 & & & & & \\ 0.0108 & 0.2042 & 0.7277 & & & & \\ -0.0351 & 0.1477 & -0.1535 & 0.6273 & & & \\ 0.0178 & -0.0245 & -0.0813 & 0.0017 & 0.3502 & & \\ -7.5237 & 8.6429 & 0.8332 & -3.1758 & -5.2902 & 12.5924 & \\ -0.0178 & 0.0012 & 0.0101 & -0.0041 & -0.0079 & 0.0043 & 0.0181\end{bmatrix}.$$

表 7.4　距离判别

编　号	$D(\boldsymbol{X}_j,G_1)$	$G(\boldsymbol{X}_j,G_2)$	编　号	$D(\boldsymbol{X}_j,G_1)$	$G(\boldsymbol{X}_j,G_2)$	编　号	$D(\boldsymbol{X}_j,G_1)$	$G(\boldsymbol{X}_j,G_2)$
1	3.32	8.63	13	168.03	6.65	25	817.06	11.94
2	1.71	18.37	14	57.14	8.93	26	86.70	4.26
3	3.26	13.37	15	412.74	5.89	27	83.22	4.71
4	3.39	24.29	16	105.07	7.13	28	9.81	4.53
5	7.75	20.31	17	522.46	3.85	29	67.55	8.76
6	8.54	68.60	18	201.52	8.95	30	197.19	5.90
7	8.06	22.89	19	75.83	4.65	31	387.68	7.34
8	7.57	12.55	20	20.31	4.42	32	198.80	5.93
9*	7.28	4.82	21	61.91	7.30	33	484.41	6.95
10	9.91	110.69	22	498.67	5.91	34	11.77	4.09
11	8.55	13.22	23	466.28	6.32	35	405.69	16.29
12	7.64	15.20	24	53.79	3.31			

计算马氏距离 $D(\boldsymbol{X}_j,G_1)$ 与 $D(\boldsymbol{X}_j,G_2)(j=1,2,3,\cdots,35)$，按判别规则(7.10)进行判别，有关结果列于表 7.4，从结果看出只有第 9 个样品判错(编号上打"＊"号).

例 7.5 假定三个正态总体的协差阵都是 $\boldsymbol{\Sigma}$，但均值向量与协差阵均未知，已知 $k=3,p=3,n_1=n_2=4,n_3=3,n=n_1+n_2+n_3=11$，有关数据由表 7.5 给出，若令 G_i 表示第 i 个总体($i=1,2,3$)，试判别 $\boldsymbol{X}_0=(5,5,5)^{\mathrm{T}}$ 属于哪个总体(令 x_j 表示样品的第 j 个分量，$j=1,2,3$).

表 7.5

G_1	x_1	x_2	x_3	G_2	x_1	x_2	x_3	G_3	x_1	x_2	x_3
$x_1^{(1)}$	10	9	3	$x_1^{(2)}$	6	2	7	$x_1^{(3)}$	4	1	10
$x_2^{(1)}$	8	7	1	$x_2^{(2)}$	1	4	5	$x_2^{(3)}$	1	2	6
$x_3^{(1)}$	8	4	4	$x_3^{(2)}$	2	5	4	$x_3^{(3)}$	1	0	11
$x_4^{(1)}$	2	8	0	$x_4^{(2)}$	3	1	4	$\bar{\boldsymbol{x}}^{(3)}$	2	1	9
$\bar{\boldsymbol{x}}^{(1)}$	7	7	2	$\bar{\boldsymbol{x}}^{(2)}$	3	3	5				

首先计算出 $\bar{\boldsymbol{x}}^{(1)},\bar{\boldsymbol{x}}^{(2)},\bar{\boldsymbol{x}}^{(3)}$，见数据表每一类的末行. 经计算得

$$\boldsymbol{S}_1=\begin{bmatrix}36 & -2 & 14\\ -2 & 14 & -6\\ 14 & -6 & 10\end{bmatrix},\quad \boldsymbol{S}_2=\begin{bmatrix}14 & -7 & 7\\ -7 & 10 & 2\\ 7 & -2 & 6\end{bmatrix},$$

$$\boldsymbol{S}_3=\begin{bmatrix}6 & 0 & 3\\ 0 & 2 & -5\\ 3 & -5 & 14\end{bmatrix},$$

$$\hat{\boldsymbol{\Sigma}}=\frac{1}{11-3}(\boldsymbol{S}_1+\boldsymbol{S}_2+\boldsymbol{S}_3)=\frac{1}{8}\begin{bmatrix}56 & -9 & 24\\ -9 & 26 & -13\\ 24 & -13 & 30\end{bmatrix},$$

从而

$$\hat{\boldsymbol{\Sigma}}^{-1}=\begin{bmatrix}0.22 & 0.01 & -0.18\\ 0.11 & 0.39 & 0.18\\ -0.18 & 0.18 & 0.49\end{bmatrix}.$$

由此算得判别函数

$$\begin{aligned}W_{12}(x_1,x_2,x_3)&=-W_{21}(x_1,x_2,x_3)\\&=1.46(x_1-5)+1.06(x_2-5)-1.47(x_3-3.5),\\W_{13}(x_1,x_2,x_3)&=-W_{31}(x_1,x_2,x_3)\\&=2.42(x_1-4.5)+1.13(x_2-4)-3.61(x_3-5.5),\end{aligned}$$

$$W_{23}(x_1,x_2,x_3) = -W_{32}(x_1,x_2,x_3)$$
$$= 0.98(x_1 - 2.5) + 0.07(x_2 - 2) - 1.78(x_3 - 7).$$

由于 $W_{21}(5,5,5)>0, W_{23}(5,5,5)>0$,所以 $\boldsymbol{X}_0=(5,5,5)^{\mathrm{T}}$ 属于 G_2.

7.3.2 贝叶斯判别法

任何一种判别方法都可能造成错判,而错判会造成损失,为此可以从使错判所造成损失最小角度出发,寻找一种新的判别准则或判别函数,这就是本节将讨论的贝叶斯判别方法,它是当前用得较多的判别分析方法之一.

贝叶斯统计的思想是:假定对研究对象已有一定的认识,而这种认识常用先验概率分布描述,然后我们随机取得一个样本,用样本提供的信息再修正已有的认识,从而可以得到后验概率分布,各种统计推断都建立在后验分布的基础上.将贝叶斯统计思想用于判别分析,就得到贝叶斯判别方法.

设有 k 个总体 $G_1,\cdots,G_k$,分别具有 p 维密度函数 $p_1(\boldsymbol{x}),\cdots,p_k(\boldsymbol{x})$,假设这 k 个总体各自出现的概率分别为 $q_1,\cdots,q_k$,这个概率称为先验概率,它可以由经验给出也可以由收集到的资料来估计,甚至也可以是假定的.我们希望建立判别函数和判别规则.

用 $D_1,\cdots,D_k$ 表示 p 维空间 R^p 的一个划分,即 $D_1,\cdots,D_k$ 互不相交,且 $D_1\cup D_2\cup D_3\cup\cdots\cup D_k=R^p$. 如果这个划分取得适当,正好对应于 k 个总体,这时判别规则可以采用如下方法:

$$\boldsymbol{X}\in G_i,\quad 若 X 落入 D_i,\quad i=1,2,\cdots,k. \tag{7.15}$$

问题是如何获得这个划分.用 $L(j|i)$ 表示样品来自 G_i,而误判为 G_j 的损失,这一误判的概率为

$$p(j\mid i)=\int_{D_j} p_i(\boldsymbol{x})\mathrm{d}\boldsymbol{x},\quad i,j=1,2,\cdots,k\quad i\neq j,$$

于是由判别规则(7.15)进行判别,所带来的平均损失(ECM)为

$$\mathrm{ECM}(D_1,D_2,\cdots,D_k)=\sum_{i=1}^{k} q_i \sum_{j=1}^{k} L(j\mid i)p(j\mid i), \tag{7.16}$$

定义 $L(i|i)=0$. 所谓贝叶斯判别法就是要选择 $D_1,D_2,\cdots,D_k$ 使 ECM 达到最小.常称此解为贝叶斯解.

要直接从式(7.16)出发寻找划分 $D_1,\cdots,D_k$,使 ECM 达到最小是困难的,利用下面一个定理可以使问题简化.

定理 7.4 在本节的假定下,贝叶斯判别的解 $D_1,D_2,\cdots,D_k$ 为

$$D_t=\{\boldsymbol{X}\mid h_t(\boldsymbol{X})<h_j(\boldsymbol{X}),j\neq t,j=1,2,\cdots,k\},$$
$$t=1,2,\cdots,k, \tag{7.17}$$

其中

$$h_t(\boldsymbol{X}) = \sum_{\substack{i=1\\i\neq t}}^{k} q_i p_i(\boldsymbol{X}) L(t \mid i). \tag{7.18}$$

证明 由式(7.16)和式(7.18)得

$$\begin{aligned}\mathrm{ECM}(D_1,\cdots,D_k) &= \sum_{i=1}^{k} q_i \sum_{j=1}^{k} L(j \mid i) \int_{D_j} p_i(\boldsymbol{X}) \mathrm{d}\boldsymbol{x} \\ &= \sum_{j=1}^{k} \int_{D_j} h_j(\boldsymbol{X}) \mathrm{d}\boldsymbol{X}.\end{aligned}$$

若 p 维空间 R^p 有另一种划分 $D_1^*,\cdots,D_k^*$,则它的平均损失为

$$\mathrm{ECM}(D_1^*,\cdots,D_k^*) = \sum_{j=1}^{k} \int_{D_j^*} h_j(\boldsymbol{X}) \mathrm{d}\boldsymbol{X},$$

于是

$$\begin{aligned}&\mathrm{ECM}(D_1,\cdots,D_k) - \mathrm{ECM}(D_1^*,\cdots,D_k^*) \\ &= \sum_{i=1}^{k} \sum_{j=1}^{k} \int_{D_i \cap D_j^*} [h_i(\boldsymbol{X}) - h_j(\boldsymbol{X})] \mathrm{d}\boldsymbol{X}.\end{aligned}$$

由 D_i 的定义知,在 D_i 上,对一切 j,$h_i(\boldsymbol{X}) \leqslant h_j(\boldsymbol{X})$ 成立,故上式小于或等于零,且等于 0 的概率为零,即 $D_1,D_2,\cdots,D_k$ 能使平均损失达到最小.

由此定理可知,要求贝叶斯解,只要求得使 $h_t(\boldsymbol{X})$ 为最小的 h 值即可. 可以证明,这样求得的贝叶斯解,也就是当给出了样品 X 后进行判别而产生的后验平均损失为最小.

在某些实际问题中,损失 $L(j|i)$ 不容易给出,这时常取 $L(j|i)=1-\delta_{ij}$,其中

$$\delta_{ij} = \begin{cases} 1, & i = j, \\ 0, & i \neq j. \end{cases}$$

可以证明,当 $L(j|i)=1-\delta_{ij}$ 时,贝叶斯解为

$$\begin{aligned}D_t = \{\boldsymbol{X} \mid q_t p_t(\boldsymbol{X}) > q_j p_j(\boldsymbol{X}), j \neq t, j = 1,\cdots,k\}, \\ t = 1,\cdots,k.\end{aligned} \tag{7.19}$$

事实上由假设可知

$$\begin{aligned}h_t(\boldsymbol{X}) &= \sum_{\substack{i=1\\i\neq t}}^{k} q_i p_i(\boldsymbol{X}) L(t \mid i) = \sum_{\substack{i=1\\i\neq t}}^{k} q_i p_i(\boldsymbol{X}) \\ &= \sum_{i=1}^{k} q_i p_i(\boldsymbol{X}) - q_t p_t(\boldsymbol{X}),\end{aligned}$$

从而,要使 $h_t(\boldsymbol{X})$ 最小只需 $q_t p_t(\boldsymbol{X})$ 最大,由定理 7.4 立即可得(7.19).

当 $k=2$ 时(两个总体的情况),由式(7.18)可得

$$\begin{aligned}h_1(\boldsymbol{X}) &= q_2 p_2(\boldsymbol{X}) L(1 \mid 2), \\ h_2(\boldsymbol{X}) &= q_1 p_1(\boldsymbol{X}) L(2 \mid 1),\end{aligned}$$

从而

$$D_1=\{\boldsymbol{X}\mid q_2p_2(\boldsymbol{X})L(1\mid 2)<q_1p_1(\boldsymbol{X})L(2\mid 1)\},$$
$$D_2=\{\boldsymbol{X}\mid q_2p_2(\boldsymbol{X})L(2\mid 1)<q_1p_1(\boldsymbol{X})L(1\mid 2)\}.$$

若令判别函数为

$$V(\boldsymbol{X})=\frac{p_1(\boldsymbol{X})}{p_2(\boldsymbol{X})},\quad d=\frac{q_2L(1\mid 2)}{q_1L(2\mid 1)},\tag{7.20}$$

则判别规则可表示为

$$\begin{cases}\boldsymbol{X}\in G_1, & V(\boldsymbol{X})>d,\\ \boldsymbol{X}\in G_2, & V(\boldsymbol{X})<d,\\ \boldsymbol{X}\in G_1\text{ 或 }\boldsymbol{X}\in G_2, & V(\boldsymbol{X})=d.\end{cases}\tag{7.21}$$

若 $p_1(\boldsymbol{X})$ 与 $p_2(\boldsymbol{X})$ 分别为 $N_p(\boldsymbol{\mu}_1,\boldsymbol{\Sigma})$ 和 $N_p(\boldsymbol{\mu}_2,\boldsymbol{\Sigma})$ 的密度函数，此时

$$\begin{aligned}V(\boldsymbol{X})&=\frac{p_1(\boldsymbol{X})}{p_2(\boldsymbol{X})}\\&=\exp\left\{-\frac{1}{2}(\boldsymbol{X}-\boldsymbol{\mu}_1)^{\mathrm{T}}\boldsymbol{\Sigma}^{-1}(\boldsymbol{X}-\boldsymbol{\mu}_1)+\frac{1}{2}(\boldsymbol{X}-\boldsymbol{\mu}_2)^{\mathrm{T}}\boldsymbol{\Sigma}^{-1}(\boldsymbol{X}-\boldsymbol{\mu}_2)\right\}\\&=\exp\{(\boldsymbol{X}-(\boldsymbol{\mu}_1+\boldsymbol{\mu}_2)/2)^{\mathrm{T}}\boldsymbol{\Sigma}^{-1}(\boldsymbol{\mu}_1-\boldsymbol{\mu}_2)\}\xlongequal{\text{def}}\exp(W(\boldsymbol{X})),\end{aligned}$$

于是判别规则(7.21)成为

$$\begin{cases}\boldsymbol{X}\in G_1, & W(\boldsymbol{X})>\ln d,\\ \boldsymbol{X}\in G_2, & W(\boldsymbol{X})<\ln d,\\ \boldsymbol{X}\in G_1\text{ 或 }\boldsymbol{X}\in G_2, & W(\boldsymbol{X})=\ln d,\end{cases}$$

其中 d 由式(7.20)给出.

若 $G_1,\cdots,G_k$ 的分布分别为 $N_p(\boldsymbol{\mu}_1,\boldsymbol{\Sigma}),\cdots,N_p(\boldsymbol{\mu}_k,\boldsymbol{\Sigma})$，$L(j\,|\,i)=1-\delta_{ij}$，这时由式(7.19)得

$$D_t=\{\boldsymbol{X}\mid q_tp_t(\boldsymbol{X})>q_jp_j(\boldsymbol{X}),j\neq t,j=1,2,\cdots,k\}.$$

若令

$$V_{ij}(\boldsymbol{X})=\frac{p_i(\boldsymbol{X})}{p_j(\boldsymbol{X})},$$

则有

$$V_{ij}(\boldsymbol{X})=\exp(W_{ij}(\boldsymbol{X})),$$

式中 $W_{ij}(\boldsymbol{X})$ 由式(7.11)给出. 这时，贝叶斯判别可采用如下的规则

$$\begin{cases}\boldsymbol{X}\in G_i, & W_{ij}(\boldsymbol{X})>\ln(q_i/q_j),j\neq i,j=1,2,\cdots,k,\\ \boldsymbol{X}\in G_i\text{ 或 }\boldsymbol{X}\in G_j, & \text{某个 }W_{ij}(\boldsymbol{X})=\ln(q_i/q_j).\end{cases}$$

当 $\boldsymbol{\mu}_1,\boldsymbol{\mu}_2,\cdots,\boldsymbol{\mu}_k,\boldsymbol{\Sigma}$ 未知时，可用样本作估计

$$\hat{\boldsymbol{\mu}}_g=\overline{x}^{(g)}=(\overline{x}_1^{(g)},\overline{x}_2^{(g)},\cdots,x_p^{(g)})^{\mathrm{T}},\quad g=1,2,\cdots,k,$$

$$\hat{\boldsymbol{\Sigma}}=\frac{1}{n-k}\boldsymbol{W}=\frac{1}{n-k}(W_{ij}).$$

其中

$$\overline{x}_i^{(g)} = \frac{1}{n_g}\sum_{k=1}^{n_g} x_{k_i}^{(g)}, \quad i = 1,2,\cdots,p, g = 1,2,\cdots,k,$$

$$W_{ij} = \sum_{g=1}^{k}\sum_{k=1}^{n_g}(x_{k_i}^{(g)} - \overline{x}_i^{(g)})(x_{k_j}^{(g)} - \overline{x}_j^{(g)}), \quad i,j = 1,2,\cdots,p,$$

$$n = \sum_{g=1}^{k} n_g.$$

例 7.6　某种职业的适应性资料是进行了两个指标的测验得到的，设"适应该职业"为总体 G_1，"不适应该职业"为总体 G_2，且 G_1，G_2 分别服从正态分布 $N_2(\boldsymbol{\mu}_1, \boldsymbol{\Sigma})$，$N_2(\boldsymbol{\mu}_2, \boldsymbol{\Sigma})$，现已根据过去资料估计出

$$\hat{\boldsymbol{\mu}}_1 = \begin{bmatrix} 2 \\ 6 \end{bmatrix}, \quad \hat{\boldsymbol{\mu}}_2 = \begin{bmatrix} 4 \\ 2 \end{bmatrix}, \quad \hat{\boldsymbol{\Sigma}} = \begin{bmatrix} 1 & 1 \\ 2 & 4 \end{bmatrix}.$$

今对某一新人，想知道他是否适应这个职业. 先对他进行测验，得成绩 $\boldsymbol{X}=\begin{bmatrix} x_1 \\ x_2 \end{bmatrix}$且设 $q_1=q_2=\frac{1}{2}$，$L(1|2)=L(2|1)$，试求出贝叶斯判别规则. 若 $\boldsymbol{X}=\begin{bmatrix} 3 \\ 5 \end{bmatrix}$，试问此人适应这个职业吗?

解　由于 $\hat{\boldsymbol{\mu}}=\frac{1}{2}(\hat{\boldsymbol{\mu}}_1+\hat{\boldsymbol{\mu}}_2)=\begin{bmatrix} 3 \\ 4 \end{bmatrix}$,

$$\hat{\boldsymbol{\mu}}_1 - \hat{\boldsymbol{\mu}}_2 = \begin{bmatrix} -2 \\ 4 \end{bmatrix}, \quad \boldsymbol{\Sigma}^{-1} = \frac{1}{3}\begin{bmatrix} 4 & -1 \\ -1 & 1 \end{bmatrix},$$

故

$$\begin{aligned} \hat{W}(\boldsymbol{X}) &= (\boldsymbol{X} - \hat{\boldsymbol{\mu}})^{\mathrm{T}}\boldsymbol{\Sigma}^{-1}(\hat{\boldsymbol{\mu}}_1 - \hat{\boldsymbol{\mu}}_2) \\ &= (x_1 - 3 \quad x_2 - 4)\,\frac{1}{3}\begin{bmatrix} 4 & -1 \\ -1 & 1 \end{bmatrix}\begin{bmatrix} -2 \\ 4 \end{bmatrix} \\ &= (x_1 - 3 \quad x_2 - 4)\begin{bmatrix} -4 \\ 2 \end{bmatrix} = -4x_1 + 2x_2 + 4. \end{aligned}$$

而 $\ln d=\ln\frac{L(1|2)q_2}{L(2|1)q_1}=0$，从而贝叶斯判别规则为

$$\begin{cases} \boldsymbol{X} \in G_1, & -4x_1 + 2x_2 + 4 > 0, \\ \boldsymbol{X} \in G_2, & -4x_1 + 2x_2 + 4 < 0, \\ \boldsymbol{X} \in G_1 \text{ 或 } G_2, & -4x_1 + 2x_2 + 4 = 0, \end{cases}$$

当 $\boldsymbol{X}=\begin{bmatrix} 3 \\ 5 \end{bmatrix}$时，$-4x_1+2x_2+4=2>0$，故判此人"适应这个职业".

7.3.3 费希尔判别法

费希尔判别是按类内方差尽量小、类间方差尽量大的准则来确定判别函数的.

在距离判别和贝叶斯判别法中,当两个总体均服从正态分布且协差阵相同时,可以导出一个线性判别函数,由于线性函数便于使用,因此人们更乐于研究线性判别函数.那么,对更一般的总体能否导出线性判别函数呢?费希尔借助于方差分析的思想来建立判别准则,由此准则导出的判别函数可以是线性函数,也可以是一般的波莱尔(Borel)函数,在此只讨论线性函数.

在一元方差分析中,判断"多个总体间是否有显著差异"的基本思想是,把所有数据的总离差平方和分解为"组内"平方和与"组间"平方和,而用二者的比值大小来衡量总体间差异的大小.下面将这个思想用于多维分布的情形.

设有 k 个总体(p 维)$G_1,G_2,\cdots,G_k$,相应的均值向量和协差阵分别为 $\boldsymbol{\mu}_1,\boldsymbol{\mu}_2,\cdots,\boldsymbol{\mu}_k,\boldsymbol{\Sigma}_1,\boldsymbol{\Sigma}_2,\cdots,\boldsymbol{\Sigma}_k$. 任给一个样品 $\boldsymbol{X}$($\boldsymbol{X}$ 为 p 维向量),考虑它的线性函数 $u(\boldsymbol{X})=\boldsymbol{a}^{\mathrm{T}}\boldsymbol{X}$,其中 $\boldsymbol{a}=(a_1,a_2,\cdots,a_p)^{\mathrm{T}}$ 为 R^p 中的任意向量,则在 $\boldsymbol{X}$ 来自 G_i 的条件下,$u(\boldsymbol{X})$的均值和方差为

$$E(u(\boldsymbol{X})\mid G_i)=\boldsymbol{a}^{\mathrm{T}}\boldsymbol{\mu}_i, \tag{7.22}$$

$$D(u(\boldsymbol{X})\mid G_i)=\boldsymbol{a}^{\mathrm{T}}\boldsymbol{\Sigma}_i\boldsymbol{a},\quad i=1,2,\cdots,k. \tag{7.23}$$

若令

$$B_0=\sum_{i=1}^{k}(\boldsymbol{a}^{\mathrm{T}}\boldsymbol{\mu}_i-\boldsymbol{a}^{\mathrm{T}}\overline{\boldsymbol{\mu}})^2,$$

$$E_0=\sum_{i=1}^{k}\boldsymbol{a}^{\mathrm{T}}\boldsymbol{\Sigma}_i\boldsymbol{a}=\boldsymbol{a}^{\mathrm{T}}\Big(\sum_{i=1}^{k}\boldsymbol{\Sigma}_i\Big)\boldsymbol{a}=\boldsymbol{a}^{\mathrm{T}}\boldsymbol{E}\boldsymbol{a},$$

这里 $\overline{\mu}=\frac{1}{k}\sum_{i=1}^{k}\boldsymbol{\mu}_i,\boldsymbol{E}=\sum_{i=1}^{k}\boldsymbol{\Sigma}_i$,则 B_0 相当于一元方差分析的"组间"平方和,而 E_0 相当于"组内"平方和.若 $u(\boldsymbol{X})=\boldsymbol{a}^{\mathrm{T}}\boldsymbol{X}$ 为判别函数,且能较好地判断样品的归属,我们就希望它所引起的"组间"平方和尽量地大,而"组内"平方和尽可能地小,因此问题就转化为如何求向量 $\boldsymbol{a}$ 使 B_0/E_0 达到最大.

令

$$\Phi(\boldsymbol{a})=B_0/E_0, \tag{7.24}$$

称 $\Phi(\boldsymbol{a})$为判别效率.

定理 7.5 在费希尔准则下,使判别效率 $\Phi(\boldsymbol{a})$达到最大的向量 $\boldsymbol{a}$ 就是矩阵 $\boldsymbol{E}^{-1}\boldsymbol{B}$ 的最大特征根所对应的特征向量.其中 $\boldsymbol{B}=\boldsymbol{M}^{\mathrm{T}}\left(\boldsymbol{I}-\frac{1}{k}\boldsymbol{J}\right)\boldsymbol{M},\boldsymbol{M}=(\boldsymbol{\mu}_1,\cdots,\boldsymbol{\mu}_k)^{\mathrm{T}}$,$\boldsymbol{I}$ 为 k 阶单位阵,$\boldsymbol{J}$ 为 k 阶方阵,它的所有元素都是 1.

证明 因为

$$B_0 = \sum_{i=1}^{k} (\boldsymbol{a}^{\mathrm{T}}\boldsymbol{\mu}_i - \boldsymbol{a}^{\mathrm{T}}\bar{\boldsymbol{\mu}})^2 = \sum_{i=1}^{k} (\boldsymbol{a}^{\mathrm{T}}\boldsymbol{\mu}_i - \boldsymbol{a}^{\mathrm{T}}\bar{\boldsymbol{\mu}})(\boldsymbol{a}^{\mathrm{T}}\boldsymbol{\mu}_i - \boldsymbol{a}^{\mathrm{T}}\bar{\boldsymbol{\mu}})^{\mathrm{T}}$$
$$= \boldsymbol{a}^{\mathrm{T}}\left[\sum_{i=1}^{k} \boldsymbol{\mu}_i\boldsymbol{\mu}_i^{\mathrm{T}} - k\bar{\boldsymbol{\mu}}\bar{\boldsymbol{\mu}}^{\mathrm{T}}\right]\boldsymbol{a},$$

若令

$$\boldsymbol{M} = (\boldsymbol{\mu}_1, \boldsymbol{\mu}_2, \cdots, \boldsymbol{\mu}_k)^{\mathrm{T}}, \quad \mathbf{1} = (1, \cdots, 1)^{\mathrm{T}},$$

则

$$\bar{\boldsymbol{\mu}} = \frac{1}{k}\sum_{i=1}^{k} \boldsymbol{\mu}_i = \frac{1}{k}\boldsymbol{M}^{\mathrm{T}}\mathbf{1},$$

$$\boldsymbol{M}^{\mathrm{T}}\boldsymbol{M} = (\boldsymbol{\mu}_1, \cdots, \boldsymbol{\mu}_k)(\boldsymbol{\mu}_1, \cdots, \boldsymbol{\mu}_k)^{\mathrm{T}} = \sum_{i=1}^{k} \boldsymbol{\mu}_i\boldsymbol{\mu}_i^{\mathrm{T}},$$

从而

$$B_0 = \boldsymbol{a}^{\mathrm{T}}[\boldsymbol{M}^{\mathrm{T}}\boldsymbol{M} - k\,\frac{1}{k}\boldsymbol{M}^{\mathrm{T}}\mathbf{1}\,\frac{1}{k}\mathbf{1}^{T}\boldsymbol{M}]\boldsymbol{a} = \boldsymbol{a}^{\mathrm{T}}\boldsymbol{M}^{\mathrm{T}}\left[\boldsymbol{I} - \frac{\mathbf{1}}{k}\boldsymbol{J}\right]\boldsymbol{M}\boldsymbol{a},$$

其中 $\boldsymbol{I}$ 为 k 阶单位矩阵，而

$$\boldsymbol{J} = \begin{bmatrix} 1 & \cdots & 1 \\ \vdots & & \vdots \\ 1 & \cdots & 1 \end{bmatrix}_{k\times k},$$

记 $B = \boldsymbol{M}^{\mathrm{T}}\left(\boldsymbol{I} - \frac{1}{k}\boldsymbol{J}\right)\boldsymbol{M}$，则 $B_0 = \boldsymbol{a}^{\mathrm{T}}\boldsymbol{B}\boldsymbol{a}$，于是(7.24)变形为

$$\Phi(\boldsymbol{a}) = \frac{\boldsymbol{a}^{\mathrm{T}}\boldsymbol{B}\boldsymbol{a}}{\boldsymbol{a}^{\mathrm{T}}\boldsymbol{E}\boldsymbol{a}}, \tag{7.25}$$

从而要求使式(7.24)达到最大的 $\boldsymbol{a}$，等价于求使(7.25)式达到最大的 $\boldsymbol{a}$. 但这时的 $\boldsymbol{a}$ 不唯一. 因若 $\boldsymbol{a}$ 使 $\Phi(\boldsymbol{a})$ 达到最大，则对于任意非零常数 m，$m\boldsymbol{a}$ 仍使 $\Phi(m\boldsymbol{a})$ 达到最大. 事实上

$$\Phi(m\boldsymbol{a}) = \frac{(m\boldsymbol{a})^{\mathrm{T}}\boldsymbol{B}m\boldsymbol{a}}{(m\boldsymbol{a})^{\mathrm{T}}\boldsymbol{E}m\boldsymbol{a}} = \frac{\boldsymbol{a}^{\mathrm{T}}\boldsymbol{B}\boldsymbol{a}}{\boldsymbol{a}^{\mathrm{T}}\boldsymbol{E}\boldsymbol{a}} = \Phi(\boldsymbol{a}).$$

为了保证解的唯一性，附加一个条件 $\boldsymbol{a}^{\mathrm{T}}\boldsymbol{E}\boldsymbol{a} = 1$. 这样一来，问题就转化为在条件 $\boldsymbol{a}^{\mathrm{T}}\boldsymbol{E}\boldsymbol{a} = 1$ 下，求使 $\boldsymbol{a}^{\mathrm{T}}\boldsymbol{B}\boldsymbol{a}$ 达到最大的 $\boldsymbol{a}$，为此使用拉格朗日(Lagrange)乘数法，令

$$f = \boldsymbol{a}^{\mathrm{T}}\boldsymbol{B}\boldsymbol{a} - \lambda(\boldsymbol{a}^{\mathrm{T}}\boldsymbol{E}\boldsymbol{a} - 1),$$

则

$$\frac{\partial f}{\partial \boldsymbol{a}} = 2(\boldsymbol{B} - \lambda\boldsymbol{E})\boldsymbol{a}, \quad \frac{\partial f}{\partial \lambda} = \boldsymbol{a}^{\mathrm{T}}\boldsymbol{E}\boldsymbol{a} - 1.$$

令

$$\frac{\partial f}{\partial \boldsymbol{a}} = \mathbf{0} \text{ 及 } \frac{\partial f}{\partial \lambda} = 0,$$

得方程组

$$\begin{cases} \boldsymbol{B}\boldsymbol{a} = \lambda \boldsymbol{E}\boldsymbol{a}, \\ \boldsymbol{a}^{\mathrm{T}}\boldsymbol{E}\boldsymbol{a} = 1, \end{cases} \tag{7.26}$$

解方程组(7.26),注意到 $\boldsymbol{E} = \sum_{i=1}^{k} \boldsymbol{\Sigma}_i > 0$, 故 $\boldsymbol{E}^{-1}$存在,用 $\boldsymbol{a}^{\mathrm{T}}$ 左乘(7.26)中第一式得

$$\boldsymbol{a}^{\mathrm{T}}\boldsymbol{B}\boldsymbol{a} = \lambda \boldsymbol{a}^{\mathrm{T}}\boldsymbol{E}\boldsymbol{a} = \lambda.$$

故要使 $\boldsymbol{a}^{\mathrm{T}}\boldsymbol{B}\boldsymbol{a}$ 达到最大,等价于要 λ 最大,而以 $\boldsymbol{E}^{-1}$左乘(7.26)中的第一式得

$$\boldsymbol{E}^{-1}\boldsymbol{B}\boldsymbol{a} = \lambda \boldsymbol{a},$$

这说明 λ 为矩阵 $\boldsymbol{E}^{-1}\boldsymbol{B}$ 的特征根,$\boldsymbol{a}$ 是 $\boldsymbol{E}^{-1}\boldsymbol{B}$ 的对应于 λ 的特征向量. 要 λ 最大,就是要求 λ 是 $\boldsymbol{E}^{-1}\boldsymbol{B}$ 的最大特征根,而所求的 $\boldsymbol{a}$,正是这个最大特征根所对应的特征向量.

求得判别函数 $u(\boldsymbol{X})=\boldsymbol{a}^{\mathrm{T}}\boldsymbol{X}$ 后,对一个需要判别归属的样品 $\boldsymbol{X}$,先计算出 k 个差值

$$|\boldsymbol{a}^{\mathrm{T}}\boldsymbol{X} - \boldsymbol{a}^{\mathrm{T}}\boldsymbol{\mu}_i|, \quad i = 1,2,\cdots,k.$$

若这 k 个值中第 l 个最小,即

$$|\boldsymbol{a}^{\mathrm{T}}\boldsymbol{X} - \boldsymbol{a}^{\mathrm{T}}\boldsymbol{\mu}_l| = \min_i |\boldsymbol{a}^{\mathrm{T}}\boldsymbol{X} - \boldsymbol{a}^{\mathrm{T}}\boldsymbol{\mu}_i|,$$

则判断 $\boldsymbol{X}$ 来自总体 G_l.

例 7.7 设有四个三维总体 G_1, G_2, G_3, G_4. 已知它们的均值向量分别为

$$\boldsymbol{\mu}_1 = (2.1, 1.5, 0.4)^{\mathrm{T}}, \quad \boldsymbol{\mu}_2 = (1.5, 0.8, 7.6)^{\mathrm{T}},$$
$$\boldsymbol{\mu}_3 = (10.3, 9.6, 1.8)^{\mathrm{T}}, \quad \boldsymbol{\mu}_4 = (16.5, 11.7, 9.8)^{\mathrm{T}},$$

它们共同的协差阵 $\boldsymbol{\Sigma}$ 为

$$\boldsymbol{\Sigma} = \begin{bmatrix} 5.92 & 1.01 & 1.24 \\ 1.01 & 2.68 & 0.85 \\ 1.24 & 0.85 & 3.47 \end{bmatrix},$$

试求线性判别函数 $u(\boldsymbol{X})=\boldsymbol{a}^{\mathrm{T}}\boldsymbol{X}$,并判断样本 $\boldsymbol{X}=(8.6, 8.4, 3.0)^{\mathrm{T}}$ 的归属.

解 由已知条件可得

$$\boldsymbol{M} = \begin{bmatrix} 2.1 & 1.5 & 0.4 \\ 1.5 & 0.8 & 7.6 \\ 10.3 & 9.6 & 1.8 \\ 16.5 & 11.7 & 9.8 \end{bmatrix},$$

从而

$$B = \boldsymbol{M}^{\mathrm{T}}\left(\boldsymbol{I} - \frac{1}{4}\boldsymbol{J}\right)\boldsymbol{M}$$

$$=\frac{1}{4}\begin{bmatrix}2.1 & 1.5 & 10.3 & 16.5\\ 1.5 & 0.8 & 9.6 & 11.7\\ 0.4 & 7.6 & 1.8 & 9.8\end{bmatrix}\begin{bmatrix}3 & -1 & -1 & -1\\ -1 & 3 & -1 & -1\\ -1 & -1 & 3 & -1\\ -1 & -1 & -1 & 3\end{bmatrix}\boldsymbol{M}$$

$$=\frac{1}{4}\begin{bmatrix}-22 & -24.4 & 10.8 & 35.6\\ -17.6 & -20.4 & 14.8 & 23.2\\ -18 & 10.8 & -12.4 & 19.6\end{bmatrix}\begin{bmatrix}2.1 & 1.5 & 0.4\\ 1.5 & 0.8 & 7.6\\ 10.3 & 9.6 & 1.8\\ 16.5 & 11.7 & 9.8\end{bmatrix}$$

$$=\frac{1}{4}\begin{bmatrix}615.84 & 467.68 & 174.08\\ 467.68 & 370.80 & 91.92\\ 174.08 & 91.92 & 244.64\end{bmatrix}=\begin{bmatrix}153.96 & 116.92 & 43.52\\ 116.92 & 92.70 & 22.98\\ 43.52 & 22.98 & 61.16\end{bmatrix}.$$

由 $\boldsymbol{\Sigma}$ 可求得

$$\boldsymbol{\Sigma}^{-1}=\begin{bmatrix}0.18957 & -0.05417 & -0.05447\\ -0.05417 & 0.42004 & -0.08354\\ -0.05447 & -0.08354 & 0.32811\end{bmatrix},$$

由于 $\boldsymbol{E}=\sum_{i=1}^{k}\boldsymbol{\Sigma}_i=4\boldsymbol{\Sigma}$，所以 $\boldsymbol{E}^{-1}=\frac{1}{4}\boldsymbol{\Sigma}^{-1}$，$\boldsymbol{E}^{-1}\boldsymbol{B}=\frac{1}{4}\boldsymbol{\Sigma}^{-1}\boldsymbol{B}$，

$$\boldsymbol{E}^{-1}\boldsymbol{B}=\frac{1}{4}\begin{bmatrix}0.18957 & -0.05417 & -0.05447\\ -0.05417 & 0.42004 & -0.08354\\ -0.05447 & -0.08354 & 0.32811\end{bmatrix}\cdot\begin{bmatrix}153.96 & 116.92 & 43.52\\ 116.92 & 92.70 & 22.98\\ 43.52 & 22.98 & 61.16\end{bmatrix}$$

$$=\frac{1}{4}\begin{bmatrix}20.4821 & 15.8912 & 3.6739\\ 37.1354 & 30.6844 & 2.1857\\ -3.8745 & -6.5728 & 15.7769\end{bmatrix}\xlongequal{\text{def}}\frac{1}{4}\boldsymbol{A}.$$

从表达式可知 $\boldsymbol{E}^{-1}\boldsymbol{B}$ 的特征根与 $\boldsymbol{A}$ 的特征根是完全相同的. 下面求矩阵 $\boldsymbol{A}$ 的特征根.

由 $|\lambda\boldsymbol{I}-\boldsymbol{A}|=0$ 得

$$\lambda^3-66.9434\lambda^2+874.2040\lambda-304.8277=0,$$

解上述方程得三个特征根依次为

$$\lambda_1=49.3536,\quad \lambda_2=17.2285,\quad \lambda_3=0.3885.$$

而关于 λ_1 的特征向量为

$$\boldsymbol{a}_1=(103.3328,\quad 199.5425,\quad -50.9804)^{\mathrm{T}}.$$

利用条件 $\boldsymbol{a}_1^{\mathrm{T}}\boldsymbol{E}\boldsymbol{a}_1=1$，将 $\boldsymbol{a}_1$"单位"化，就能得到使 $\Phi(\boldsymbol{a})$ 达到最大的 $\boldsymbol{a}$，但由于 $\boldsymbol{a}$ 与

$\boldsymbol{a}_1$ 仅相差一个常数倍，而且均使 $\Phi(\boldsymbol{a})$ 达到最大，故可直接选用 $\boldsymbol{a}_1$ 作为所求的向量 $\boldsymbol{a}$，于是得到费希尔判别函数

$$u(\boldsymbol{X})=\boldsymbol{a}^{\mathrm{T}}\boldsymbol{X}=103.3328x_1+199.5425x_2-50.9804x_3.$$

由判别函数 $u(\boldsymbol{X})$ 可计算得

$$u(\boldsymbol{\mu}_1)=495.92047,\quad u(\boldsymbol{\mu}_2)=-72.81784,$$
$$u(\boldsymbol{\mu}_3)=2888.1712,\quad u(\boldsymbol{\mu}_4)=3540.03053,$$

将样品 $\boldsymbol{X}=(x_1,x_2,x_3)^{\mathrm{T}}=(8.6,8.4,3.0)^{\mathrm{T}}$ 代入判别函数，得 $u(\boldsymbol{X})=2411.87788$，而差值

$$|u(\boldsymbol{X})-u(\boldsymbol{\mu}_i)|=|\boldsymbol{a}^{\mathrm{T}}\boldsymbol{X}-\boldsymbol{a}^{\mathrm{T}}\boldsymbol{\mu}_i|,\quad i=1,2,3,4$$

依次为 1 915.957 41，2 484.695 72，476.293 24，1 128.152 65，因为第三个差值 476.293 24 最小，所以判断 $\boldsymbol{X}$ 应属于 G_3.

在有些问题中，如果认为这种判别方法还不能很好地区分各个总体，则可以由 $\boldsymbol{E}^{-1}\boldsymbol{B}$ 的第二个特征根 λ_2 所对应的特征向量 $\boldsymbol{a}_2$，建立第二个线性判别函数 $\boldsymbol{a}^{\mathrm{T}}\boldsymbol{X}$，如果还不满意，可用 λ_3 建立第三个，依次类推. 一般若 $\boldsymbol{E}^{-1}\boldsymbol{B}$ 的特征根按大小顺序，前 r 个根为 $\lambda_1,\lambda_2,\cdots,\lambda_r$，其相应的特征向量为 $\boldsymbol{a}_1,\boldsymbol{a}_2,\cdots,\boldsymbol{a}_r$，我们可以建立 r 个线性函数 $\boldsymbol{a}_1^{\mathrm{T}}\boldsymbol{X},\boldsymbol{a}_2^{\mathrm{T}}\boldsymbol{X},\cdots,\boldsymbol{a}_r^{\mathrm{T}}\boldsymbol{X}$，这样相当于把原来的 p 个指标压缩成 r 个指标，再用这 r 个指标，根据欧氏距离的大小来规定 $D_1,D_2,\cdots,D_k$ 的范围，即对 p 维空间作划分 $D=(D_1,D_2,\cdots,D_k)$，其中

$$D_l=\left\{\boldsymbol{X}\ \Big|\ \sum_{i=1}^{r}(\boldsymbol{a}_i^{\mathrm{T}}\boldsymbol{X}-\boldsymbol{a}_i^{\mathrm{T}}\boldsymbol{\mu}_l)^2=\min_j\sum_{i=1}^{r}(\boldsymbol{a}_i^{\mathrm{T}}\boldsymbol{X}-\boldsymbol{a}_i^{\mathrm{T}}\boldsymbol{\mu}_j)^2\right\},\quad l=1,2,\cdots,k.$$

当样品 $\boldsymbol{X}\in D_l$ 时，则判断 $X\in G_l$.

在实际应用中，如果总体的均值向量及协差阵未知，则可通过样本进行估计，故 $\boldsymbol{E}$ 和 $\boldsymbol{B}$ 也用相应的估计表达式来计算.

从以上三种判别法可以看出：

(1)费希尔判别法对分布类型无特殊规定，只要求二阶矩存在，这与贝叶斯判别法不同；

(2)对于 $k=2$ 的情形，如果 $\boldsymbol{\Sigma}_1=\boldsymbol{\Sigma}_2=\boldsymbol{\Sigma}$，则可导出费希尔判别和距离判别是等价的. 而当 $\boldsymbol{\Sigma}_1\neq\boldsymbol{\Sigma}_2$ 时费希尔判别则用 $\boldsymbol{\Sigma}_1+\boldsymbol{\Sigma}_2$ 作为共同的协方差阵，实际看成是等协方差阵，这与距离判别和贝叶斯判别都不同.

除以上三种判别法外，还有逐步判别法，由于篇幅所限这里就不详细介绍了，仅简要说明它的基本思想. 在判别分析中，如果把某个主要指标忽略了，由此建立的判别函数其效果一定不好. 但在许多问题中，事先并不十分清楚哪些指标是主要的，为此就需要对指标(变量)进行筛选，凡具有筛选变量能力的判别方法统称为逐步判别法. 有兴趣的读者请参阅多元分析方面的专著.

7.4　主成分分析

多元分析讨论多变量(多指标)问题,由于变量较多,增加了问题的复杂性.但在许多实际问题中我们经常发现变量之间有一定的相关性,人们自然希望用较少的变量来代替原来较多的变量,且使这些较少的变量尽可能地反映原来变量的信息.将这种思想引入统计学,就产生了主成分分析,典型相关分析等.下面只介绍主成分分析法.

7.4.1　协方差阵 $\boldsymbol{\Sigma}$ 已知时的情形

设 $\boldsymbol{X}=(X_1,X_2,\cdots,X_p)^{\mathrm{T}}$ 是一个 p 维随机向量,其二阶矩存在,记 $\boldsymbol{\mu}=E(\boldsymbol{X})$,$\boldsymbol{\Sigma}=D(\boldsymbol{X})$,$\boldsymbol{\Sigma}$ 已知.考虑它的线性变换,其中

$$\begin{cases} Y_1=\boldsymbol{L}_1^{\mathrm{T}}\boldsymbol{X}=l_{11}X_1+\cdots+l_{p1}X_p, \\ \qquad\cdots\cdots \\ Y_p=\boldsymbol{L}_p^{\mathrm{T}}\boldsymbol{X}=l_{1p}X_1+\cdots+l_{pp}X_p, \end{cases} \tag{7.27}$$

$$\boldsymbol{L}_k=(l_{1k},l_{2k},\cdots,l_{pk})^{\mathrm{T}},\quad k=1,2,\cdots,p,$$

易见

$$D(Y_i)=\boldsymbol{L}_i^{\mathrm{T}}\boldsymbol{\Sigma}\boldsymbol{L}_i,\mathrm{Cov}(Y_i,Y_j)=\boldsymbol{L}_i^{\mathrm{T}}\boldsymbol{\Sigma}\boldsymbol{L}_j,\quad i,j=1,2,\cdots,p. \tag{7.28}$$

假如希望用 Y_1 来代替原来的 p 个变量 $X_1,\cdots,X_p$,这就要求 Y_1 尽可能多地反映原来的 p 个变量的信息,这里的“信息”用什么来表达?最经典的方法是用 Y_1 的方差来表达.$D(Y_1)$越大,表示 Y_1 包含的信息越多.由(7.28)看出,对 $\boldsymbol{L}_1$ 必须有某种限制,否则可使 $D(Y_1)\to\infty$.常用的限制是

$$\boldsymbol{L}_i^{\mathrm{T}}\boldsymbol{L}_i=1,\quad i=1,2,\cdots,p. \tag{7.29}$$

故我们希望在约束式(7.29)下找 $\boldsymbol{L}_1$,使得 $D(Y_1)$达到最大,这样的 Y_1 称为第一主成分.如果第一个主成分不足以代表原来的 p 个变量,就考虑采用 Y_2,为了最有效地代表原变量的信息,Y_2 中不应含有 Y_1 已有的信息,用数学公式来表达就应有

$$\mathrm{Cov}(Y_1,Y_2)=0. \tag{7.30}$$

于是,求 Y_2 就转化为在约束式(7.29)和式(7.30)下求 $\boldsymbol{L}_2$,使 $D(Y_2)$达到最大,所求的 Y_2 称为第二主成分.类似地,我们可以定义第三主成分、第四主成分,….一般地讲,$\boldsymbol{X}$ 的第 i 个主成分 $Y_i=\boldsymbol{L}_i^{\mathrm{T}}\boldsymbol{X}$ 是指:在约束式(7.29)及$\mathrm{Cov}(\boldsymbol{L}_i^{\mathrm{T}}\boldsymbol{X}_i,\boldsymbol{L}_k^{\mathrm{T}}\boldsymbol{X})=0(k<i)$下求 $\boldsymbol{L}_i$,使得 $D(Y_i)$达到最大.

令 $\lambda_1,\lambda_2,\cdots,\lambda_p$ 为 $\boldsymbol{\Sigma}$ 的特征根($\lambda_1\geqslant\lambda_2\geqslant\cdots\geqslant\lambda_p\geqslant0$),$t_1,t_2,\cdots,t_p$ 为相应的单位特征向量.若特征根有重根,对应于这个重根的特征向量组成一个 R^p 的子空间,子空间的维数等于重根的次数.在子空间中任取一组正交的坐标系,这个坐标系的单位向量就可用来作为它的特征向量.显然这时特征向量的取法不唯一,有无

穷多种取法,在下面的讨论中我们总假定已选定某一种取法.

定理 7.6 设 $\boldsymbol{X}$ 为 p 维随机向量,且 $\boldsymbol{\Sigma}=D(\boldsymbol{X})$ 存在,则 $\boldsymbol{X}$ 的第 i 个主成分 Y_i 与方差 $D(Y_i)$ 分别为

$$Y_i = \boldsymbol{t}_i^{\mathrm{T}}\boldsymbol{X},\quad D(Y_i) = \lambda_i,\quad i = 1,2,\cdots,p,$$

其中 λ_i 为 $\boldsymbol{\Sigma}$ 的特征值,$\boldsymbol{t}_i$ 为对应 λ_i 的单位特征向量.

定理的证明要用到较深的线性代数知识,故此省略.若记

$$\boldsymbol{\Lambda} = \begin{bmatrix} \lambda_1 & & \boldsymbol{0} \\ & \lambda_2 & \\ \boldsymbol{0} & & \lambda_p \end{bmatrix},\quad \boldsymbol{T}^{\mathrm{T}} = (\boldsymbol{t}_1,\boldsymbol{t}_2,\cdots,\boldsymbol{t}_p),\tag{7.31}$$

$$\boldsymbol{Y}^{\mathrm{T}} = (Y_1,Y_2,\cdots,Y_p),\tag{7.32}$$

则由定理可得如下等价说法.

定理 7.6′ 设 $\boldsymbol{Y}$ 为 p 维随机向量,$\boldsymbol{Y}$ 的分量 $Y_1,\cdots,Y_p$ 依次是 $\boldsymbol{X}$ 的第一主成分,……,第 p 主成分的充要条件是:

(1)$\boldsymbol{Y}=\boldsymbol{T}^{\mathrm{T}}\boldsymbol{X}$,$\boldsymbol{T}$ 为正交阵;

(2)$D(\boldsymbol{Y})$ 为对角阵 $\mathrm{diag}(\lambda_1,\lambda_2,\cdots,\lambda_p)$;

(3)$\lambda_1\geqslant\lambda_2\geqslant\cdots\geqslant\lambda_p$.

若设正交阵 $\boldsymbol{T}=(t_{ij})$,$i,j=1,2,\cdots,p$,则可得以下结论:

(1)$D(\boldsymbol{Y})=\boldsymbol{\Lambda}$,其中 $\boldsymbol{\Lambda}$ 由(7.31)式给出;

(2) $\sum\limits_{i=1}^{p}\lambda_i = \sum\limits_{i=1}^{p}\sigma_{ii}$,其中 σ_{ii} 为矩阵 $\boldsymbol{\Sigma}$ 主对角线上的第 i 个元素;

(3)主成分 Y_k 与原来变量 X_i 的相关系数 $\rho(Y_k,X_i)$ 称做因子负荷量

$$\rho(Y_k,X_i) = \sqrt{\lambda_k}t_{ik}/\sqrt{\sigma_{ii}},\quad k,i = 1,2,\cdots,p;\tag{7.33}$$

(4) $$\sum_{i=1}^{p}\sigma_{ii}\rho^2(Y_k,X_i) = \lambda_k;\tag{7.34}$$

(5) $$\sum_{k=1}^{p}\rho^2(Y_k,X_i) = \sum_{k=1}^{p}\lambda_k t_{ik}^2/\sigma_{ii} = 1.\tag{7.35}$$

证明 (1)因 $\mathrm{Cov}(\boldsymbol{X},\boldsymbol{X})=\boldsymbol{\Sigma}$,$\boldsymbol{\Sigma}$ 为 p 阶对称阵,从而由线性代数知识知,存在一个 p 阶正交阵 $\boldsymbol{T}$,使得 $\boldsymbol{T}^{\mathrm{T}}\boldsymbol{\Sigma}\boldsymbol{T}=\mathrm{diag}(\lambda_1,\lambda_2,\cdots,\lambda_p)=\boldsymbol{\Lambda}$. $\lambda_1,\lambda_2,\cdots,\lambda_p$ 为 $\boldsymbol{\Sigma}$ 的特征根,$\boldsymbol{T}$ 的列向量为相应特征根的特征向量.于是有

$$D(\boldsymbol{Y}) = \mathrm{Cov}(\boldsymbol{T}^{\mathrm{T}}\boldsymbol{X},\boldsymbol{T}^{\mathrm{T}}\boldsymbol{X}) = \boldsymbol{T}^{\mathrm{T}}\mathrm{Cov}(\boldsymbol{X},\boldsymbol{X})\boldsymbol{T} = \boldsymbol{T}^{\mathrm{T}}\boldsymbol{\Sigma}\boldsymbol{T} = \boldsymbol{\Lambda}.$$

(2)若令 $\boldsymbol{\Sigma}=(\sigma_{ij})$,则 $\sum\limits_{i=1}^{p}\lambda_i = \mathrm{tr}(\boldsymbol{\Lambda}) = \mathrm{tr}(\boldsymbol{T}^{\mathrm{T}}\boldsymbol{\Sigma}\boldsymbol{T}) = \mathrm{tr}(\boldsymbol{\Sigma}) = \sum\limits_{i=1}^{p}\sigma_{ii}$,

其中 $\mathrm{tr}(\cdot)$ 表示矩阵的迹.

(3)因为 $\rho(Y_k,X_i)=\dfrac{\mathrm{Cov}(Y_k,X_i)}{\sqrt{D(Y_k)}\sqrt{D(X_i)}}=\dfrac{\mathrm{Cov}(\boldsymbol{t}_k^{\mathrm{T}}\boldsymbol{X},\boldsymbol{e}_i^{\mathrm{T}}\boldsymbol{X})}{\sqrt{\lambda_k\sigma_{ii}}}$,

其中 $\boldsymbol{e}_i=(0,\cdots,0,1,0,\cdots,0)^{\mathrm{T}}$ 为单位向量，其第 i 个分量为 1，其余为 0，再利用协方差阵性质得

$$\mathrm{Cov}(\boldsymbol{t}_k^{\mathrm{T}}\boldsymbol{X},\boldsymbol{e}_i^{\mathrm{T}}\boldsymbol{X})=\boldsymbol{t}_k^{\mathrm{T}}D(\boldsymbol{X})\boldsymbol{e}_i=\boldsymbol{e}_i^{\mathrm{T}}\boldsymbol{\Sigma}\boldsymbol{t}_k=\lambda_k\boldsymbol{e}_i^{\mathrm{T}}\boldsymbol{t}_k=\lambda_k\boldsymbol{t}_{ik},$$

从而即得式(7.33).

(4)由式(7.33)有

$$\sum_{i=1}^{p}\sigma_{ii}\rho^2(Y_k,X_i)=\sum_{i=1}^{p}\lambda_k t_{ik}^2=\lambda_k\boldsymbol{t}_k^{\mathrm{T}}\boldsymbol{t}_k=\lambda_k.$$

(5)因 X_i 可精确表成 $Y_1,\cdots,Y_p$ 的线性组合，由回归分析的知识，X_i 分别与 $Y_1,\cdots,Y_k$ 的相关系数的平方和等于 1，而后者(因 $Y_1,\cdots,Y_k$ 不相关)正是式(7.35)的左边，从而式(7.35)成立.

用主成分的目的是为了减少变量的个数，故一般绝不用 p 个主成分，而用 $m<p$ 个主成分. m 取多大，这是一个很实际的问题，为此需要下面的定义.

定义 7.3　在主成分分析中，称 $\lambda_k\Big/\sum_{i=1}^{p}\lambda_i$ 为主成分 Y_k 的贡献率，称 $\sum_{i=1}^{m}\lambda_i\Big/\sum_{i=1}^{p}\lambda_i$ 为主成分 $Y_1,\cdots,Y_m$ 的累计贡献率.

通常取 m，使得累计贡献率超过 85%(有时只需超过 80%). 累计贡献率是表达 m 个主成分提取了 $X_1,X_2,\cdots,X_p$ 的多少信息的一个量，但它并没有表达某个变量被提取了多少信息，为此还需另一个概念.

定义 7.4　m 个主成分 $Y_1,\cdots,Y_m$ 对于原变量 X_i 的贡献率 v_i 是 X_i 分别与 $Y_1,\cdots,Y_m$ 相关系数的平方和，即

$$v_i=\sum_{k=1}^{m}\lambda_k t_{ik}^2/\sigma_{ii}. \tag{7.36}$$

下面给出一个例子，说明 v_i 的用途.

例 7.8　设 $\boldsymbol{X}=(X_1,X_2,X_3)^{\mathrm{T}}$ 的协方差阵为

$$\boldsymbol{\Sigma}=\begin{bmatrix}1&-2&0\\-2&5&0\\0&0&2\end{bmatrix},$$

已求得

$$\begin{cases}\lambda_1=5.83,\\\lambda_2=2.00,\\\lambda_3=0.17,\end{cases}\quad \boldsymbol{t}_1=\begin{bmatrix}0.383\\-0.924\\0.000\end{bmatrix},\quad \boldsymbol{t}_2=\begin{bmatrix}0\\0\\1\end{bmatrix},\quad \boldsymbol{t}_3=\begin{bmatrix}0.924\\0.383\\0.000\end{bmatrix}.$$

如果只取第一个主成分，贡献率可达

$$5.83/(5.83+2.00+0.17)=0.728\,75=72.875\%$$

似乎很理想，若进一步计算每个变量的贡献率，可得下表数据(见表 7.6).

表 7.6

i	$\rho(Y_1,X_i)$	v_i	$\rho(Y_2,X_i)$	v_i
1	0.925	0.855	0.000	0.855
2	−0.998	0.996	0.000	0.996
3	0.000	0.000	1.000	1.000

从表中看到，Y_1 对第三个变量的贡献率为零，这是因为 X_3 与 X_1 和 X_2 都不相关，Y_1 中未包含 X_3 的信息，这时仅取第一个主成分就不够了，故需再取 Y_2，此时累计贡献率为

$$(5.83+2.00)/8=97.875\%,$$

(Y_1,Y_2) 对每个变量 X_i 的贡献率列于上面的表中，分别为 $v_1=85.5\%$，$v_2=99.6\%$，$v_3=100\%$，都比较高.

在实际问题中，不同的变量往往有不同的量纲，而通过 $\boldsymbol{\Sigma}$ 来求主成分，优先照顾方差(σ_{ii})大的变量，有时会产生很不合理的结果. 为了消除由于量纲的不同可能带来的一些不合理的影响，常将变量标准化，即取

$$X_i^*=\frac{X_i-E(X_i)}{\sqrt{D(X_i)}},\quad i=1,2,\cdots,p. \tag{7.37}$$

显见 $\boldsymbol{X}^*=(X_1^*,\cdots,X_p^*)^{\mathrm{T}}$ 的协方差阵就是 $\boldsymbol{X}$ 的相关阵 $\boldsymbol{R}$. 从相关阵出发来求主成分，可平行于上面的讨论得到如下的性质：

(1) 主成分的协方差阵为 $\boldsymbol{\Lambda}^*=\operatorname{diag}(\lambda_1^*,\cdots,\lambda_p^*)$，其中 $\lambda_1^*\geqslant\lambda_2^*\geqslant\cdots\geqslant\lambda_p^*$ 为 $\boldsymbol{R}$ 的特征根；

(2) $\sum\limits_{i=1}^{p}\lambda_i^*=p$；

(3) X_i^* 与主成分 Y_k^* 的相关系数(因子负荷量)为

$$\rho(Y_k^*,X_i^*)=\sqrt{\lambda_k^*}\,t_{ik}^*,\quad i,k=1,2,\cdots,p,$$

其中 $t_k^*=(t_{1k}^*,\cdots,t_{pk}^*)^{\mathrm{T}}$ 为 $\boldsymbol{R}$ 的对应于 λ_k^* 的单位特征向量；

(4) $\sum\limits_{i=1}^{p}\rho^2(Y_k^*,X_k^*)=\sum\limits_{i=1}^{p}\lambda_k^*{t_{ik}^*}^2=\lambda_k^*$ (因 $\sigma_{ii}^*=1,i=1,\cdots,p$)；

(5) $\sum\limits_{k=1}^{p}\rho^2(Y_k^*,X_i^*)=\sum\limits_{k=1}^{p}\lambda_k^*{t_{ik}^*}^2=1$.

主成分还可用其他形式来定义，这里不再赘述.

综上所述，从 p 个指标中求主成分的方法就是从样品 $\boldsymbol{X}$ 的协方差阵 $\boldsymbol{\Sigma}$ 出发，先求出 $\boldsymbol{\Sigma}$ 的特征根，并依大小次序排列成 $\lambda_1\geqslant\lambda_2\geqslant\cdots\geqslant\lambda_m>0$，(当 $\boldsymbol{\Sigma}$ 为非负定阵时，其余 $p-m$ 个特征根为 0)，再求出相应于 $\lambda_1,\lambda_2,\cdots,\lambda_m$ 的单位化了的特征根 $t_1,t_2,\cdots,t_m$，于是可求得第一，第二，……，第 m 个主成分依次为

$$Y_1 = \boldsymbol{t}_1^{\mathrm{T}}\boldsymbol{X}, \quad Y_2 = \boldsymbol{t}_2^{\mathrm{T}}\boldsymbol{X}, \quad \cdots, \quad Y_m = \boldsymbol{t}_m^{\mathrm{T}}\boldsymbol{X}.$$

由线性代数知识知道，对称阵中的不同特征根所对应的特征向量是正交的，故 t_1，t_2，…，t_m 相互正交，从而变换后所得各主成分 Y_1，Y_2，…，Y_m 相互无关. 因此，所谓主成分分析，也可以看成是对原来的 p 个指标 X_1，X_2，…，X_p 进行了一次正交变换，变成了 Y_1，Y_2，…，Y_m，而 Y_1，…，Y_m 是相互无关的.

7.4.2 协方差阵 $\boldsymbol{\Sigma}$ 未知时的情形

在上面的讨论中，总假定 $\boldsymbol{X}$ 的协方差阵 $\boldsymbol{\Sigma}$ 是已知的，但在实际问题中 $\boldsymbol{\Sigma}$ 常常是未知的，这就需要用样本 $(\boldsymbol{X}_1, \boldsymbol{X}_2, \cdots, \boldsymbol{X}_n)^{\mathrm{T}}$ 对 $\boldsymbol{\Sigma}$ 作估计，记样本阵为

$$\boldsymbol{X} = \begin{bmatrix} x_{11} & x_{12} & \cdots & x_{1p} \\ x_{21} & x_{22} & \cdots & x_{2p} \\ \vdots & \vdots & & \vdots \\ x_{n1} & x_{n2} & \cdots & x_{np} \end{bmatrix},$$

则样本离差阵、样本协方差阵及样本相关阵分别为

$$\boldsymbol{A} = \sum_{j=1}^{n}(\boldsymbol{X}_j - \overline{\boldsymbol{X}})(\boldsymbol{X}_j - \overline{\boldsymbol{X}})^{\mathrm{T}} = (a_{ij}), \quad \boldsymbol{S} = \frac{1}{n-1}\boldsymbol{A} = (S_{ij}),$$

$$\boldsymbol{R} = (r_{ij}), \quad r_{ij} = \frac{a_{ij}}{\sqrt{a_{ii}a_{jj}}} = \frac{S_{ij}}{\sqrt{S_{ii}S_{jj}}},$$

其中 $\overline{\boldsymbol{X}} = \frac{1}{n}\sum_{i=1}^{n}\boldsymbol{X}_i$. 取 $\boldsymbol{\Sigma}$ 的估计为 $\hat{\boldsymbol{\Sigma}} = \boldsymbol{S}$，取总体相关阵的估计为 $\boldsymbol{R}$，按上节的方法求出 $\boldsymbol{\Sigma}$ 的特征根以及相应的特征向量（单位化的），就可获得主成分，也可从样本相关阵 $\boldsymbol{R}$ 出发，求出 $\boldsymbol{R}$ 的特征根及所对应的特征向量，再求出类似的主成分.

例 7.9 彩色胶卷的显影色彩非常容易受显影液微小变化的影响，为了对显影液进行质量控制，将胶卷在不同情形下曝光，然后通过红、绿、蓝滤色片进行测量，测量在高、中、低三种密度下进行，故每一个胶卷共有 9 个指标，共作了 108 个试验，由数据算得协差阵列于表 7.7. 它的特征根及相应的累计贡献率见表 7.8.

表 7.7 协方差阵

高			中			低		
红	绿	蓝	红	绿	蓝	红	绿	蓝
177	179	95	96	53	32	−7	−4	−3
	419	245	131	181	127	−2	1	4
		302	60	109	142	4	4	11
			158	102	42	4	3	2
				137	96	4	5	6
					128	2	2	8
						34	31	33
							39	39
								48

表 7.8 特征根

i	1	2	3	4	5	6	7	8	9
λ_i	878.52	196.10	128.64	103.43	81.26	37.85	6.98	5.71	3.52
累计贡献率/%	60.92	74.52	83.44	90.62	96.25	98.88	99.36	99.76	100.00

由表中看到前两个主成分提取的信息已接近 75%，前三个主成分的信息可达 83.44%，故我们可取前 3 个主成分.

前三个主成分的系数列于表 7.9，我们看到，第一个主成分的信息主要来源于前 6 个变量，低密度时的前三个变量反映甚少. 第二个主成分的信息主要反映了高红、高蓝、中红和中蓝四个变量，注意到红和蓝的系数符号相反，故第二个主成分反映了红和蓝的对比. 第三个主成分反映了高密度和中、低密度的对比.

表 7.9 特征向量

	高			中			低		
	红	绿	蓝	红	绿	蓝	红	绿	蓝
t_1	0.305	0.654	0.482	0.261	0.323	0.271	0.002	0.006	0.014
t_2	−0.485	−0.150	0.587	−0.491	−0.038	0.376	0.057	0.053	0.088
t_3	−0.412	−0.182	−0.235	0.457	0.495	0.268	0.256	0.266	0.282

表 7.10 因子负荷量

		t_1	t_2	t_3	v_i
高	红	0.679	0.511	−0.351	0.845
	绿	0.946	−0.103	−0.101	0.916
	蓝	0.824	0.473	−0.154	0.928
中	红	0.616	−0.547	0.412	0.849
	绿	0.819	−0.045	0.480	0.903
	蓝	0.710	0.462	0.269	0.791
低	红	0.012	0.137	0.497	0.266
	绿	0.028	0.120	0.483	0.249
	蓝	0.062	0.179	0.462	0.249

表 7.10 计算了前三个主成分对每个变量的因子负荷量，最后一列 v_i 是三个主成分对每个变量的累计贡献，例如

$$v_1=0.679^2+(-0.511)^2+(-0.351)^2=0.845.$$

从表中看到前六个变量的累计贡献率几乎都在 80%以上，后三个变量的累计贡献率仅在 25%左右，这是由于后三个变量方差太小. 如果再增加成分，可使后三个变

量的累计贡献率提高，但给分析问题带来了一定的麻烦. 可以考虑改用相关阵计算，有兴趣的读者可以去试一试.

习 题 7

1. 设 X 为五维正态总体，$E(\boldsymbol{X})=\mu$，$D(\boldsymbol{X})=\boldsymbol{\Sigma}$，今从总体中随机抽取一个容量为 7 的样本，得观测值如下表(表 7.11).

表 7.11

序号\分量	x_{k1}	x_{k2}	x_{k3}	x_{k4}	x_{k5}
x_1	8.63	77.25	120.00	9.88	81.75
x_2	8.16	81.26	163.00	6.01	87.34
x_3	7.80	89.67	127.00	5.96	83.97
x_4	11.67	82.10	144.00	10.06	67.10
x_5	13.34	86.00	154.00	9.86	69.06
x_6	5.16	61.20	191.00	9.67	75.09
x_7	12.19	88.96	166.00	8.76	80.29

试求 $\boldsymbol{\mu}$ 与 $\boldsymbol{\Sigma}$ 的极大似然估计和最小方差无偏估计.

2. 设总体 X 服从四维正态分布 $N_4(\boldsymbol{\mu},\boldsymbol{\Sigma})$，$\boldsymbol{\Sigma}>0$ 未知，今从总体中任意抽取一个容量为 21 的样本得观察值如下表(见表 7.12)，试检验假设

$$H_0: \boldsymbol{\mu}=\boldsymbol{\mu}_0=(22.75,32.75,51.50,61.50)^{\mathrm{T}} \leftrightarrow H_1: \mu\neq\mu_0 (\alpha=0.05).$$

表 7.12

序号\分量	x_{k1}	x_{k2}	x_{k3}	x_{k4}	序号\分量	x_{k1}	x_{k2}	x_{k3}	x_{k4}
x_1	22.88	32.81	51.51	61.51	x_{12}	22.67	32.67	51.21	61.49
x_2	22.74	32.56	51.49	61.39	x_{13}	22.81	32.67	51.43	61.15
x_3	22.60	32.74	51.50	61.22	x_{14}	22.67	32.60	51.30	61.27
x_4	22.93	32.95	51.17	60.91	x_{15}	22.81	32.02	51.70	61.49
x_5	22.74	32.74	51.45	61.56	x_{16}	23.02	33.05	51.48	61.44
x_6	22.33	32.53	51.36	61.22	x_{17}	23.02	32.95	51.55	61.62
x_7	22.67	32.58	51.44	61.30	x_{18}	23.15	33.15	51.58	61.65
x_8	22.74	32.67	51.44	61.30	x_{19}	22.88	33.06	51.54	61.64
x_9	22.62	32.57	51.23	61.39	x_{20}	23.16	32.78	51.48	61.41
x_{10}	22.67	32.67	51.64	61.50	x_{21}	23.13	32.95	51.58	61.58
x_{11}	22.82	32.80	51.32	60.97					

3. 设总体 X 与 Y 相互独立，且分别服从正态分布，$X\sim N_4(\boldsymbol{\mu}_1,\boldsymbol{\Sigma})$，$Y\sim N_4(\boldsymbol{\mu}_2,\boldsymbol{\Sigma})$，$\boldsymbol{\Sigma}>0$ 未知，现从每个总体中抽取容量为 5 的一个样本，得观测值如下表（见表 7.13），试在 $\alpha=0.01$ 下检验假设 $H_0:\mu_1=\mu_2\leftrightarrow H_1:\mu_1\neq\mu_2$.

表 7.13

编号＼分量	x_{k1}	x_{k2}	x_{k3}	x_{k4}	编号＼分量	y_{k1}	y_{k2}	y_{k3}	y_{k4}
x_1	13.85	4.79	7.80	49.60	y_1	2.18	1.06	1.22	20.60
x_2	22.31	4.67	12.31	47.80	y_2	3.85	0.80	4.06	47.10
x_3	28.82	4.63	16.18	62.15	y_3	11.40	0.00	3.50	0.00
x_4	15.29	3.57	7.58	43.20	y_4	3.66	2.42	2.14	15.10
x_5	28.29	4.90	16.12	58.70	y_5	12.10	0.00	5.68	0.00

4. 已知 $\boldsymbol{X}=(X_1,X_2)^{\mathrm{T}}$ 服从二维正态分布 $N_2(\boldsymbol{\mu},\boldsymbol{\Sigma})$，$\mu=(0,0)$，$\boldsymbol{\Sigma}=\begin{bmatrix}1 & 0.9\\ 0.9 & 1\end{bmatrix}$. 试分别求点 $\boldsymbol{A}=(1,1)^{\mathrm{T}}$ 和 $\boldsymbol{B}=(1,-1)^{\mathrm{T}}$ 到总体均值的马氏距离和欧氏距离.

5. 根据某精神病 256 名患者的诊断结果，将他们分成六类 $G_1,G_2,\cdots,G_6$，假定 G_i 服从三维正态分布 $N_3(\boldsymbol{\mu}_i,\boldsymbol{\Sigma})$，$i=1,2,\cdots,6$，对每个病人的诊断依据所测得的三个指标 $(x_1,x_2,x_3)^{\mathrm{T}}$ 的资料表，求得均值向量 $\boldsymbol{\mu}_i$ 的估计值 $\overline{\boldsymbol{X}}_i(i=1,2,3)$ 和协方差阵 $\boldsymbol{\Sigma}$ 的估计分别为：

G_1（焦虑状态）：$\hat{\boldsymbol{\mu}}_1=(2.9298\quad 1.6670\quad 0.7281)^{\mathrm{T}}$，

G_2（癔病）：$\hat{\boldsymbol{\mu}}_2=(3.0303\quad 1.2424\quad 0.5455)^{\mathrm{T}}$，

G_3（精神病态）：$\hat{\boldsymbol{\mu}}_3=(3.8125\quad 1.8438\quad 0.8125)^{\mathrm{T}}$，

G_4（强迫观念）：$\hat{\boldsymbol{\mu}}_4=(4.7059\quad 1.5882\quad 1.1176)^{\mathrm{T}}$，

G_5（变态人格）：$\hat{\boldsymbol{\mu}}_5=(1.4000\quad 0.2000\quad 0.0000)^{\mathrm{T}}$，

G_6（正常）：$\hat{\boldsymbol{\mu}}_6=(0.6000\quad 0.1455\quad 0.2182)^{\mathrm{T}}$，

$$\hat{\boldsymbol{\Sigma}}=\begin{bmatrix}2.3009 & 0.2516 & 0.4742\\ 0.2516 & 0.6075 & 0.0358\\ 0.4742 & 0.0358 & 0.5951\end{bmatrix},$$

样本大小依次为 $n_1=114,n_2=33,n_3=32,n_4=17,n_5=5,n_6=55$. 现有一个疑似精神病患者前来就医，测得他的三项指标为 $x_1=2.0000,x_2=1.0000,x_3=1.0000$，试用贝叶斯判别法判断此患者病情属于哪一类？（以频率作为先验概率的估计值，错判损失都取同一值）.

6. 对例 7.4 采用费希尔判别法，求出判别函数和相应的判别规则.

7. 为了考察矿石的异常含量，今从矿石中抽取两组矿石，已知 A 组有两个异常为含钢 S_k 岩、B 组有 4 个异常为矿化 S_k 岩，测得每一个异常的铜、钨、钼含量几何平均值后取对数如表 7.14，现测得另一组（C 组）矿石的异常含量的几何平均值后，取对数为铜 2.84，钨 0.60，钼 0.72，试问 C 组应属 A 组还是 B 组？

表 7.14

异常号	含铜 S_k 岩($\boldsymbol{A}$)			异常号	矿化 S_k 岩($\boldsymbol{B}$)		
	x_{a_1}(Cu)	x_{a_2}(W)	x_{a_3}(Mo)		x_{b_1}(Cu)	x_{b_2}(W)	x_{b_3}(Mo)
1	2.98	0.31	0.53	1	2.53	0.47	0.49
				2	2.59	0.30	0.27
2	3.20	0.53	0.77	3	2.96	3.05	1.50
				4	3.12	2.84	1.99

8. 求对称矩阵 $\boldsymbol{A}$ 的特征根及其相应的单位特征向量

$$\boldsymbol{A}=\begin{bmatrix}2 & 2 & -2\\ 2 & 5 & -4\\ -2 & -4 & 5\end{bmatrix}.$$

9. 设 $\boldsymbol{X}=(X_1,X_2,X_3,X_4)^{\mathrm{T}}$ 的协方差阵 $\boldsymbol{\Sigma}$ 为

$$\boldsymbol{\Sigma}=\begin{bmatrix}19.94 & 10.50 & 6.59 & 8.63\\ 10.50 & 23.56 & 19.71 & 7.97\\ 6.59 & 19.71 & 20.95 & 3.93\\ 8.63 & 7.97 & 3.93 & 7.55\end{bmatrix},$$

试求第一主成分.

10. 表 7.15 给出了 20 个土壤标本的有关资料(即含沙量 x_1，黏土含量 x_2，有机物 x_3 及酸性指标 pH x_4)数据的协方差阵，试求第一主成分.

表 7.15

	x_1	x_2	x_3	x_4
x_1	79.738 2	22.384 6	1.526 6	0.110 8
x_2		13.819 4	−0.584 4	0.025 0
x_3			0.643 4	0.034 3
x_4				0.261 6

第 8 章　统计软件 R 语言简介

8.1 引　　言

R 是一个开放(GPL)的统计编程环境. R 语言是从 S 统计绘图语言演变而来,是 S 语言(S 语言 20 世纪 70 年代诞生于贝尔实验室,由 Rick Becker,John Chambers,Allan Wilks 开发)的一种方言(dialect) 之一,另一则为 S-plus. 最早(1995 年)是由 Auckland 大学统计系的 Robert Gentleman 和 Ross Ihaka 基于 S 语言的源代码,编写了一种能执行 S 语言的软件,并将该软件的源代码全部公开,这就是 R 软件,其命令统称为 R 语言. R 的使用与 S-plus 有很多类似之处,这两种语言有一定的兼容性 . S-plus 的使用手册,只要稍加修改就可作为 R 的使用手册. 自从 1997 年,R 的开发由 R 核心开发小组(R Development Core Team -以后用 RDCT 表示) 维护,他们完全自愿、工作努力负责,并将全球优秀的统计应用软件打包提供给我们.

R 是一套完整的数据处理、计算和制图软件系统. 其功能包括:数据存储和处理系统;数组运算工具(其向量、矩阵运算方面功能尤其强大);完整连贯的统计分析工具;优秀的统计制图功能;简便而强大的编程语言:可操纵数据的输入和输出,可实现分支、循环,用户可自定义功能. R 的源代码可自由下载使用,亦有已编译的可执行文件版本可以下载,可在多种平台下运行,包括 UNIX(也包括 FreeBSD 和 Linux)、Windows 和 MacOS. R 主要是以命令行操作,同时有人开发了几种图形用户界面.

8.2 R 语言环境

R 是一套由一组数据操作、计算和图形展示功能整合而成的套件. 包括:有效的数据处理和保存机制,一套完整的数组和矩阵计算操作符,连贯而又完整的数据分析工具,为数据分析和显示提供的强大图形功能,一套(源自 S 语言)完善、简洁、高效的程序设计语言(包括条件语句、循环语句、自定义递归函数、输入输出功能). R 是一个非常好的开发新的交互式数据分析方法的工具,它的开发周期短,有大量的扩展包可以使用,R 有强大的统计功能,大多经典的统计方法和最新的技术都可以在 R 中直接得到. 在这里使用“环境”是为了说明 R 的定位是一个完善、统一的系统,而非其他数据分析软件那样作为一个专门、不灵活的附属工具. 我们把 R 当作环境，使得经典和现代统计技术在其中得到应用．一部分已经被内建在基本的R 语言环境中，但是更多的是以包的形式提供的．由 8 个包是随着 R 一同提供的(称作标准包)，其他的可以通过 CRAN 的成员网站获得(通过 http://cran. r-project. org)．通过 R 可以使用绝大多数的经典或者最新的统计方法，不过用户需要花一些功夫来找出这种方法.

8.3　相关的软件和文档

R 可以被当作 S 语言的实现工具，或者 S-Plus 系统的基本形态．S 语言的发展变化可以参考 John Chambers 与其他人合作的四本书．对 R 来说，基本的参考书是 *The New S Language：A Programming Environment for Data Analysis and Graphics*(Richard A. Becker，John M. Chambers and Allan R. Wilks)、*Statistical Models in S*(John M. Chambers and Trevor J. Hastie)、*Modern Applied Statistics with S，4th ed.*，Venables 和 Ripley (2002)、*Introductory statistics with R*(Peter Dalgaard)．此外，S-Plus 的相关文档都可以用于 R，只是要注意 R 与 S 执行工具之间的差别．

8.4　R 语言与统计分析

R 作为一种数据分析和图形展示的程序设计环境尤其适用于统计分析．加上它是一种自由软件，在国内外统计学者之间尤为流行．一般来说，较新的统计方法很容易从网上找到现成的 R 软件包，从而极大地方便了应用．

8.4.1　随机数产生与排列

虽然学习或使用 R 的主要动机之一是分析现有的数据，有时在 R 内部创建数据可能更有优势．

1. 随机数产生

如果你正在为模拟计算创建一组数据集，或在测试 R 的一个函数，而没有真正的可用数据，R 提供了大量的数据发生器，详见表 8.1：

表 8.1 R随机数发生器命令

函数	分布	函数	分布
rbeta	贝塔分布	rlogis	逻辑斯谛分布
rbinom	二项分布	rmultiom	多项分布
rcauchy	柯西分布	Rnbinom	负二项分布
rchisq	卡方分布	rnorm	正态分布
rexp	指数分布	rpois	泊松分布
rf	*F* 分布	rsignrank	符号秩次分布
rgamma	伽马分布	rt	学生氏分布
rgeom	几何分布	runif	均匀分布
rhyper	超几何分布	rweibull	威布尔分布
rlnorm	对数正态分布	rwilcox	威尔考克松秩-和分布

所有的随机数发生函数的第一个参数,都是想生成的随机数的数目;其他参数用来指定所用分布的参数,依具体分布而定.

2. 排列

sample 函数方便地提供了向量元素值(如果第一个参数是一个向量)或从一开始的索引号(如果第一个参数是一个数字)的随机排列.由于只有一个参数,sample 函数返回一个长度等于元素的数量(如果一个参数是一个向量)的向量或参数的值(如果它是一个数字),因为是不重置抽样,所以输入的每一个元素在输出时只出现一次.两个可选参数可以改变这些默认值;size=参数,将返回一个指定大小的向量,而 replace=参数,如果设置为 TRUE,将允许输入的元素在样本中可能出现一次以上.如果所需的样本大小比由第一个参数所决定的元素数目大,replace=必须设置为 TRUE. 最后如果输入中有些元素的抽样概率比另一些元素高,可选的 prob=参数可以提供一个抽样概率向量.

由于 sample 函数提供了其输入数据的随机排列,在生成一个序列的所有可能排列上他不会有很高的效率,因为有可能有些排列比别的排列出现更多,在这种情况下,可使用 combinat 程序包(可从 CRAN 下载)中的 permn 函数.如果生成的排列数目太大,无法容忍再内存中,可以使用 sna 程序包中的 numperm 函数.这个函数接受两个参数:第一个表示序列的长度,第二个代表所希望的具体排列.

8.4.2 单样本和两样本检验

运用一定的统计方法进行数据分析时,常常要求数据满足一定的条件,如正态性,方差齐性,独立性等.数据是否满足假设,需要检验.目前我们已经将一个样本与一个正态分布进行了比较．一个更一般的操作是对两个样本的各方面进行比较．请注意，在 R 中，所有“经典”检验，包括我们在下面所用到的，都包含在基本包中．

例 8.1　考虑下面关于冰熔解放热(cal/gm)的数据，数据来自 Rice(1995, P. 490) Method A：

79.98 80.04 80.02 80.04 80.03 80.03 80.04 79.97 80.05 80.03 80.02 80.00 80.02

Method B：

80.02 79.94 79.98 79.97 79.97 80.03 79.95 79.97

首先，箱线图(盒子图 box-plot)为两个样本提供了一个简单的图形比较方式：

```
A <-c(79.98 80.04 80.02 80.04 80.03 80.03 80.04 79.97
80.05 80.03 80.02 80.00 80.02)
B <-c(80.02 79.94 79.98 79.97 79.97 80.03 79.95 79.97)
boxplot(A,B)
```

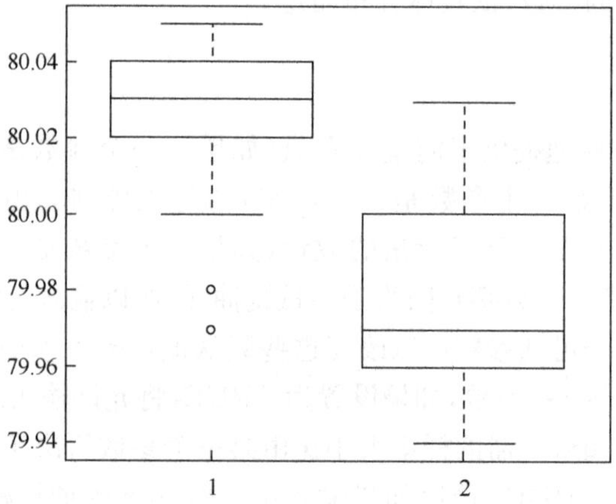

图 8.1　箱线图

从图上可以直观的看出第一组数据相比第二组数据倾向给出较大的值．

其次，为了比较两个样本的均值是否相等，我么可以使用非配对 t-检验．其程序如下：

```
>t.test(A,B)
Welch Two Sample t-test
data:A and B
t= 3.2499,df= 12.027,p-value= 0.00694
alternative hypothesis:true difference in means is not equal
to 0
```

```
95 percent confidence interval:
0.01385526 0.07018320
sample estimates:
mean of x mean of y
80.02077 79.97875
```

上面的结果表明，在正态假设下，结果显示出显著的差异，在默认的情况下，R的函数并不假定两个样本是等方差的（与 S-Plus 中的 t. test 函数相反）.

我们可以在正态总体的假定下，使用 F 检验来判断样本方差是否相等.

```
>var.test(A,B)
F test to compare two variances
data:A and B
F= 0.5837,num df= 12,denom df= 7,p-value= 0.3938
alternative hypothesis: true ratio of variances is not equal
to 1
95 percent confidence interval:
0.1251097 2.1052687
sample estimates:
ratio of variances
0.5837405
```

结果显示，没有充足的证据说明方差有显著的差异．所以我们可以使用假定方差相等的经典 t-检验．

```
>t.test(A,B,var.equal= TRUE)
Two Sample t-test
data:A and B
t= 3.4722,df= 19,p-value= 0.002551
alternative hypothesis: true difference in means is not equal
to 0
95 percent confidence interval:
0.01669058 0.06734788
sample estimates:
mean of x mean of y
80.02077 79.97875
```

结果表明在正态总体方差相等的前提下，二者的均值有明显的统计差异．当没有充分的理由这么认为且样本量又不是很大时，常用的方法是采用非参数统计检验．如我们可以采用双样本的 Wilcoxon（或 Mann-Whitney）检验在零假设（null hypothesis)下仅仅假定分布是连续的．

两组数据可做非参数比较如下：

```
>wilcox.test(A,B)
Wilcoxon rank sum test with continuity correction
data: A and B
W= 89,p-value= 0.007497
alternative hypothesis: true mu is not equal to 0
Warning message:
Cannot compute exact p-value with ties in: wilcox.test.default(A,B)
```

注意警告信息“在两个样本中都有结出现”，这表明这些数据来自离散分布(也可能由于数据的近似处理所致)．结果 p-值较小，表明拒绝原假设．

另外，Kolmogorov-Smirnov 检验在一般连续分布的假设下计算两个经验累积概率分布间的最大垂直距离来进行数据分布异同的检验．

例 8.1 中的数据的 K-S 程序结果如下：

```
>ks.test(A,B)
Two-sample Kolmogorov-Smirnov test
data:A and B
D= 0.5962,p-value= 0.05919
alternative hypothesis: two.sided
Warning message:
cannot compute correct p-values with ties in: ks.test(A,B)
```

本题中 p 值大于 0.05，表明在显著性水平为 0.05 下接受原假设．

8.4.3　回归分析

在实际生活中，某个现象的发生或某种结果的得出往往与其他某个或某些因素有关，但这种关系又不是确定的，只是能够从数据上看出“有关”的趋势．回归分析就是用来研究具有这些特征的变量之间的关系，回归分析有多种分析方法．这里我们主要介绍一元线性回归．

例 8.2　建立下列数据的回归模型：

```
x<-c(0.1,0.11,0.12,0.13,0.14,0.15,0.16,0.17,0.18,0.20,0.21,0.23)
y<-c(42,43.5,45,45.5,45,47.5,49,53,50,55,55,60)
(lm.sol< - lm(y~ x))
  Call:
  lm(formula= y~ x)
```

```
    Coefficients:
    (Intercept)          x
         28.49        130.83
summary(lm.sol)
    Call: lm(formula= y~ x)
    Residuals:
        Min       1Q      Median      3Q       Max
      -2.0431   -0.7056     0.1694     0.6633     2.2653
    Coefficients:
                   Estimate    Std.Error    t value       Pr(>|t|)
(Intercept)     28.493      1.580 18.04      5.88e- 09***
x            130.835        9.683       13.51       9.50e- 08***
Signif.codes: 0'***'0.001'**'0.01'*'0.05'.'0.1  ' '1
Residual standard error:1.319 on 10 degrees of freedom
Multiple R-Squared: 0.9481,  Adjusted R-squared: 0.9429
F-statistic: 182.6 on 1 and 10 DF,   p-value: 9.505e- 08
```

结果分析:建立的为一元线形回归,最终结果为

```
                    y   =   28.49   +   130.83x
                    std     (1.58)        (9.683)
                    t.value   (18.04)      (13.51)
               Adjusted R-squared:0.9429   F= 182.6
```

从结果可以看出,系数和 F 的 p 值均小于 0.05,说明都通过了检验. 注意:输出结果中的 Std. Error 是标准差.

预测:模型的预测使用 predict()函数,如下:

```
new= data.frame(x<-0.16)
pred<-predict(lm.sol,new,interval= "prediction",level= 0.95)
pred
                        fit            lwr          upr
               [1,]     49.42639     46.36621    52.48657
```

该函数的第一个参数表示模型的名称,第二个函数表示用于预测的自变量的值,注意:即使只有一个数,也要写成数据框的形式,第三个参数表示给出预测区间,第四个参数表示置信水平为 0.95,该参数可不写,默认值即为 0.95.

最终结果为 Y(0.16)=49.43,[46.37,52.49].

R 中回归常用或函数概括如下:

anova(lm. name);返回模型的方差分析表,lm. name 表示 lm 方法得到模型的

名称;下同.

coef(lm. name):返回模型的系数;

deviance(lm. name):返回模型的残差平方和;

fitted(lm. name):返回每个自变量的估计值;

formula(lm. name):返回模型的表达式;

plot(lm. name):返回模型的几种诊断图形;但其结果是一张一张出现,最好把它画到一张图上.

predict():用于模型预测,见上;

residuals(lm. name);用于得到模型的残差;

summary(lm. name);得到模型的概述信息;

step(lm. name):返回模型的逐步回归结果;

kappa(lm. name):返回一个数值,判断模型是否存在多重共线性.

8.4.4 方差分析

方差分析是用来判断观测到的几个样本的的均值的差异是否大到足以拒绝 H_0 的统计方法,其数据应满足正态性、独立性和方差齐性的要求,所以在进行方差分析前应先检验数据是否满足条件.

1. 单因素方差分析

aov(x~f),x 是数值向量,来自于各水平实验结果,f 是因子,对应各种水平.

```
x= c(1600,1610,1650,1680,1700,1700,1780,1500,1640,1400,1700,
1750,1640,1550, 1600, 1620, 1640, 1600, 1740, 1800, 1510, 1520, 1530,
1570,1640,1600)
A= factor(c(rep(1,7),rep(2,5),rep(3,8),rep(4,6)))
(lamp.aov<-aov(x~ A))
  Df   Sum Sq    Mean Sq  F value     Pr(> F)
  A       3    49212     16404     2.1659    0.1208
  Residuals 22  166622     7574
```

如果数据来自数据框,则用参数 data 指明数据来源即可. 如下:

```
lamp<-data.frame(x,A)
lamp.aov<-aov(x ~  A,data= lamp)
summary(lamp.aov)
```

2. 双因素方差分析

设 y 为目标量,判断 A 和 B 因素对实验的结果影响,则无交互作用时可以考虑分析如下：

summary(aov(y～A+B))

有交互作用时可以考虑分析如下：

summary(aov(y～A＊B))

用 R 做如下数据的方差分析：

```
y<-c(90,85,85,85,82,80,80,86,83,86,86,86,83,82,80,90,85,80,
88,86,85,85,80,80,80,80,80,86,85,82,80,82,80,80,85,90)
A<-rep(rep(1:3,each= 3),times= 4);
A<-as.factor(A)
B<-rep(1:4,each= 9);
B<-as.factor(B)
summary(aov(y~ A* B))
```

输出结果：

```
Df          Sum Sq Mean Sq F value     Pr(> F)
A              2  110.056   55.028   7.1516 0.003662*
B              3   13.333   4.444     0.5776 0.635331
A:B            6   50.883   8.472     1.1011  0.390459
Residuals     24   184.667   7.694
```

8.5 R 绘 图

学习 R 绘图没什么技巧，只有记住常用的参数的含义及用法，知道怎么去查未知参数的含义及用法．如果需要更深入的了解，使用 R 帮助．R 使用帮助：? 加上函数或参数名．例如？ Plot，? legend. R 具备卓越的绘图功能，通过参数设置对图形进行精确控制．绘制的图形能满足出版印刷的要求，可以输出 Jpg、tiff、eps、emf、pdf、png 等各种格式．

通过与 GhostScript 软件的结合，可以生成 600dpi，1200dpi 的等各种分辨率和尺寸的图形．绘图是通过绘图函数结合相应的选项完成的．

绘图语句分为三个基本类别：

高级（High-level）绘图函数在图形设备上创建一个新图形，通常包括坐标轴、标签、标题等．

低级（Low-level）绘图函数在已有图形上添加更多信息，例如额外的点、线和标签．

交互（Interactive）图形函数允许用户通过鼠标一类的指点设备向已有图形交互的增加信息，或者从中释放信息．

1. 高级绘图函数

plot() 绘制散点图等多种图形，根据数据的类，调用相应的函数绘图；
hist() 频率直方图；
boxplot() 箱线图；
stripchart() 点图；
barplot() 柱状图；
dotplot() 点图；
pie() 饼图；
matplot() 数学图形．

下面我们举几个例子：

1)plot 函数

在 R 中最经常被用到的一个绘图函数是 plot()函数．这是一个通用函数：生成图形的类型取决于第一个参数的类型或类别(class)．

1>绘制散点图和时间序列图

plot(x,y) plot(x)

2>plot(f)f 是因子，生成 f 的直方图，

plot(f,y)f 是因子，y 是数值向量，生成 y 关于 f 水平的箱线图．

```
y< - c(1600,1610,1650,1680,1700,1700,1780,1500,1640,1400,1700,1750,1640,1550,1600,1620,1640,1600,1740,1800,1510,1520,1530,1570,1640,1600)
f<-factor(c(rep(1,7),rep(2,5),rep(3,8),rep(4,6)))
plot(f,y)
```

解释：y 是一数值向量，f 把此数值向量分为四个水平．结果绘出四个箱线图，直观反映各水平的对比．

如果数据来自数据框，采用以下方式可以达到同样的效果．如下：

```
A=data.frame(y,f)
plot(y~f,data=A,col=heat.colors(4))
```

2)boxplot()箱线图

boxplot(x) #x 是一数值向量，绘出 x 的简单箱线图

boxplot(x,y) # x,y 均为数值向量，在一个图中绘出 x 和 y 的箱线图．

boxplot(x~f) #x 是数值向量，f 是相应的因子，绘出各因子下的对应箱线图

例 8.3　箱线图举例．

```
set.seed(2014)
A <-rnorm(20)
```

```
B <-runif(18)
boxplot(A,B)
```

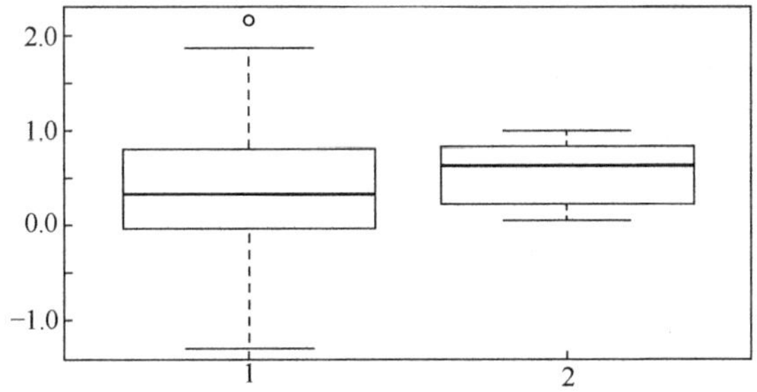

图 8.2 箱线图

3)hist()直方图

```
hist(x)
hist(x,nclass= n)
hist(x,breaks= b,...)
```

生成数值变量 x 的直方图．通常会自动选定一个合理的类别数，不过可以通过 nclass=参数来指定一个推荐值．或者通过参数 breaks=来指定分界点．如果给定了 probability=TRUE 参数，那么条形图代表相对频数而不是累计数．

例 8.4 直方图举例．

```
set.seed(2014)
x<-rnorm(100,0,1)
hist(x,freq= F,main= "直方图和密度曲线")
lines(density(x)) # 绘出根据样本得到的密度曲线 curve(dnorm(x),
add= T,col= 'blue')
```

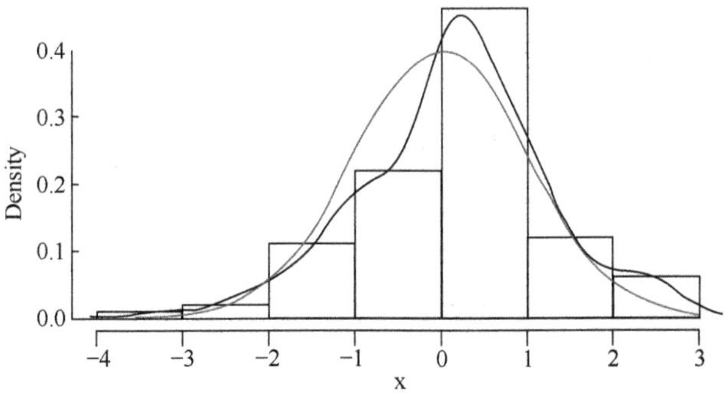

图 8.3 直方图和密度曲线

2. 低级绘图函数

(1) 加点与线的函数

points(x,y) x 和 y 为数值向量,添加(x,y),…,等这样的点 .

lines(x,y) x 和 y 为数值向量,该函数连接 x 和 y 对应的点所成的直线,特别 x 和 y 为一维向量时,是线段 .

(2) 在点处加标记

text(x,y,"") x 和 y 为数值向量,text(3,4,"?"),表示在(3,4)处添加一个问号.

(3) 在图上加直线

abline()

1)abline(a,b)表示绘出一条 y=a+bx 的直线;

2)abline(h=x)表示画出过向量 x 所有点的水平线;

3)abline(v=x)表示画出过向量 x 所有点的竖直线;

4)abline(lm. obj)表示画出线形模型的拟合直线;

polygon(x,y) x 和 y 为数值向量,该函数逐次连接(x,y),绘出一多边形;

rect(x1,y1,x2,y2)以(x1,y1)为左下点,以(x2,y2)为右上点绘制矩形;

locator(n,type="n",...)返回用户 n 次点击的坐标,type 参数的取值不同可以直接在图上画出相应图形.

图例注解函数:

mtext() This function draws text at any location in any of the margins.

```
legend(x1,y1,legend= c("","",""……),col= c('','',''……),
lty= c(2,-1,1),pch= c(-1,3,4),merge= TRUE)
x<-1:100
z<-rnorm(100)
y<-rnorm(100)
plot(x,y,xlab= '',ylab= '',pch= 1,col= 'red',main= '图例注解
函数示意图')
points(x,z,pch= 16,col= 'blue')
legend(locator(1),legend= c('Y','Z'),col= c('red','blue'),
pch= c(1,16))
```

x1,y1 设置显示的位置的坐标,最好是用 locator(1),然后在图形上点击.

legend 设置图解图形解释的文字.

bty="o"设置图例边框,默认为 o,有边框,取值为"n",表示为无边框 .

merge=TRUE 合并点和线,如果两者都有,默认为 T.

3. 绘图函数的常用参数

add= F 逻辑型参数,若为 T,表示在原图的添加图形.

type="" p 点,l 线,b 点线,h 竖直线,n 空白,o 将点覆盖在线上,s 和 S 步阶图.

sub=""字符型参数,子标题,以小字体显示于 x 轴下部.

col=" ":指定图形颜色.

col. axis=" " col. lab=" " col. main=" "col. sub=" "指定相关元素的颜色.其取值是颜色的代码,可由 colors()得到,共 657 种取值.

xlab="" ylab=""字符型参数,用于显示特定的 x 和 y 轴的标签.

xlim=c(0,10),ylim=c( )指定轴的上下限.

main=""字符型参数,图形标题,以大字体显示于图形顶部.

4. 色彩的处理

1)colors()函数

colors():即可得到该函数的 657 个取值,这些值常被给 bg,col 等属性赋值.

par(bg="mistyrose") #指定作图的背景.

plot(1:10,1:10,type="l",col="mediumblue") #绘出彩色的线.

2)颜色渐变函数

x=runif(10000,-250,250) #后面要使用的数据

rainbow()函数指定七彩虹颜色:红橙黄绿蓝靛紫,

hist(x,breaks=seq(-250,250,5),col=rainbow(100))

heat. colors()函数用来指定颜色由红变到橙再到白,

hist(x,breaks=seq(-250,250,5),col=heat. colors(100))

terrain. colors()函数用来指定颜色由绿色变到棕色再到白色,

hist(x,breaks=seq(-250,250,5),col=terrain. colors(100))

topo. colors()函数用来指定颜色由蓝色变到绿色再到白色,

hist(x,breaks=seq(-250,250,5),col=topo. colors(100))

cm. colors()函数,

hist(x,breaks=seq(-250,250,5),col=cm. colors(100))

3)灰度函数 grey()或者 gray()

grey(level):level 指定灰度,为 0~1 间的数,0 为黑,1 为白.

hist(x,breaks=seq(−250,250,5),col=grey(seq(0,1,0.01)))

4)rgb()函数

该函数按三元色,红,绿,蓝原理指定颜色,rgb(r=1,g=0,b=0)为红色,rgb(r=0,g=1,b=0)为绿色,rgb(r=0,g=0,b=1)为蓝色.

hist(x,breaks=seq(-250,250,5),col=rgb(r=1,g=0,b=0)) #该方法生成的图象色彩单调

hist(x,breaks=seq(-250,250,5),col=rgb((0:100)/100,g=0,b=0)) #此方法的图象有渐变效果.

5)hcl()与 hsv()函数

hcl(h,c,l ,alpha,fixup=TRUE):其中 h 指定颜色,为 0～360 间的整数,0 为红色,120 为绿色,240 为蓝色;

c 指定浓度;l 指定亮度;alpha 指定透明度.

hist(x,breaks=seq(−250,250,5),col=hcl(1:100))

hsv()

hist(x,breaks=seq(−250,250,5),col=hsv(seq(0,1,0.01)))

习　题　8

1. 正常男子血小板计数均值为 225×10^9/L,今测得 20 名男性油漆作业工人的血小板计数值(单位10^9/L)如表 8.2:

表 8.2　数据表

220	188	162	230	145	160	238	188	247	113
126	245	164	231	256	183	190	158	224	175

问油漆工人的血小板数与正常成年男子的血小板数有无显著差异?

2. 为估计山上积雪融化后对下游灌溉的影响,在山上建立一个观测站,测量最大积雪深度 X 与当年积雪 Y,测得连续 10 年的数据如表 8.3:

表 8.3　数据表

序号	X(米)	Y(公顷)	序号	X(米)	Y(公顷)
1	5.1	1907	6	7.8	3000
2	3.5	1287	7	4.5	1947
3	7.1	2700	8	5.6	2273
4	6.2	2373	9	8.0	3113
5	8.8	3260	10	6.4	2493

(1) 试画出相应的散点图,判断 Y 与 X 是否有线性关系;

(2) 求出 Y 关于 X 的一元线性回归方程;

(3) 对方程作显著性检验;

3. 生成 0 到 2 之间的 50 个随机数,分别命名为 x, y,并绘图:将主标题命名为“散点图”,横轴命名为“横坐标”,纵轴命名为“纵坐标”,在(0.6, 0.6)处加标记,并画出 x=0.6,y=0.6 这两条直线.

习题答案

习 题 1

1. (1) $\dfrac{\sum\limits_{i=1}^{n} x_i}{\prod\limits_{i=1}^{n} x_i!} e^{-n\lambda}$；(2) λ；$\dfrac{\lambda}{n}$；$\dfrac{n-1}{n}\lambda$；λ.　　2. $\dfrac{1}{(2\pi)^{\frac{n}{2}}\sigma^n \prod\limits_{i=1}^{n} x_i} e^{-\frac{1}{2\sigma^2}\sum\limits_{i=1}^{n}(\ln x_i-\mu)^2}$.

3. $\bar{x}=3.59$；$S_n^{*2}=2.881$.　　4. $\bar{Y}=(\bar{X}-a)/b$，$S_Y^2=\dfrac{1}{b^2}S_x^2$.

7.

$$F_{10}(x)=\begin{cases}0, & x<2,\\ \dfrac{1}{5}, & 2\leqslant x<3,\\ \dfrac{3}{5}, & 3\leqslant x<4,\\ \dfrac{7}{10}, & 4\leqslant x<5,\\ \dfrac{4}{5}, & 5\leqslant x<7,\\ \dfrac{9}{10}, & 7\leqslant x<9,\\ 1, & x\geqslant 9.\end{cases}$$

11. $T\sim t(n)$；$f_T(x)=\dfrac{\Gamma\left(\frac{n+1}{2}\right)}{\sqrt{n\pi}\,\Gamma\left(\frac{n}{2}\right)}\left(1+\dfrac{x^2}{n}\right)^{-\frac{n+1}{2}}$，$-\infty<x<+\infty$.

12. $f(x)=\begin{cases}\dfrac{1}{2^{\frac{n}{2}}\sigma^n\Gamma\left(\frac{n}{2}\right)}e^{-\frac{x}{2\sigma^2}}x^{\frac{n}{2}-1}, & x>0,\\ 0, & x\leqslant 0.\end{cases}$

13. (1) $f_{Y_1}(x)=\begin{cases}\dfrac{1}{2^{\frac{n}{2}}\sigma^n\Gamma\left(\frac{n}{2}\right)}e^{-\frac{x}{2\sigma^2}}x^{\frac{n}{2}-1}, & x>0,\\ 0, & x\leqslant 0;\end{cases}$

(2) $f_{Y_2}(x)=\begin{cases}\dfrac{n^{\frac{n}{2}}}{2^{\frac{n}{2}}\sigma^n\Gamma\left(\frac{n}{2}\right)}e^{-\frac{nx}{2\sigma^2}}x^{\frac{n}{2}-1}, & x>0,\\ 0, & x\leqslant 0;\end{cases}$

(3) $f_{Y_3}(x)=\begin{cases}\dfrac{1}{\sigma\sqrt{2n\pi x}}e^{-\frac{x}{2n\sigma^2}}, & x>0,\\ 0, & x\leqslant 0;\end{cases}$ (4) $f_{Y_4}(x)=\begin{cases}\dfrac{1}{\sigma\sqrt{2\pi x}}e^{-\frac{x}{2\sigma^2}}, & x>0,\\ 0, & x\leqslant 0.\end{cases}$

14. $Y\sim t(m)$；$Z\sim F(n,m)$. 15. $T\sim t(n-1)$. 16. $Z\sim t(m+n-2)$.

17. $F_{X_{(1)}}(x)=1-[1-F(x)]^n$；$f_{X_{(1)}}(x)=n[1-F(x)]^{n-1}\varphi(x)$.

$F_{X_{(n)}}(x)=[F(x)]^n$；$f_{X_{(n)}}(x)=n[F(x)]^{n-1}\varphi(x)$.

18. $f_{X_{(1)}}(x)=\begin{cases}n(1-x^2)^{n-1}2x, & 0<x<1,\\ 0, & \text{其他}.\end{cases}$

$f_{X_{(n)}}(x)=\begin{cases}2nx^{2n-1}, & 0<x<1,\\ 0, & \text{其他}.\end{cases}$

$f_{X_{(k)}}(x)=\begin{cases}\dfrac{2n!}{(k-1)!(n-k)!}x^{2k-1}(1-x^2)^{n-k}, & 0<x<1,\\ 0, & \text{其他}.\end{cases}$

19. $f_{X_{(1)}}(x)=\begin{cases}n\left(1-\dfrac{x}{\theta}\right)^{n-1}\dfrac{1}{\theta}, & 0<x<\theta,\\ 0, & \text{其他}.\end{cases}$

$f_{X_{(n)}}(x)=\begin{cases}n\dfrac{x^{n-1}}{\theta^n}, & 0<x<\theta,\\ 0, & \text{其他}.\end{cases}$

$f_{X_{(k)}}(x)=\begin{cases}\dfrac{n!}{(k-1)!(n-k)!}\cdot\dfrac{x^{k-1}}{\theta^k}\left(1-\dfrac{x}{\theta}\right)^{n-k}, & 0<x<\theta,\\ 0, & \text{其他}.\end{cases}$

20. $f(y_1,y_2,\cdots,y_n)=\begin{cases}n!\lambda^n e^{-\lambda\sum\limits_{i=1}^{n}y_i}, & 0<y_1<y_2<\cdots<y_n,\\ 0, & \text{其他}.\end{cases}$

$f_{(X_{(1)},X_{(n)})}(x,y)=\begin{cases}\lambda^2 n(n-1)(e^{-\lambda x}-e^{-\lambda y})^{n-2}e^{-\lambda(x+y)}, & 0<x<y,\\ 0, & \text{其他}.\end{cases}$

21. (−4, −2.1, −2.1, −0.1, −0.1, 0, 0, 1.2, 1.2, 2.0, 2.22, 3.2, 3.21) $\tilde{x}=0$；$r=7.21$；添加 2.7 后 $\tilde{x}=0.6$.

22. 0.289 8. 24. $a=26.105$； 25. $ER=0$.

习　题　2

1. (1) $k=2(n-1)$，(2) $k=\sqrt{\dfrac{2n(n-1)}{\pi}}$. 3. (2) $D\hat{\theta}_1=\dfrac{\theta^2}{3n}>D\hat{\theta}_2=\dfrac{\theta^2}{n(n+2)}$.

5. $\mathrm{MSE}(\hat{\mu},\mu)=\dfrac{2(2n+1)\sigma^2}{3n(n+1)}$. 6. $N\left(\sigma^2,\dfrac{2\sigma^4}{n}\right)$.

8. $\hat{p}=\dfrac{1}{\overline{X}}$，$\hat{p}=\dfrac{1}{\overline{X}}$. 9. $\hat{\theta}=3\overline{X}$.

10. (1) $\bar{x}=1.2$，$S_n^2=0.407$，$\hat{\theta}=2.4$； (2) $\hat{\theta}=\max\limits_{1\leqslant i\leqslant 6}\{x_i\}=2.2$，$\hat{\mu}=\dfrac{\hat{\theta}}{2}=1.1$，$\hat{\sigma}^2=\dfrac{\hat{\theta}^2}{12}=0.403$.

11. 矩估计：$\hat{\theta}=\dfrac{2\overline{X}-1}{1-\overline{X}}\approx 0.3$.　最大似然估计：$\hat{\theta}=-1-\left(\dfrac{1}{n}\sum\limits_{i=1}^{n}\ln X_i\right)^{-1}\doteq 0.2$.

12. (1)$\hat{\theta}=\sqrt{\dfrac{1}{n}\sum\limits_{i=1}^{n}X_i^2}$；　(2)$\hat{\sigma}=\dfrac{1}{n}\sum\limits_{i=1}^{n}|X_i|$；

(3)$\hat{\theta}=\min\limits_{1\leqslant i\leqslant n}\{X_i\}$；　(4)$\hat{\alpha}=\min\limits_{1\leqslant i\leqslant n}\{X_i\}$，$\hat{\beta}=\overline{X}-\min\limits_{1\leqslant i\leqslant n}\{X_i\}$.

13. $\hat{\theta}=\overline{X}+1.645S_n$.

14. 551.33.

15. 0.037.

17. (1) 最大似然估计 $\hat{\mu}=14.9$，次序统计量法 $\hat{\mu}=14.9$；

(2) 最大似然估计 $\hat{\sigma}^2=0.216^2$，次序统计量法 $\hat{\sigma}^2=0.237^2$.

18. $\hat{p}=\dfrac{1}{N}\overline{X}$.　19. $\hat{\theta}=\overline{X}$.

20. (1)$\hat{\sigma}^2=\dfrac{1}{n}\sum\limits_{i=1}^{n}X_i^2$；　(2)$\hat{\sigma}=\dfrac{\Gamma\left(\dfrac{n}{2}\right)}{\sqrt{2}\,\Gamma\left(\dfrac{n+1}{2}\right)}\sqrt{\sum\limits_{i=1}^{n}X_i^2}$，　$\hat{\sigma}^4=\dfrac{1}{n(n+2)}\left(\sum\limits_{i=1}^{n}X_i^2\right)^2$.

21. (1)$3\overline{X}+4S_n^{*2}$；(2) $\dfrac{1}{n}\sum\limits_{i=1}^{n}X_i^2-5S_n^{*2}$.

22. (1) $\dfrac{4\theta^2}{n}$；　(2) $\dfrac{\theta^4}{36n}$；　(3) $\dfrac{4p^3(1-p)}{nN}$.

24. $e(\hat{\sigma})=\dfrac{1}{\pi-2}=0.876$.　25. $\hat{\sigma}^2=\dfrac{1}{n}\sum\limits_{i=1}^{n}(X_i-1)^2$.

26. $g(\hat{\theta})=\dfrac{\overline{X}}{\alpha}$ 是 $g(\theta)=\dfrac{1}{\theta}$ 的有效估计.

27. (1)(2.121,2.129)；(2)(2.1175,2.1325).　28. (2.69,2.72).

29. $P\{|\overline{X}-\mu|<1.7\}=0.95$，即误差为 1.7.

30. $n\geqslant\left(\dfrac{2\sigma}{L}u_{\frac{\alpha}{2}}\right)^2$.　31. $n\geqslant 97$.

32. $\left(\dfrac{\sum\limits_{i=1}^{n}(X_i-\mu_0)^2}{\chi^2_{\frac{\alpha}{2}}(n)},\dfrac{\sum\limits_{i=1}^{n}(X_i-\mu_0)^2}{\chi^2_{1-\frac{\alpha}{2}}(n)}\right)$.

33. (11.76,20.71).　34. (−6.24,17.74).　35. (0.315 9,12.90).

36. 6592.471.　37. 78.0399.　38. (0.55,0.73).

39. (0.101,0.244).

40. (λ_1,λ_2)，其中 $\lambda_1<\lambda_2$ 是 λ 的二次方程 $\lambda^2-\left(2\overline{X}+\dfrac{1}{n}u^2_{\frac{\alpha}{2}}\right)\lambda+\overline{X}^2=0$ 的两个根. n 为样本容量.

习　题　3

1. 样本大小 $n=1$，样本空间为 $[0,+\infty)$，样本 X_1 的分布族为

$$\left\{p(x_1;\lambda)=\begin{cases}\lambda e^{-\lambda x_1}, & x_1\geqslant 0,\lambda>0\\ 0, & \text{其他}.\end{cases}\right\}$$

2. 决策空间 $\mathscr{A}=\{(-\infty,a_2]:-\infty<a_2<+\infty\}$；损失函数 $L(\theta,a)=1-I_{(-\infty,a_2]}(\theta)$，$\theta\in\Theta$，$a=(-\infty,a_2]\in\mathscr{A}$.

3. $R(\sigma^2,\hat{\sigma}_1^2)=\frac{2}{n-1}\sigma^4$，$R(\sigma^2,\hat{\sigma}_2^2)=\frac{2n-1}{n^2}\sigma^4$，$R(\sigma^2,\hat{\sigma}_3^2)=\frac{2}{n+1}\sigma^4$，$R(\sigma^2,\hat{\sigma}_4^2)=\frac{2\sigma^4}{n}$，$R(\sigma^2,\hat{\sigma}_5^2)=\frac{2}{n+2}\sigma^4$，$\hat{\sigma}_5^2$ 的风险函数值最小，$\hat{\sigma}_1^2$ 的风险函数值最大.

4. $R(\mu,\sigma^2,\hat{\sigma}_1^2)=\frac{2}{n-1}\sigma^4$，$R(\mu,\sigma^2,\hat{\sigma}_2^2)=\frac{2n-1}{n^2}\sigma^4$，$R(\mu,\sigma^2,\hat{\sigma}_3^2)=\frac{2}{n+1}\sigma^4$，$\hat{\sigma}_3^2$ 的风险函数值最小，$\hat{\sigma}_1^2$ 的风险函数值最大.

7. $\hat{\lambda}=\frac{n\overline{X}+2}{n+1}$.　　8. $\hat{p}=\frac{n\overline{X}+1}{n^2+2}$.　　9. $\hat{\theta}=(n+\alpha+1)\Big/\left(\sum_{i=1}^{n}X_i+\frac{1}{\beta}\right)$.

10. (1) $(2n+1)\Big/\left[\sum_{i=1}^{n}X_i+2\right]$；　(2) $\left[\sum_{i=1}^{n}X_i+2\right]\Big/n$.

12. $\left[\frac{\sum_{i=1}^{n}X_i^2}{x_{\alpha/2}^2(n-2)},\frac{\sum_{i=1}^{n}X_i^2}{x_{1-\alpha/2}^2(n-2)}\right]$.

13. 因 $\hat{\theta}$ 的风险函数值为 $(1+\alpha)^{-1}$，它与 θ 无关，于是由定理 4.8 知，在所给损失函数下 $\hat{\theta}$ 是 θ 的最小最大估计.

14. λ 的经验贝叶斯估计为 $\hat{\lambda}=\frac{x+1}{n-x}\cdot\frac{\hat{m}_G(X+1)}{\hat{m}_G(X)}$.

习　题　4

1. (1) 拒绝；(2) $\beta=0.4893$；(3) $\beta(\mu)=1-\Phi(10(5-\mu)+1.96)+\Phi(10(5-\mu)-1.96)$.

2. (1) $\delta(x)=\begin{cases}1, & \text{当 } 2(\bar{x}-6)>u_\alpha,\\ 0, & \text{当 } 2(\bar{x}-6)<u_\alpha;\end{cases}$　(2) $\alpha=P(\overline{X}\geqslant 7\mid\mu=6)=1-\Phi(2)=0.12275$，

$\beta=P(\overline{X}<7\mid\mu=7)=\Phi(0)=0.5$.

3. 接受假设 H_0.

4. 这天包装机工作不正常.

5. $\beta(\mu_1,\mu_2,\delta)=1-\Phi\left[u_\alpha-\frac{\mu_1-\mu_2}{\sqrt{\frac{\sigma_1^2}{n}+\frac{\sigma_2^2}{m}}}\right]$.

6. 新材料做的零件平均长度没有起变化.

7. 不能认为发热量的期望值是 12100J.

8. (1) 拒绝 H_0；(2) 接受 H_0.　9. 东西两支矿脉含锌量的平均值可看作一样.

10. 可以认为两种品种的产量来自同一正态分布.

11. 没有理由认为体育训练变好了.

12. 分析结果的均值有显著差异.

13. 该批轴料的椭圆度的总体方差与规定的 $\sigma^2=0.0004$ 无显著差异.

14. 方差无显著差异.　　15. (1) 拒绝 $H_0:\sigma_1^2=\sigma_2^2$；(2) 接受 $H_0:\mu_1=\mu_2$.

16. 可以认为该批罐头的 V_C 含量合格.

17. 可以认为甲机床加工精度比乙机床高.

18. 可以接收这批产品.

19. 无显著差异.

20. (1) $W=\{(\overline{X}-\mu_0)\sqrt{n}/S_n^*\leqslant -t_\alpha(n-1)\}$.

(2) $W=\{(n-1)S_n^{*2}/\sigma^2\geqslant \chi_\alpha^2(n-1)\}$.

21. $\hat{p}_{ML}=\dfrac{2n_1+n_2}{2n}$;可以认为数据与模型相符.

22. 可以认为尺寸偏差服从正态分布.

23. 可以认为林区所有树木胸径服从正态分布.

24. 可以认为这两个样本是从服从同一分布的两个总体中分别抽得的.

25. 接受假设. 26. 拒绝假设. 27. 拒绝假设. 28. 拒绝假设.

习　题　5

1. $\alpha=0.05$ 时差异显著.

2. 有显著差异. 3. 有显著差异.

4. 五位工人技术之间和不同车床型号之间对产量均无显著影响.

5. 伏特计之间无显著差异.

6. 不同机器之间有显著差异,不同加压水平之间有显著差异.

7. 机器间无显著差异,操作工人间和交互作用有显著差异.

8. (1) 温度的变化对得率有显著影响; (2)(89,100).

9. 农药的不同对杀虫率的影响显著.

习　题　6

1. $\hat{\beta}=\sum\limits_{i=1}^n x_iY_i\Big/\sum\limits_{i=1}^n x_i^2,\hat{\sigma}^2=\dfrac{1}{n}\sum\limits_{i=1}^n Y_i^2-\dfrac{1}{n}\Big(\sum\limits_{i=1}^n x_iY_i\Big)^2\Big/\Big(\sum\limits_{i=1}^n x_i^2\Big)$.

2. $\hat{\alpha}=10.283,\hat{\beta}=0.3040,\hat{\sigma}^*=0.489$.

3. $\hat{k}=3.233,\hat{F}=0.80825,(0.76047,0.856)$.

4. $Y=3.65-0.855x_1+1.506x_2,\hat{y}=63.356$.

7. 0.9991. 8. 0.8418.

9. $\hat{Y}=43.65+1.78x_1-0.08x_2+0.16x_3$;线性回归显著.

10. (1)$\hat{a}=\dfrac{1}{6}(y_1+2y_2+y_3),\hat{b}=\dfrac{1}{5}(-y_2+2y_3)$; (2)$F=\dfrac{(5y_1+16y_2-7y_3)^2}{11(5y_1-2y_2-y_3)^2}$.

11. $\boldsymbol{X}=\begin{bmatrix}1&-1&1\\1&0&-2\\1&1&1\end{bmatrix}$,

$\hat{\beta}_0=\dfrac{1}{3}(y_1+y_2+y_3)$, $\hat{\beta}_1=-\dfrac{1}{2}(y_1-y_3)$, $\hat{\beta}_2=\dfrac{1}{6}(y_1-2y_2+y_3)$.

12. $\hat{\boldsymbol{\beta}} = (X^{\tau}X)^{-1}X^{\tau}Y, \hat{\sigma}^2 = \frac{1}{n}(\boldsymbol{Y}-\boldsymbol{X}\hat{\boldsymbol{\beta}})^{\tau}(\boldsymbol{Y}-X\hat{\boldsymbol{\beta}})$.

13. $\hat{\beta}_0 = \bar{y}-\hat{\beta}_1\bar{x}, \hat{\beta}_1 = \frac{\sum_{i=1}^{n}(x_i-\bar{x})(y_i-\bar{y})}{\sum_{i=1}^{n}(x_i-\bar{x})^2}$. $\hat{\sigma}^{*2} = \frac{1}{n-2}\sum_{i=1}^{n}(y_i-\hat{\beta}_0-\hat{\beta}_1x_i)^2$.

14. $T_1 = \frac{\hat{\beta}_0}{\hat{\sigma}^*\sqrt{\frac{1}{n}+\frac{\bar{x}^2}{\sum_{i=1}^{n}(x_i-\bar{x})^2}}}, T_2 = \frac{\hat{\beta}_0-\hat{\beta}_1}{\hat{\sigma}^*\sqrt{\frac{1}{n}+\frac{(\bar{x}+1)^2}{\sum_{i=1}^{n}(x_i-\bar{x})^2}}}$.

15. (1) $\hat{a} = \frac{1}{7}(Y_1+2Y_2+Y_3+Y_4), \hat{b} = \frac{1}{7}(Y_1-Y_2-Y_3+2Y_4)$;

(2) $T = \sqrt{7/5}(\hat{a}-2\hat{b})/\hat{\sigma}^*$, $W = \{|T| \geqslant t_{\sigma/2}(2)\}$ 或 $W = \{(x_1,\cdots,x_n): |t| \geqslant t_{\sigma/2}(2)\}$.

16. (1) $\hat{a} = \frac{1}{7}\sum_{i=1}^{7}Y_i, \hat{b} = \frac{1}{28}(Y_2-Y_3+2Y_4-2Y_5+3Y_6-3Y_7)$

$$\hat{\sigma}^{*2} = \frac{1}{n-2}\sum(Y_i-\hat{Y}_i)^2 = \frac{1}{5}\sum_{i=1}^{7}(Y_i-\hat{Y}_i)^2$$

(2) $\hat{Y} \sim N(a-4b, \frac{5}{7}\sigma^2)$.

17. $\hat{Y} = 18.484-0.8205x+0.009301x^2$

习　题　7

1. $\hat{\boldsymbol{\mu}} = (9.56, 80.92, 152.14, 8, 60, 77.80)^{\mathrm{T}}$,

$$\boldsymbol{S} = \begin{bmatrix} 50.94 & 117.14 & -85.74 & 10.64 & -65.03 \\ & 570.87 & -753.37 & -40.37 & 59.17 \\ & & 3554.86 & 31.36 & -178.42 \\ & & & 20.21 & -65.08 \\ & & & & 349.10 \end{bmatrix},$$

Σ 的最大似然估计为 $\Sigma_M = \frac{S}{7}$,一致最小方差无偏估计为 $\hat{\Sigma} = \frac{S}{6}$.

2. μ 和 μ_0 没有显著差异.

3. 两个总体的均值向量的差异高度显著.

4. $D^2_{马}(A \cdot G) = 1.053, D^2_{马}(B,G) = 20$, $D^2_{欧}(A,G) = 2, D^2_{欧}(B,G) = 2$.

5. 由公式 $u_j(X) = \ln q_j - \frac{1}{2}(X-\hat{\mu}_j)^{\mathrm{T}}\hat{\Sigma}^{-1}(X-\hat{\mu}_j), j = 1,2,\cdots,6$,经计算应判定(2.0000, 1.0000, 1.0000)^{T}% 属于焦状态.

6. 判别函数为

$u(X) = 0.0202x_1-0.000103x_2-0.0175x_3+0.0156x_4+0.016x_5-0.0733x_6-0.0161x_7$,

$\bar{\mu} = 0.13546$,判别规则为

$$\begin{cases} X \in G_1, & u(X) > 0.13546, \\ X \in G_2, & u(X) < 0.13546, \\ X \in G_1 \text{ 或 } X \in G_2, & u(X) = 0.13546. \end{cases}$$

7. 属于 A.

8. $\lambda_1=\lambda_2=1,\lambda_3=10$,相应的特征向量(单位化)为

$$\boldsymbol{\beta}_1=\left(-\frac{2}{\sqrt{5}},\frac{1}{\sqrt{5}},0\right)^{\mathrm{T}},\quad \boldsymbol{\beta}_2=\left(\frac{2}{3\sqrt{5}},\frac{4}{3\sqrt{5}},\frac{5}{3\sqrt{5}}\right)^{\mathrm{T}},\quad \boldsymbol{\beta}_3=\left(\frac{1}{3},\frac{2}{3},-\frac{2}{3}\right)^{\mathrm{T}}.$$

9. $\lambda_1=50.46$(特征值),第一主成分为 $y_1=0.42x_1+0.66x_2+0.57x_3+0.26x_4$.

10. 特征值 $\lambda_1=86.640$,第一主成分为 $y_1=0.956x_1+0.294x_2+0.015x_3+0.001x_4$.

习　题　8

1. 拒绝原假设,认为油漆工人的血小板计数与正常成年男子的血小板计数有显著差异.

2. (1) 散点图略,Y 和 X 有线性关系.

   (2) 回归方程为 $Y=140.95+364.18X$.

   (3) β_1 项显著,常数项 β_0 不显著,回归方程显著.

参 考 文 献

1. 李贤平. 概率论基础. 第二版. 北京:高等教育出版社,1987
2. A. M 穆德,F. A. 格雷比尔. 统计学导论. 北京:科学出版社,1973
3. 王黎明,陈颖,杨楠. 应用回归分析. 上海:复旦大学出版社,2008
4. 陈希孺. 数理统计引论. 北京:科学出版社,1997
5. 陈希孺,王松桂. 近代回归分析 —— 原理方法及应用. 合肥:安徽教育出版社,1986
6. 数理统计编写组. 数理统计. 西安:西北工业大学出版社,1999
7. 陈家鼎,孙山泽,李东风. 数理统计学讲义. 第 2 版. 北京:高等教育出版社,2006
8. 茆诗松,程依明,濮晓龙. 概率论与数理统计教程. 北京:高等教育出版社,2004
9. 张尧庭,方开泰. 多元统计分析引论. 北京:科学出版社,1973
10. 中国科学院数学研究所概率统计室. 常用数理统计表. 北京:科学出版社,1973
11. 王梓坤. 概率论基础及其应用. 北京:科学出版社,1979
12. 栾军. 试验设计的技术和方法. 上海:上海交通大学出版社,1987
13. 中国兵器工业质量管理协会. 质量工程学应用手册. 北京:兵器工业出版社,1993
14. 师义民,徐伟,秦超英,许勇. 数理统计. 第三版. 北京:科学出版社,2009
15. 赵选民,师义民. 概率论与数理统计典型题分析解集. 第三版. 西安:西北工业大学出版社,2003
16. 茆诗松,王静龙,濮晓龙. 高等数理统计. 第二版. 北京:高等教育出版社,2006
17. 盛骤,谢式千,潘承毅. 概率论与数理统计. 第四版. 北京:高等教育出版社,2008
18. 肖筱南. 新编概率论与数理统计. 北京:北京大学出版社,2002
19. 李贤平,沈崇圣,陈子毅. 概率论与数理统计. 上海:复旦大学出版社, 2003
20. 项可风,吴启光. 试验设计与数据分析. 上海:科学技术出版社,1989
21. 茆诗松. 贝叶斯统计. 北京:中国统计出版社,1999
22. 薛毅. 统计建模与 R 软件. 北京:清华大学出版社, 2007
23. 周丙常,王亮,译. R 语言初学者指南. Alain F. Zuur,Elena N. Ieno,Erik H. W. G. Meesters 著. 西安:西安交通大学出版社,2011
24. 袁志发,周静宇. 多元统计分析. 北京:科学出版社,2002
25. Samuel,Kotz. 吴喜之. 现代贝叶斯统计. 北京:中国统计出版社,2000
26. 韦博成,鲁国斌,史建清. 统计诊断引论. 南京:东南大学出版社,1991
27. Charles J. Stone. A Course in Probability and Statistics,北京:机械工业出版社,2004
28. R. J. Larsen and M. L. Marx,An Introduction to Mathematical Statistics. 2nd edition. Prentice-Hall,1986
29. Draper N R,Smith H. Applied Regression Analysis. New York:John Wiley,1980
30. Bickel P J,Doksum K A. Mathematical Statistics,Basic Ideals and Selected Topics. Holden _ Day,Inc. 1977
31. Zacks S. The Theory of Statistical Inference. New York:John Wiley,1971

附　　表

附表 1　正态分布数值表

$$\Phi(\lambda)=\frac{1}{\sqrt{2\pi}}\int_{-\infty}^{\lambda}\mathrm{e}^{-\frac{x^2}{2}}\mathrm{d}x(\lambda>0)$$

λ	0.00	0.01	0.02	0.03	0.04	0.05	0.06	0.07	0.08	0.09	λ
0.0	0.5000	0.5080	0.5080	0.5120	0.5160	0.5199	0.5239	0.5279	0.5319	0.5359	0.0
0.1	0.5393	0.5438	0.5478	0.5517	0.5557	0.5596	0.5636	0.5675	0.5714	0.5753	0.1
0.2	0.5793	0.5832	0.5871	0.5910	0.5948	0.5987	0.6026	0.6064	0.6103	0.6141	0.2
0.3	0.6179	0.6217	0.6255	0.6293	0.6331	0.6368	0.6406	0.6443	0.6480	0.6517	0.3
0.4	0.6554	0.6591	0.6628	0.6664	0.6700	0.6736	0.6772	0.6808	0.6844	0.6879	0.4
0.5	0.6915	0.6950	0.6985	0.7019	0.7054	0.7088	0.7123	0.7157	0.7190	0.7224	0.5
0.6	0.7257	0.7291	0.7324	0.7357	0.7389	0.7422	0.7454	0.7486	0.7547	0.7549	0.6
0.7	0.7580	0.7611	0.7642	0.7673	0.7703	0.7734	0.7764	0.7794	0.7823	0.7582	0.7
0.8	0.7881	0.7910	0.7939	0.7967	0.7995	0.8023	0.8051	0.8078	0.8106	0.8133	0.8
0.9	0.8159	0.8186	0.8212	0.8238	0.8264	0.8289	0.8315	0.8340	0.8365	0.8389	0.9
1.0	0.8413	0.8438	0.8461	0.8485	0.8508	0.8531	0.8554	0.8577	0.8599	0.8621	1.0
1.1	0.8643	0.8665	0.8686	0.8708	0.8729	0.8749	0.8770	0.8790	0.8810	0.8830	1.1
1.2	0.8849	0.8869	0.8888	0.8907	0.8025	0.8944	0.8962	0.8980	0.8997	0.90147	1.2
1.3	0.90320	0.90490	0.90658	0.90824	0.90988	0.91149	0.91309	0.91466	0.91621	0.91774	1.3
1.4	0.91924	0.92073	0.92220	0.92364	0.92507	0.92647	0.92785	0.92922	0.93056	0.93189	1.4
1.5	0.93319	0.93448	0.93574	0.93699	0.93822	0.93943	0.94062	0.94179	0.94295	0.94408	1.5
1.6	0.91520	0.94630	0.94738	0.94845	0.94950	0.95053	0.95154	0.95254	0.95352	0.95449	1.6
1.7	0.95543	0.95637	0.95728	0.95818	0.95907	0.95994	0.96080	0.96164	0.96246	0.96327	1.7
1.8	0.96407	0.96485	0.96562	0.96638	0.96712	0.96784	0.96856	0.96926	0.96995	0.97062	1.8
1.9	0.91728	0.97193	0.97257	0.97320	0.97381	0.97441	0.97500	0.97558	0.97615	0.97670	1.9
2.0	0.97725	0.97778	0.97831	0.97882	0.97932	0.97982	0.98030	0.98077	0.98124	0.98169	2.0
2.1	0.98214	0.98257	0.98300	0.98341	0.98382	0.98422	0.98461	0.98500	0.98537	0.98574	2.1
2.2	0.98610	0.98646	0.98679	0.98713	0.98745	0.98778	0.98809	0.98840	0.98870	0.98899	2.2
2.3	0.96928	0.98956	0.98983	0.99097	$0.9^{2}0358$	$0.9^{2}0613$	$0.9^{2}0863$	$0.9^{2}1106$	$0.9^{2}1344$	$0.9^{2}1576$	2.3
2.4	$0.9^{2}1802$	$0.9^{2}2024$	$0.9^{2}2240$	$0.9^{2}2451$	$0.9^{2}2656$	$0.9^{2}2857$	$0.9^{2}3053$	$0.9^{2}3244$	$0.9^{2}3431$	$0.9^{2}3613$	2.4

续表

2.5	0.9^{2}37 90	0.9^{2}39 63	0.9^{2}41 32	0.9^{2}42 97	0.9^{2}44 57	0.9^{2}46 14	0.9^{2}47 66	0.9^{2}49 15	0.9^{2}50 60	0.9^{2}52 01	2.5
2.6	0.9^{2}53 39	0.9^{2}54 73	0.9^{2}56 04	0.9^{2}57 31	0.9^{2}58 55	9.9^{2}59 75	0.9^{2}60 93	0.9^{2}62 07	0.9^{2}63 19	0.9^{2}64 27	2.6
2.7	0.9^{2}65 33	0.9^{2}66 36	0.9^{2}67 36	0.9^{2}68 33	0.9^{2}69 28	9.9^{2}70 20	0.9^{2}71 10	0.9^{2}71 97	0.9^{2}72 82	0.9^{2}73 65	2.7
2.8	0.9^{2}74 45	0.9^{2}75 23	0.9^{2}75 99	0.9^{2}76 73	0.9^{2}77 44	9.9^{2}78 14	0.9^{2}78 82	0.9^{2}79 48	0.9^{2}80 12	0.9^{2}80 74	2.8
2.9	0.9^{2}81 34	0.9^{2}81 93	0.9^{2}82 50	0.9^{2}83 05	0.9^{2}83 59	9.9^{2}84 11	0.9^{2}84 62	0.9^{2}85 11	0.9^{2}85 59	0.9^{2}86 05	2.9
3.0	0.9^{2}86 50	0.9^{2}86 94	0.9^{2}87 36	0.9^{2}87 77	0.9^{2}88 17	0.9^{2}88 56	0.9^{2}88 93	0.9^{2}89 30	0.9^{2}89 65	0.9^{2}89 99	3.0
3.1	0.9^{3}03 24	0.9^{3}06 46	0.0^{3}09 57	0.9^{3}12 60	0.9^{3}15 53	0.9^{3}18 36	0.9^{3}21 12	0.9^{3}23 78	0.9^{3}26 36	0.9^{3}28 86	3.1
3.2	0.9^{3}31 29	0.9^{3}33 63	0.9^{3}35 90	0.9^{3}38 10	0.9^{3}40 24	0.9^{3}42 30	0.9^{2}45 29	0.9^{3}46 23	0.9^{3}48 10	0.9^{3}49 91	3.2
3.3	0.9^{3}51 66	0.9^{3}53 35	0.9^{3}54 99	0.9^{3}56 58	0.9^{3}58 11	0.9^{3}59 59	0.9^{3}61 03	0.9^{3}62 42	0.9^{3}63 76	0.9^{3}65 05	3.3
3.4	0.9^{3}66 31	0.9^{3}67 52	0.9^{3}68 69	0.9^{3}69 82	0.9^{3}70 91	0.9^{3}71 97	0.9^{3}72 99	0.9^{3}73 98	0.9^{3}74 93	0.9^{3}75 85	3.4
3.5	0.9^{3}76 74	0.9^{3}77 59	0.9^{3}78 42	0.9^{3}79 22	0.9^{3}79 99	0.9^{3}80 74	0.9^{3}81 46	0.9^{3}82 15	0.9^{3}82 82	0.9^{3}83 47	3.5
3.6	0.9^{3}84 09	0.9^{3}84 69	0.9^{3}85 27	0.9^{3}85 83	0.9^{3}86 37	0.9^{3}86 89	0.9^{3}87 39	0.9^{3}87 87	0.9^{3}88 34	0.9^{3}88 79	3.6
3.7	0.9^{3}89 22	0.9^{3}89 64	0.9^{4}00 39	0.9^{4}04 26	0.9^{4}07 99	0.9^{4}11 58	0.9^{4}15 04	0.9^{4}18 38	0.9^{4}21 59	0.9^{4}24 68	3.7
3.8	0.9^{4}27 65	0.9^{4}30 52	0.9^{4}33 27	0.9^{4}35 93	0.9^{4}33 48	0.9^{4}40 94	0.9^{4}43 31	0.9^{4}45 58	0.9^{4}47 77	0.9^{4}49 88	3.8
3.9	0.9^{4}51 90	0.9^{4}53 85	0.9^{4}55 73	0.9^{4}57 53	0.9^{5}59 26	0.9^{4}60 92	0.9^{4}62 53	0.0^{4}64 06	0.9^{4}65 54	0.9^{4}66 96	3.9
4.0	0.9^{4}68 33	0.9^{4}69 64	0.9^{4}70 90	0.9^{4}72 11	0.9^{4}73 27	0.9^{4}74 39	0.9^{4}75 46	0.9^{4}76 49	0.9^{4}77 48	0.9^{4}78 43	4.0
4.1	0.9^{4}79 34	0.9^{4}80 22	0.9^{4}81 06	0.9^{4}81 86	0.9^{4}82 63	0.9^{4}83 38	0.9^{4}84 09	0.9^{4}84 77	0.9^{4}85 42	0.9^{4}88 05	4.1
4.2	0.9^{4}86 65	0.9^{4}87 23	0.8^{4}87 78	0.9^{4}88 32	0.9^{4}88 82	0.9^{4}89 31	0.9^{4}89 78	0.9^{5}02 26	0.9^{5}06 55	0.9^{5}10 66	4.2
4.3	0.9^{5}14 60	0.9^{5}18 37	0.9^{5}21 99	0.9^{5}25 45	0.9^{5}28 76	0.9^{5}31 93	0.9^{5}34 97	0.9^{5}37 88	0.9^{5}40 66	0.9^{5}43 32	4.3
4.4	0.9^{5}45 87	0.9^{5}48 31	0.9^{5}40 65	0.9^{5}52 88	0.9^{5}55 02	0.9^{5}57 06	0.9^{5}59 02	0.9^{5}60 89	0.9^{5}62 68	0.9^{5}64 39	4.4
4.5	0.9^{5}66 02	0.9^{5}67 59	0.9^{5}69 08	0.9^{5}70 51	0.9^{5}71 87	0.9^{5}73 18	0.9^{5}74 42	0.9^{5}75 61	0.9^{5}76 75	0.9^{5}77 84	4.5
4.6	0.9^{5}78 88	0.9^{5}79 87	0.9^{5}80 81	0.9^{5}81 72	0.9^{5}82 58	0.9^{5}83 40	0.9^{5}84 19	0.9^{5}84 94	0.9^{5}85 66	0.9^{5}86 34	4.6
4.7	0.9^{5}86 99	0.9^{5}87 61	0.9^{5}88 21	0.9^{5}88 77	0.9^{5}89 31	0.9^{5}89 83	0.9^{6}03 20	0.9^{6}07 89	0.9^{6}12 35	0.9^{6}16 61	4.7
4.8	0.9^{6}20 67	0.9^{6}24 53	0.9^{6}28 22	0.9^{6}31 73	0.9^{6}35 08	0.9^{6}38 27	0.9^{6}41 31	0.9^{6}44 20	0.9^{6}46 96	0.9^{6}49 58	4.8
4.9	0.9^{6}52 08	0.9^{6}44 46	0.9^{6}56 73	0.9^{6}58 89	0.9^{6}60 94	0.9^{6}62 89	0.9^{6}64 75	0.9^{6}66 52	0.9^{6}68 21	0.9^{6}69 81	4.9

注:表中 0.9^{6}52 08 表示 0.9 999 995 208,其余类推.

附表 2 t 分布上侧分位数表

$$P\{t(n) > t_\alpha(n)\} = \alpha$$

n	$\alpha=0.25$	0.10	0.05	0.025	0.01	0.005
1	1.000 0	3.077 7	6.313 8	12.706 2	31.820 7	63.657 4
2	0.816 5	1.885 6	2.920 0	4.303 7	6.964 6	9.924 8
3	0.764 9	1.637 7	2.353 4	3.182 4	4.540 7	5.840 9
4	0.740 7	1.533 2	2.131 8	2.776 4	3.746 9	4.604 1
5	0.726 7	1.475 9	2.015 0	2.570 6	3.364 9	4.032 2
6	0.717 6	1.439 8	1.943 2	2.446 9	3.142 7	3.707 4
7	0.711 1	1.414 9	1.894 6	2.364 6	2.998 0	3.499 5
8	0.706 4	1.396 8	1.859 5	2.306 0	2.896 5	3.355 4
9	0.702 7	1.388 0	1.833 1	2.262 2	2.821 4	3.249 8
10	0.699 8	1.372 2	1.812 5	2.228 1	2.763 8	3.169 3
11	0.697 4	1.363 4	1.795 9	2.201 0	2.718 1	3.105 8
12	0.695 5	1.356 2	1.782 3	2.178 8	2.681 0	3.054 5
13	0.693 8	1.350 2	1.770 9	2.160 4	2.650 8	3.012 3
14	0.692 4	1.345 0	1.761 3	2.144 8	2.624 5	2.976 8
15	0.691 2	1.340 6	1.753 1	2.131 5	2.602 5	2.946 7
16	0.690 1	1.336 8	1.745 9	2.119 9	2.583 5	2.902 8
17	0.689 2	1.333 4	1.739 6	2.109 8	2.566 9	2.898 2
18	0.688 4	1.330 4	1.734 1	2.100 9	2.552 4	2.878 4
19	0.687 6	1.327 7	1.729 1	2.093 0	2.539 5	2.860 9
20	0.687 0	1.325 3	1.724 7	2.086 0	2.528 0	2.845 3
21	0.686 4	1.323 2	1.720 7	2.079 6	2.517 7	2.831 4
22	0.685 8	1.321 2	1.717 1	2.073 9	2.508 3	2.818 8
23	0.685 3	1.319 5	1.713 9	2.068 7	2.499 9	2.807 3
24	0.684 8	1.317 8	1.710 9	2.063 9	2.492 2	2.796 9
25	0.684 4	1.316 3	1.708 1	2.059 5	2.485 1	2.787 4
26	0.684 0	1.315 0	1.705 6	2.055 5	2.478 6	2.778 7
27	0.683 7	1.313 7	1.703 3	2.051 8	2.472 7	2.770 7
28	0.683 4	1.312 5	1.701 1	2.048 4	2.467 1	2.763 3
29	0.683 0	1.311 4	1.699 1	2.045 2	2.462 0	2.756 4
30	0.682 8	1.310 4	1.697 3	2.042 3	2.457 3	2.750 0
31	0.682 5	1.309 5	1.695 5	2.039 5	2.452 8	2.744 0
32	0.682 2	1.308 6	1.693 9	2.036 9	2.448 7	2.738 5
33	0.682 0	1.307 7	1.692 4	2.034 5	2.444 8	2.733 3
34	0.681 8	1.307 0	1.690 9	2.032 2	2.441 1	2.728 4
35	0.681 6	1.306 2	1.689 6	2.030 1	2.437 7	2.723 8
36	0.681 4	1.305 5	1.688 3	2.028 1	2.434 5	2.719 5
37	0.681 2	1.304 9	1.687 1	2.026 2	2.431 4	2.715 4
38	0.681 0	1.304 2	1.686 0	2.024 4	2.428 6	2.711 6
39	0.680 8	1.303 6	1.684 9	2.022 7	2.425 8	2.707 9
40	0.680 7	1.303 1	1.683 9	2.021 1	2.423 3	2.704 5
41	0.680 5	1.362 5	1.682 9	2.019 5	2.420 8	2.701 2
42	0.680 4	1.302 0	1.682 0	2.018 1	2.418 5	2.698 1
43	0.680 2	1.301 6	1.681 1	2.016 7	2.416 3	2.695 1
44	0.680 1	1.301 1	1.680 2	2.015 4	2.414 1	2.692 3
45	0.680 0	1.300 6	1.679 4	2.014 1	2.412 1	2.689 6

附表 3　χ^2 分布临界值表

n \ α	0.995	0.99	0.975	0.95	0.90	0.75	0.50	0.25	0.10	0.05	0.025	0.01	0.005	α / n
1	$0.0^4 4$	$0.0^3 2$	0.001	0.004	0.016	0.102	0.455	1.32	2.71	3.84	5.02	6.63	7.88	1
2	0.010	0.020	0.051	0.103	0.211	0.575	1.39	2.77	4.61	5.99	7.38	9.21	10.6	2
3	0.072	0.115	0.216	0.352	0.684	1.21	2.37	4.11	6.25	7.81	9.35	11.3	12.8	3
4	0.207	0.297	0.484	0.711	1.06	1.92	3.36	5.39	7.78	9.49	11.1	13.3	14.9	4
5	0.412	0.554	0.831	1.15	1.61	2.67	4.35	6.63	9.24	11.1	12.8	15.1	16.7	5
6	0.678	0.872	1.24	1.64	2.20	3.45	5.35	7.84	10.6	12.6	14.4	16.8	18.5	6
7	0.989	1.24	1.69	2.17	2.83	4.25	6.35	9.04	12.0	14.1	16.0	18.5	20.3	7
8	1.34	1.65	2.18	2.73	3.49	5.07	7.34	10.2	13.4	15.5	17.5	20.1	22.0	8
9	1.73	2.09	2.70	3.33	4.17	5.90	8.34	11.4	14.7	16.9	19.0	21.7	23.6	9
10	2.16	2.56	3.25	3.94	4.87	6.74	9.34	12.5	16.0	18.3	20.5	23.2	25.2	10
11	2.60	3.05	3.82	4.57	5.58	7.58	10.3	13.7	17.3	19.7	21.9	24.7	26.8	11
12	3.07	3.57	4.40	5.23	6.30	8.44	11.3	14.8	18.5	21.0	23.3	26.2	28.3	12
13	3.57	4.11	5.01	5.89	7.04	9.30	12.3	16.0	19.8	22.4	24.7	27.7	29.8	13
14	4.07	4.66	5.63	6.57	7.79	10.2	13.3	17.1	21.1	23.7	26.1	29.1	31.3	14
15	4.60	5.23	6.26	7.26	8.55	11.0	14.3	18.2	22.3	25.0	27.5	30.6	32.8	15
16	5.14	5.81	6.91	7.96	9.31	11.9	15.3	19.4	23.5	26.3	28.8	32.0	34.3	16
17	5.70	6.41	7.56	8.67	10.1	12.8	16.3	20.5	24.8	27.6	30.2	33.4	35.7	17
18	6.26	7.01	8.23	6.39	10.9	13.7	17.3	21.6	26.0	28.9	31.5	34.8	37.2	18
19	6.84	7.63	8.91	10.1	11.7	14.6	18.3	22.7	27.2	30.1	32.9	36.2	38.6	19
20	7.43	8.26	9.59	10.9	12.4	15.5	19.3	23.8	28.4	31.4	34.2	37.6	40.0	20
21	8.03	8.90	10.3	11.6	13.2	16.3	20.3	24.9	29.6	32.7	35.5	38.9	41.4	21
22	8.64	9.54	11.0	12.3	14.0	17.2	21.3	26.0	30.8	33.9	36.8	40.3	42.8	22
23	9.26	10.2	11.7	13.1	14.8	18.1	22.3	27.1	32.0	35.2	38.1	41.6	44.2	23
24	9.89	10.9	12.4	13.8	15.7	19.0	23.3	28.2	33.2	36.4	39.4	43.0	45.6	24
25	10.5	11.5	13.1	14.6	16.5	19.9	24.3	29.3	34.4	37.7	40.6	44.3	46.9	25
26	11.2	12.2	13.8	15.4	17.3	20.8	25.3	30.4	35.6	38.9	41.9	45.6	48.3	26
27	11.8	12.9	14.6	16.2	18.1	21.7	26.3	31.5	36.7	40.1	43.2	47.0	49.6	27
28	12.5	13.6	15.3	16.9	18.9	22.7	27.3	32.6	37.9	41.3	44.5	48.3	51.0	28
29	13.1	14.3	16.0	17.7	19.8	23.6	28.3	33.7	39.1	42.6	45.7	49.6	52.3	29
30	13.8	15.0	16.8	18.5	20.6	24.5	29.3	34.8	40.3	43.8	47.0	50.9	53.7	30
40	20.7	22.2	24.4	26.5	29.1	33.7	39.3	45.6	51.8	55.8	59.3	63.7	66.8	40
50	28.0	29.7	32.4	34.8	37.7	42.9	49.3	56.3	63.2	67.5	71.4	76.2	79.5	50
60	35.5	37.5	40.5	43.2	46.5	52.3	59.3	67.0	74.4	79.1	83.3	88.4	92.0	60

注：$P(\chi^2 \geqslant \chi_\alpha^2) = \dfrac{1}{2^{\frac{n}{2}}\Gamma(\frac{n}{2})}\displaystyle\int_{\chi_\alpha^2}^{+\infty} x^{\frac{n}{2}-1}\mathrm{e}^{-\frac{x}{2}}\mathrm{d}x = \alpha.$

n：自由度.

附表 4.1 F 分布临界值(F_α)($\alpha = 0.05$)

n_2 \ n_1	1	2	3	4	5	6	7	8	9	10	12	14	16	18	20	n_1 / n_2
1	161	200	216	225	230	234	237	239	241	242	244	245	246	247	248	1
2	18.5	19.0	19.2	19.2	19.3	19.3	19.4	19.4	19.4	19.4	19.4	19.4	19.4	19.4	19.4	2
3	10.1	9.55	9.28	9.12	9.01	8.94	8.89	8.85	8.81	8.79	8.74	8.71	8.69	8.67	8.66	3
4	7.71	6.94	6.59	6.39	6.26	6.16	6.09	6.04	6.00	5.96	5.91	5.87	5.84	5.82	5.80	4
5	6.61	5.79	5.41	5.19	5.05	4.95	4.88	4.82	4.77	4.74	4.68	4.64	4.60	4.58	4.56	5
6	5.99	5.14	4.76	4.53	4.39	4.28	4.21	4.15	4.10	4.06	4.00	3.96	3.92	3.90	3.87	6
7	5.59	4.74	4.35	4.12	3.97	3.87	3.79	3.73	3.68	3.64	3.57	3.53	3.49	3.47	3.44	7
8	5.32	4.46	4.07	3.84	3.69	3.58	3.50	3.44	3.39	3.35	3.28	3.24	3.20	3.17	3.15	8
9	5.12	4.26	3.86	3.63	3.48	3.37	3.29	3.23	3.18	3.14	3.07	3.03	2.89	2.96	2.94	9
10	4.96	4.10	3.71	3.48	3.33	3.22	3.14	3.07	3.02	2.98	2.91	2.86	2.83	2.80	2.77	10
11	4.84	3.98	3.59	3.36	3.20	3.09	3.01	2.95	2.90	2.85	2.79	2.74	2.70	2.67	2.65	11
12	4.75	3.89	3.49	3.26	3.11	3.00	2.91	2.85	2.80	2.75	2.69	2.64	2.60	2.57	2.54	12
13	4.67	3.81	3.41	3.16	3.03	2.92	2.83	2.77	2.71	2.67	2.60	2.55	2.51	2.48	2.46	13
14	4.60	3.74	3.34	3.11	2.96	2.85	2.76	2.70	2.65	2.60	2.53	2.48	2.44	2.41	2.39	14
15	4.54	3.68	3.29	3.06	2.90	2.79	2.71	2.64	2.59	2.54	2.48	2.42	2.38	2.35	2.33	15
16	4.49	3.63	3.24	3.01	2.85	2.74	2.66	2.59	2.54	2.49	2.42	2.37	2.33	2.30	2.28	16
17	4.45	3.50	3.20	2.96	2.81	2.70	2.61	2.55	2.49	2.45	2.38	2.33	2.29	2.26	2.23	17
18	4.41	3.55	3.16	2.93	2.77	2.66	2.58	2.51	2.46	2.41	2.34	2.29	2.26	2.22	2.13	18
19	4.38	3.52	3.13	2.90	2.74	2.64	2.54	2.48	2.42	2.38	2.31	2.26	2.21	2.18	2.16	19
20	4.35	3.49	3.10	2.87	2.71	2.60	2.51	2.45	2.39	2.35	2.28	2.22	2.18	2.15	2.12	20
21	4.32	3.47	3.07	2.84	2.68	2.57	2.49	2.42	2.37	2.32	2.25	2.20	2.16	2.12	2.10	21
22	4.30	3.44	3.05	2.82	2.66	2.55	2.46	2.40	2.34	2.30	2.23	2.17	2.13	2.10	2.07	22
23	4.28	3.42	3.03	2.80	2.64	2.53	2.44	2.37	2.32	2.27	2.20	2.15	2.11	2.07	2.05	23
24	4.26	3.40	3.01	2.78	2.62	2.51	2.42	2.36	2.30	2.25	2.18	2.13	2.09	2.05	2.03	24
25	4.24	3.39	2.99	2.76	2.60	2.49	2.40	2.34	2.28	2.24	2.16	2.11	2.07	2.04	2.01	25

续表

26	4.23	3.37	2.98	2.74	2.59	2.47	2.39	2.32	2.27	2.22	2.15	2.09	2.05	2.02	1.99	26
27	4.21	3.35	2.96	2.73	2.57	2.46	2.37	2.31	2.25	2.20	2.13	2.08	2.04	2.00	1.97	27
28	4.20	3.34	2.95	2.71	2.56	2.45	2.36	2.29	2.24	2.19	2.12	2.06	2.02	1.99	1.96	28
29	4.18	3.33	2.93	2.70	2.55	2.43	2.35	2.28	2.22	2.18	2.10	2.05	2.01	1.97	1.94	29
30	4.17	3.32	2.92	2.69	2.53	2.42	2.33	2.27	2.21	2.16	2.09	2.04	1.99	1.96	1.93	30
32	4.15	3.29	2.90	2.67	2.51	2.40	2.31	2.24	2.19	2.14	2.07	2.01	1.97	1.94	1.91	32
34	4.13	3.28	2.88	2.65	2.49	2.38	2.29	2.23	2.17	2.12	2.05	1.99	1.95	1.92	1.80	34
36	4.11	3.26	2.87	2.63	2.48	2.36	2.28	2.21	2.15	2.11	2.03	1.98	1.93	1.90	1.87	36
38	4.10	3.24	2.85	2.62	2.46	2.35	2.26	2.19	2.14	2.09	2.02	1.96	1.92	1.88	1.85	38
40	4.08	3.23	2.84	2.61	2.45	2.34	2.25	2.18	2.12	2.08	2.00	1.95	1.90	1.87	1.84	40
42	4.07	3.22	2.83	2.59	2.44	2.32	2.24	2.17	2.11	2.06	1.99	1.93	1.89	1.86	1.83	42
44	4.06	3.21	2.82	2.58	2.43	2.31	2.23	2.16	2.10	2.05	1.98	1.92	1.88	1.84	1.81	44
46	4.05	3.20	2.81	2.57	2.42	2.30	2.22	2.15	2.09	2.04	1.97	1.91	1.87	1.83	1.80	46
48	4.04	3.19	2.80	2.57	2.41	2.29	2.21	2.14	2.08	2.03	1.96	1.90	1.86	1.82	1.79	48
50	4.03	3.18	2.79	2.56	2.40	2.29	2.20	2.13	2.07	2.03	1.95	1.89	1.85	1.81	1.78	50
60	4.00	3.15	2.76	2.53	2.37	2.25	2.17	2.10	2.04	1.99	1.92	1.86	1.82	1.78	1.75	60
80	3.96	3.11	2.72	2.49	2.33	2.21	2.13	2.06	2.00	1.95	1.88	1.82	1.77	1.73	1.70	80
100	3.94	3.09	2.70	2.46	2.31	2.19	2.10	2.03	1.97	1.93	1.85	1.79	1.75	1.71	1.68	100
125	3.92	3.07	2.68	2.44	2.29	2.17	2.08	2.01	1.96	1.91	1.83	1.77	1.72	1.69	1.65	125
150	3.90	3.06	2.66	2.43	2.27	2.16	2.07	2.00	1.94	1.89	1.82	1.76	1.71	1.67	1.64	150
200	3.89	3.04	2.65	2.42	2.26	2.14	2.06	1.98	1.93	1.88	1.80	1.74	1.69	1.66	1.62	200
300	3.87	3.03	2.63	2.40	2.24	2.13	2.04	1.97	1.91	1.86	1.79	1.72	1.68	1.64	1.61	300
500	3.86	3.01	2.62	2.39	2.23	2.12	2.03	1.96	1.90	1.85	1.77	1.71	1.66	1.62	1.59	500
1000	3.85	3.00	2.62	2.38	2.22	2.11	2.02	1.95	1.89	1.84	1.76	1.70	1.65	1.61	1.58	1000
∞	3.84	3.00	2.60	2.37	2.21	2.10	2.01	1.94	1.88	1.83	1.75	1.69	1.64	1.60	1.57	∞

续表

n_2 \ n_1	22	24	26	28	30	35	40	45	50	60	80	100	200	500	∞	n_1 / n_2
1	249	249	249	250	250	251	251	251	252	252	252	253	254	254	254	1
2	19.5	19.5	19.5	19.5	19.5	19.5	19.5	19.5	19.5	19.5	19.5	19.5	19.5	19.5	19.5	2
3	8.65	8.64	8.63	8.62	8.62	8.60	8.59	8.59	8.58	8.57	8.56	8.55	8.54	8.53	8.53	3
4	5.79	5.77	5.76	8.75	5.75	5.73	5.72	5.71	5.70	5.69	5.67	5.66	5.66	5.64	5.63	4
5	4.54	4.53	4.52	4.50	4.50	4.48	4.46	4.45	4.44	4.43	4.41	4.41	4.39	4.37	4.37	5
6	3.86	3.84	3.83	3.82	3.81	3.79	3.77	3.76	3.75	3.74	3.72	3.71	3.69	3.68	3.67	6
7	3.43	3.41	3.40	3.39	3.38	3.36	3.34	3.33	3.32	3.30	3.29	3.27	3.25	3.24	3.23	7
8	3.13	3.12	3.10	3.09	3.08	3.06	3.04	3.03	3.02	3.01	2.99	2.97	2.95	2.94	2.93	8
9	2.92	2.90	2.89	2.87	2.86	2.84	2.83	2.81	2.80	2.79	2.77	2.76	2.73	2.72	2.71	9
10	2.75	2.74	2.72	2.71	2.70	2.68	2.66	2.65	2.64	2.62	2.60	2.59	2.56	2.55	2.54	10
11	2.63	2.61	2.59	2.58	2.57	2.55	2.53	2.52	2.51	2.49	2.47	2.46	2.43	2.42	2.40	11
12	2.52	2.51	2.49	2.48	2.47	2.44	2.43	2.41	2.40	2.38	2.36	2.35	2.32	2.31	2.30	12
13	2.44	2.42	2.41	2.39	2.38	2.36	2.34	2.33	2.31	2.30	2.27	2.26	2.23	2.22	2.21	13
14	2.37	2.35	2.33	2.32	2.31	2.28	2.27	2.25	2.24	2.22	2.20	2.19	2.16	2.14	2.13	14
15	2.31	2.29	2.27	2.26	2.25	2.22	2.20	2.19	2.18	2.16	2.14	2.12	2.10	2.08	2.07	15
16	2.25	2.24	2.22	2.21	2.19	2.17	2.15	2.14	2.12	2.11	2.08	2.07	2.04	2.02	2.01	16
17	2.21	2.19	2.17	2.16	2.15	2.12	2.10	2.09	2.08	2.06	2.03	2.02	1.99	1.97	1.96	17
18	2.17	2.15	2.13	2.12	2.11	2.08	2.06	2.05	2.04	2.02	1.99	1.98	1.95	1.93	1.92	18
19	2.13	2.11	2.10	2.08	2.07	2.05	2.03	2.01	2.00	1.98	1.96	1.94	1.91	1.89	1.88	19
20	2.10	2.08	2.07	2.05	2.04	2.01	1.99	1.98	1.97	1.95	1.92	1.91	1.88	1.86	1.84	20
21	2.07	2.05	2.04	2.02	2.01	1.98	1.96	1.95	1.94	1.92	1.89	1.88	1.84	1.82	1.81	21
22	2.05	2.03	2.01	2.00	1.98	1.96	1.94	1.92	1.91	1.89	1.86	1.85	1.82	1.80	1.78	22
23	2.02	2.00	1.99	1.97	1.96	1.93	1.91	1.90	1.88	1.86	1.84	1.82	1.79	1.77	1.76	23
24	2.00	1.98	1.97	1.95	1.94	1.91	1.89	1.88	1.86	1.84	1.82	1.80	1.77	1.75	1.73	24
25	1.98	1.96	1.95	1.93	1.92	1.89	1.87	1.86	1.84	1.82	1.80	1.78	1.75	1.73	1.71	25

续表

26	1.97	1.95	1.93	1.91	1.90	1.87	1.85	1.84	1.82	1.80	1.78	1.76	1.73	1.71	1.69	26
27	1.95	1.93	1.91	1.90	1.88	1.86	1.84	1.82	1.81	1.79	1.76	1.74	1.71	1.69	1.67	27
28	1.93	1.91	1.90	1.88	1.87	1.84	1.82	1.80	1.79	1.77	1.74	1.73	1.69	1.67	1.66	28
29	1.92	1.90	1.88	1.87	1.85	1.83	1.81	1.79	1.77	1.76	1.73	1.71	1.67	1.65	1.64	29
30	1.91	1.89	1.87	1.85	1.84	1.81	1.79	1.77	1.76	1.74	1.71	1.70	1.66	1.64	1.62	30
32	1.88	1.86	1.85	1.83	1.82	1.79	1.77	1.75	1.74	1.71	1.69	1.67	1.64	1.61	1.59	32
34	1.86	1.84	1.82	1.80	1.80	1.77	1.75	1.73	1.71	1.69	1.66	1.65	1.61	1.59	1.57	34
36	1.85	1.82	1.81	1.79	1.78	1.76	1.73	1.71	1.69	1.67	1.64	1.62	1.59	1.56	1.55	36
38	1.83	1.81	1.79	1.77	1.76	1.73	1.71	1.69	1.68	1.65	1.62	1.61	1.57	1.54	1.53	38
40	1.81	1.79	1.77	1.76	1.74	1.72	1.69	1.67	1.66	1.64	1.61	1.59	1.55	1.53	1.51	40
42	1.80	1.78	1.76	1.74	1.73	1.70	1.68	1.66	1.65	1.62	1.59	1.57	1.53	1.51	1.49	42
44	1.79	1.77	1.75	1.73	1.72	1.69	1.67	1.65	1.63	1.61	1.58	1.56	1.52	1.49	1.48	44
46	1.78	1.76	1.74	1.72	1.71	1.68	1.65	1.64	1.62	1.60	1.57	1.55	1.51	1.48	1.46	46
48	1.77	1.75	1.73	1.71	1.70	1.67	1.64	1.62	1.61	1.59	1.56	1.54	1.49	1.47	1.45	48
50	1.76	1.74	1.72	1.70	1.69	1.66	1.63	1.61	1.60	1.58	1.54	1.52	1.48	1.46	1.44	50
60	1.72	1.70	1.68	1.66	1.65	1.62	1.59	1.57	1.56	1.53	1.50	1.48	1.44	1.41	1.39	60
80	1.68	1.65	1.63	1.62	1.60	1.57	1.54	1.52	1.51	1.48	1.45	1.43	1.38	1.35	1.32	80
100	1.65	1.63	1.61	1.59	1.57	1.54	1.52	1.49	1.48	1.45	1.41	1.39	1.34	1.31	1.28	100
125	1.63	1.60	1.58	1.57	1.55	1.52	1.49	1.47	1.45	1.42	1.39	1.38	1.31	1.27	1.25	125
150	1.61	1.59	1.57	1.55	1.53	1.50	1.48	1.45	1.44	1.41	1.37	1.34	1.29	1.25	1.22	150
200	1.60	1.57	1.55	1.53	1.52	1.48	1.46	1.43	1.41	1.39	1.35	1.32	1.26	1.22	1.19	200
300	1.58	1.55	1.53	1.51	1.50	1.46	1.43	1.41	1.39	1.36	1.32	1.30	1.23	1.19	1.15	300
500	1.56	1.54	1.52	1.50	1.48	1.45	1.42	1.40	1.38	1.34	1.30	1.28	1.21	1.16	1.11	500
1000	1.55	1.53	1.51	1.49	1.47	1.44	1.41	1.38	1.36	1.33	1.29	1.26	1.19	1.13	1.08	1000
∞	1.54	1.52	1.50	1.48	1.46	1.42	1.39	1.37	1.35	1.32	1.27	1.24	1.17	1.11	1.00	∞

附表 4.2 F 分布临界值表($\alpha = 0.025$)

n_2 \ n_1	1	2	3	4	5	6	7	8	9	10	12	15	20	24	30	40	60	120	∞	n_1 / n_2
1	647.8	799.6	864.2	899.6	921.8	937.1	948.2	956.7	963.3	968.6	976.7	984.9	993.1	997.2	1001	1006	1016	1014	1018	
2	38.51	39.00	39.17	39.25	39.30	39.33	39.36	39.37	39.39	39.40	39.41	39.43	39.45	39.46	39.46	39.47	39.48	39.49	39.50	2
3	17.44	16.04	15.44	15.10	14.88	14.73	14.62	14.54	14.47	14.42	14.34	14.25	14.17	14.12	14.08	14.04	13.99	13.95	13.90	3
4	12.22	10.65	9.98	9.60	9.36	9.20	9.07	8.98	8.99	8.84	8.75	8.66	8.56	8.51	8.46	8.41	8.36	8.31	8.26	4
5	10.01	8.43	7.76	7.39	7.15	6.98	6.85	6.76	6.68	6.62	6.52	6.43	6.33	6.28	6.23	6.18	6.12	6.07	6.02	5
6	8.81	7.26	6.60	6.23	5.99	5.82	5.70	5.60	5.52	5.46	5.37	5.27	5.17	5.12	5.07	5.01	4.96	4.90	4.85	6
7	8.07	6.54	5.89	5.52	5.29	5.12	4.99	4.90	4.82	4.76	4.67	4.67	4.47	4.42	4.36	4.31	4.25	4.20	4.14	7
8	7.67	6.06	5.42	4.05	4.82	4.65	4.53	4.43	4.36	4.30	4.20	4.10	4.00	3.05	3.89	3.84	3.73	3.73	3.67	8
9	7.21	5.71	6.08	4.72	4.48	4.32	4.20	4.10	4.03	3.96	3.87	3.77	3.67	3.61	3.56	3.51	3.45	3.39	3.33	9
10	6.94	5.46	4.83	4.47	4.24	4.07	3.95	3.85	3.78	3.72	3.62	3.52	3.42	3.37	3.31	3.26	3.20	3.14	3.05	10
11	6.72	6.20	4.63	4.28	4.04	3.88	3.76	3.66	3.59	3.53	3.43	3.33	3.23	3.17	3.12	3.06	3.00	2.94	2.88	11
12	6.55	5.10	4.47	4.12	3.89	3.73	3.61	3.51	3.44	3.37	3.28	3.18	3.07	3.02	2.96	2.91	2.85	2.79	2.72	12
13	6.41	4.97	4.35	4.00	3.77	3.60	3.48	3.39	3.31	3.25	3.15	3.05	2.95	2.89	2.84	2.73	2.72	2.66	2.60	13
14	6.30	4.86	4.24	3.89	3.66	3.50	3.38	3.29	3.21	3.15	3.05	2.95	2.84	2.79	2.73	2.67	2.61	2.55	2.49	14
15	6.20	4.77	4.15	3.80	3.58	3.41	3.29	3.20	3.12	3.06	2.96	2.86	2.76	2.70	2.54	2.59	2.52	2.45	2.40	15
16	6.12	4.69	4.08	3.73	3.50	3.34	3.22	3.12	3.05	2.99	2.89	2.79	2.68	2.63	2.57	2.51	2.46	2.48	2.32	16
17	6.04	4.62	4.01	3.66	3.44	3.28	3.16	3.06	2.98	2.92	2.82	2.72	2.62	2.56	2.50	2.44	2.37	2.32	2.25	17
18	5.98	4.56	3.95	3.61	3.38	3.22	3.10	3.01	2.93	2.87	2.77	2.67	2.56	2.50	2.44	2.38	2.32	2.26	2.19	18
19	5.92	4.51	3.90	3.56	3.33	3.17	3.05	2.96	2.88	2.82	2.72	2.62	2.51	2.46	2.39	2.33	2.27	2.20	2.13	19
20	5.87	4.46	3.86	3.51	3.29	3.13	3.01	2.91	2.84	2.77	2.68	2.57	2.46	2.41	2.35	2.29	2.22	2.16	2.09	20
21	5.83	4.42	3.82	3.48	3.25	3.09	2.97	2.87	2.80	2.73	2.64	2.53	2.42	2.37	2.31	2.25	2.18	2.11	2.04	21
22	5.79	4.38	3.78	3.44	3.22	3.05	2.93	2.84	2.76	2.70	2.60	2.50	2.39	2.33	2.27	2.21	2.14	2.08	2.00	22
23	5.75	4.35	3.75	3.41	3.18	3.02	2.90	2.81	2.73	2.67	2.57	2.47	2.36	2.30	2.24	2.13	2.11	2.04	1.97	23
24	5.72	4.32	3.72	3.38	3.16	2.99	2.87	2.76	2.70	2.64	2.54	2.44	2.33	2.27	2.21	2.15	2.08	2.01	1.94	24
25	5.69	4.29	3.69	3.35	3.13	2.97	2.85	2.76	2.68	2.61	2.51	2.41	2.30	2.24	2.18	2.12	2.05	1.98	1.91	25
26	5.66	4.27	3.67	3.33	3.10	2.94	2.82	2.73	2.65	2.59	2.49	2.39	2.28	2.22	2.16	2.09	2.63	1.95	1.88	26
27	5.63	4.24	3.65	3.31	3.06	2.92	2.80	2.71	2.63	2.57	2.47	2.36	2.25	2.19	2.13	2.07	2.00	1.93	1.85	27
28	5.61	4.22	3.63	3.29	3.08	2.90	2.78	2.69	2.61	2.55	2.45	2.34	2.23	2.17	2.11	2.05	1.98	1.91	1.83	28
29	5.69	4.20	3.61	3.27	3.04	2.88	2.76	2.67	2.59	2.53	2.43	2.32	2.21	2.15	2.09	2.03	1.96	1.89	1.81	29
30	5.57	4.18	3.59	3.26	3.03	2.87	2.75	2.65	2.57	2.51	2.41	2.31	2.20	2.14	2.07	1.01	1.94	1.87	1.79	30
40	5.42	4.05	3.46	3.13	2.90	2.74	2.62	2.53	2.45	2.39	2.29	2.18	2.07	2.01	1.94	1.83	1.80	1.72	1.64	40
60	5.29	3.93	3.34	3.01	2.79	2.63	2.51	2.41	2.38	2.27	2.17	2.06	1.94	1.88	1.82	1.74	1.67	1.58	1.48	60
120	5.15	3.80	3.23	2.89	2.67	2.52	2.39	2.30	2.22	2.16	2.05	1.94	1.82	1.76	1.69	1.61	1.53	1.43	1.31	120
∞	5.02	3.69	3.12	2.79	2.57	2.41	2.29	2.19	2.11	2.05	1.94	1.83	1.71	1.64	1.57	1.48	1.39	1.27	1.00	∞

附表 4.3　F 分布临界值表($\alpha = 0.10$)

n_2 \ n_1	1	2	3	4	5	6	7	8	9	10	15	20	30	50	100	200	500	∞	n_1 / n_2
1	39.9	49.5	53.6	55.8	57.2	58.2	58.9	59.4	59.9	60.2	61.2	61.7	62.3	62.7	63.0	63.2	63.3	63.3	1
2	8.53	9.00	9.16	9.24	9.29	9.33	9.35	9.37	9.38	9.39	9.42	9.44	9.46	9.47	9.43	9.49	9.49	9.49	2
3	5.54	5.46	5.39	5.34	5.31	5.28	5.27	5.26	5.24	5.23	5.20	5.18	5.17	5.15	5.14	5.14	5.14	5.13	3
4	4.54	4.32	4.19	4.11	4.05	4.01	3.98	3.95	3.94	3.92	3.87	3.84	3.82	3.80	3.78	3.77	3.76	3.76	4
5	4.06	4.78	3.62	3.52	3.45	3.40	3.37	3.34	3.32	3.30	3.24	3.21	3.17	3.16	3.16	3.12	3.11	3.10	5
6	3.78	3.46	3.29	3.18	3.11	3.05	3.01	2.98	2.96	2.94	2.87	2.84	2.80	2.77	2.75	2.73	2.73	2.72	6
7	3.59	3.26	3.07	2.96	2.88	2.83	2.78	2.75	2.72	2.70	2.64	2.59	2.56	2.52	2.50	2.48	2.48	2.47	7
8	3.46	3.11	2.92	2.81	2.73	2.67	2.62	2.59	2.56	2.54	2.46	2.42	2.38	2.35	2.32	2.31	2.30	2.20	8
9	3.36	3.01	2.81	2.69	2.61	2.55	2.51	2.47	2.44	2.42	2.34	2.30	2.25	2.22	2.19	2.17	2.17	2.16	9
10	3.28	2.92	2.73	2.61	2.52	2.46	2.41	2.38	2.35	2.32	2.24	2.20	2.16	2.12	2.09	2.07	2.06	2.06	10
11	3.23	2.86	2.66	2.54	2.45	2.39	2.34	2.30	2.27	2.26	2.17	2.12	2.03	2.04	2.00	1.99	1.98	1.97	11
12	3.18	2.81	2.61	2.48	2.39	2.33	2.28	2.24	2.21	2.19	2.10	2.06	2.01	1.97	1.94	1.92	1.91	1.90	12
13	3.14	2.76	2.56	2.43	2.36	2.28	2.23	2.20	2.16	2.14	2.05	2.01	1.90	1.92	1.88	1.86	1.85	1.85	13
14	3.10	2.73	2.52	2.39	2.31	2.24	2.19	2.14	2.12	2.10	2.01	1.96	1.91	1.87	1.83	1.82	1.80	1.80	14
15	3.07	2.70	2.49	2.36	2.27	2.21	2.16	2.12	2.09	2.06	1.97	1.92	1.87	1.83	1.79	1.77	1.76	1.76	15
16	3.05	2.67	2.46	2.33	2.24	2.18	2.13	2.09	2.06	2.03	1.94	1.79	1.84	1.79	1.76	1.74	1.73	1.72	16
17	3.03	2.64	2.44	2.31	2.22	2.15	2.10	2.06	2.03	2.00	1.91	1.86	1.81	1.76	1.73	1.71	1.69	1.69	17
18	3.01	2.62	2.42	2.29	2.20	2.13	2.08	2.04	2.00	1.98	1.89	1.84	1.78	1.74	1.70	1.68	1.67	1.66	18
19	2.99	2.61	2.40	2.27	2.18	2.11	2.06	2.02	1.98	1.96	1.86	1.81	1.76	1.71	1.67	1.65	1.64	1.64	19
20	2.97	2.59	2.38	2.25	2.16	2.09	2.04	2.00	1.96	1.94	1.84	1.79	1.74	1.69	1.65	1.63	1.02	1.61	20
22	2.95	2.56	2.35	2.22	2.13	2.06	2.01	1.97	1.93	1.90	1.81	1.76	1.70	1.65	1.61	1.59	1.53	1.57	22
24	2.93	2.54	2.33	2.19	2.10	2.04	1.98	1.94	1.91	1.88	1.78	1.73	1.67	1.62	1.58	1.56	1.54	1.43	24
26	2.91	2.62	2.31	2.17	2.08	2.01	1.96	1.92	1.88	1.86	1.76	1.71	1.65	1.59	1.55	1.53	1.51	1.50	26
28	2.89	2.50	2.29	2.16	2.06	2.00	1.94	1.90	1.87	1.84	1.74	1.69	1.64	1.57	1.53	1.50	1.49	1.48	28
30	2.88	2.49	2.28	2.14	2.05	1.98	1.93	1.88	1.85	1.82	1.72	1.67	1.61	1.55	1.61	1.48	1.47	1.46	30
40	2.84	2.44	2.23	2.09	2.00	1.93	1.87	1.83	1.79	1.76	1.65	1.61	1.54	1.48	1.43	1.41	1.39	1.38	40
50	2.81	2.41	2.20	2.06	1.97	1.90	1.84	1.80	1.76	1.73	1.63	1.57	1.50	1.44	1.39	1.36	1.34	1.33	50
60	2.79	2.39	2.18	2.04	1.95	1.87	1.82	1.77	1.74	1.71	1.60	1.54	1.48	1.41	1.36	1.33	1.31	1.29	60
80	2.77	2.37	2.15	2.02	1.92	1.85	1.79	1.75	1.71	1.68	1.57	1.51	1.44	1.38	1.32	1.28	1.26	1.24	80
100	2.76	2.36	2.14	2.00	1.91	1.83	1.78	1.73	1.70	1.66	1.55	1.49	1.42	1.35	1.29	1.26	1.23	1.24	100
200	2.73	2.33	2.11	1.97	1.88	1.80	1.75	1.70	1.66	1.63	1.52	1.46	1.38	1.31	1.24	1.20	1.17	1.14	200
500	2.72	2.31	2.10	1.96	1.86	1.79	1.73	1.68	1.64	1.61	1.50	1.44	1.36	1.28	1.21	1.16	1.12	1.09	500
∞	2.71	2.30	2.08	1.94	1.85	1.77	1.72	1.67	1.63	1.60	1.49	1.42	1.34	1.26	1.18	1.13	1.08	1.00	∞

附表 4.4　F 分布临界值($\alpha = 0.01$)

n_2 \ n_1	1	2	3	4	5	6	7	8	9	10	12	14	16	18	20	n_1 / n_2
1	405	500	540	563	576	586	593	598	602	606	611	614	617	619	621	1
2	98.5	99.0	99.2	99.3	99.3	99.4	99.4	99.4	99.4	99.4	99.4	99.4	99.4	99.4	99.4	2
3	34.1	30.8	29.5	28.7	28.2	27.9	27.7	27.5	27.3	27.2	27.1	26.9	26.8	26.8	26.7	3
4	21.2	18.0	16.7	16.0	15.5	15.2	15.0	14.8	14.7	14.5	14.4	14.1	14.2	14.1	14.0	4
5	16.3	13.3	12.1	11.4	11.0	10.7	10.5	10.3	10.2	10.1	9.89	9.77	9.68	9.61	9.55	5
6	13.7	10.9	9.78	9.15	8.75	8.47	8.26	8.10	7.98	7.87	7.72	7.60	7.52	7.45	7.40	6
7	12.2	9.55	8.45	7.85	7.46	7.19	6.99	6.84	6.72	6.62	6.47	6.36	6.27	6.21	6.16	7
8	11.3	8.65	7.59	7.01	6.63	6.37	3.18	6.03	5.91	5.81	5.67	5.56	5.48	5.41	5.36	8
9	10.6	8.02	6.99	6.42	6.06	5.80	5.81	5.47	5.35	5.26	5.11	5.00	4.92	4.86	4.81	9
10	10.0	7.56	6.55	5.99	5.64	5.39	5.20	5.06	4.94	4.85	4.71	4.60	4.52	4.46	4.41	10
11	9.65	7.21	6.22	5.67	5.32	5.07	4.89	4.74	4.63	4.54	4.40	4.29	4.21	4.15	4.10	11
12	9.33	6.93	5.95	5.41	5.06	4.82	4.64	4.50	4.39	4.30	4.16	4.05	3.97	3.91	3.86	12
13	9.07	6.70	5.74	5.21	4.86	4.62	4.44	4.30	4.19	4.10	3.96	3.86	3.78	3.71	3.66	13
14	8.86	6.51	5.56	5.04	4.70	4.46	4.28	4.14	4.03	3.94	3.80	3.70	3.62	3.56	3.51	14
15	8.68	3.36	5.42	4.89	4.56	4.32	4.14	4.00	3.89	3.80	3.67	3.56	3.49	3.42	3.37	15
16	8.53	6.23	5.29	4.77	4.44	4.20	4.03	3.89	3.78	3.69	3.55	3.45	3.37	3.31	3.26	16
17	8.40	6.11	5.18	4.67	4.34	4.10	3.93	3.79	3.68	3.59	3.46	3.35	3.27	3.21	3.16	17
18	8.29	6.01	5.09	4.58	4.25	4.01	3.84	3.71	3.60	3.51	3.37	3.27	3.19	3.13	3.08	18
19	8.18	5.93	5.01	4.50	4.17	3.94	3.77	3.63	3.52	3.43	3.30	3.19	3.12	3.05	3.00	19
20	8.10	5.85	4.94	4.43	4.10	3.87	3.70	3.56	3.46	3.37	3.23	3.13	3.05	2.99	2.94	20
21	8.02	5.78	4.87	4.37	4.04	3.81	3.64	3.51	3.40	3.31	3.17	3.07	2.99	2.93	2.88	21
22	7.95	5.72	4.82	4.31	3.99	3.76	3.59	3.46	3.35	3.26	3.12	3.02	2.94	2.88	2.83	22
23	7.88	5.66	4.76	4.26	3.94	3.71	3.54	3.41	3.30	3.21	3.07	2.97	2.89	2.83	2.78	23
24	7.82	5.61	4.72	4.22	3.90	3.67	3.50	3.36	3.26	3.17	3.03	2.93	2.85	2.79	2.74	24
25	7.77	5.57	4.68	4.18	3.86	3.63	3.46	3.32	3.22	3.13	2.99	2.89	2.81	2.75	2.70	25

续表

26	7.72	5.53	4.64	4.14	3.82	3.59	3.42	3.29	3.18	3.09	2.96	2.86	2.78	2.72	2.66	26
27	7.68	5.49	4.60	4.11	3.78	3.56	3.39	3.26	3.15	3.06	2.93	2.82	2.75	2.68	2.63	27
28	7.64	5.45	4.57	4.07	3.75	3.53	3.36	3.23	3.12	3.03	2.90	2.79	2.72	2.06	2.60	28
29	7.60	5.42	4.54	4.04	3.73	3.50	3.33	3.20	3.09	3.00	2.87	2.77	2.69	2.62	2.57	29
30	7.56	5.39	4.51	4.02	3.70	3.47	3.30	3.17	3.07	2.98	2.84	2.74	2.66	2.60	2.55	30
32	7.50	5.34	4.46	3.97	3.65	3.43	3.26	3.13	3.02	2.93	2.80	2.76	2.62	2.55	2.50	32
34	7.44	5.29	4.42	3.93	3.61	3.39	3.22	3.09	2.98	2.89	2.76	2.66	2.58	2.51	2.46	34
36	7.40	5.25	4.38	3.89	3.57	3.35	3.18	3.05	2.95	2.86	2.72	2.62	2.54	2.48	2.43	36
38	7.35	5.21	4.34	3.86	3.54	3.32	3.15	3.02	2.92	2.83	2.69	2.59	2.51	2.45	2.40	38
40	7.31	5.18	4.31	3.83	3.51	3.29	3.12	2.99	2.89	2.80	2.66	2.56	2.48	2.42	2.37	40
42	7.28	5.15	4.29	3.80	3.49	3.27	3.10	2.97	2.86	2.78	2.64	2.54	2.46	2.40	2.34	42
44	7.25	5.12	4.26	3.78	3.47	3.24	3.08	2.95	2.84	2.75	2.62	2.52	2.44	2.37	2.32	44
46	7.22	5.10	4.24	3.76	3.44	3.22	3.06	2.93	2.82	2.73	2.60	2.50	2.42	2.35	2.30	46
48	7.20	5.08	4.22	3.74	3.43	3.20	3.04	2.91	2.80	2.72	2.58	2.48	2.40	2.33	2.28	48
50	7.17	5.06	4.20	3.72	3.41	3.19	3.02	2.89	2.79	2.70	2.56	2.46	2.38	2.32	2.27	50
60	7.08	4.98	4.13	3.65	3.34	3.12	2.95	2.82	2.72	2.63	2.50	2.39	2.31	2.25	2.20	60
80	6.96	4.88	4.04	3.56	3.26	3.04	2.87	2.74	2.64	2.55	2.42	2.31	2.23	2.17	2.12	80
100	6.90	4.82	3.98	3.51	3.21	2.99	2.82	2.69	2.59	2.50	2.37	2.26	2.19	2.12	2.07	100
125	6.84	4.78	3.94	3.47	3.17	2.95	2.79	2.66	2.55	2.47	2.33	2.23	2.15	2.08	2.03	125
150	6.81	4.75	3.92	3.45	3.14	2.92	2.76	2.63	2.53	2.44	2.31	2.20	2.12	2.06	2.00	150
200	6.76	4.71	3.88	3.41	3.11	2.89	2.73	2.60	2.50	2.41	2.27	2.17	2.09	2.02	1.97	200
300	6.72	4.68	3.85	3.38	3.08	2.86	2.70	2.57	2.47	2.38	2.24	2.14	2.06	1.99	1.94	300
500	6.69	4.65	3.82	3.36	3.05	2.84	2.68	2.55	2.44	2.36	2.22	2.12	2.04	1.97	1.92	500
1000	6.66	4.63	3.80	3.34	3.04	2.82	2.66	2.53	2.43	2.34	2.20	2.10	2.02	1.95	1.90	1000
∞	6.63	4.61	3.78	3.32	3.02	2.80	2.64	2.51	2.41	2.32	2.18	2.08	2.00	1.93	1.88	∞

续表

n_2 \ n_1	22	24	26	28	30	35	40	45	50	60	80	100	200	500	∞	n_1 / n_2
1	622	623	624	625	626	628	629	630	630	631	633	633	635	636	637	1
2	99.5	99.5	99.5	99.5	99.5	99.5	99.5	99.5	99.5	99.5	99.5	99.5	99.5	99.5	99.5	2
3	26.6	26.6	26.6	26.5	26.5	26.5	26.4	26.4	26.4	26.3	26.3	26.2	26.2	26.1	26.1	3
4	14.0	13.9	13.9	13.9	13.8	13.8	13.7	13.7	13.7	13.7	13.6	13.6	13.5	13.5	13.5	4
5	9.51	9.47	9.43	9.40	9.38	9.33	9.29	9.26	9.24	9.20	9.16	9.13	9.08	9.04	9.02	5
6	7.35	7.31	7.28	7.25	7.23	7.18	7.14	7.11	7.09	7.06	7.01	6.99	6.93	6.90	6.88	6
7	6.11	6.07	6.04	6.02	5.99	5.94	5.91	5.88	5.86	5.82	5.78	5.75	5.70	5.67	5.65	7
8	5.32	5.28	5.25	5.22	5.20	5.15	5.12	5.00	5.07	5.03	4.99	4.96	4.91	4.88	4.86	8
9	4.77	4.73	4.70	4.67	4.65	4.60	4.57	4.54	4.52	4.48	4.44	4.42	4.36	4.33	4.31	9
10	4.36	4.33	4.30	4.27	4.25	4.20	4.17	4.14	4.12	4.08	4.04	4.01	3.96	3.93	3.91	10
11	4.06	4.02	3.99	3.96	3.94	3.89	3.86	3.83	3.81	3.78	3.73	3.71	3.66	3.62	3.60	11
12	3.82	3.78	3.75	3.72	3.70	3.65	3.62	3.59	3.57	3.54	3.49	3.47	3.41	3.38	3.36	12
13	3.62	3.59	3.56	3.53	3.51	3.46	3.43	3.40	3.38	3.34	3.30	3.27	3.22	3.19	3.17	13
14	3.46	3.43	3.40	3.37	3.35	3.30	3.27	3.24	3.22	3.18	3.14	3.11	3.06	3.03	3.00	14
15	3.33	3.29	3.26	3.24	3.21	3.17	3.13	3.10	3.08	3.05	3.00	2.98	2.92	2.89	2.87	15
16	3.22	3.18	3.15	3.12	3.10	3.05	3.02	2.99	2.97	2.93	2.89	2.86	2.81	2.78	2.75	16
17	3.12	3.08	3.05	3.03	3.00	2.96	2.92	2.89	2.87	2.83	2.79	2.76	2.71	2.68	2.65	17
18	3.03	3.00	2.97	2.94	2.92	2.87	2.84	2.81	2.78	2.75	2.70	2.68	2.62	2.59	2.57	18
19	2.96	2.92	2.89	2.87	2.84	2.80	2.76	2.73	2.71	2.67	2.63	2.60	2.55	2.51	2.49	19
20	2.90	2.86	2.83	2.80	2.78	2.73	2.69	2.67	2.64	2.61	2.56	2.54	2.48	2.44	2.42	20
21	2.84	2.80	2.77	2.74	2.72	2.67	2.64	2.61	2.58	2.55	2.50	2.48	2.42	2.38	2.36	21
22	2.78	2.75	2.72	2.69	2.67	2.62	2.58	2.55	2.53	2.50	2.45	2.42	2.36	2.33	2.31	22
23	2.74	2.70	2.67	2.64	2.62	2.57	2.54	2.51	2.48	2.45	2.40	2.37	2.32	2.28	2.26	23
24	2.70	2.66	2.63	2.60	2.58	2.53	2.49	2.46	2.44	2.40	2.36	2.33	2.27	2.24	2.21	24
25	2.86	2.62	2.59	2.56	2.54	2.49	2.46	2.42	2.40	2.36	2.32	2.29	2.23	2.19	2.17	25

续表

26	2.62	2.58	2.55	2.53	2.50	2.45	2.42	2.39	2.36	2.33	2.28	2.25	2.19	2.16	2.13	26
27	2.59	2.55	2.52	2.49	2.47	2.42	2.38	2.35	2.33	2.29	2.25	2.22	2.16	2.12	2.10	27
28	2.56	2.52	2.49	2.46	2.44	2.39	2.35	2.32	2.30	2.26	2.22	2.19	2.13	2.09	2.06	28
29	2.53	2.49	2.46	2.44	2.41	2.36	2.33	2.30	2.27	2.23	2.19	2.16	2.10	2.06	2.03	29
30	2.51	2.47	2.44	2.41	2.39	2.34	2.30	2.27	2.25	2.21	2.16	2.13	2.07	2.03	2.01	30
32	2.46	2.42	2.39	2.36	2.34	2.29	2.25	2.22	2.20	2.16	2.11	2.08	2.02	1.98	1.96	32
34	2.42	2.38	2.35	2.32	2.30	2.25	2.21	2.18	2.16	2.12	2.07	2.04	1.98	1.94	1.91	34
36	2.38	2.35	2.32	2.29	2.26	2.21	2.17	2.14	2.12	2.08	2.03	2.00	1.94	1.90	1.87	36
38	2.35	2.32	2.28	2.26	2.23	2.18	2.14	2.11	2.09	2.05	2.00	1.97	1.90	1.86	1.84	38
40	2.33	2.29	2.26	2.23	2.20	2.15	2.11	2.08	2.06	2.02	1.97	1.94	1.87	1.83	1.80	40
42	2.30	2.26	2.23	2.20	2.18	2.13	2.09	2.06	2.03	1.99	1.94	1.91	1.85	1.80	1.78	42
44	2.28	2.24	2.21	2.18	2.15	2.10	2.06	2.03	2.01	1.97	1.92	1.89	1.82	1.78	1.75	44
46	2.26	2.22	2.19	2.16	2.13	2.08	2.04	2.01	1.99	1.95	1.90	1.86	1.80	1.75	1.73	46
48	2.24	2.20	2.17	2.14	2.12	2.06	2.02	1.99	1.97	1.93	1.88	1.84	1.78	1.73	1.70	48
50	2.22	2.18	2.15	2.12	2.10	2.05	2.01	1.97	1.95	1.91	1.86	1.82	1.76	1.71	1.68	50
60	2.15	2.12	2.08	2.05	2.03	1.98	1.94	1.90	1.88	1.84	1.78	1.75	1.68	1.63	1.60	60
80	2.07	2.03	2.00	1.97	1.94	1.89	1.85	1.81	1.79	1.75	1.69	1.66	1.58	1.53	1.49	80
100	2.02	1.98	1.94	1.92	1.89	1.84	1.80	1.76	1.73	1.69	1.63	1.60	1.52	1.47	1.43	100
125	1.98	1.94	1.91	1.88	1.85	1.80	1.76	1.72	1.69	1.65	1.59	1.55	1.47	1.41	1.37	125
150	1.96	1.92	1.88	1.85	1.83	1.77	1.73	1.69	1.66	1.62	1.56	1.52	1.43	1.38	1.33	150
200	1.93	1.89	1.85	1.82	1.79	1.74	1.69	1.66	1.63	1.58	1.52	1.48	1.39	1.33	1.28	200
300	1.89	1.85	1.82	1.79	1.76	1.71	1.66	1.62	1.59	1.55	1.48	1.44	1.35	1.28	1.22	300
500	1.87	1.83	1.79	1.76	1.74	1.68	1.63	1.60	1.56	1.52	1.45	1.41	1.31	1.23	1.16	500
1000	1.85	1.81	1.77	1.74	1.72	1.66	1.61	1.57	1.54	1.50	1.43	1.38	1.28	1.19	1.11	1000
∞	1.83	1.79	1.76	1.72	1.70	1.64	1.59	1.55	1.52	1.47	1.40	1.36	1.25	1.15	1.00	∞

附表 5　相关系数临界值表

自由度	5%水平 变量总数 2	3	4	5	1%水平 变量总数 2	3	4	5	自由度
1	0.997	0.999	0.999	0.999	1.000	1.000	1.000	1.000	1
2	0.950	0.975	0.983	0.987	0.990	0.995	0.997	0.998	2
3	0.878	0.930	0.950	0.961	0.959	0.976	0.983	0.987	3
4	0.811	0.881	0.912	0.930	0.917	0.949	0.962	0.970	4
5	0.754	0.836	0.874	0.898	0.874	0.917	0.937	0.949	5
6	0.707	0.795	0.839	0.867	0.834	0.886	0.911	0.927	6
7	0.666	0.758	0.807	0.838	0.798	0.855	0.885	0.904	7
8	0.632	0.726	0.777	0.811	0.765	0.827	0.860	0.882	8
9	0.602	0.697	0.750	0.786	0.735	0.800	0.836	0.861	9
10	0.576	0.671	0.726	0.763	0.708	0.776	0.814	0.840	10
11	0.553	0.648	0.703	0.741	0.684	0.753	0.793	0.821	11
12	0.532	0.627	0.683	0.722	0.661	0.732	0.773	0.802	12
13	0.514	0.608	0.664	0.703	0.641	0.712	0.755	0.785	13
14	0.497	0.590	0.646	0.686	0.623	0.694	0.737	0.768	14
15	0.482	0.574	0.630	0.670	0.606	0.677	0.721	0.752	15
16	0.468	0.559	0.615	0.655	0.590	0.662	0.706	0.738	16
17	0.456	0.545	0.601	0.641	0.575	0.647	0.691	0.724	17
18	0.444	0.532	0.587	0.628	0.561	0.633	0.678	0.710	18
19	0.433	0.520	0.575	0.615	0.549	0.620	0.665	0.698	19
20	0.423	0.509	0.563	0.604	0.537	0.608	0.652	0.685	20
21	0.413	0.498	0.552	0.592	0.526	0.596	0.641	0.674	21
22	0.404	0.488	0.542	0.582	0.515	0.585	0.630	0.663	22
23	0.396	0.479	0.532	0.572	0.505	0.574	0.619	0.652	23
24	0.388	0.470	0.523	0.562	0.496	0.565	0.609	0.642	24
25	0.381	0.462	0.514	0.553	0.487	0.555	0.600	0.633	25
26	0.374	0.454	0.506	0.545	0.478	0.546	0.590	0.624	26
27	0.367	0.446	0.498	0.536	0.470	0.538	0.582	0.615	27
28	0.361	0.439	0.490	0.529	0.463	0.530	0.573	0.606	28
29	0.355	0.432	0.482	0.521	0.456	0.522	0.565	0.598	29
30	0.349	0.426	0.476	0.514	0.449	0.514	0.558	0.591	30
35	0.325	0.397	0.445	0.482	0.418	0.481	0.523	0.556	35
40	0.304	0.373	0.419	0.455	0.393	0.454	0.494	0.526	40
45	0.288	0.353	0.397	0.432	0.372	0.430	0.470	0.501	45
50	0.273	0.336	0.379	0.412	0.354	0.410	0.449	0.479	50
60	0.250	0.308	0.348	0.380	0.325	0.377	0.414	0.442	60
70	0.232	0.286	0.324	0.354	0.302	0.351	0.386	0.413	70
80	0.217	0.269	0.304	0.332	0.283	0.330	0.362	0.389	80
90	0.205	0.254	0.288	0.315	0.267	0.312	0.343	0.368	90
100	0.195	0.241	0.274	0.300	0.254	0.297	0.327	0.351	100
125	0.174	0.216	0.246	0.269	0.228	0.266	0.294	0.316	125
150	0.159	0.198	0.225	0.247	0.208	0.244	0.270	0.290	150
200	0.138	0.172	0.196	0.215	0.181	0.212	0.234	0.253	200
300	0.113	0.141	0.160	0.176	0.148	0.174	0.192	0.208	300
400	0.098	0.122	0.139	0.153	0.128	0.151	0.167	0.180	400
500	0.088	0.109	0.124	0.137	0.115	0.135	0.150	0.162	500
1000	0.062	0.077	0.088	0.097	0.081	0.096	0.106	0.115	1000

附表 6　科尔莫戈罗夫(Kolmogorov)检验的临界值($D_{n,\alpha}$)表

$$P(D_n > D_{n,\alpha}) = \alpha$$

n \ α	0.20	0.10	0.05	0.02	0.01
1	0.900 00	0.950 00	0.975 00	0.990 00	0.995 00
2	0.633 77	0.776 29	0.341 89	0.900 00	0.992 29
3	0.564 81	0.638 04	0.707 60	0.784 56	0.829 00
4	0.492 56	0.686 22	0.623 94	0.688 87	0.734 24
5	0.446 98	0.509 45	0.563 28	0.627 18	0.668 53
6	0.410 37	0.467 99	0.519 26	0.577 41	0.616 61
7	0.381 48	0.436 07	0.483 42	0.538 44	0.575 81
8	0.358 31	0.409 62	0.454 27	0.506 54	0.541 79
9	0.339 10	0.387 46	0.430 01	0.479 60	0.513 32
10	0.322 60	0.368 66	0.409 25	0.456 62	0.483 93
11	0.308 29	0.352 42	0.391 22	0.436 70	0.467 70
12	0.295 77	0.338 15	0.375 43	0.419 18	0.449 50
13	0.234 70	0.325 49	0.361 43	0.403 62	0.432 47
14	0.274 81	0.314 17	0.348 90	0.389 70	0.417 62
15	0.295 83	0.303 97	0.337 60	0.377 13	0.401 20
16	0.257 78	0.294 72	0.327 33	0.365 71	0.392 01
17	0.250 39	0.286 27	0.317 96	0.355 28	0.380 86
18	0.243 60	0.278 51	0.309 36	0.345 69	0.370 62
19	0.237 35	0.271 36	0.301 43	0.336 35	0.361 17
20	0.231 56	0.264 73	0.294 03	0.322 66	0.352 41
21	0.226 17	0.258 58	0.287 24	0.321 04	0.344 27
22	0.221 15	0.252 83	0.280 37	0.313 94	0.336 66
23	0.216 45	0.247 46	0.274 90	0.307 23	0.329 54
24	0.212 05	0.242 42	0.269 31	0.301 04	0.322 86
25	0.207 90	0.237 68	0.264 04	0.295 16	0.316 57
26	0.203 99	0.233 20	0.269 07	0.289 62	0.310 64
27	0.200 30	0.228 98	0.254 38	0.284 38	0.305 02
28	0.196 30	0.224 97	0.249 33	0.279 42	0.299 71
29	0.193 18	0.221 17	0.245 71	0.274 71	0.294 66
30	0.190 52	0.217 56	0.241 70	0.270 23	0.289 87

n \ α	0.20	0.10	0.05	0.02	0.01
31	0.187 32	0.214 12	0.237 88	0.265 96	0.286 30
32	0.184 45	0.210 85	0.234 24	0.261 89	0.280 94
33	0.181 71	0.207 71	0.230 76	0.258 01	0.276 77
34	0.179 09	0.204 72	0.227 43	0.254 29	0.272 79
35	0.176 59	0.201 85	0.224 25	0.250 73	0.268 96
36	0.174 18	0.199 10	0.221 19	0.247 32	0.265 32
37	0.171 88	0.196 46	0.218 26	0.244 04	0.261 80
38	0.169 66	0.193 92	0.215 44	0.240 89	0.258 43
39	0.167 53	0.191 48	0.212 73	0.237 86	0.255 13
40	0.165 47	0.189 13	0.210 12	0.234 94	0.252 05
41	0.163 49	0.186 87	0.207 60	0.232 13	0.249 04
42	0.161 58	0.184 68	0.205 17	0.229 41	0.246 13
43	0.159 74	0.182 57	0.202 83	0.220 79	0.243 32
44	0.157 96	0.180 53	0.200 56	0.224 26	0.240 60
45	0.156 23	0.178 56	0.198 37	0.221 81	0.237 98
46	0.154 57	0.176 65	0.196 25	0.219 44	0.235 44
47	0.152 95	0.174 81	0.194 20	0.217 15	0.232 98
48	0.151 39	0.173 02	0.192 21	0.214 93	0.230 59
49	0.149 87	0.171 23	0.190 28	0.212 77	0.228 28
50	0.148 40	0.169 59	0.188 41	0.210 68	0.223 04
55	0.141 61	0.161 86	0.179 81	0.201 07	0.215 74
60	0.135 73	0.155 11	0.172 31	0.192 67	0.206 73
65	0.130 52	0.149 13	0.165 67	0.185 25	0.198 77
70	0.125 86	0.148 81	0.159 75	0.178 33	0.191 67
75	0.124 67	0.139 01	0.154 42	0.172 68	0.185 23
80	0.117 87	0.134 67	0.149 60	0.167 28	0.179 49
85	0.114 42	0.130 72	0.145 20	0.162 36	0.174 21
90	0.111 25	0.127 09	0.141 17	0.157 80	0.169 33
95	0.108 33	0.123 75	0.137 46	0.153 71	0.164 93
100	0.105 63	0.120 67	0.134 03	0.149 87	0.160 81

附表 7　D_n 的极限分布函数数值表

$$K(\lambda)=\lim_{n\to\infty}P(D_n<\lambda/\sqrt{n})=\sum_{k=-\infty}^{\infty}(-1)^k e^{-2k^2\lambda^2}$$

λ	0.00	0.01	0.02	0.03	0.04	0.05	0.06	0.07	0.08	0.09
0.2	0.000 000	0.000 000	0.000 000	0.000 000	0.000 000	0.000 000	0.000 000	0.000 000	0.000 001	0.000 004
0.3	0.000 009	0.000 021	0.000 046	0.000 091	0.000 171	0.000 303	0.000 511	0.000 826	0.001 285	0.001 929
0.4	0.002 808	0.003 972	0.005 476	0.007 377	0.009 730	0.012 590	0.016 005	0.020 022	0.024 682	0.030 017
0.5	0.036 066	0.042 814	0.050 306	0.058 534	0.067 497	0.077 183	0.087 577	0.098 656	0.110 396	0.122 760
0.6	0.136 718	0.149 229	0.163 225	0.117 153	0.192 677	0.207 987	0.223 637	0.239 532	0.255 780	0.272 189
0.7	0.288 765	0.305 471	0.322 265	0.339 113	0.355 981	0.372 833	0.389 640	0.406 372	0.423 002	0.439 505
0.8	0.455 857	0.472 041	0.488 030	0.503 808	0.519 366	0.534 682	0.549 744	0.564 546	0.579 070	0.593 316
0.9	0.607 270	0.620 928	0.634 286	0.647 338	0.660 082	0.672 516	0.684 630	0.696 444	0.707 940	0.719 126
1.0	0.730 000	0.740 566	0.750 826	0.769 780	0.779 434	0.779 794	0.788 860	0.797 636	0.806 128	0.814 342
1.1	0.822 282	0.829 950	0.837 356	0.844 502	0.851 394	0.858 038	0.864 442	0.870 612	0.876 548	0.882 258
1.2	0.887 750	0.893 030	0.898 104	0.902 972	0.907 648	0.912 132	0.916 432	0.920 556	0.924 505	0.928 288
1.3	0.931 908	0.935 370	0.938 682	0.941 848	0.944 872	0.947 756	0.950 512	0.953 142	0.955 650	0.958 040
1.4	0.960 318	0.962 486	0.964 552	0.966 516	0.968 382	0.970 158	0.971 846	0.973 448	0.974 970	0.976 412
1.5	0.977 782	0.979 080	0.980 310	0.981 476	0.982 578	0.983 622	0.984 610	0.985 444	0.986 426	0.987 260
1.6	0.988 043	0.988 791	0.989 492	0.990 154	0.990 777	0.991 364	0.991 917	0.992 438	0.992 928	0.993 389
1.7	0.993 823	0.994 230	0.994 612	0.994 972	0.995 309	0.995 625	0.995 922	0.996 200	0.996 460	0.996 704
1.8	0.996 932	0.997 146	0.997 346	0.997 553	0.997 707	0.997 870	0.998 023	0.998 145	0.998 297	0.998 421
1.9	0.998 586	0.998 644	0.998 744	0.998 837	0.998 924	0.999 004	0.999 079	0.999 149	0.999 213	0.999 273
2.0	0.999 329	0.999 380	0.999 428	0.999 474	0.998 516	0.999 552	0.999 588	0.999 620	0.999 650	0.999 680
2.1	0.999 705	0.999 728	0.999 750	0.999 770	0.999 790	0.999 806	0.999 822	0.999 838	0.999 852	0.999 864
2.2	0.999 874	0.999 886	0.999 896	0.999 904	0.999 912	0.999 920	0.999 926	0.999 934	0.999 940	0.999 944
2.3	0.999 949	0.999 954	0.999 958	0.999 962	0.999 965	0.999 968	0.999 970	0.999 973	0.999 976	0.999 978
2.4	0.999 980	0.999 982	0.999 984	0.999 986	0.999 987	0.999 988	0.999 988	0.999 990	0.999 991	0.999 992

附表 8　常用正交表

(1) $L_4(2^3)$

试验号＼列号	1	2	3
1	1	1	1
2	1	2	2
3	2	1	2
4	2	2	1
组	1	2	

注:任意二列的交互作用列是另外一例.

(2) $L_8(2^7)$

试验号＼列号	1	2	3	4	5	6	7
1	1	1	1	1	1	1	1
2	1	1	1	2	2	2	2
3	1	2	2	1	1	2	2
4	1	2	2	2	2	1	1
5	2	1	2	1	2	1	2
6	2	1	2	2	1	2	1
7	2	2	1	1	2	2	1
8	2	2	1	2	1	1	2
组	1	2		3			

$L_8(2^7)$ 二列间交互作用列

列号＼列号	1	2	3	4	5	6	7
1	(1)	3	2	5	4	7	6
2		(2)	1	6	7	4	5
3			(3)	7	6	5	4
4				(4)	1	2	3
5					(5)	3	2
6						(6)	1
7							(7)

(3)$L_{16}(2^{15})$

试验号 \ 列号	1	2	3	4	5	6	7	8	9	10	11	12	13	14	15
1	1	1	1	1	1	1	1	1	1	1	1	1	1	1	1
2	1	1	1	1	1	1	1	2	2	2	2	2	2	2	2
3	1	1	1	2	2	2	2	1	1	1	1	2	2	2	2
4	1	1	1	2	2	2	2	2	2	2	2	1	1	1	1
5	1	2	2	1	1	2	2	1	1	2	2	1	1	2	2
6	1	2	2	1	1	2	2	2	2	1	1	2	2	1	1
7	1	2	2	2	2	1	1	1	1	2	2	2	2	1	1
8	1	2	2	2	2	1	1	2	2	1	1	1	1	2	2
9	2	1	2	1	2	1	2	1	2	1	2	1	2	1	2
10	2	1	2	1	2	1	2	2	1	2	1	2	1	2	1
11	2	1	2	2	1	2	1	1	2	1	2	2	1	2	1
12	2	1	2	2	1	2	1	2	1	2	1	1	2	1	2
13	2	2	1	1	2	2	1	1	2	2	1	1	2	2	1
14	2	2	1	1	2	2	1	2	1	1	2	2	1	1	2
15	2	2	1	2	1	1	2	1	2	2	1	2	1	1	2
16	2	2	1	2	1	1	2	2	1	1	2	1	2	2	1
组	1	2		3				4							

二列间的交互作用列

列号 \ 列号	1	2	3	4	5	6	7	8	9	10	11	12	13	14	15
1	(1)	3	2	5	4	7	6	9	8	11	10	13	12	15	14
2		(2)	1	6	7	4	5	10	11	8	9	14	15	12	13
3			(3)	7	6	5	4	11	10	9	8	15	14	13	12
4				(4)	1	2	3	12	13	14	15	8	9	10	11
5					(5)	3	2	13	12	15	14	9	8	11	10
6						(6)	1	14	15	12	13	10	11	8	9
7							(7)	15	14	13	12	11	10	9	8
8								(8)	1	2	3	4	5	6	7
9									(9)	3	2	5	4	7	6
1										(10)	1	6	7	4	5
11											(11)	7	6	5	4
12												(12)	1	2	3
13													(13)	3	2
14														(14)	1

(4) $L_{32}(2^{31})$

试验号＼列号	1	2	3	4	5	6	7	8	9	10	11	12	13	14	15	16	17	18	19	20	21	22	23	24	25	26	27	28	29	30	31
1	1	1	1	1	1	1	1	1	1	1	1	1	1	1	1	1	1	1	1	1	1	1	1	1	1	1	1	1	1	1	1
2	1	1	1	1	1	1	1	1	1	1	1	1	1	1	1	2	2	2	2	2	2	2	2	2	2	2	2	2	2	2	2
3	1	1	1	1	1	1	1	2	2	2	2	2	2	2	2	1	1	1	1	1	1	1	1	2	2	2	2	2	2	2	2
4	1	1	1	1	1	1	1	2	2	2	2	2	2	2	2	2	2	2	2	2	2	2	2	1	1	1	1	1	1	1	1
5	1	1	1	2	2	2	2	1	1	1	1	2	2	2	2	1	1	1	1	2	2	2	2	1	1	1	1	2	2	2	2
6	1	1	1	2	2	2	2	1	1	1	1	2	2	2	2	2	2	2	2	1	1	1	1	2	2	2	2	1	1	1	1
7	1	1	1	2	2	2	2	2	2	2	2	1	1	1	1	1	1	1	1	2	2	2	2	2	2	2	2	1	1	1	1
8	1	1	1	2	2	2	2	2	2	2	2	1	1	1	1	2	2	2	2	1	1	1	1	1	1	1	1	2	2	2	2
9	1	2	2	1	1	2	2	1	1	2	2	1	1	2	2	1	1	2	2	1	1	2	2	1	1	2	2	1	1	2	2
10	1	2	2	1	1	2	2	1	1	2	2	1	1	2	2	2	2	1	1	2	2	1	1	2	2	1	1	2	2	1	1
11	1	2	2	1	1	2	2	2	2	1	1	2	2	1	1	1	1	2	2	1	1	2	2	2	2	1	1	2	2	1	1
12	1	2	2	1	1	2	2	2	2	1	1	2	2	1	1	2	2	1	1	2	2	1	1	1	1	2	2	1	1	2	2
13	1	2	2	2	2	1	1	1	1	2	2	2	2	1	1	1	1	2	2	2	2	1	1	1	1	2	2	2	2	1	1
14	1	2	2	2	2	1	1	1	1	2	2	2	2	1	1	2	2	1	1	1	1	2	2	2	2	1	1	1	1	2	2
15	1	2	2	2	2	1	1	2	2	1	1	1	1	2	2	1	1	2	2	2	2	1	1	2	2	1	1	1	1	2	2
16	1	2	2	2	2	1	1	2	2	1	1	1	1	2	2	2	2	1	1	1	1	2	2	1	1	2	2	2	2	1	1
17	2	1	2	1	2	1	2	1	2	1	2	1	2	1	2	1	2	1	2	1	2	1	2	1	2	1	2	1	2	1	2
18	2	1	2	1	2	1	2	1	2	1	2	1	2	1	2	2	1	2	1	2	1	2	1	2	1	2	1	2	1	2	1
19	2	1	2	1	2	1	2	2	1	2	1	2	1	2	1	1	2	1	2	1	2	1	2	2	1	2	1	2	1	2	1
20	2	1	2	1	2	1	2	2	1	2	1	2	1	2	1	2	1	2	1	2	1	2	1	1	2	1	2	1	2	1	2
21	2	1	2	2	1	2	1	1	2	1	2	2	1	2	1	1	2	1	2	2	1	2	1	1	2	1	2	2	1	2	1
22	2	1	2	2	1	2	1	1	2	1	2	2	1	2	1	2	1	2	1	1	2	1	2	2	1	2	1	1	2	1	2
23	2	1	2	2	1	2	1	2	1	2	1	1	2	1	2	1	2	1	2	2	1	2	1	2	1	2	1	1	2	1	2
24	2	1	2	2	1	2	1	2	1	2	1	1	2	1	2	2	1	2	1	1	2	1	2	1	2	1	2	2	1	2	1
25	2	2	1	1	2	2	1	1	2	2	1	1	2	2	1	1	2	2	1	1	2	2	1	1	2	2	1	1	2	2	1
26	2	2	1	1	2	2	1	1	2	2	1	1	2	2	1	2	1	1	2	2	1	1	2	2	1	1	2	2	1	1	2
27	2	2	1	1	2	2	1	2	2	1	2	2	1	1	2	1	2	2	1	1	2	2	1	2	1	1	2	2	1	1	2
28	2	2	1	1	2	2	1	2	2	1	2	2	1	1	2	2	1	1	2	2	1	1	2	1	2	2	1	1	2	2	1
29	2	2	1	2	1	1	2	1	1	2	1	2	1	1	2	1	1	2	1	2	1	1	2	1	2	2	1	2	1	1	2
30	2	2	1	2	1	1	2	1	1	2	1	2	1	1	2	2	1	1	2	1	2	2	1	2	1	1	2	1	2	2	1
31	2	2	1	2	1	1	2	2	1	1	2	1	2	2	1	1	2	2	1	2	1	1	2	2	1	1	2	1	2	2	1
32	2	2	1	2	1	1	2	2	1	1	2	1	2	2	1	2	1	1	2	1	2	2	1	1	2	2	1	2	1	1	2
组	1	2		3				4								5															

$L_{32}(2^{31})$ 二列间的交互作用列

列号＼列号	1	2	3	4	5	6	7	8	9	10	11	12	13	14	15	16	17	18	19	20	21	22	23	24	25	26	27	28	23	30	31
1	(1)	3	2	5	4	7	6	9	8	11	10	13	12	15	14	17	16	19	18	21	20	23	22	25	24	27	26	29	28	31	30
2		(2)	1	6	7	4	5	10	11	8	9	14	15	12	13	18	19	16	17	22	23	20	21	26	27	24	25	30	31	28	29
3			(3)	7	6	5	4	11	10	9	8	15	14	13	12	19	18	17	16	23	22	21	20	27	26	25	24	31	30	29	28
4				(4)	1	2	3	12	13	14	15	8	9	10	11	20	21	22	23	16	17	18	19	28	29	30	31	24	25	26	27
5					(5)	3	2	13	12	15	14	9	8	11	10	21	20	23	22	17	19	16	18	29	28	31	30	25	24	27	26
6						(6)	1	14	15	12	13	10	11	8	9	22	23	20	21	18	19	16	17	30	31	28	29	26	27	24	25
7							(7)	15	14	13	12	11	10	9	8	23	22	21	20	18	19	17	16	31	30	29	28	27	26	25	24
8								(8)	1	2	3	4	5	6	7	24	25	26	27	28	29	30	31	16	17	18	19	20	21	22	23
9									(9)	3	2	5	4	7	6	25	24	27	26	29	28	31	30	17	16	19	18	21	20	23	22
10										(10)	1	6	7	4	5	26	27	24	25	30	31	28	29	18	19	16	17	22	23	20	21
11											(11)	7	6	5	4	27	26	25	24	31	30	29	28	19	18	17	16	23	22	21	20
12												(12)	1	2	3	28	29	30	31	24	25	26	27	20	21	22	23	16	17	18	19
13													(13)	3	2	29	28	31	30	25	24	27	26	21	20	23	22	17	16	19	18
14														(14)	1	30	31	28	29	26	27	24	25	22	23	20	21	18	19	16	17
15															(15)	31	30	29	28	27	26	25	24	23	22	21	20	19	18	17	16
16																(16)	1	2	3	4	5	6	7	8	9	10	11	12	13	14	15
17																	(17)	3	2	5	4	7	6	9	8	11	10	13	12	15	14
18																		(18)	1	6	7	4	5	10	11	8	9	14	15	12	13
19																			(19)	7	6	5	4	11	10	9	8	15	14	13	12
20																				(20)	1	2	3	12	13	14	15	8	9	10	11
21																					(21)	3	2	13	12	15	14	9	8	11	10
22																						(22)	1	14	15	12	13	10	11	8	9
23																							(23)	15	14	13	12	11	10	9	8
24																								(24)	1	2	3	4	5	6	7
25																									(25)	3	2	5	4	7	6
26																										(26)	1	6	7	4	5
27																											(27)	7	6	5	4
28																												(28)	1	2	3
29																													(29)	3	2
30																														(30)	1

(5) $L_{12}(2^{11})$

试验号＼列号	1	2	3	4	5	6	7	8	9	10	11
1	1	1	1	1	1	1	1	1	1	1	1
2	1	1	1	1	1	2	2	2	2	2	2
3	1	1	2	2	2	1	1	1	2	2	2
4	1	2	1	2	2	1	2	2	1	1	2
5	1	2	2	1	2	2	1	2	1	2	1
6	1	2	2	2	1	2	2	1	2	1	1
7	2	1	2	2	1	1	2	2	1	2	1
8	2	1	2	1	2	2	2	1	1	1	2
9	2	1	1	2	2	2	1	2	2	1	1
10	2	2	2	1	1	1	1	2	2	1	2
11	2	2	1	2	1	2	1	1	1	2	2
12	2	2	1	1	2	1	2	1	2	2	1

(6) $L_9(3^4)$

试验号＼列号	1	2	3	4
1	1	1	1	1
2	1	2	2	2
3	1	3	3	3
4	2	1	2	3
5	2	2	3	1
6	2	3	1	2
7	3	1	3	2
8	3	2	1	3
9	3	3	2	1
组	1		2	

注：任意二列间的交互作用列为另外二列.

(7) $L_{27}(3^{13})$

试验号＼列号	1	2	3	4	5	6	7	8	9	10	11	12	13
1	1	1	1	1	1	1	1	1	1	1	1	1	1
2	1	1	1	1	2	2	2	2	2	2	2	2	2
3	1	1	1	1	3	3	3	3	3	3	3	3	3
4	1	2	2	2	1	1	1	2	2	2	3	3	3
5	1	2	2	2	2	2	2	3	3	3	1	1	1
6	1	2	2	2	3	3	3	1	1	1	2	2	2
7	1	3	3	3	1	1	1	3	3	3	2	2	2
8	1	3	3	3	2	2	2	1	1	1	3	3	3
9	1	3	3	3	3	3	3	2	2	2	1	1	1
10	2	1	2	3	1	2	3	1	2	3	1	2	3
11	2	1	2	3	2	3	1	2	3	1	2	3	1
12	2	1	2	3	3	1	2	3	1	2	3	1	2
13	2	2	3	1	1	2	3	2	3	1	3	1	2
14	2	2	3	1	2	3	1	3	1	2	1	2	3
15	2	2	3	1	3	1	2	1	2	3	2	3	1
16	2	3	1	2	1	2	3	3	1	2	2	3	1
17	2	3	1	2	2	3	1	1	2	3	3	1	2
18	2	3	1	2	3	1	2	2	3	1	1	2	3
19	3	1	3	2	1	3	2	1	3	2	1	3	2
20	3	1	3	2	2	1	3	2	1	3	2	1	3
21	3	1	3	2	3	2	1	3	2	1	3	2	1
22	3	2	1	3	1	3	2	2	1	3	3	2	1
23	3	2	1	3	2	1	3	3	2	1	1	3	2
24	3	2	1	3	3	2	1	1	3	2	2	1	3
25	3	3	2	1	1	3	2	3	2	1	2	1	3
26	3	3	2	1	2	1	3	1	3	2	3	2	1
27	3	3	2	1	3	2	1	2	1	3	1	3	2
组	1		2						3				

$L_{27}(3^{13})$ 二列间的交互作用列

列号＼列号	1	2	3	4	5	6	7	8	9	10	11	12	13
	(1)	3	2	2	6	5	5	9	8	9	12	11	11
		4	4	3	7	7	6	10	10	9	13	13	12
		(2)	1	1	8	9	10	5	6	7	5	6	7
			4	3	11	12	13	11	12	13	8	9	10
			(3)	1	9	10	8	7	5	6	6	7	5
				2	13	11	12	12	13	11	10	8	9
				(4)	10	8	9	6	7	5	7	5	6
					12	13	11	13	11	12	9	10	8
					(5)	1	1	2	3	4	2	4	3
						7	6	11	13	12	8	10	9
						(6)	1	4	2	3	3	2	4
							5	13	12	11	10	9	6
							(7)	3	4	2	4	3	2
								12	11	13	9	8	10
								(8)	1	1	2	3	4
									10	9	5	7	6
									(9)	1	4	2	3
										8	7	6	5
										(10)	3	4	2
											6	5	7
											(11)	1	1
												13	12
												(12)	1
													11

(8)$L_{18}(2\times3^7)$

试验号＼列号	1	2	3	4	5	6	7	8
1	1	1	1	1	1	1	1	1
2	1	1	2	2	2	2	2	2
3	1	1	3	3	3	3	3	3
4	1	2	1	1	2	2	3	3
5	1	2	2	2	3	3	1	1
6	1	2	3	3	1	1	2	2
7	1	3	1	2	1	3	2	3
8	1	3	2	3	2	1	3	1
9	1	3	3	1	3	2	1	2
10	2	1	1	3	3	2	2	1
11	2	1	2	1	1	3	3	2
12	2	1	3	2	2	1	1	3
13	2	2	1	2	3	1	3	2
14	2	2	2	3	1	2	1	3
15	2	2	3	1	2	3	2	1
16	2	3	1	3	2	3	1	2
17	2	3	2	1	3	1	2	3
18	2	3	3	2	1	2	3	1

(9)$L_{16}(4^5)$

试验号＼列号	1	2	3	4	5
1	1	1	1	1	1
2	1	2	2	2	2
3	1	3	3	3	3
4	1	4	4	4	4
5	2	1	2	3	4
6	2	2	1	4	3
7	2	3	4	1	2
8	2	4	3	2	1
9	3	1	3	4	2
10	3	2	4	3	1
11	3	3	1	2	4
12	3	4	2	1	3
13	4	1	4	2	3
14	4	2	3	1	4
15	4	3	2	4	1
16	4	4	1	3	2
组	1		2		

注:任何二列的交互作用列是另外三列.

(10)$L_{25}(5^6)$

试验号 \ 列号	1	2	3	4	5	6
1	1	1	1	1	1	1
2	1	2	2	2	2	2
3	1	3	3	3	3	3
4	1	4	4	4	4	4
5	1	5	5	5	5	5
6	2	1	2	3	4	5
7	2	2	3	4	5	1
8	2	3	4	5	1	2
9	2	3	5	1	2	3
10	2	5	1	2	3	4
11	3	1	3	5	2	4
12	3	2	4	1	3	5
13	3	3	5	2	4	1
14	3	4	1	3	5	2
15	3	5	2	4	1	3
16	4	1	4	2	5	3
17	4	2	5	3	1	4
18	4	3	1	4	2	5
19	4	4	2	5	3	1
20	4	5	3	1	4	2
21	5	1	5	4	3	2
22	5	2	1	5	4	3
23	5	3	2	1	5	4
24	5	4	3	2	1	5
25	5	5	4	3	2	1
组	1	2				

注:任何二列的交互作用列是另外四列.

附表 9　常用正交多项式表

$n=2$	$n=3$		$n=4$			$n=5$				$n=6$					$n=7$				
p_1	p_1	p_2	p_1	p_2	p_3	p_1	p_2	p_3	p_4	p_1	p_2	p_3	p_4	p_5	p_1	p_2	p_3	p_4	p_5
−1	−1	1	−3	1	−1	−2	2	−1	1	−5	5	−5	1	−1	−3	5	−1	3	−1
1	0	−2	−1	−1	3	−1	−1	2	−4	−3	−1	7	−3	5	−2	0	1	−7	4
	1	1	1	−1	−3	0	−2	0	6	−1	−4	4	2	−10	−1	−3	1	1	−5
			3	1	1	1	−1	−2	−4	1	−4	−4	2	10	0	−4	0	6	0
						2	2	1	1	3	−1	−7	−3	−5	1	−3	−1	1	5
										5	5	5	1	1	2	0	−1	−7	4
															3	5	1	3	−1
1/2	2	2/3	5	4	9/5	10	14	72/5	288/35	35/2	112/3	342/5	576/7	400/7	28	84	216	3168/7	4800/7
2	1	3	2	1	10/3	1	1	5/6	35/12	2	3/2	5/3	7/12	21/10	1	1	1/6	7/12	7/20

$n=8$					$n=9$					$n=10$					$n=11$				
p_1	p_2	p_3	p_4	p_5	p_1	p_2	p_3	p_4	p_5	p_1	p_2	p_3	p_4	p_5	p_1	p_2	p_3	p_4	p_5
−7	7	−7	7	−7	−4	28	−14	14	−4	−9	6	−42	18	−6	−5	15	−30	6	−3
−3	1	5	−13	23	−3	7	7	−21	11	−7	2	14	−22	−14	−4	6	6	−6	6
−3	3	7	−3	−17	−2	−8	13	−11	−4	−5	−1	35	−17	−1	−3	−1	22	−6	1
−1	−5	3	9	−15	−1	−17	9	9	−9	−3	−3	31	3	−11	−2	−6	23	−1	−4
1	−5	−3	9	15	0	−20	0	18	0	−1	−4	12	18	−6	−1	−9	14	4	−4
3	−3	−7	−3	17	1	−17	−9	9	9	1	−4	−12	18	6	0	−10	0	6	0
5	1	−5	−13	−23	2	−8	−13	−11	4	3	−3	−13	3	11	1	−9	−14	4	4
7	7	7	7	7	3	7	−7	−21	−11	5	−1	−35	−17	1	2	−6	−23	−1	4
										7	2	−14	−22	−14	3	−1	−22	−6	−6
										9	6	42	18	6	4	6	−6	−6	−6
															5	15	30	6	3
42	168	524	12672/7	31200/7	60	308	7128/5	41184/7	20800	165/2	528	15444/5	82468/5	78000	110	858	30888/5	41184	24960
2	1	2/3	7/12	7/10	1	3	5/6	7/12	3/20	2	1/2	5/3	5/12	1/10	1	1	5/6	1/12	1/40

附表 10.1 q 表($\alpha = 0.05$)

ϕ \ k	2	3	4	5	6	7	8	9	10	15	20
1	18.0	27.0	32.8	37.1	40.4	43.1	45.4	47.4	49.1	55.4	59.6
2	6.08	8.33	9.80	10.9	11.7	12.4	13.0	13.5	14.0	15.7	16.8
3	4.50	5.91	6.82	7.50	8.04	8.48	8.85	9.18	9.46	10.5	11.2
4	3.93	5.04	5.76	6.29	6.71	7.05	7.35	7.60	7.83	8.66	9.23
5	3.64	4.60	5.22	5.67	6.03	6.33	6.58	6.80	6.99	7.72	8.21
6	3.46	4.34	4.90	5.30	5.63	5.90	6.12	6.32	6.49	7.14	7.59
7	3.34	4.16	4.68	5.06	5.36	5.61	5.82	6.00	6.16	6.76	7.17
8	3.26	4.04	4.53	4.89	5.17	5.40	5.60	5.77	5.92	6.48	6.87
9	3.20	3.95	4.41	4.76	5.02	5.24	5.43	5.59	5.74	6.28	6.64
10	3.15	3.88	4.33	4.65	4.91	5.12	5.30	5.46	5.60	6.11	6.47
11	3.11	3.82	4.26	4.57	4.82	5.03	5.20	5.35	5.49	5.98	6.33
12	3.08	3.77	4.20	4.51	4.75	4.95	5.12	5.27	5.39	5.88	6.21
13	3.06	3.73	4.15	4.45	4.69	4.88	5.05	5.19	5.32	5.79	6.11
14	3.03	3.70	4.11	4.41	4.64	4.83	4.99	5.13	5.25	5.71	6.03
15	3.01	3.67	4.08	4.37	4.59	4.78	4.94	5.08	5.20	5.65	5.96
16	3.00	3.65	4.05	4.33	4.56	4.74	4.90	5.03	5.15	5.59	5.90
17	2.98	3.63	4.02	4.30	4.52	4.70	4.86	4.99	5.11	5.54	5.84
18	2.97	3.61	4.00	4.28	4.49	4.67	4.82	4.96	5.07	5.50	5.79
19	2.96	3.59	3.98	4.25	4.47	4.65	4.79	4.92	5.04	5.46	5.75
20	2.95	3.58	3.96	4.23	4.45	4.62	4.77	4.90	5.01	5.43	5.71
24	2.92	3.53	3.90	4.17	4.37	4.54	4.68	4.81	4.92	5.32	5.59
30	2.80	3.49	3.85	4.10	4.30	4.46	4.60	4.72	4.82	5.21	5.47
40	2.86	3.44	3.79	4.04	4.23	4.39	4.52	4.63	4.73	5.11	5.26
60	2.83	3.40	3.74	3.98	4.16	4.31	4.44	4.55	4.65	5.00	5.21
120	2.80	3.36	3.68	3.92	4.10	4.24	4.36	4.47	4.56	4.90	5.13
∞	2.77	3.31	3.63	3.86	4.03	4.17	4.29	4.39	4.47	4.80	5.01

附表 10.2　q 表($\alpha = 0.01$)

ϕ \ k	2	3	4	5	6	7	8	9	10	15	20
1	90.0	135	164	186	202	216	227	237	246	277	298
2	14.0	19.0	22.3	24.7	26.6	28.2	29.5	30.7	31.7	35.4	37.9
3	8.26	10.6	12.2	13.3	14.2	15.0	15.6	16.2	16.7	18.5	19.8
4	6.51	8.12	9.17	9.96	10.6	11.1	11.5	11.9	12.3	13.5	14.4
5	5.70	6.97	7.80	8.42	8.91	9.32	9.67	9.97	10.2	11.2	11.9
6	5.24	6.33	7.03	7.56	7.97	8.32	8.61	8.87	9.10	9.95	10.5
7	4.95	5.92	6.54	7.01	7.37	7.68	7.94	8.17	8.37	9.12	9.65
8	4.74	5.63	6.20	6.63	6.96	7.24	7.47	7.68	7.87	8.55	9.03
9	4.60	5.43	5.96	6.35	6.66	6.91	7.13	7.32	7.49	8.13	8.57
10	4.48	5.27	5.77	6.14	6.43	6.67	6.87	7.05	7.21	7.81	8.22
11	4.39	5.14	5.62	5.97	6.25	6.48	6.67	6.84	6.99	7.56	7.95
12	4.32	5.04	5.50	5.84	6.10	6.32	6.51	6.67	6.81	7.36	7.73
13	4.26	4.96	5.40	5.73	5.98	6.19	6.37	6.53	6.67	7.19	7.55
14	4.21	4.89	5.32	5.63	5.88	6.08	6.26	6.41	6.54	7.05	7.39
15	4.17	4.83	5.25	5.56	5.80	5.99	6.16	6.31	6.44	6.93	7.26
16	4.13	4.78	5.19	5.49	5.72	5.92	6.08	6.22	6.35	6.82	7.15
17	4.10	4.74	5.14	5.43	5.66	5.85	6.01	6.15	6.27	6.73	7.05
18	4.07	4.70	5.09	5.38	5.60	5.79	5.94	6.08	6.20	6.65	6.96
19	4.05	4.67	5.05	5.33	5.55	5.73	5.89	6.02	6.14	6.58	6.89
20	4.02	4.64	5.02	5.29	5.51	5.69	5.84	5.97	6.09	6.52	6.82
24	3.96	4.54	4.91	5.17	5.37	5.54	5.69	5.81	5.92	6.33	6.61
30	3.89	4.45	4.80	5.05	5.24	5.40	5.54	5.65	5.76	6.11	6.41
40	3.82	4.37	4.70	4.93	5.11	5.27	5.39	5.50	5.60	5.96	6.21
60	3.76	4.28	4.60	4.82	4.99	5.13	5.25	5.36	5.45	5.79	6.02
120	3.70	4.20	4.50	4.71	4.87	5.01	5.12	5.21	5.30	5.61	5.83
∞	3.64	4.12	4.40	4.60	4.76	4.88	4.99	5.08	5.16	5.45	5.65